Europäische Trägerraketen 2

Ariane 5, 6 und Vega

Edition Raumfahrt

Europäische Trägerraketen 2

Ariane 5, 6 und Vega

Edition Raumfahrt

Edition Raumfahrt
© 2010, 2015 Bernd Leitenberger
http://www.raumfahrtbuecher.de
2.te Auflage 2015

Herstellung und Verlag:

Books on Demand GmbH, Norderstedt

ISBN-13: 978-3-7386-4296-4

Inhaltsverzeichnis

Vorwort

Als ich im Januar 2008 durch einen Artikel in der Zeitschrift ct' auf „Books on Demand" aufmerksam wurde, war das Erste, was ich vorhatte, ein Buch über europäische Trägerraketen zu schreiben. Einige Tage später dämmerte mir, welche Arbeit das bedeuten würde. So entschloss ich mich, als ersten „Testballon" eine Broschüre über das Gemini-Programm zu schreiben. Erstaunlicherweise fanden sich dafür mehr Käufer, als ich zunächst gedacht hatte. Zwei Bücher später wagte ich mich erneut an das ursprünglich geplante Thema heran.

Vierzig Jahre europäischer Trägerraketenentwicklung lassen sich nur schwer auf wenigen Seiten zusammenfassen. Während der Recherche entschloss ich mich daher, das Thema in zwei Bänden zu behandeln. Aufgrund der unterschiedlichen technischen Konzeption und dem damit verbundenen Bruch in der Entwicklungsgeschichte sind die früheren europäischen Träger von der Diamant bis zur Ariane 4 im ersten Band behandelt. Von allen meinen Büchern steckt in diesem Band die meiste Arbeit, fast zwei Jahre habe ich recherchiert und geschrieben, obwohl ich schon über Material über die Ariane und Vega verfügte.

Dieses Buch wäre nicht ohne fremde Unterstützung zustande gekommen. Ich möchte der ESA für den Zugang zur Fotobibliothek für Professionals danken und Jürgen Klug von MT Aerospace für ausführliche Informationen zu den Ariane 5 Boostern. Martin Sippel vom DLR stellte mir Artikel und Studien über die LFBB und die VENUS-Oberstufe zur Verfügung. Thomas Jakaitis und Kevin Glinka haben sich des Manuskripts angenommen und es zur Korrektur gelesen. Michel Van hat Grafiken für dieses Buch erstellt und zur Veröffentlichung freigegeben. Alle Grafiken und Diagramme stammen von der ESA, sofern nicht anders vermerkt. Mein Dank gilt auch Mitarbeitern des DLR, die nicht namentlich genannt werden wollen. Das Raumfahrtfirmen oder -agenturen einen Buchautor unterstützen ist, wie ich bei der Recherche feststellte, durchaus nicht selbstverständlich.

Das Buch behandelt Ariane und Vega jeweils in abgeschlossenen Kapiteln. Bei den Weiterentwicklungen der Ariane werden lediglich die jeweiligen Veränderungen besprochen. Jedes Kapitel hat eine einheitliche Struktur. Die Entwicklungs- und Einsatzgeschichte bildet den Anfang, es folgt eine ausführliche Beschreibung der Technologie, und den Abschluss bilden Projektstudien.

Den Installationen in Kourou und dem Bodennetzwerk ist ein eigenes Kapitel gewidmet, welches den Ausbau des europäischen Weltraumbahnhofs CSG (**C**entre **S**patial **G**uyanais) in Französisch-Guayana beschreibt. Es schließt an das gleichnamige Kapitel im ersten Band an.

Das Buch soll gleichzeitig Nachschlagewerk sein, wie auch ein Buch über die Trägerraketenentwicklung, das man „von vorne bis hinten" durchliest. Das machte einige Kompromisse nötig. So gibt es vor allem bei der Ariane technische Besonderheiten, die nun in mehreren Kapiteln angesprochen werden: bei der Entwicklung, der technischen Beschreibung und natürlich, weil dies der Ausgangspunkt für Verbesserungen war, bei den Erweiterungen. Ich habe mich für die kurze Wiederholung entschieden anstatt Querverweise zu setzen, um es dem Leser zu erlauben nachzuschlagen, ohne hin und her blättern zu müssen.

Das Buch wendet sich an Personen, die mehr über Ariane und Vega wissen wollen, als sie in den Presseinformationen von ESA und DLR finden. Ich habe daher die Kapitel über die Grundlagen der Technologien gestrichen, da diesem Personenkreis diese wohl bekannt sind.

Von den Entwürfen der Ariane 5 liegt heute kein Bildmaterial in digitaler, hochauflösender Form vor. Sie stammen aus den achtziger Jahren aus der „Vor Internet"-Ära. Für dieses Buch musste ich daher oft auf gedruckte Dokumente zurückgreifen und diese einscannen. Ich bitte, die Qualität dieser Abbildungen zu entschuldigen. Leider gilt dies auch für sehr neue Entwicklungen, so war es sehr schwer an Diagramme und Zeichnungen der ESC-A/B und Vega zu kommen. Auch hier ist das Material leider von nur mittlerer Qualität.

In den fünf Jahren, die zwischen Auflage 1 und 2 liegen, wurde die Ariane 5 ME gestrichen und die Konzeption der Ariane 6 mehrfach geändert. Von den Vega-Ausbauplänen blieb nur die Vega C übrig. Ich habe mir überlegt diese Teile zu streichen, doch mich doch dagegen entschieden. Das Buch wäre nur wenig dünner geworden und ich denke es ist in historischer Sicht auch interessant, welche Alternativen es sonst noch gegeben hätte.

Ariane 6 ist bei der Drucklegung noch vom Critical Design Review entfernt und die Informationspolitik von Firmen, aber auch Raumfahrtagenturen hat sich in den letzten Jahren deutlich verschlechtert. Es gibt daher von diesem Träger nur wenige Angaben. Leider war auch durch persönliche Anfragen nicht mehr zu erfahren.

Ich bin bekennender „Ariane-Fan", und dies hat sich auch in Umfang und Stil des Buchs niedergeschlagen. Ich habe mir erlaubt bei der Ariane 5 und Ariane 6 meine persönliche Meinung zur technischen Entwicklung zum Ausdruck zu bringen.

Und nun: Attention pour le grand finale: dix, neuf, huit ….

Anmerkungen zu den Daten und Angaben

Es existieren zu fast allen Trägerraketen schwankende technische Angaben. Diese beruhen neben Veränderungen während der Produktion vor allem auf unterschiedlichen Sichtweisen. So ist zum Beispiel manchmal unklar, ob das angegebene Leergewicht einer Raketenstufe dem Trockengewicht oder dem Gewicht nach Brennschluss (mit Treibstoffresten, Flüssigkeiten und Gasen) entspricht. Sofern es mir möglich war, habe ich dies aufgeschlüsselt.

Im weiteren habe ich mich bemüht, Zahlen über Entwicklungskosten und Startpreise zusammenzutragen. Dabei gab es jedoch zwei Probleme: wechselnde Währungsangaben (DM, Pfund, Dollar, Accounting Units) mit variablen Umrechnungskursen und die Inflation. Innerhalb der ESA wurde vor Einführung des Euro mit „**M**illionen **A**ccounting **U**nits" gerechnet, die später in ECU umbenannt wurden. Der Umrechnungskurs dieser als „MAU" bezeichneten Größe zur D-Mark schwankte in rund zwanzig Jahren nur wenig. Er lag zwischen 1,90 und 2,07 DM pro ECU. Eine MAU hat damit in etwa den gleichen Wert wie 1 Million Euro (1,96 Millionen DM). Der Dollar änderte seinen Wechselkurs gegenüber der D-Mark stark im Laufe der Jahrzehnte. Es lagen die Extreme im Zeitraum von 1985 bis 2001 zwischen 2,50 und 1,40 DM pro Dollar.

Es gibt in der Raumfahrt eine Reihe von Abkürzungen. Ich habe diese beim ersten Auftreten ausgeführt und verweise auf das Abkürzungsverzeichnis auf S.386.

Praktisch keine Firma, die 1988 einen Entwicklungsauftrag für ein System bekam, heißt heute noch so. Alle Firmennamen in diesem Buch geben den Stand wieder, als die jeweilige Entwicklung beschlossen wurde.

Alle Nutzlastangaben beziehen sich bei der Ariane auf den GTO-Orbit, bei der Vega auf den Referenzorbit in 700 km Höhe mit einer sonnensynchronen Bahn, also den Missionstypen, die am häufigsten bei beiden Trägern vorkommen. Bei der Ariane 5 ist die Eingabe für eine Einzelstartnutzlast. Bei Doppelstarts ist von dieser das Gewicht der Spelda oder Sylda-5 abzuziehen. Ebenfalls berücksichtigt muss der Nutzlastadapter werden. Auch er gehört zu Nutzlast. Dies kann zusammen bis zu 800 kg ausmachen.

Redaktionsschluss für technische Daten und Angaben über Programme und Projekte war der 1.8.2015.

Ariane 5G

Dieses Kapitel beschreibt die Entwicklung und Technik der Ariane 5. Die Weiterentwicklung wird in den beiden folgenden Kapiteln genauer beschrieben. Nachdem die „Evolution" der Ariane 5 im Jahr 1995 beschlossen worden war, bekam die Ariane 5 eine neue Bezeichnung: Es wurde nun der Buchstabe „G" als Abkürzung für „Generic" (allgemein, gewöhnlich) angehängt, um sie von den folgenden Versionen zu unterscheiden.

Wie die Ariane 1 wurde die Ariane 5G nur wenige Male eingesetzt, um dann leistungsfähigeren Versionen zu weichen. Da der Jungfernflug der Ariane 5 in der „Evolution" Version jedoch scheiterte, war ihr eine längere Einsatzdauer vergönnt. Dafür wurden einige Zwischenversionen, die Ariane 5 G+ und GS, eingesetzt.

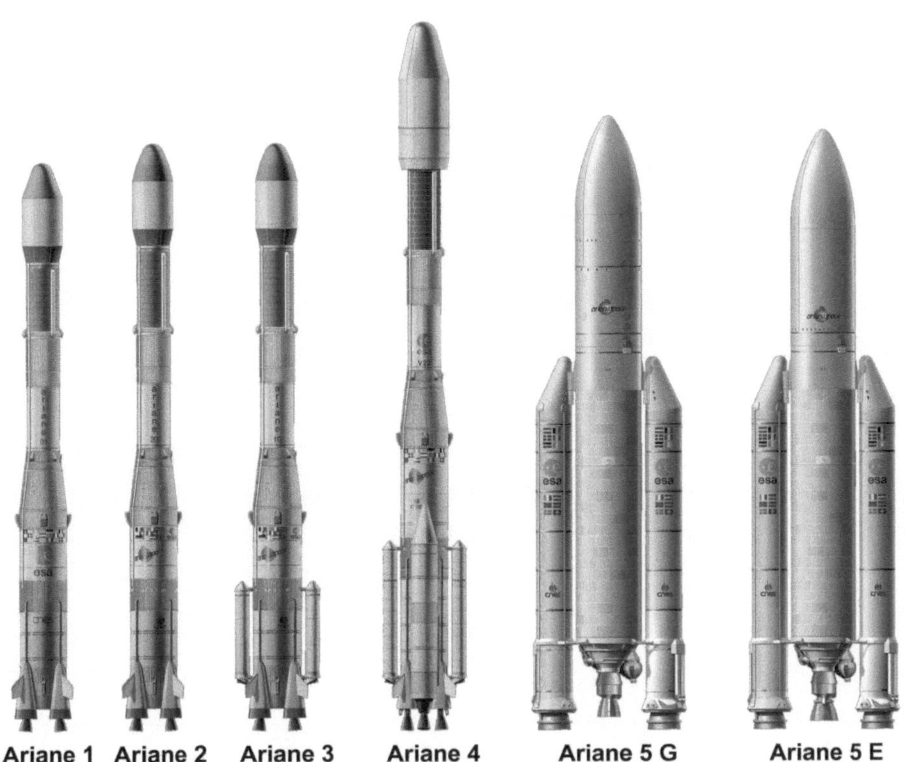

Abbildung 1: Die Ariane Versionen im Größenvergleich zur Ariane 1-4 Familie

Von der Oberstufe zur Ariane 5

Die ersten Ideen für eine Ariane 5 gab es schon 1979, als die Entwicklung der Ariane 2 und 3 beschlossen wurde. Die damalige „Ariane 5" war noch keine komplett neue Rakete wie die später realisierte Ariane 5. Es handelte sich um die Ariane 4 Erststufe mit einer hydrogenen Zweitstufe von 40-45 t Treibstoffzuladung und 4,65 m Durchmesser. Der Durchmesser der Nutzlastverkleidung hätte auch 4,65 m betragen, womit die Rakete kompatibel zum Nutzlastraum des Space Shuttle gewesen wäre.

Ein Triebwerk von 600 bis 800 kN Schub hätte die zweite Stufe angetrieben. Bei einem Startgewicht von 310 t hätte sie 12 t in einen erdnahen Orbit transportiert und mit der H10 Oberstufe der Ariane 3 etwa 5,5 t in den GTO-Orbit (**G**eosynchronos **T**ransferorbit). Der Startpreis wäre

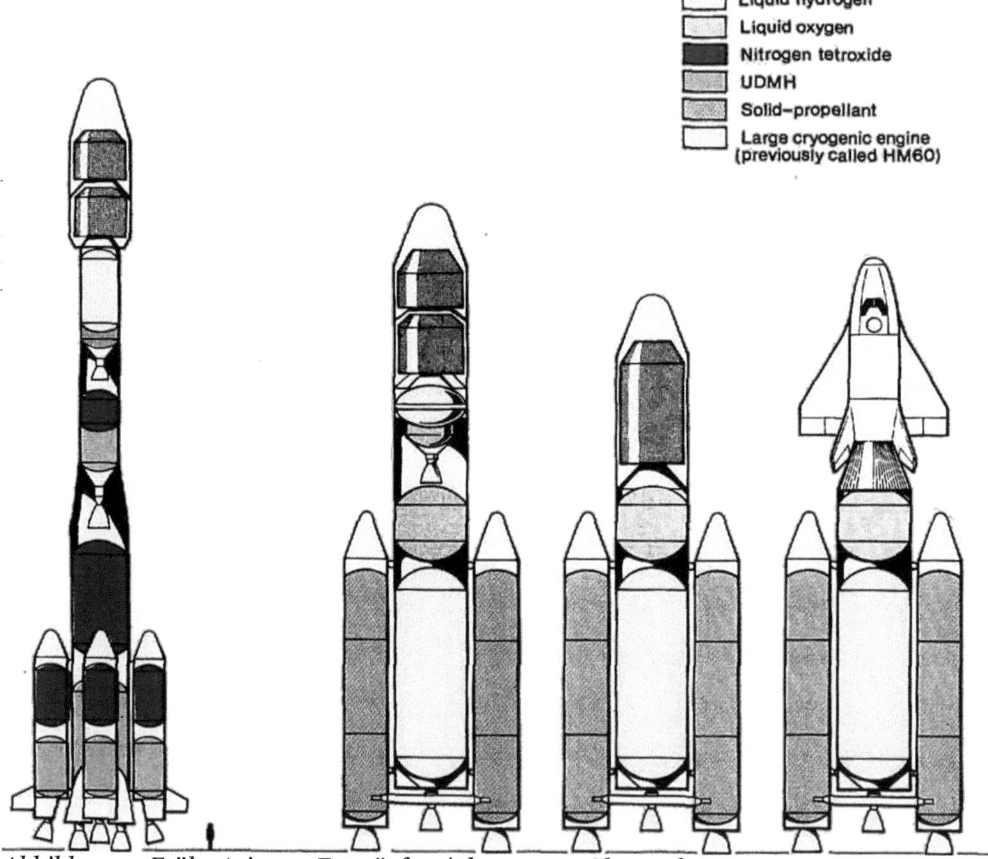

Abbildung 3: Frühe Ariane 5 Entwürfe mit kryogener Oberstufe

35% höher gelegen als bei einer Ariane 1. Pro Kilogramm beförderter Nutzlast sanken die Kosten allerdings um 56%. Der Erstflug war 1979 noch für 1990 geplant. Ihr sollte nach frühen Planungen eine teilweise wiederverwendbare Trägerrakete mit einer geflügelten ersten Stufe folgen.

Aus dem Triebwerk mit 600 kN Schub wurde das HM-60, das später mehrfach im Schub gesteigert wurde und den Namen „Vulcain" erhielt. Im Laufe der Jahre wandelten sich die Entwürfe von einer modifizierten Ariane 4 zu einer von Grund auf neuen Rakete.

Der heutige Entwurf der Ariane 5 wurde in der grundlegenden Form 1984 ausgearbeitet. An die Ariane 5 wurden zu diesem Zeitpunkt viele, teilweise widersprüchliche, Anforderungen gestellt.

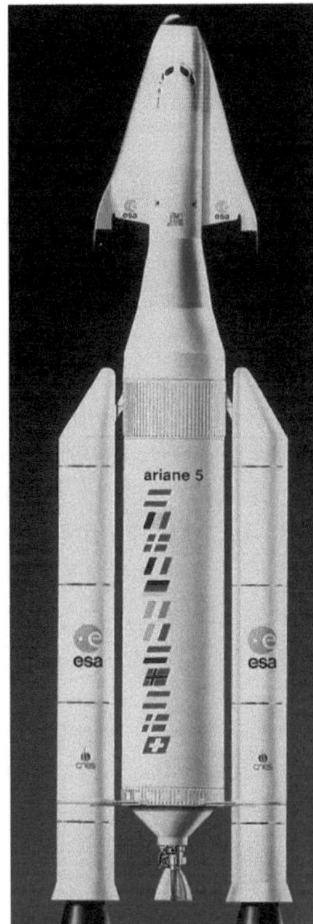

Abbildung 4: Hermes auf Ariane 5

- Ariane 5 sollte Ariane 4 beim Transport von kommerziellen Satelliten ablösen. Dafür sollte sie über eine höhere Nutzlast verfügen: 5.200 kg im Einzelstart. Marktprognosen von Arianespace sahen voraus, dass die meisten Satelliten in der zweiten Hälfte der neunziger Jahre 2.000 bis 2.800 kg wiegen würden. Ohne Steigerung der Kapazität würde Ariane keine Doppelstarts durchführen können. Diese machten die Starts auf der Ariane 4 erst preisgünstig.

- Gleichzeitig sollte sie günstiger als die Ariane 4 zu produzieren sein. Der Startpreis sollte um 10% sinken, die Kosten pro Kilogramm Nutzlast sogar um 40%.

- Ariane 5 sollte aber auch den Raumgleiter Hermes transportieren. Dafür musste sie 15 t in einen erdnahen Orbit transportieren. Ariane 4 war für den GTO-Transport optimiert und konnte in erdnahen Bahnen ihre Maximalnutzlast nicht ausnutzen.

- Für bemannte Einsätze musste sie sehr zuverlässig sein: Nur ein Start von hundert dürfte bei bemannten Missionen fehlschlagen. Beim Einsatz einer optionalen Oberstufe (für GTO Einsätze) sollte die Zuverlässigkeit noch 1:66 betragen. Die Ariane 4 war nur für ein Verlustrisiko von 1:20 ausgelegt, erreicht wurde aber eine Zuverlässigkeit von 1:38.

- Nicht zuletzt: Die europäische Industrie sollte neue Technologien entwickeln und ihre Kompetenz steigern. Das erklärt einige suboptimale Designentscheidungen, die dann bei der Weiterentwicklung von leistungsfähigeren Lösungen abgelöst wurden.

Das waren einige Herausforderungen. Insgesamt wurden 30 verschiedene Konfigurationen untersucht. Um die Produktionskosten zu senken, war bald klar, dass zwei Feststoffbooster die Rakete antreiben sollten. Auch bei der zentralen Stufe sollte nur ein Triebwerk verwendet werden, um die Kosten möglichst niedrig zu halten und das Risiko zu senken. Die Zentralstufe sollte flüssigen Wasserstoff als Treibstoff einsetzen. Das erlaubte es, mit nur zwei Stufen einen niedrigen Erdorbit zu erreichen. Für Hermes war so keine Oberstufe nötig. Ein System weniger, das ausfallen konnte. Dadurch erreichte die ESA die gewünschte hohe Zuverlässigkeit, da bei einem Hermes-Start das Vulcain-Triebwerk am Boden geprüft werden konnte, bevor die Booster gezündet wurden und die Rakete abhob. Probleme bei der Zündung sind die Ursache von vielen Fehlstarts. So entfielen zwei der fünf Fehlstarts des HM-7 Triebwerks bei Ariane 1-4 auf Probleme bei der Zündung der dritten Stufe. Bei der Ariane 5 in der Hermes Konfiguration wurde kein Triebwerk im Flug gezündet. So konnte eine hohe Zuverlässigkeit für diese Konfiguration erreicht werden.

Der Schub des Triebwerks wurde auf das notwendige Minimum beschränkt, ohne Reserven für einen Ausbau. Das machte die Entwicklung und die Produktion des Vulcain-Triebwerks preiswerter. Die Entwicklung der Ariane 5 sollte 2.000 bis 2.500 Millionen Dollar kosten.

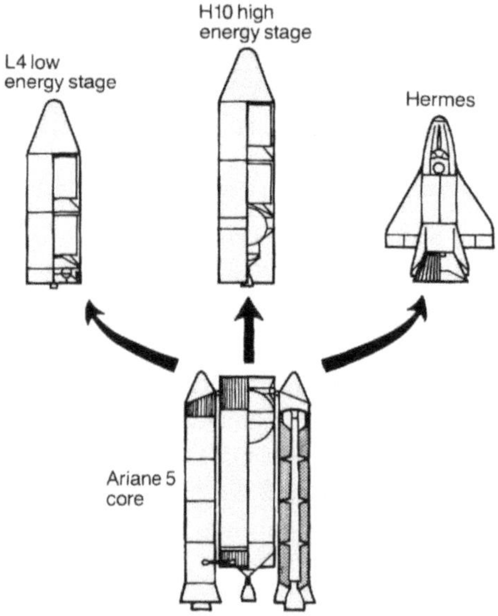

Für GTO Missionen brauchte die Ariane 5 eine Oberstufe. Hermes-Missionen hätten hingegen keine Oberstufe eingesetzt. Der Raumgleiter Hermes hätte nach dem Abtrennen seine eigenen Triebwerke zünden müssen, um den Orbit zu erreichen. Die GTO-Oberstufe hätte auf der H10 Oberstufe der Ariane 4 basiert und kryogene Treibstoffe verwendet. Diese technisch optimale Lösung wurde 1984 noch favorisiert.

Abbildung 5: Entwurf der Ariane 5 1985 mit zwei Oberstufen

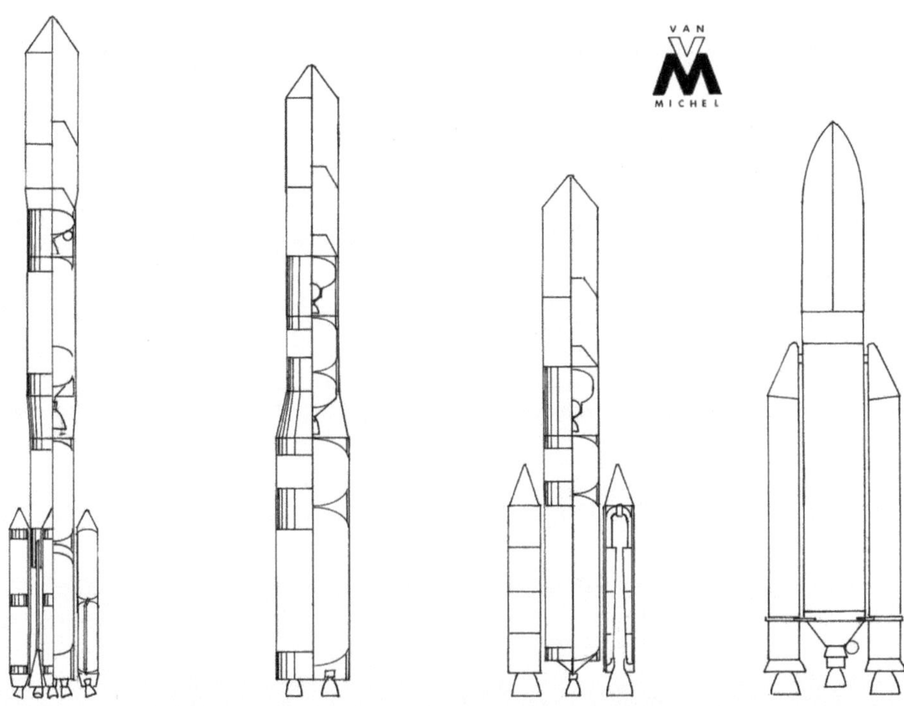

Abbildung 6: Frühe Ariane 5 Entwürfe © der Grafik: Michel Van

Im Januar 1985 kam dann der Vorschlag mit einer zweiten Oberstufe hinzu, die damals L4 (für Low Energy, 4 t Treibstoff) genannt wurde. Diese Stufe wurde in der Folge immer größer. Der allererste Entwurf der Ariane 5 hatte nur 300 kg Treibstoff in der VEB für Feinkorrekturen der Bahn vorgesehen, aber keine Oberstufe. Später folgte eine eigene Stufe mit zuerst 1 t Treibstoff (L1), die dann zur L2 und L4 wurde. Die L4 Oberstufe war zuerst für Missionen in einen sonnensynchronen Orbit (bis 800 km Höhe) gedacht. In dieser Bahn war ein frei fliegendes Labor geplant, das von Hermes regelmäßig gewartet werden sollte. Für Missionen zur Raumstation Freedom (aus der später die ISS entstehen sollte) konnte Hermes auf die L4 Stufe verzichten. Die L4 hatte ein druckgefördertes Triebwerk mit 20 kN Schub.

Der Vorschlag für das Ministertreffen in Rom im Juni 1985 sah somit zwei verschiedene Oberstufen vor. Die Booster und die Erststufe waren kürzer als beim endgültigen Entwurf. Daraus resultierte eine geringere Treibstoffzuladung. Das HM60 sollte einen Schub von 1.000 kN und eine Brenndauer von 500 s aufweisen. Die Entwicklungskosten dieser 550 t schweren Rakete wurden auf 2.600 MAU (**M**illion **A**ccounting **U**nits – interne Rechnungseinheit der ESA und

Vorläufer des Euro) geschätzt. Beim Ministerratstreffen wurde beschlossen, dieses Konzept weiter untersuchen zu lassen, und Mittel für Vorentwicklungen des Vulcain-Triebwerks wurden freigegeben. Über die endgültige Entwicklung der Ariane 5 sollte dann beim nächsten ESA-Konzil, drei Jahre später, entschieden werden.

Ariane 5 (1985)	P170	H120	L4
Durchmesser:	3,00 m	5,00 m	5,00 m
Höhe:	27,00 m	27,00 m	4,50 m
Treibstoff:	170 t	120 t	4,00 t
Brenndauer:	120 s	500 s	800 s
Schub:	450 t (Meereshöhe)	102 t Vakuum	20 kN (Vakuum)
Nutzlast:	5.200 kg GTO (mit L4) 8.200 kg GTO (mit H10) 11.000 kg SSO 800 km Höhe (mit L4) 15.000 kg zur ISS (ohne Oberstufe)		

Die Version, die Ende 1987 dem Ministerrat vorgelegt wurde, sah dann schon eine gestreckte Hauptstufe und Boosters vor. Hermes, die wichtigste Nutzlast, wurde laufend schwerer, und die

Abbildung 7: Start einer Ariane © des Fotos: ESA

Ariane 5 musste deswegen entsprechend leistungsfähiger werden. Die kryogene Oberstufe wurde dagegen ersatzlos gestrichen. Die zweite Oberstufe nahm nun 5 t Treibstoff auf (L5). Dieser Entwurf sollte 6,8 t in den GTO-Orbit bringen und 18 t in den LEO transportieren.

Geplante Aufgabenaufteilung 1985	
Matra Marconi Space	VEB
Aerospatiale	Hauptauftragnehmer, Boosterentwicklung, EPC
SEP	Vulcain Triebwerk, Tests in Frankreich
Europropulsion	Boosterintegration
CNES	Bodenanlagen
DFVLR	Tests in Deutschland
MBB/ERNO	EPS Stufe Entwicklung und Integration
Dornier	Speltra
Oerlikon Contraves	Nutzlastverkleidung
Finanzposten	**Millionen Accounting Units**
Systemstudien und Tests	125
P170 Booster	355
H120 Stufe	270
HM60 Antrieb (inklusive Testeinrichtungen)	738
Andere Elemente der unteren beiden Stufen	95
Oberstufe + VEB	200
Bodenanlagen in Europa	80
CSG Anlagen	450
Testflüge	185
Gesamt	2498
Managementkosten ESA/CNES	102
Gesamtbudget	2600

Die kleine L5 Stufe machte einen Kunstgriff möglich: Um nicht zwei Konfigurationen für GTO und Hermes Missionen erstellen zu müssen, wurde das Design der L5 so ausgelegt, dass sie innerhalb der VEB angebracht werden konnte. Die VEB gab die statischen Belastungen der Nutzlast an die Zentralstufe weiter. Das erlaubte es, für erdnahe Missionen die L5 einfach wegzulassen, und es war nur eine VEB für beide Missionstypen notwendig. Allerdings war damit die Größe der Oberstufe begrenzt. Kryogene Treibstoffe, die voluminös sind, schieden von vornherein aus.

Was daraus resultierte, war eine für LEO Missionen optimierte Rakete, die auch GTO Missionen durchführen konnte, aber mit einer deutlich geringeren Nutzlast als für eine so große Rakete üblich. Aus heutiger Sicht eine falsche Entscheidung, doch alleine für den kommerziellen Transport hätte die ESA 1987 nicht die hohen Entwicklungskosten für Ariane 5 beim Ministerrat genehmigt bekommen. Der Erfolg, den später Ariane 4 haben sollte, war zu diesem Zeitpunkt noch nicht vorauszusehen.

Gerade Hermes machte jedoch Probleme: Sein Startgewicht stieg sehr rasch von 17 auf 23 t. Das machte es nötig, die Nutzlast der Ariane 5 weiter zu steigern. So wurden die Stufen nochmals vergrößert, bis 1990 das Design weitgehend eingefroren wurde, siehe folgende Tabelle.

Ariane (1990)	P230	H155	L5	VEB	Nutzlastverkleidung
Durchmesser:	3,0 m	5,4 m	5,4 m	5,4 m	5,4 m
Höhe:	30 m	30 m	4,5 m	2,2 m	11 / 20,5 m
Startgewicht:	269 t	170 t	6,0 t	1,1 t	1,4 / 2,4 t
Treibstoff:	230 t	130 t LOX + 25 t LH2	3,5 t NTO + 1,7 t MMH	0,06 t Hydrazin	
Brenndauer:	125 s	615 s	800 s		
Schub:	750 t (max), 5.703 kN beim Start 375 t (min)	90 t Meereshöhe 104 t Vakuum	20 kN (Vakuum)		
Spezifischer Impuls:	2479 m/s (Meereshöhe)	3883 m/s (Meereshöhe) 4126 m/s (Mittel) 4218 m/s (Vakuum)	3316 m/s (Vakuum)		

Die Nutzlast von 21 t (LEO) beziehungsweise 6,92 t (GTO) entsprach schon derjenigen der Ariane 5G. Es gab dann noch zwei kleinere Änderungen, welche die Oberstufe und VEB betrafen. Die VEB war nicht so leichtgewichtig zu produzieren, wie dies angenommen worden war. Sie wog 1,5 statt 1,1 t. Dies machte ein Anheben der Treibstoffmenge der Oberstufe auf 7 t notwendig. Trotzdem sank die Nutzlast auf 6.290 kg in den GTO.

Die letzte Entscheidung, welche zu einer Revision führte, war eine veränderte Aufstiegsbahn. Bisher war diese auf minimalen Treibstoffverbrauch optimiert. Dies führte dazu, dass die EPC bei GTO Missionen einen niedrigen Erdorbit erreichte. Die ESA beschloss aber, dass die EPC keinen Orbit erreichen sollte, um die Bildung von Weltraummüll zu vermeiden. Das führte zu einer neuen, ballistischen Aufstiegsbahn, bei der die EPC nach einem halben Erdumlauf wieder in die Atmosphäre eintritt. Diese suborbitale Bahn war allerdings energetisch ungünstiger. Dies führte dazu, dass die L7 nochmals 2,5 t mehr Treibstoff aufnehmen und der Schub des Triebwerks von 20 auf 27,8 kN angehoben werden musste. Damit stand Mitte 1991 die endgültige Version fest. Kurz danach wurde im November 1992 Hermes endgültig gestrichen: Er war zu schwer und zu teuer geworden.

Die folgenden Tabellen zeigen die Evolution des Konzepts, das geplante Finanzvolumen, die Beteiligung der Länder und die Aufteilung der Aufgaben.

	1985 Planung	1990 Planung	Ariane 5 beim Jungfernflug
Treibstoff Booster	170 t	230 t	238 t
Treibstoff Zentralstufe	120 t	155 t	158 t
Treibstoff Oberstufe	4 t	5,2 t	9,7 t
VEB	?	1,1 t	1,5 t
Nutzlast (GTO	5,2 t	6,92 t	6,8 t
Startgewicht	550 t	722 t	746 t

Land	Anteil	Hauptanteil
Frankreich	44,7%	EPC Stufe, EAP Düsen, Vulcain Triebwerk, Bodenanlagen
Deutschland	22%	Boostergehäuse, EPS Stufe, Vulcain Brennkammer, Speltra
Italien	15%	Füllung der Booster, Boosterintegration, Düse Booster
Belgien	6%	
Spanien	3%	VEB Struktur, Speltra
Niederlande	2,1%	Fallschirmsystem Booster
Schweden	2%	LOX Turbopumpen Vulcain, Bordcomputer
Schweiz	2%	Nutzlastverkleidung
Österreich, Irland, Norwegen, Dänemark	< 1%	

Programmkosten (Schätzung 1985)	
Programm	**Kosten [MAU] (entsprechend Millionen Euro)**
Systemarbeiten	216
EAP Booster	819
EPC Hauptstufe	964
EPS-Oberstufe	732
Industrie	234
Management	212
Bodenanlagen	566
2 Qualifikationsflüge	266
Gesamt	4.144

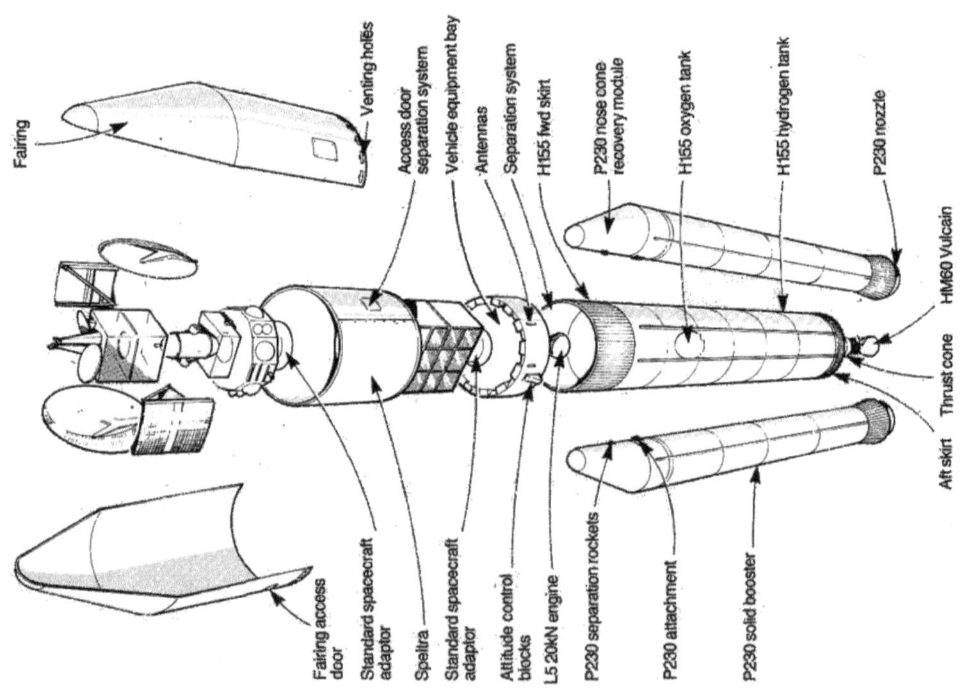

Abbildung 8: Explosionsschaubild der Ariane 1988

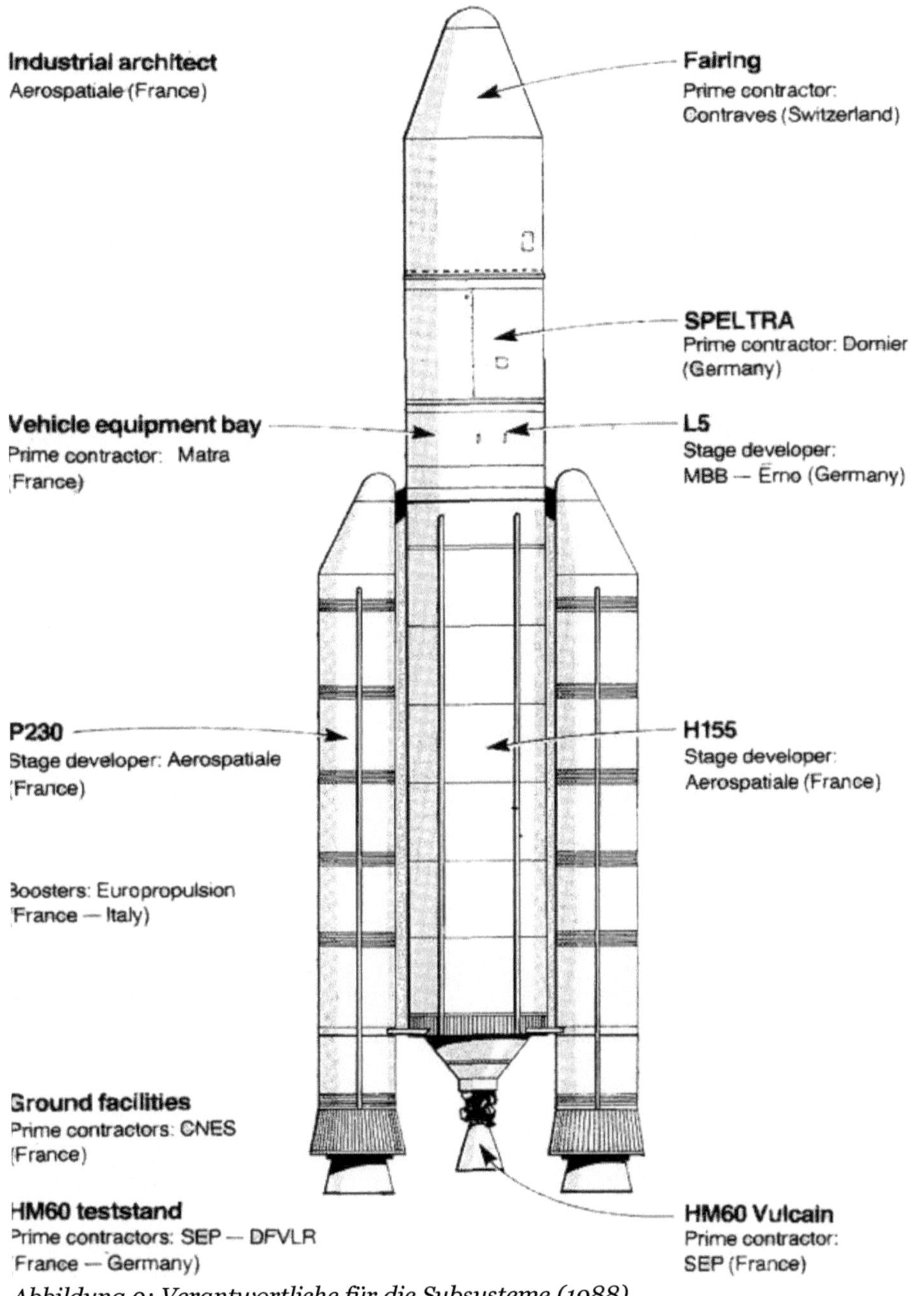

Abbildung 9: Verantwortliche für die Subsysteme (1988)

Die Entwicklung

Nach den Definitionsstudien für den neuen Träger beschloss die ESA bei der Ministerratstagung am 31.1.1985 in Rom zuerst ein Vorbereitungsprogramm für die Ariane 5. Dieses freiwillige Programm (Mitgliedstaaten können teilnehmen, müssen aber nicht) umfasste in einem ersten Schritt bis Dezember 1987 technologische Vorentwicklungen für die kritischen Systeme des neuen Trägers. Dies betraf vor allem Arbeiten an den Turbopumpen des HM-60 Triebwerks, aber auch den Ausbau bestehender Teststände. Dieses Vorbereitungsprogramm, wie auch die Revision des Konzeptes, verlief ohne Probleme, und so konnte die nächste Konferenz im Dezember 1987 über das eigentliche Programm beschließen.

Die geschätzten Kosten lagen nun bei 3.496 MAU auf der Preisbasis von 1986. Dazu kamen noch die schon ausgegebenen 616 MAU für das Vorbereitungsprogramm. So betrugen die gesamten Entwicklungskosten 4.114 MAU. Der Erststart war für Anfang 1995 und der erste kommerzielle Einsatz nach zwei Qualifikationsflügen 1996 vorgesehen. Obwohl die Kosten deutlich höher lagen als die noch 1985 veranschlagten 2.600 MAU, bekam Ariane 5 als einziges der drei großen neu beschlossenen Programme (die anderen waren Columbus und Hermes) die Rückendeckung aller Mitgliedsstaaten und wurde einstimmig beschlossen. Die Mehrkosten waren vor allem auf die Anpassung an Hermes zurückzuführen. Sie führten zur Vergrößerung der Booster und der Zentralstufe.

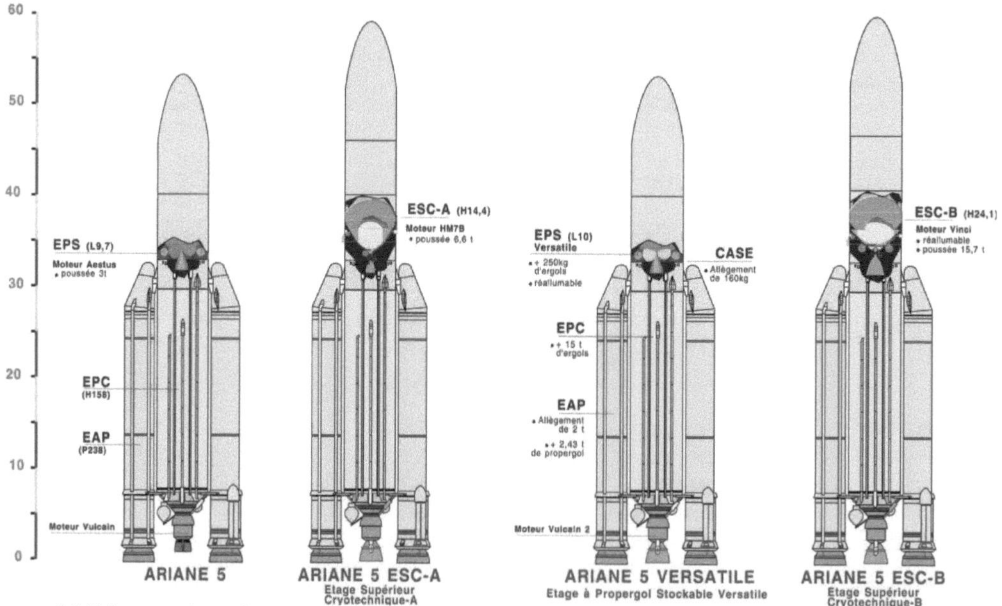

10. Abbildung: Die Subversionen der Ariane 5 © der Grafik EADS Astrium LV

Die ersten Tests fanden mit dem Haupttriebwerk statt, dass von HM60 (**H**ydrogen **M**otor, 60 t Schub) in „Vulcain" umbenannt wurde. Ende 1988 wurde der Teststand PF50 in Vernon und im Herbst 1990 der Teststand P5 in Lampoldshausen fertiggestellt. 1988 erfolgte auch der erste Test eines Subsystems des Vulcain, nämlich der des Gasgenerators. Im November 1988 erfolgte auch der erste Test einer Turbopumpe über 1200 s, also doppelt so lang wie die spätere nominelle Betriebszeit. Es folgte am 5. Juli 1990 der erste Test eines kompletten Vulcain Triebwerks. Schon ein Jahr später, am 13.7.1991, lief es erstmals über die volle Betriebszeit von 600 s, damals allerdings noch mit 100 Bar Brennkammerdruck und rund 1.070 kN Schub, doch eine Schuberhöhung auf 1.140 kN war schon beschlossen und innerhalb der Entwicklungszeit auch möglich.

Bis Ende 1991 waren schon 69 Tests erfolgt, drei davon über die nominelle Brenndauer. Die akkumulierte Gesamtzeit betrug nun bereits 5.176 s. Mitte 1992 stand die endgültige Konfiguration fest: Die zwei wesentlichen Änderungen waren eine deutlich größere Oberstufe und die Schubsteigerung beim Vulcain-Triebwerk durch Erhöhung des Brennkammerdrucks.

Obwohl das Vulcain-Triebwerk als die größte technologische Herausforderung galt, verlief seine Erprobung unproblematisch. Als die Tests beendet wurden, hatten 13 Testtriebwerke insgesamt 278 Testläufe mit einer akkumulierten Gesamtbetriebszeit von 87.000 s (entsprechend 145 Missionen) absolviert. Einige Exemplare waren insgesamt 10.000 s lang gelaufen.

Ganz anders verlief die Erprobung der Booster. Die Tests von Boostern sind aufwendiger, und aufgrund ihrer Konstruktion kann jedes Gehäuse auch nur für einen Test verwendet werden. Für jeden Probelauf ist daher ein eigener Booster nötig. Es gab daher neben statischen Tests der Hüllen bis zum Bersten (am 18.7.1991) nur sieben Zündungen des ganzen Boosters. Ursprünglich waren zehn geplant, die Zahl wurde dann aber reduziert. Aufgrund der dabei frei werdenden Verbrennungsprodukte (die unter anderem auch Salzsäure enthalten) sind Tests der ganzen Booster nur in Französisch-Guyana möglich. Die ersten beiden Tests fanden mit verstärkter Boosterhülle statt („Battleship" oder B-Konfiguration), die folgenden drei in der Flugkonfiguration (M-Konfiguration) und die beiden Letzten in derselben Konfiguration wie bei den Qualifikationsflügen (Q-Konfiguration).

Verzögerungen bei der Herstellung des Thermalschutzes der Booster beim Hersteller führten schon frühzeitig zur Verschiebung des ersten Tests B1 vom Oktober 1991 auf März 1992. Als dann der erste Booster in der Fabrik in Guayana mit Treibstoff gefüllt wurde, stellte sich heraus, dass der Treibsatz stellenweise noch zähflüssig und nicht ausgehärtet war. Eine Untersuchungskommission wurde eingesetzt. Sie stellte fest, dass ein Ventil zu wenig Binder in einen der zehn Rührer beförderte und so der Treibstoff nicht vollständig aushärten konnte. Diese relativ einfache Ursache führte zu einer weiteren Verzögerung um sechs Monate, sodass erst im Februar

1992 der Test B1 durchgeführt werden konnte. Anders als die Space Shuttle-Booster werden die Booster in Kourou in vertikaler Position, also in derselben Position wie beim Start getestet. Die Aussagekraft der Tests ist dadurch höher, da die Belastungen vergleichbar zum Flug sind. Nach den Tests hatten die Flammen einige Meter massiven Fels unter den Testständen buchstäblich verdampft.

Auch wenn die folgenden Erprobungen der Booster ohne Probleme verliefen und mit den beiden Qualifikationstests am 10.3.1995 und 21.7.1995 abgeschlossen wurden, war durch die Verzögerung der Zeitplan Makulatur, und der Erstflug wurde schon Ende 1991 auf Oktober/November 1995 verschoben. Gleichzeitig stiegen die Kosten an. Schon Anfang 1993 war eine Kostenüberschreitung von 10% offensichtlich, und eine Kostenüberschreitung von 20% – der Marke, ab der die einzelnen Staaten zum Ausstieg aus dem Programm berechtigt waren – erschien nicht mehr unmöglich.

Nach den Tests des Vulcain-Triebwerks alleine fanden die Tests der kompletten EPC-Stufe statt, auch hier zuerst mit einer verstärkten Struktur (Battleship-Konfiguration). Am 5.9.1994 fand die erste Erprobung der EPC statt. Die Tests der Flugkonfiguration begannen am 16.6.1995 mit einem Testlauf der MQ-Konfiguration über die volle Betriebszeit von 590 s. Dabei wurden die Feststoffbooster durch Gewichte mit derselben Gewichtsverteilung ersetzt. Ein Dutzend Zündungen der kompletten EPC folgten in den nächsten zwei Monaten.

Im Dezember 1992 lief das Aestus-Triebwerk erstmals über 1.380 s – mehr als die nominelle Missionsdauer, gefolgt vom ersten Test im Vakuum im selben Monat. Insgesamt hatte das Aestus-Triebwerk 12.000 s Betriebszeit vor dem Jungfernflug akkumuliert, was rund 11 Flügen entsprach. Es fanden zwar bedingt durch die geringeren technischen Herausforderungen weniger Tests als beim Vulcain-Triebwerk statt, jedoch waren sie aufwendiger. Da das Aestus-Triebwerk im Weltraum im Hochvakuum bei einem Druck von 10^{-4} Pa gezündet wird, waren realitätsnahe Simulationen nur im Höhenbetriebsteststand P4.2 in Lampoldshausen möglich. Die Zündung erfolgte im (fast) Vakuum bei 200 Pa Druck, und während des Betriebs wurden die Abgase durch Turbinen abgesaugt und ein Vakuum von 500 Pa aufrecht erhalten. Zum Vergleich: Der mittlere Luftdruck auf Meereshöhe liegt bei 100.130 Pa.

Die EPS / VEB Erprobung verlief ohne Auffälligkeiten. Da die EPS innerhalb der VEB befestigt wurde, fanden immer kombinierte Tests einer VEB mit einer EPS-Stufe statt. Nach Strukturtests folgten elektromagnetische Unverträglichkeitsprüfungen untereinander und mit der EPC-Elektronik. Sehr spät begannen die Tests der kompletten EPS-Oberstufe, die erstmals am 4.10.1994 erprobt wurde. Das Erprobungsprogramm der EPS-Oberstufe konnte schon am 27. Juli 1995 abgeschlossen werden. Die erste Produktionsstufe flog nun am 29.11.1995 für die Vorbereitungskampagne für den Jungfernflug nach Kourou.

Neue Verzögerungen gab es von anderer Stelle. Tests der pyrotechnischen Abtrennung von Nutzlasthülle, Oberstufe und Speltra ergaben sehr hohe Schallbelastungen mit Spitzenwerten oberhalb der zulässigen Werte in einigen Frequenzbereichen. Sie führten zu einer Modifikation der Nutzlasthülle, in die Schallabsorber eingebaut wurden. Der Erststart musste erneut verschoben werden: Er rutschte nun auf Mai/Juni 1996.

Die Kosten waren inzwischen auch deutlich angestiegen, bedingt vor allem durch die Programmverzögerungen. 1990 lagen sie noch bei 3.694 Millionen AU im Wert von 1986 (4.371 im Wert von 1990, ein kleiner Anstieg von 5,7% aufgrund technischer Änderungen), stiegen dann aber an und überschritten die Sicherheitsgrenze von 20%, die vorgesehen war. 1994 erreichten sie 5.150 MAU. Die gesamten Entwicklungskosten lagen schließlich vor dem Erststart bei 5.790 Millionen MAU, allerdings in realen Einheiten und nicht auf dem Wert von 1987. Sie sollten auch danach durch den gescheiterten Jungfernflug weiter ansteigen.

System	Verantwortlichkeiten (1995)
Feststoffbooster	Aerospatiale (Hauptkontraktor), Europropulsion (Befüllung) SEP (Düsen), MAN (Boosterhülsen), BPD (Treibstoff, Zünder, Thermalschutz)
Zentralstufe	Aerospatiale (Hauptkontraktor), SEP (Antrieb), Air Liquide (Tanks)
EPS-Oberstufe	DASA (Hauptkontraktor, Integration, Antriebssystem) CASA (Struktur), MAN (Tanks)
VEB	Matra Marconi Space (Hauptkontraktor) CASA (Struktur), DASA (Antriebssystem), SAAB Ericsson (Computer)
Nutzlastverkleidung	Oerlikon-Contraves (Hauptkontraktor, Struktur) Aerospatiale (Pyrotechnik), DASA/Dornier (Helmholz-Absorber)
SPELTRA + Sylda	DASA/Dornier (Hauptkontraktor, Struktur), Aerospatiale (Pyrotechnik)
Bodenanlagen	Fiat-Regulus (UPG-Treibstofffabrik), MAN (mobiler Starttisch)

Ariane 5 und Hermes

Mit dem europäischen Space Shuttle Hermes sollte Europa einen eigenständigen, bemannten Zugang zum Weltraum erhalten. Er war die wichtigste Nutzlast für Ariane 5. Gleichzeitig sollte Ariane 5 auch ein preiswerter Träger für geostationäre Transporte werden. Diese beiden Forderungen unter einen Hut zu bringen, war nicht einfach. Mitte der achtziger Jahre war die Zeit vorbei, bei der eine schon verfügbare Trägerrakete eine Kapsel in den Orbit transportierte. Sowohl die Saturn wie auch das Space Shuttle waren speziell als bemannte Systeme entwickelt worden und besonders zuverlässige, aber auch teure Träger. Die ESA löste das Dilemma, dass Ariane 5 kommerziell erfolgreich und trotzdem sicher sein musste, indem sie zwei Konfigurationen der Ariane 5 entwickelte:

- Zum einen die Ariane 5 mit der EPS-Oberstufe: Sie sollte schon eine sehr hohe Sicherheit aufweisen. Dies resultiert aus den wenigen Triebwerken und dem Startkonzept: Das Vulcain wird vor den Boostern gezündet und geprüft, analog den Space Shuttle-Haupttriebwerken. Feststoffbooster gelten als sehr zuverlässig. Dadurch sollte die Zuverlässigkeit der Ariane 5 Basiskonfiguration sehr hoch sein.

- Hermes ersetzt dann bei bemannten Flügen die Oberstufe und die VEB. Er steuert direkt die Rakete und kann sich bei einer Fehlfunktion rechtzeitig abtrennen. Dafür verfügt Hermes über eine eigene Antriebsstufe. Sie wird auch aktiv, wenn Hermes in 110 km Höhe von der Ariane 5 abgetrennt wird und befördert ihn in seinen Orbit.

Geplant war der erste Flug von Hermes für den fünften Ariane 5 Flug im Jahr 1998. Eine Flugrate von zwei Starts pro Jahr war vorgesehen. Jeder Gleiter sollte dreißigmal über einen Zeitraum von 15 Jahren eingesetzt werden können. Die Ariane 5 für Hermes wäre in den ersten beiden Stufen identisch zur Version für Satellitentransporte gewesen. Es darf aber davon ausgegangen werden, dass bei dieser Version wesentlich strengere und ausführlichere Überprüfungen während der Produktion erfolgt wären. Auch sollte eine Startkampagne doppelt so lange dauern, wie bei einem Satellitentransport. Das machte, um die kommerziellen Flüge nicht zu beeinträchtigen, eine zweite Startrampe nötig. Aufgrund der Kostensteigerungen beim Entwicklungsprogramm verschob die ESA die Entscheidung für eine zweite Startrampe für ELA 3, bis der Jungfernflug von Hermes anstehen würde.

Vorstudien für Hermes gab es seit 1985. Frankreich wollte diese Raumfähre bauen und musste vor allem bei Deutschland Überzeugungsarbeit leisten, das mit zwei Großprojekten – Ariane und Columbus – genügend teure Vorhaben bei der ESA sah. 1985 sollte Hermes noch 2.000 Millionen Euro kosten.

Hermes 1985	
Gleiter:	17,90 m Länge, 10,20 m Spannweite 17.000 kg Startgewicht 40 Tage Betriebsdauer (erweiterbar auf 90 Tage). Besatzung 4-6 Personen Nutzlastraum: 3 m Durchmesser, 5 m Länge, 4.550 kg Nutzlast
Antriebssystem:	1 × 20 kN Schub
Landung:	2.500 km Querreichweite, 260 km/h Landegeschwindigkeit
Umlaufbahn:	400 km (17.000 kg Startgewicht) – 800 km Höhe (13.000 kg Startgewicht)

Hermes übernahm in der Konzeption Lehren vom Space Shuttle, so war der Hitzeschutzschild fest angebracht, statt geklebt. Er sollte aus einem Kohlenstoff-Keramikmaterialmix in Honigwabenbauweise bestehen, besonders beanspruchte Stellen aus Kohlenstoff oder Verbundwerkstoffen. Die Oberseite sollte mit Glasfasermatten geschützt werden. Die besonders exponierten Triebwerksdüsen sollten aus einer hochtemperaturfesten Legierung bestehen. Die Raumfähre unterschied sich in der Form vom Space Shuttle und war gedrungener mit einer kleineren Flügelspannweite (im Verhältnis zum Rumpf). Sie verarbeitete die Erfahrungen, welche die NASA mit dem experimentellen X-20 Versuchsflugzeug gewonnen hatte. Der Gleiter sollte durch die Flügel auch eine hohe Querreichweite von 2.000 – 2.500 km aufweisen.

Die Besatzung gelangte in die Nutzlastbucht, die nicht unter Druck stand, durch eine Luftschleuse. Hermes sollte eine Besatzung von bis zu sechs Personen aufnehmen. Davon waren zwei der Pilot und Copilot. Bei eigenständigen Forschungsmissionen kamen noch ein bis zwei Missionsspezialisten hinzu. Bei Versorgungsmissionen zur Raumstation Freedom konnte die Besatzung bis auf sechs ansteigen. Sein Einsatzspektrum war größer als beim Space Shuttle: Er sollte bis zu 30 Tage autonom im All verbleiben können oder 90 Tage angedockt an eine Raumstation. Der Gleiter hätte eine Bahn von bis zu 800 km Höhe zur Versorgung der polaren Plattform erreichen können.

Jeder Orbiter sollte drei Monate nach der Landung erneut starten. In einem ersten Schritt war die Produktion von zwei Gleitern geplant.

Bei einem Flugabbruch bis 84 s nach dem Start (eine Abtrennung während des Betriebs der Feststoffbooster war vorgesehen!) wäre Hermes auf einer Landebahn in Kourou notgelandet. Bis 360 s nach dem Start wäre er im Atlantik notgewassert und von einem Bergungsschiff geborgen worden. Danach hätte er eine suborbitale Bahn durchflogen und wäre in Frankreich gelandet. Dort war auch der reguläre Landeplatz bei einer Mission vorgesehen. Nach einer Überholung in Europa hätte ein Airbus 300 den Raumgleiter huckepack nach Französisch-Guyana gebracht. Die Startkampagne sollte mit 40 Tagen fast doppelt so lange wie bei der Ariane 5 (22 Tage) dauern.

Die jährlichen Kosten für zwei Flüge wurden damals mit nur 220 MAU angesetzt, ein Dritter sollte sogar nur 80 MAU kosten; als aber die Ariane 5 operationell wurde, kostete schon die Produktion der Trägerrakete mehr. Die Zuverlässigkeit (Rettung der Besatzung) wurde mit 0,9999 angegeben – verglichen mit 0,99 für eine Ariane 5.

Die Konfiguration von Hermes veränderte sich stark während der Entwicklung. Gravierende Änderungen nach der Explosion der Challenger machten den Gleiter deutlich schwerer. Schon 1986 war Hermes 3 t schwerer geworden und die ESA fing an, als Folge die Ariane 5 zu verstärken. So nahm die EPC nun 140 statt 120 t Treibstoff auf, und das Vulcain-Triebwerk sollte 600 s anstatt 500 s lang brennen. Der Schub des Vulcain wurde um 10% erhöht. Auch jeder Booster erhielt 20 t mehr Treibstoff (190 statt 170 t). Alles zusammen erhöhte die Nutzlast von 15 auf 16,7 t. Hermes war immer schwerer als die nominelle Nutzlast, da die VEB entfiel, und er nur auf einer suborbitalen Bahn ausgesetzt worden wäre. Er hätte diese mit eigenen Triebwerken anheben müssen. Dafür wurde nun ein zweites Triebwerk beim Gleiter notwendig.

Den Hauptteil des Zusatzgewichtes machten vier Feststofftriebwerke mit je 160 kN Schub aus, welche den Raumgleiter im Falle einer Fehlfunktion der Ariane 5 abtrennen sollten. Sie mussten so schubstark sein, damit dies auch möglich gewesen wäre, während die Feststoffbooster noch arbeiteten. Da diese Triebwerke an der Basis des Gleiters, am Adapter zur Ariane, befestigt worden wären, entsprachen sie totem Gewicht, das mit in den Orbit transportiert werden musste. Bei einer Kapsel hätte ein Fluchtturm nach der Abtrennung der Feststoffbooster abgetrennt werden können. Das Vulcain-Triebwerk hätte abgeschaltet werden können und die beiden eigenen Triebwerke des Gleiters hätten ausgereicht, um den Gleiter abzutrennen. Neben dem Zusatzgewicht für die Triebwerke zur Abtrennung des Gleiters machte es diesen selbst auch schwerer, da nun die Struktur für eine Spitzenbelastung von 10 g in Längsrichtung ausgelegt werden musste.

Erst im Mai 1987 wurde Hermes endgültig von der ESA beschlossen. Deutschland hatte lange gezögert, bis der Entschluss fiel, sich an dem Projekt zu beteiligen. Die Entwicklungsphase B wurde damals zwar offiziell abgeschlossen, trotzdem wurde das Konzept substanziell weiter verändert. Zu diesem Zeitpunkt wurden die Entwicklungskosten schon auf 4.250 Millionen Dollar (4.490 Millionen MAU oder 9.294 Millionen DM) geschätzt, und der Erstflug war von 1995 auf 1998 gerutscht. Er wäre unbemannt erfolgt: Wie die russische Raumfähre Buran sollte Hermes auch unbemannt eingesetzt werden können.

Hermes Beteiligung 1987 für die Phase C1	
Frankreich:	42,65%
Deutschland:	26,70%
Italien	12,47%
Belgien:	5,86%
Spanien:	4,45%
Niederlande:	2,40%
Schweiz:	1,98%
Österreich:	0,50%
Dänemark:	0,45%
Kanada:	0,45%
Norwegen:	0,26%

Der Hauptkontraktor für die Entwicklung des Gleiters war Aerospatiale. Dassault fertigte den Hochtemperaturthermalschutz und das Flugkontrollsystem, Matra die Elektronik, ANT die Antennen, MBB das Antriebssystem, Dornier die Brennstoffzellen und das Umweltkontrollsystem, ETCA die Stromversorgung und Aeritalia den Niedrigtemperaturhitzeschutzschild.

Zu diesem Zeitpunkt war die Crew auf drei Personen und die Nutzlast auf 3.000 kg reduziert worden. Die Raumfähre wog nun schon 24 t mit und 21 t ohne Nutzlast. Trotz einer weiteren Vergrößerung der Ariane 5 (auf 230 t Treibstoff in den Feststoffbooster und 155 t Treibstoff in der kryogenen Hauptstufe) war dies zu schwer für die Ariane 5, doch deren Design wurde nun eingefroren. Hermes sollte erst mit einer leistungsgesteigerten Version der Ariane 5 in den Orbit gelangen. 1996 sollten Gleittests von einem Airbus A-320 aus folgen. Ein erster Flug war nun für 1998/99 geplant, gefolgt von einem bemannten Einsatz ab dem Jahr 2000.

Das Hauptproblem bei der Entwicklung war weniger das Gewicht, als die durch das Gewicht resultierende thermische Belastung beim Wiedereintritt. Die Spitzentemperaturen waren von 1.600 auf 1.820 °C geklettert, deutlich höher als die 1.648 °C, die beim Space Shuttle erreicht werden. Das führte zu einer Revision des Konzeptes: Der Gleiter wurde verkleinert, und die Nutzlastbucht entfiel nun. Die Nutzlast sollte in einem angekoppelten Ressourcenmodul transportiert werden. Direkt hinter dem Raumgleiter befand sich das Antriebsmodul mit zwei Aestus-Triebwerken. Es beförderte den Gleiter in den Orbit und deorbitierte ihn. Geplant war später eine Integration des Antriebsmoduls in die Ariane 5 für höhere Nutzlasten in einen erdnahen Orbit.

Das Ressourcenmodul war mit dem Raumgleiter über ein Docking-Modul verbunden. Dies erlaubte es, bei einem Einsatz zur Raumstation Freedom (der späteren ISS) oder dem freilegenden Labor das Ressourcenmodul wegzulassen. Das Antriebsmodul wurde abgetrennt, nachdem der Orbit erreicht war. Die Feinkorrekturen und das Deorbitieren wurden von den Triebwerken im Ressourcenmodul durchgeführt. Die Besatzung gelangte durch eine Luftschleuse und einen 1,28 m weiten Tunnel im Docking-Modul in das Ressourcenmodul. Am Ressourcenmodul war ein fernbedienbarer Roboterarm (HERA – **He**rmes **R**obotic **A**rm) angebracht. Eine ausrichtbare Parabolantenne sollte den Funkkontakt mit einem amerikanischen TDRS-Satelliten aufnehmen. Ein damals geplanter europäischer **D**aten**r**elay**s**atellit (DRS) hätte es erlaubt, über 70%, statt nur 30% der Umlaufszeit mit der Besatzung zu kommunizieren.

Von diesen vier Komponenten überlebte nur der Raumgleiter die Mission. Der Rest wurde nach dem Start oder vor der Rückkehr abgetrennt und verglühte beim Wiedereintritt.

Die schweren Raketentriebwerke für die Abtrennung des Orbiters von der Ariane wurden nun wieder gestrichen, und die ESA dachte nun an Schleudersitze oder einen Fluchtturm auf dem Gleiter, der nur die Crewkabine abgetrennt hätte. Das 400 Millionen Dollar teure System zur Abtrennung der Crewkabine war das Erste, was gestrichen wurde, und so bekam Hermes nur 200 kg schwere Schleudersitze, die bis in eine Höhe von 22-29 km und einer Geschwindigkeit von Mach 3 eingesetzt werden konnten. Sie sollten lediglich 50 Millionen Dollar kosten und auf verfügbaren Schleudersitzen für Militärflugzeuge basieren.

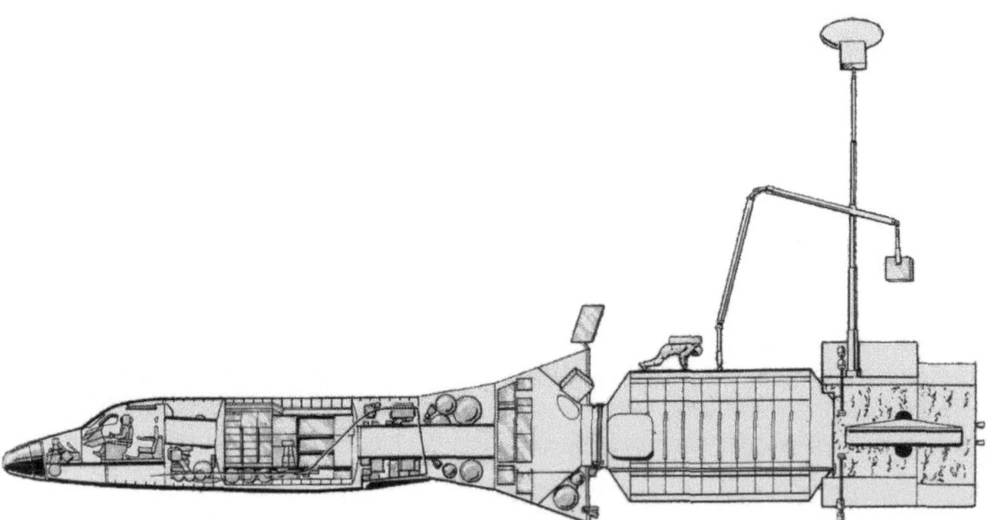

Abbildung 11: Konzeption von Hermes 1989: Raumgleiter, Antriebsmodul und Ressourcenmodul mit Roboterarm © der Grafik: FlightGlobal.com

Es erwies sich, als die L5 Stufe der Ariane 5 vergrößert werden musste, um die EPC zu deorbitieren, auch nicht mehr als nötig, ein eigenes Antriebsmodul einzuführen. Stattdessen sollte nun eine Ariane 5 mit VEB und EPS Stufe den Euroshuttle in den Orbit bringen. Die Treibstofftanks wurden nun vom Ressourcenmodul wieder in den Orbiter transferiert und ein größerer Teil seiner Struktur sollte aus Aluminium statt Titan oder anderen hoch beanspruchbaren Legierungen bestehen, um den Kostenanstieg zu begrenzen, was aber nicht gelang.

Hermes 1989	
Startgewicht:	23.900 kg
Davon Nutzlast:	3.000 kg
Hermes Raumgleiter:	12,70 m Länge, 9,00 m Spannweite, 5,40 m Rumpfdurchmesser: 15.000 kg Gewicht
Ressourcenmodul:	8,00 m Länge, 6.000 kg Gewicht 32 Triebwerke von 20 und 400 N Schub
Antriebsmodul:	1,00 m Länge, 2.000 kg Gewicht 2 Triebwerke Aestus mit je 27,5 kN Schub 720 kg Treibstoff in vier Tanks

Schon 1990 wollte Deutschland aus dem Projekt aussteigen, weil die Kosten weiter anstiegen. Sie betrugen nun schon 7.320 Millionen MAU, 23% mehr aufgrund technischer Probleme und weitere 17% aufgrund einer Verlängerung des Programms um vier Jahre. Das Problem war, dass die damalige Konzeption der europäischen Beteiligung an der Raumstation Alpha (der späteren ISS) zwei eigenständige Projekte beinhaltete. Neben dem permanenten Labor Columbus waren auch ein von Hermes besuchtes, frei fliegendes Labor und eine unbemannte, polare Plattform vorgesehen, auf der Astronauten regelmäßig Experimente austauschen sollten. Würde Hermes gestrichen, so müssten auch diese Projekte eingestellt werden.

Im Februar 1991 wurde endlich das Design von Hermes eingefroren. Er war inzwischen so schwer, dass auch das Ressourcenmodul gestrichen werden musste. Es verblieben das Kopplungsmodul, das nun auch eine Ankopplung an die Mir erlauben sollte und der eigentliche Raumgleiter. Ein Ressourcenmodul müsste separat gestartet werden. Das Kopplungsmodul sollte vor dem Wiedereintritt abgetrennt werden und würde jeweils verloren gehen.

Der Übergang auf Aluminium in der Rumpfstruktur anstelle von Titan oder Kohlefaserverbundwerkstoffen erhöhte das Gewicht um 250 kg. Der Thermalschutz sollte nun aus Siliziumcarbid, Carbon-Carbon-Siliziumdioxid oder Quarzkacheln bestehen. Sie mussten bis zu 1.900°C aushalten können.

Hermes 1991	
Startgewicht:	24.500 kg, davon 22.000 kg für Hermes
Davon Nutzlast:	2.722 kg / 1.500 kg zurück zur Erde
Hermes Raumgleiter:	12,70 m Länge, 9,00 m Spannweite, 5,40 m Rumpfdurchmesser: 16.700 kg Startgewicht, 16.000 kg Landgewicht. 3 Mann Besatzung
Docking Modul:	4.700 kg

1991 stand das nächste ESA-Ministerratstreffen in München an. Die Programmkosten von Hermes wurden nun auf 7.663 Millionen Dollar geschätzt. 1.500 Personen arbeiteten an dem Gleiter, eine Zahl, die sich bis auf 5.000 erhöhen sollte. Nun kamen neben 1.330 Millionen Dollar an zusätzlichen Kosten für Hermes auch noch 666 Millionen Dollar für ein Upgrade der Ariane 5 hinzu, um den Raumgleiter transportieren zu können.

Ariane 5 hätte maximal 22,2 t in die Transferbahn transportieren können – das war gerade mal Hermes ohne jede Nutzlast. Alles zusammen war das Hermes-Projekt inzwischen 40,5% teuer als geplant, davon 23% alleine deswegen, weil der Zeitplan immer weiter nach hinten rutschte:

Abbildung 12: Hermes, angedockt an das Free Flying Lab, Konzept 1990

Der Erstflug war nun für 2002 vorgesehen, der erste bemannte Einsatz für 2003. Das war zu viel für die Minister, und so wurde Hermes fast vollständig eingestellt.

Der Rat beschloss, in einem „Hermes X-2000" Programm zusammen mit Russland zu untersuchen, wie die Kosten um mindestens 20% gesenkt werden könnten. Bis dahin sollte die Arbeit an Hermes eingestellt werden. Dieses Programm sollte bis 1998 nur noch 1,9-2,3 Milliarden Dollar kosten. Schon ein Jahr später wurde aber auch dieses Programm eingestellt. Dies war das Ende der europäischen Pläne für einen eigenen Raumgleiter.

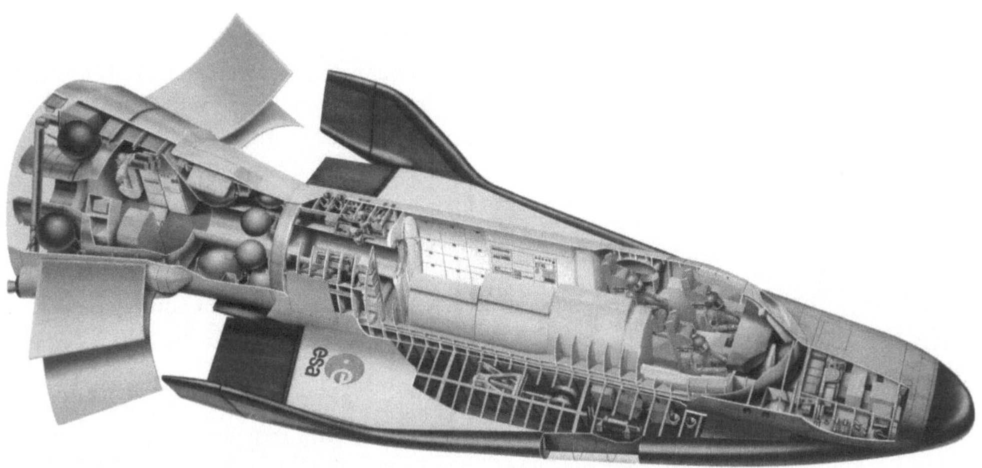

Abbildung 13: Querschnitt durch die letzte Konzeption von Hermes 1991

Der Einsatz

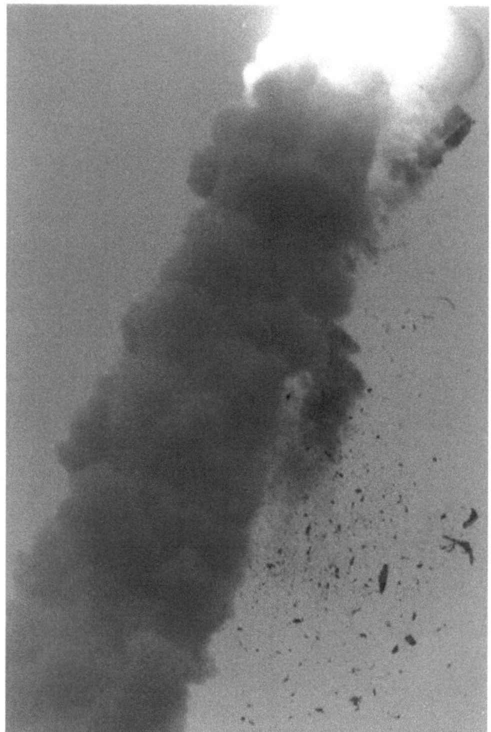

Abbildung 14: Explosion der Ariane 5 beim Jungfernflug

Am 4.6.1996 stand schließlich nach zahlreichen Verzögerungen der Erste von zwei Qualifikationsflügen der Ariane 5 an. Die ESA war so sicher, dass dieser erste Start klappen würde, dass sie nicht eine Technologienutzlast, sondern die vier Flugexemplare der Cluster-Forschungssatelliten im Werte von 450 Millionen DM als Nutzlast wählte. Schließlich war dieser Qualifikationsflug umsonst. Die Startkampagne von Flug 501 dauerte deutlich länger als bei den folgenden operationellen Flügen, wo sie 22 Tage umfassen sollte. Nach der Anlieferung der einzelnen Stufen im Februar 1996 begann sie am 4.3.1996 mit dem Ziel eines Starts am 15.5.1996. Verzögerungen und die Vermeidung der terminlichen Kollision mit Startvorbereitungen von Ariane 4 Starts führten schließlich zu einer stufenweisen Verschiebung des Starttermins auf den 4.6.1996.

Nach einem perfekten Start begann die Rakete 37 s nach dem Flug um die Längsachse zu kippen, und 40 s nach dem Start brach die Nutzlastspitze ab. Danach wurde die Rakete vom Selbstzerstörungssystem gesprengt, als die elektrischen Leitungen zwischen der VEB und der EPC rissen.

Sehr bald nach dem Unglück, eigentlich schon am gleichen Tag, stand nach einer ersten Auswertung der Telemetrie fest, dass die Ariane 5 sich selbst gesprengt hatte, nachdem die Düsen der Feststofftriebwerke und des Haupttriebwerks von einem Moment zum anderen vom Bordcomputer abrupt geschwenkt wurden. Weshalb aber dieser Wechsel? Bisher lag Ariane 5 perfekt auf Kurs!

Eine Untersuchungskommission wurde angesetzt, und sie konnte folgende Ursache feststellen und sie einer verblüfften Öffentlichkeit präsentieren.

Die Ursache des Manövers lag im Trägheitsnavigationssystem SRI (**S**ysteme **R**eference **I**nertial: Referenzsystem für die Position im Raum), das die Ariane 5 aus Kostengründen von der Ariane 4 übernommen hatte. Das SRI liefert dem Bordcomputer die Daten über die räumliche Ausrichtung der Rakete, ihre Position im Raum und Geschwindigkeit. Diese Daten benötigt der Bordcomputer zur Berechnung, ob die Rakete auf dem vorgegebenen Kurs ist.

Genauer gesagt ging es um ein kleines Modul der Software des SRI. Die Software des SRI musste auch für den Fall gewappnet sein, dass ein Countdown noch in den letzten Sekunden vor dem Abheben abgebrochen wird, da bei der Ariane 4 eine Dreiviertelstunde für das Ausrichten der Inertialplattform benötigt wurde. Sie wurde daher erst 9 s vor dem Start freigegeben. Für den Fall, dass ein Countdown nach diesem Zeitpunkt abgebrochen wird (einmal bei V33 im Jahre 1989 geschehen, als die schon laufenden Triebwerke wieder abgeschaltet wurden), musste die Software des SRI die Daten für die Orientierung zirka 50 s lang bereithalten, bis die Bodenkontrolle die Rakete wieder übernommen hatte. Beim Countdown wird die Inertialplattform der Ariane permanent mit dem Referenzsystem der Startplattform abglichen, und erst kurz vor dem Start wird diese Synchronisation aufgegeben. Da das komplette Neuausrichten bei der Ariane 4 wie gesagt eine Dreiviertelstunde dauerte, lief das SRI-Programm auch nach einem Startabbruch weiter, bis die Bodenkontrolle wieder die Synchronisation mit der Startplattform initiiert hatte. So konnte ein Verschieben des Starts auf den nächsten Tag bei der Ariane 4 vermieden

Abbildung 15: Trümmer regnen nach der Explosion der ersten Ariane 5 in den Urwald

werden, wenn der Countdown im letzten Augenblick angehalten werden muss. Bei normalen Starts lief die Software nach dem Abheben noch, aber ihr Output machte keinen Sinn mehr.

Bei Ariane 5 war dieses Vorgehen eigentlich überflüssig, denn die Startabbrüche wurden hier anders behandelt. Die Soft- und Hardware wurde aber unverändert übernommen, schließlich hatte sie bei Ariane 4 problemlos funktioniert.

Intern wurde in dem Modul mit 64-Bit-Fließkommazahlen gearbeitet. Sieben Variablen gab es in dem Modul. Sie wurden in 16-Bit-Ganzzahlen konvertiert, die vom Bordcomputer weiter verarbeitet wurden. Es ist nicht möglich, jede Fließkommazahl in eine Ganzzahl umzuwandeln. Bei vorzeichenbehafteten Ganzzahlen reicht der Wertebereich einer 16-Bit-Ganzzahl z. B. von -32.768 bis +32.767. Eine kleinere oder größere Zahl kann nicht als 16-Bit-Ganzzahl gespeichert werden. Wenn dies trotzdem versucht wird, gibt es einen Überlauf und damit einen Fehler. Es gibt nun die Möglichkeit, auf diesen Fehler zu reagieren und das Problem zu behandeln. Diese Behandlung erfordert aber zusätzliche Rechenzeit und verlangsamt den Programmablauf. Da die SRI-Computer von der Ariane 4 übernommen wurden und somit ältere und langsame Rechner waren, war es nicht möglich, alle sieben Variablen gegen einen Überlauf zu schützen.

Wenn ein Fehler auftrat und nicht behandelt werden konnte, brach der SRI das Programm ab und übergab den Fehler zusammen mit Statusdaten, mithilfe derer er lokalisiert werden konnte, an den Bordrechner.

Vier Variablen waren geschützt, drei waren es nicht. Dies waren Werte, die entweder physikalisch beschränkt waren oder bei denen bei der Ariane 4 der auftretende Wertebereich kleiner als der Wertebereich der 16-Bit-Ganzzahlen war.

Ein Wert in der Software des SRI war der BH-Wert, die horizontale Beschleunigung der Rakete. Bei Ariane 4 konnte dieser nie den Wertebereich einer Ganzzahl verlassen, denn diese hob gemächlich ab. Die Ariane 5 beschleunigte aber fünfmal schneller in der horizontalen Achse als die Ariane 4!

37 s nach dem Start kam es dann zur Katastrophe: Der BH-Wert ist zu groß für eine 16-Bit-Zahl, es kommt zu einem Überlauf im SRI, der daraufhin die Arbeit einstellt und Statusdaten an den Bordcomputer sendet und auf Anweisungen wartet. Das gesamte Computersystem der Ariane 5 ist redundant vorhanden. Während des ganzen Starts läuft das Backupsystem SR2 als „Hot Backup" mit und übernimmt nun die Funktion des ausgefallenen SR1, doch auf dem SR2 läuft die gleiche Software wie auf der SR1. Im zweiten SRI kommt es 0,05 s später zum gleichen Überlauf. Es schaltet sich ebenfalls ab, und von nun an erhält der Bordcomputer nur noch Statusinformationen zum Fehler, keine Navigationsdaten mehr.

Der Bordcomputer hält diese Informationen für echte Navigationsdaten, die auf eine enorme Abweichung von der Bahn hinweisen, und ohne die Tatsache zu hinterfragen, dass die Rakete innerhalb von 50 ms plötzlich gravierend vom Kurs abgekommen sein soll, werden die Düsen der Raketentriebwerke auf Vollausschlag gestellt, um die Abweichung auszugleichen. Diese vermeintliche Korrektur der falschen Flugbahn bewirkt, dass sich die Rakete sich innerhalb von drei Sekunden 20 Grad quer zur Flugrichtung stellt. Zu diesem Zeitpunkt ist Ariane 5 noch in rund 3.500 m Höhe. Die aerodynamische Belastung führt zum Auseinanderbrechen der Rakete. Auf den Fernsehaufnahmen ist zu erkennen, wie die Nutzlastspitze schon vor der Sprengung abbricht. Die Selbstzerstörung wurde dann automatisch vom entsprechenden Sicherheitssystem ausgelöst, als Brüche in der Struktur registriert wurden.

Die Tatsache konnte später durch Auslesen des EEPROM (**E**lectrical **E**rasable **P**rogrammable **R**ead **O**nly **Me**mory), in dem die Fehlerdaten gespeichert wurden, verifiziert werden. Die Trümmer gingen im Dschungel vor der Startrampe nieder, und die wichtigsten Teile des Bordcomputers und der SRI konnten geborgen werden.

Die Untersuchungskommission monierte daher auch etliche Versäumnisse:

- Ein System von Ariane 4 wurde ohne Überprüfung in die Ariane 5 übernommen. In der Raumfahrt ist es üblich, alle Systeme, bei denen sich etwas ändert, sehr zeit- und kostenintensiv neu zu qualifizieren. Dies wurde hier völlig unterlassen.

- Die Software war eigentlich bei Ariane 5 wegen einer anderen Startabbruchprozedur überflüssig, lieferte aber trotzdem Daten an den Computer. Damit wurde bewusst eine mögliche Fehlerursache eingebaut.

- Die SRI-Computer arbeiteten nach dem Überlauf nicht weiter, sondern schalteten sich ab: Beim Design des Systems wurde von zufälligen Hardwarefehlern ausgegangen, nicht von Softwarefehlern. Die Untersuchungskommission vertrat die auch wissenschaftlich abgesicherte Meinung, dass die Fehlerfreiheit von Software nicht nachgewiesen werden kann und daher bei der Entwicklung viel eher von einem Software-, als einem Hardwarefehler ausgegangen werden sollte.

- Durch die Annahme, dass nur Hardware ausfallen kann, war ein systematischer Fehler fähig, beide SRI praktisch gleichzeitig auszuschalten, die Rakete war damit ohne Navigationsdaten.

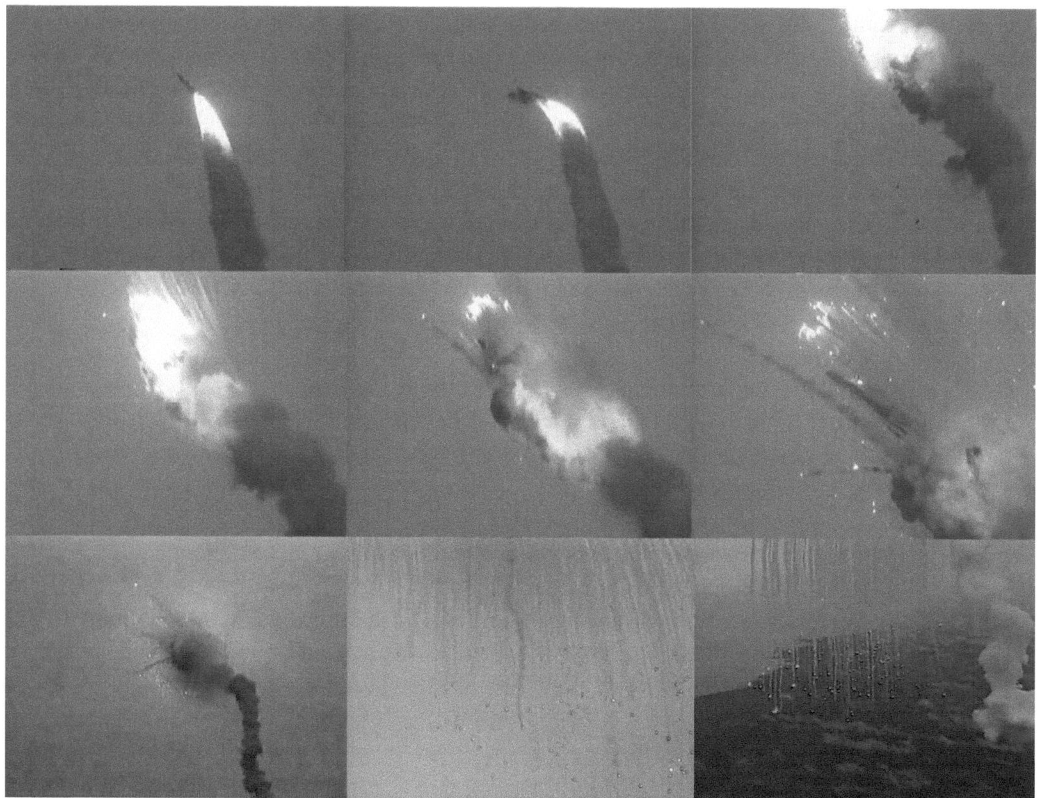

*Abbildung 16: Der Fehlstart bei L501. Schnappschüsse aus dem Startvideo
© der Bildsequenz: Bernd Leitenberger*

- Auch die Software des OBC war verbesserungsfähig: Anstatt den bisherigen Kurs beizubehalten, wenn die SRI ausgefallen sind, wurden deren Statusmeldungen als Navigationsdaten interpretiert, und es kam zur Zerstörung der Rakete. Es wurde vorgeschlagen, in diesem Falle mit Schätzdaten aufgrund der bisher vorliegenden Daten weiter zu arbeiten, im Zweifelsfalle also einfach die Rakete auf Kurs zu halten. Eventuell hätte dann die Bodenkontrolle durch Senden von Navigationsdaten die Steuerung übernehmen können.

Das Problem, dass bei der Konzeption nur Hardwarefehler berücksichtigt worden waren und dann betreffende Komponenten abschaltet wurden, statt zu improvisieren, entdeckte der Untersuchungsausschuss auch bei anderen Teilen der Ariane 5 Software; auch war das SRI nie unter Flugbedingungen getestet worden. Idealerweise hätte das gesamte Inertialsystem auf einem in drei Achsen beweglichen Tisch montiert werden müssen. Dieser hätte dann die erwarteten Flugbedingungen als Neigungs- und Bewegungsprofil nachvollzogen. Aus Kostengründen wurde aber beschlossen, nur die Rechner mit simulierten Daten der analogen Sensoren und digitalen Messaufnehmern zu füttern. Doch selbst diese Lösung wurde nicht angewandt, sondern stattdessen wurde das gesamte SRI-System nur im Computer simuliert, und dadurch gab es natürlich nur die Daten zurück, die nach den eingespeisten Simulationsdaten auch erwartet wurden.

Als der Hersteller einen der SRI in einem Versuch mit den Daten des Fluges aus dem EEPROM fütterte, fiel er genauso wie die Ariane 5 nach kurzer Zeit aus. Das Ganze führte zu einer genauen Revision der Computersteuerung der Ariane 5. Das gesamte Computersystem musste erneut qualifiziert werden, wobei nun auch die Versuche auf dem Drehtisch gehörten. Die Folgen waren gravierend. Ein dritter Testflug der Ariane 5 musste erfolgen. Die dafür notwendige Ariane 5 schlug mit 250 Millionen DM an zusätzlichen Kosten zu Buche. Noch teurer waren die Nachbesserung und die Verzögerungen im Qualifikationsprogramm. Dies erforderte weitere Mittel in Höhe von 600 Millionen DM. Die Mittel wurden aus dem Budget genommen, das eigentlich für die Weiterentwicklung der Ariane 5 vorgesehen war, wodurch sich diese verzögerte. Die Cluster Satelliten wurden später nachgebaut und mit zwei Sojus Trägerraketen in den Orbit befördert.

Der zweite Testflug

Der ursprünglich für den Herbst 1996 angesetzte Testflug musste so verschoben werden und fand erst am 30.10.1997 statt. Statt des eigentlich vorgesehenen ARD (**A**tmospheric **R**eentry **D**emonstrator) und eines Kommunikationssatelliten waren nur eine Messkapsel und Ballast sowie zwei kleine Satelliten (AMSAT P3-D und Teamsat H) an Bord. Auch der zweite Testflug war noch nicht voll erfolgreich. Die Satelliten wurden in einen 524 × 27.000 km Orbit entlassen. Das Perigäum und die Inklination der Bahn waren korrekt, doch der erdfernste Punkt hätte bei 36.000 km Höhe liegen müssen.

Die Ursache dafür lag in einer vorzeitigen Abschaltung der EPC. Dadurch fehlten 200 m/s Geschwindigkeit für den Orbit. Dies konnte die EPS trotz einer längeren Brenndauer bis zum vollständigen Verbrauch des Treibstoffs nicht kompensieren. Die Analyse zeigte, dass die EPC nach Abtrennung der beiden Booster ein Rollmoment aufwies, das immer stärker wurde, je länger die Stufe brannte. Nach Verbrauchen des Treibstoffs für die Rollachsenregelung führte das Rollmoment zu einer Rotation von 5,5 U/min. Die Rotation bewirkte, dass der Treibstoff vom tiefsten Punkt der Tanks wegbewegt wurde. In der Folge bewirkte das Abreißen des Treibstoffflusses das Brennschlusssignal für die EPC.

Abbildung 17: Start einer Ariane 5G

Als Ursache wurde ein Drehmoment durch die Kühlkanäle der Vulcain-Düse ausgemacht, die spiralförmig gewunden sind, wodurch das austretende Kühlgas eine Drehbewegung erzeugte. Am Boden konnte diese nie beobachtet werden, da das Triebwerk fest im Teststand montiert war und diese Kräfte im Vergleich zum Schub klein sind. Ariane 5 hat in der VEB ein System zur Kompensation von Rollbewegungen. Kleine Triebwerke zersetzen dazu Hydrazin. Es erwies sich aber als unterdimensioniert. Auch dieses System war neu. Bei Ariane 1-4 war durch die schwenkbaren Triebwerke in der ersten Stufe keine Rollachsenregelung notwendig, und die zweite und dritte Stufe setzten dazu das Abgas des Gasgenerators ein. Davon stand mehr zur Verfügung als benötigt wurde.

Die Veränderungen bestanden zum einen in einer Verbesserung des Systems zur Kontrolle der Rollbewegung. Das alte System konnte ein Moment von 280 Nm auffangen. Das neue System konnte 2.000 Nm kompensieren. Bei V502 trat ein maximales Rollmoment von 900 Nm auf. Im weiteren wurde die Kühlung des Vulcain überarbeitet, damit ein geringeres Drehmoment auftritt. Bei Flug 503 und 504 wurden die Treibstoffvorräte der Steuerdüsen in der VEB deutlich vergrößert und zusätzliche Triebwerke in der Rollachse montiert. Nachdem diese Änderungen beim Vulcain eine deutliche Reduktion des Rollmomentes bewirkten und bei den folgenden Flügen ein maximales Moment von 100 Nm auftrat, konnten die Treibstoffvorräte in der VEB wieder reduziert werden.

Der dritte und letzte Fehlstart

So verzögerte sich auch der nächste Start einer Ariane 5. Der letzte Erprobungsflug 503 fand so erst am 21.10.1998 statt. Die Nachbesserungen nach L501 und L502 hatten zu einer Verschiebung des dritten Fluges um ganze zwei Jahre geführt. Auch diesmal war nur eine Demonstrationsnutzlast an Bord, zusätzlich jedoch noch der ARD. Dieser wurde zwei Minuten nach Ausbrennen der EPC ausgesetzt und 90 Minuten später im Pazifik geborgen. Erst danach wurde die EPS gezündet, die den Maqsat 3 (ein Massenmodell eines Kommunikationssatelliten) in einer korrekten Bahn aussetzte. Die verzögerte Zündung der EPS konnte so erprobt werden. Nach 600 s Betrieb wurde nach einer ballistischen Phase von neun Minuten die EPS erneut gezündet – eine Premiere für Europa. Damit konnte erstmals die Wiederzündbarkeit getestet werden, die für die ATV-Flüge wichtig sein würde.

Noch einmal sollte Ariane 5 eine Nutzlast in einem falschen Orbit aussetzen, und zwar beim Flug 510, am 12.7.2001. Die Satelliten wurden in einem 17.545 × 594 km Orbit mit 2,9 Grad Neigung zum Äquator ausgesetzt. Geplant war ein 35.853 × 858 km hoher Orbit, mit einer Neigung von 2 Grad. Als Ursache konnte eine Verbrennungsinstabilität bei der Zündung des Aestus-Triebwerks ausgemacht werden. Dies führte zu einer Reduktion des Schubs auf 80% des Normalwertes und zu einem vorzeitigen Brennschluss (80 s zu früh), da eine Treibstoffkomponente vorzeitig verbraucht war. Es gab eine Feedbackschleife zwischen dem Fördersystem und der Instabilität, die zu einem erhöhten MMH-Verbrauch führte. Der Artemis-Satellit konnte mit seinen Ionentriebwerken – einem seiner Technologieexperimente – den Orbit noch anheben. Der zweite Satellit, der japanische BSAT B2A, war jedoch ein Totalverlust. Für Astrium Bremen, Nachfolger von ERNO/DASA, welches seit 1973 Stufen für die Ariane 1-5 entwickelte, war es eine bittere Premiere: Es war der erste Fehlstart, der auf eine Fehlfunktion einer deutschen Stufe bei Ariane zurückgeführt werden konnte – nach 154 erfolgreichen Einsätzen von zweiten Stufen und Boostern bei Ariane 1-5.

Sehr bald konzentrierte sich die Untersuchung auf den Triebwerksstart, bei dem die Instabilität auftrat. Nach einer Variation der Startparameter konnte die Instabilität, verbunden mit einer Druckspitze, auch beim Bodenversuch bei einem kurzzeitig zu hohen Monomethylhydrazinfluss beobachtet werden, und es zeigte sich eine Anfälligkeit des Triebwerks beim Start. Weitere Tests erfolgten, um diese Situation zu vermeiden und führten schließlich zu einer Verschiebung des Fluges 511. Nach 70 Zündungen und zehn kompletten Testläufen wurde eine „weichere" Zündsequenz erarbeitet, die das Phänomen vermeidet. Seitdem gab es keine Probleme mehr mit der EPS-Oberstufe.

Insgesamt hatte Ariane 5 so einen Fehlstart und zwei unbrauchbare Bahnen bei 16 Flügen. Das war deutlich unter den Erwartungen, die an die Rakete gestellt wurden. Es ist aber ein typischer Wert für eine neu eingeführte Trägerrakete. Auch andere neue Träger wie die H-2 und Zenit hatten eine ähnliche Bilanz bei den ersten Flügen.

Die Flüge

Die Ariane 5G wurde parallel zur Ariane 4 eingesetzt. Einsätze der Ariane 4 fingen auch die Verzögerungen durch den verzögerten Jungfernflug und die Probleme beim zweiten Flug ab. Die ESA führte die ersten beiden Qualifikationsflüge durch. Der dritte, zusätzliche Qualifikationsflug wurde dann schon von Arianespace betreut. Der erste kommerzielle Einsatz war am 10.12.1999 der Start des 684 Millionen Euro teuren, europäischen Röntgenastronomieobservatoriums XMM Newton in einen hochexzentrischen Orbit. Ursprünglich hätte der erste kommerzielle Einsatz schon Ende 1996 erfolgen sollen. Ariane 5 transportierte vor allem kommerzielle Kommunikationssatelliten, aber auch einige prominente ESA Nutzlasten. V135, der siebte Flug der Ariane 5, setzte erstmals die ASAP-5 Plattform ein und transportierte drei Sekundärnutzlasten in den geostationären Übergangsorbit. Der nächste Flug brachte als Sekundärnutzlast das LDREX-Experiment der JAXA in den Weltraum, eine entfaltbare Antenne von 6,00 m Durchmesser.

Eine wichtige ESA-Nutzlast war der experimentelle Kommunikationssatellit Artemis. Er erprobte die Kommunikation in neuen Frequenzbereichen und die optische Kommunikation mittels Lasern. Dazu wurden Daten des Erdbeobachtungssatelliten SPOT-4 über Artemis zum Boden gesandt. Eine weitere technologische Nutzlast, die erprobt werden sollte, rettete die Mission von Artemis: Ionentriebwerke, welche für die Lageregelung im geostationären Orbit ausgelegt waren und bei zukünftigen Kommunikationssatelliten die dazu benötigten Treibstoffvorräte drastisch reduzieren sollen. Dank ihnen war es überhaupt möglich, den Orbit zu erreichen. Die Lebensdauer von Artemis wurde durch den verbrauchten Treibstoff allerdings reduziert. Die ESA rechnete mit nur noch fünf anstatt elf Jahren. Doch Ende 2010, acht Jahre nach dem Erreichen des endgültigen Orbits, ist Artemis immer noch aktiv. Ein Betrieb bis Ende 2012 ist geplant, sodass er seine vorgesehene Betriebsdauer erreichen wird.

Der nächste Einsatz der Ariane 5 war der Einzige in einen erdnahen Orbit. Sie beförderte dabei ihre bisher schwerste Nutzlast, den 8,2 t schweren, busgroßen Erdbeobachtungssatelliten Envisat in einen 800 km hohen, sonnensynchronen Orbit.

Der dreizehnte Flug startete den ersten Wettersatelliten der zweiten Meteosat Generation, Meteosat 8, in einen geostationären Orbit. Gegenüber der ersten Generation bot er mehr Spektralkanäle und eine höhere Auflösung und lieferte erheblich bessere Bilder. Der letzte Flug einer Ariane 5G brachte neben zwei Kommunikationssatelliten auch Europas erste Mondsonde, SMART-1, in einen geostationären Orbit. Von dort aus gelangte Smart-1 mit seinen Ionentriebwerken dann in einen Mondorbit. SMART-1 benötigte weniger Treibstoff als erwartet, sodass er fast 21 Monate (anstatt sechs) den Mond umkreiste und erheblich mehr Bilder und Spektren zur Erde sandte, als geplant.

Der Start einer Ariane 5G kostete im Jahr 2000 einen Kunden 165 Millionen Dollar. Im Jahr 1998 wurde untersucht, ob die EPC wiederverwendet werden könnte. Das dafür nötige Equipment, wie Fallschirme, würde nur 1.320 kg wiegen. Kosteneinsparungen von 8,5 Millionen Dollar pro Flug wären möglich. Das Problem waren erheblich höhere Belastungen beim Wiedereintritt als beim Start – ein Druck von 65 anstatt 37 kPa und eine Beschleunigung von 17 anstatt 4,5 g. Dadurch wären wahrscheinlich umfangreiche Änderungen notwendig geworden. Daher wurde dieser Plan nicht umgesetzt.

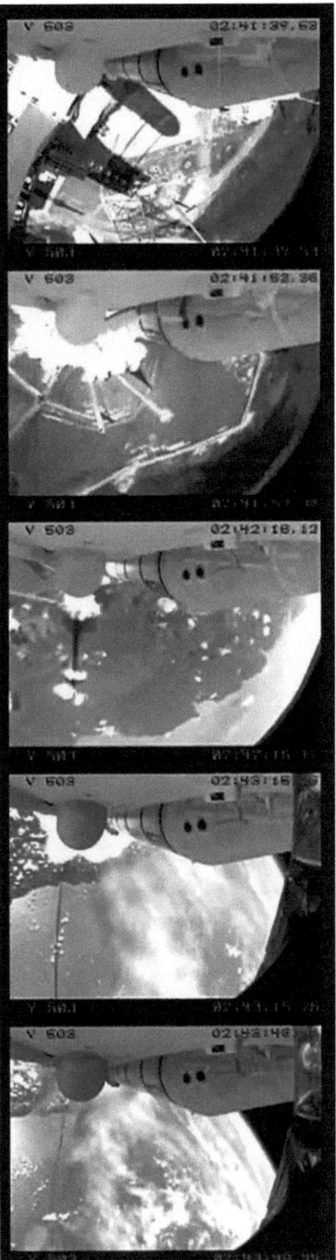

Abbildung 18: Start von L503

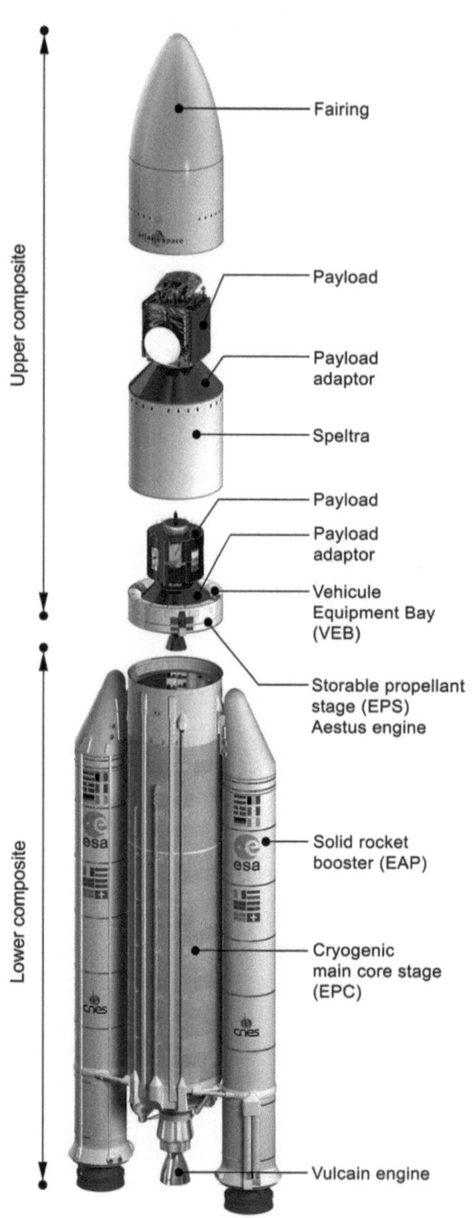

Abbildung 19: Aufbau der Ariane 5G

Die Technik der Ariane 5

Ariane 5, wie sie 1988 beschlossen wurde, unterscheidet sich in vielen Aspekten von Ariane 1-4. Erstmals setzte Europa große Feststoffbooster als erste Stufe ein. Ariane 4 hatte zwanzigmal kleinere Booster. Das Zentraltriebwerk Vulcain ist ebenfalls rund fünfzehnmal schubstärker als das HM-7B der Ariane 4. Um die Fertigungskosten zu senken, wurde auf das bewährte Nebenstromverfahren zurückgegriffen, und „Nice to have" Features, wie z. B. die Möglichkeit den Schub zu senken, wurden gestrichen.

Ariane 5 hat einige Besonderheiten. Das eine ist, dass zwar sehr früh schon das HM60 (später Vulcain) als Antrieb feststand. Es wurde aber, obwohl die Startmasse der EPC von 130 auf 170 t anstieg, kaum im Schub gesteigert (anders als der Name HM60 suggeriert, ist es ein Triebwerk der 1.000-kN-Klasse). Die zentrale Stufe, welche es antreibt, wurde aber laufend größer. So hat die Ariane 5, nachdem die Booster abgetrennt werden, weniger Schub als nötig wäre, um sie gegen die Erdanziehung weiter zu beschleunigen. Die Booster sorgen dafür, dass dieses Konzept aufgeht: Sie bringen die Vertikalbeschleunigung auf, die notwendig ist, um die minimale Bahnhöhe zu erreichen, bei der die Stufe nicht sofort wieder verglüht.

Allerdings entstehen bei dieser Vorgehensweise hohe Gravitationsverluste. Die Ariane 5 muss eine höhere Geschwindigkeit für einen GTO-Orbit erreichen, als die Ariane 4. Das senkt die Nutzlast ab.

Die zweite Besonderheit ist die recht kleine EPS-Oberstufe, die noch dazu innerhalb der VEB sitzt. Es gab dafür zwei Gründe. Der Erste war ein Kompromiss zwischen den unterschiedlichen Anforderungen: Ariane 5 sollte Hermes in den LEO-Orbit transportieren, eine unbemannte Raumstation und Hermes in den SSO-Orbit bringen und natürlich die Ariane 4 als Träger für GTO Nutzlasten ersetzen. Diese unterschiedlichen Anforderungen hätten unterschiedliche Oberstufen notwendig gemacht: Eine kryogene für GTO-Missionen und eine wiederzündbare Oberstufe mit lagerfähigen Treibstoffen für LEO- und SSO-Missionen. Hermes hätte dagegen gar keine Oberstufe benötigt, wenn er die Raumstation Freedom (aus der die ISS entstehen sollte) angeflogen hätte. Für höhere Umlaufbahnen hätte auch Hermes eine Oberstufe benötigt.

Das hätte aber drei Konfigurationen notwendig gemacht. Die VEB hätte angepasst werden müssen, und vor allem der Startturm hätte zwei unterschiedliche Oberstufen bedienen müssen. Die ESA entschied sich, die H10 Lösung zu streichen und als Aufrüstoption anzusehen.

Das Zweite war die technologische Herausforderung. Das klingt zuerst widersprüchlich, ist doch die Nutzlast beim Einsatz der EPS-Oberstufe kleiner als mit einer kryogenen Oberstufe. Die Herausforderung bezieht sich auch nicht auf die erreichbare Nutzlast, sondern die Technologie. In der Tat weist das Aestus-Triebwerk einen sehr hohen spezifischen Impuls und hohen Schub für ein Triebwerk ohne Turbopumpe auf. Zudem musste die Stufe äußerst kompakt sein. Die H10 Oberstufe wäre dagegen nur eine Modifikation der schon existierenden H8 der Ariane 1 gewesen. In dem damaligen Kontext, der eben auch noch Hermes und Columbus als Nutzlasten vorsah, schien es die beste Lösung zu sein. So entfällt auch der größte Einzelposten der Entwicklungskosten auf die EPS-Oberstufe.

Die Ariane 5 wurde von der Europäischen Weltraumagentur ESA von 1988-1996 entwickelt, und wesentliche Erweiterungen werden auch durch die ESA durchgeführt. Vermarktet wird die Trägerrakete von Arianespace, einer privaten Firma, an der die CNES (Centre National d'Études Spatiales: Die französische Weltraumagentur), Hersteller der Rakete, und Banken beteiligt sind. Ein Drittel hält die CNES. Deutsche Firmen, vor allem MT Aerospace, sind mit 18% an Arianespace beteiligt. Arianespace finanziert auch kleinere Verbesserungen und Optimierungen und schließt die Verträge mit der Industrie ab. Details über die Ariane 5-Bestellungen seitens Arianespace finden Sie auf S.154.

Während der Entwicklung veränderten sich die Rahmenbedingungen. Ursprünglich war Ariane 5 eines von drei anspruchsvollen, neuen Projekten der ESA. Das Zweite war der Raumgleiter Hermes. Das dritte Projekt waren Europas Ambitionen für eine eigene Raumstation. Gedacht wurde an ein an die Raumstation Freedom angekoppeltes Labor (Columbus Attached Laboratory), ein verkleinertes frei fliegendes Labor (Free Flying Laboratory) und eine Plattform in einem sonnensynchronen, 800 km hohen Orbit. Letztere bot bessere Bedingungen für die

Erdbeobachtung, und ohne Astronauten konnten auch bessere Bilder gewonnen werden. Diese **M**anned **F**ree **P**olar Platform (MFPP) wäre regelmäßig von Hermes angeflogen worden, wobei Experimente ausgewechselt werden sollten. In der Zwischenzeit hätte sie autonom gearbeitet. Auch das Labor hätte von Freedom abgekoppelt werden können und eine Zeit lang autonom operieren können, angekoppelt an Hermes. Es war ein Programm, bei dem Europa bemannt autonom gewesen wäre, sich aber auch an Freedom hätte beteiligen können.

Auch diese Labore sollten mit einer Ariane 5 gestartet werden. Der Betrieb von zwei Labors wurde aber zu teuer, und so wurde zuerst das MFPP gestrichen. Als Hermes eingestellt wurde, wurde aus der MFPP der Umweltsatellit Envisat. Ohne Hermes war auch das frei fliegende Labor sinnlos. Gleichzeitig offerierte die NASA den Transport von Columbus in Kompensation für den Bau von zwei Verbindungsknoten. Da Hermes nun fehlte, versprach dies Kosteneinsparungen in der Entwicklung von Columbus, das sonst einen eigenen Antrieb benötigt hätte, um zur Raumstation zu gelangen. Da schon die ersten Vorschläge der Industrie für das Raumlabor um 50% höher lagen als die ESA Schätzungen für die Entwicklungskosten, blieb vom Dreigespann nur noch Columbus übrig.

Ariane 5 hatte damit die beiden wichtigsten Nutzlasten für erdnahe Orbits verloren. Dabei war sie für diesen Orbit optimiert worden. So gab es sehr bald Pläne, die Nutzlast für den GTO-Orbit anzuheben. Mehr darüber im Kapitel über die Ariane 5 Erweiterungen.

Abbildung 20: Bergung des Boosters bei V112

Die Feststoffbooster EAP238

Das Kürzel EAP steht für „Etage d'Accélération à Poudre": Beschleunigungsstufe aus Pulver(treibstoff). Die beiden Booster liefern den Großteil des Startschubs. Die angehängte Ziffer gibt die Treibstoffmenge in Tonnen pro Booster an. Früher wurden sie auch als P230 oder MPS230 bezeichnet, in Anlehnung an die Nomenklatur bei der Ariane 3 und Europa/Diamant. Gegenüber den ursprünglichen Planungen gab es kaum Änderungen an ihrer Konzeption. Zwei dieser Booster liefern 90% des Startschubs, nach etwas mehr als zwei Minuten werden sie nach dem Ausbrennen abgesprengt. Sie geben der Ariane eine hohe Anfangsbeschleunigung, die einen Spitzenwert von 43 m/s nach 105 s erreicht. Die Zusatzbooster entsprechen dem damaligen Stand der Technik. Sie sind leicht gebaut und preiswert. Es ist es unwirtschaftlich, sie zu bergen und wieder zu verwenden, obwohl regelmäßig einige Booster geborgen werden, um Qualitätskontrollen durchzuführen.

Die EAP bestehen aus zwei Teilen: dem eigentlichen Antrieb MPS (**M**oteurs à **P**ropulsion **S**olide) und der Verbindung zur EPC, den Trennraketen und eventuell dem Fallschirmsystem, um

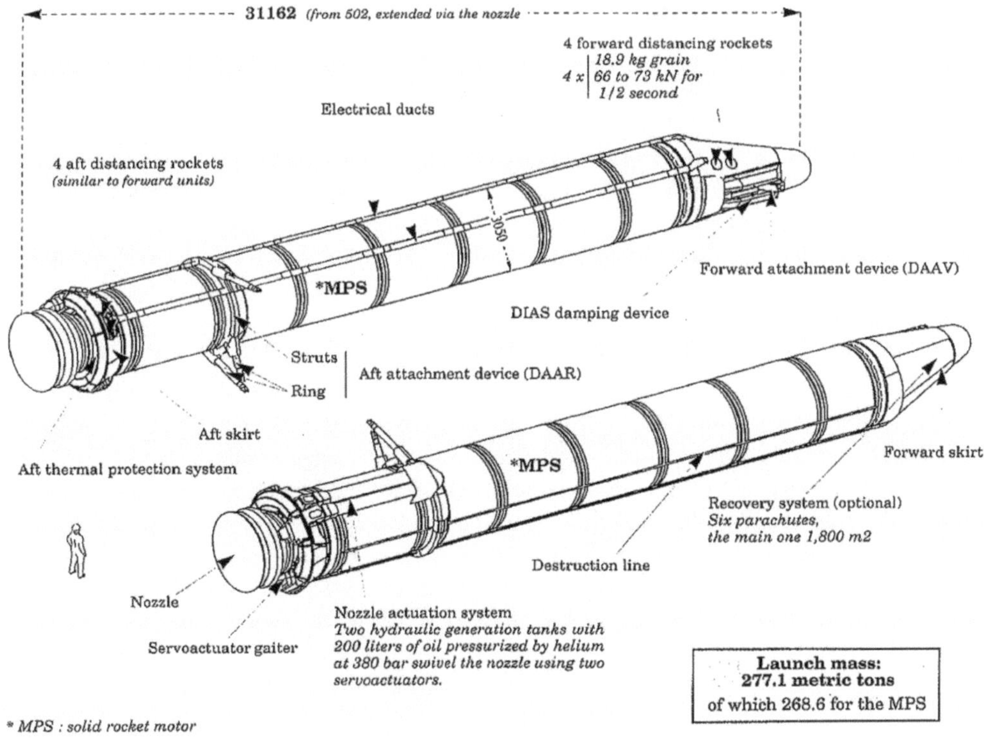

Abbildung 21: EAP Parameter – Teil 1

sie zu bergen. Sie werden in Deutschland, Frankreich und Italien gefertigt. In Deutschland werden die Gehäuse der Booster gefertigt, in Frankreich die Düsen, und die Gesamtintegration findet in Italien statt. Verantwortlich für die Fertigung der Booster ist Europropulsion, ein Joint Venture von Fiat Avio und Snecma.

Ziel bei den EAP war eine Minimierung der Entwicklungsrisiken und der Produktionskosten, wobei die Booster so sicher sein sollten, dass nicht durch eine Verbindung der einzelnen Segmente eine Stichflamme austreten und die EPC beschädigen kann. Der Verbindungsmechanismus wurde daher so konstruiert, dass er, anders als bei den Space Shuttle SRB, gasdicht ist. Die Booster sind konventionell aufgebaut, verwenden schweren Edelstahl für das Gehäuse und eine Hydraulik für die Schubvektorsteuerung und damit bewährte Technologien und Materialien.

Die EAP sind für eine Zuverlässigkeit von 99,72% ausgelegt und damit das nominell zuverlässigste System der Ariane 5. Diese hohe Zuverlässigkeit resultiert daraus, dass ein Feststoffbooster nur wenige bewegliche Teile hat, die ausfallen können. Bei 50 bisher absolvierten Starts gab es keine Probleme beim Betrieb der Booster.

MPS

Der Antrieb MPS besteht aus insgesamt fünf Teilen: dem Gehäuse, dem aufgebrachten Thermalschutz, den schwenkbaren Düsen, dem Treibsatz und dem Zünder.

Das Gehäuse besteht aus drei Segmenten, zwei langen und einem kurzen. Es wird oben und unten durch zwei Dome mit der Form eines Kugelschnitts von knapp 1 m Höhe abgeschlossen. An dem unteren Dom sitzen in einer Öffnung die Düsen. Die einzelnen Segmente bestehen wiederum aus insgesamt sieben dünnen Stahlzylindern von 3,35 m Höhe, die durch Steckverbindungen verbunden sind. Die schweißlose Verbindung so großer Booster war eine der technologischen Herausforderungen bei der Entwicklung.

Der Edelstahl 48 CrMoNiV 4 10 (D6AC Stahl mit Wärmebehandlung) wurde gewählt, weil es umfangreiche Erfahrungen mit dem Material gab und er bei einem nicht zu hohem Leergewicht den Anforderungen an die Temperatur- und Druckbeanspruchungen entsprach. Die Größe der Zylinder orientierte sich an verfügbaren Bearbeitungsverfahren, die eine maximale Länge von 4 m pro Zylinder zulassen. Die sieben Zylinder werden zu einzelnen Segmenten zusammengefügt. Die beiden langen Segmente bestehen aus jeweils drei Zylindern, das kurze hingegen nur aus einem. Die Reihenfolge von der Düse aus nach oben ist: S3-S2-S1. Am schnellsten brennt das Kopfsegment S1 aus. Die Öffnung im Inneren, die „Seele" hat im S1 Segment eine Sternform, die anderen haben eine zylindrische Öffnung in der Mitte. Im S1-Segment befindet sich auch der Zündsatz, welcher die Mischung entzündet. Es ist oben mit einem halbkugelförmigen Dom abgedichtet.

Die einzelnen Zylinder wurden von MAN (heute MT Aerospace) durch rotierendes Walzen aus kürzeren Rohlingen geformt, bis sie nur noch eine Dicke von 8,2 ± 0,2 mm haben. Zu Segmenten werden sie dann mit vier „Factory Joints" verbunden, und die Segmente werden durch zwei „Intersegment Joints" zusammengefügt. Innen sind sie mit einem Thermalschutz verkleidet. Dazu kommen noch zwei „Dome Joints", welche das Gehäuse mit der Düse und der Verkleidung / Befestigung zur EPC verbinden. Diese sind wie die Factory Joints aufgebaut, haben aber zwei Dichtungen, statt einer.

Für die Fertigung baute MAN eine eigene Fabrik bei Augsburg mit einer klimatisierten, 5.400 m² großen Produktionshalle von 18 m Höhe. Die Fabrik wurde von Franz Josef Strauß bei ihrer Einweihung im Mai 1988 als „Maschinenfabrik für das 21ste Jahrhundert" bezeichnet und ist weitgehend automatisiert.

Die Rohlinge für die Segmente haben 1 m Höhe und 59 mm Wand-

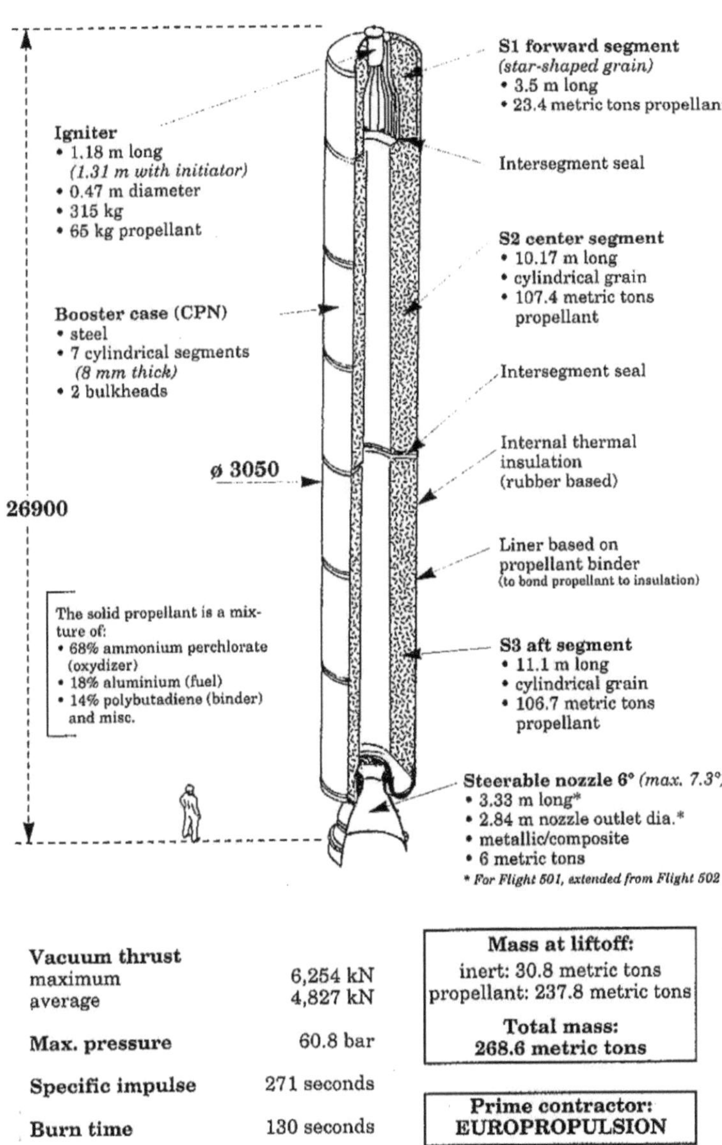

Abbildung 22: EAP Parameter – Teil 2

stärke. Sie werden zuerst auf 40 mm Stärke vorverarbeitet. Danach kommen sie ein eine vollautomatische Gegendruck-Walzenanlage von 550 t Gewicht. Zwei Walzenpaare von jeweils 80 t Gewicht drücken gegeneinander und walzen den Stahl, bis er die gewünschte Dicke erreicht. Die Höhe der Zylinder steigt dabei von 1 m auf 3,5 m. Die Masse nimmt von 24 auf 19 t ab.

Verbunden werden dann die Segmente durch 180 Stahlbolzen von 24 mm Durchmesser und 30 mm Länge. Die Bohrungen für diese müssen auf einen hundertstel Millimeter genau gesetzt werden. Zwei 7 mm dicke O-Ringe aus einem elastischen Material sorgen dafür, dass die Verbindungen gasdicht sind. Die Verbindung ist dabei so konstruiert, dass die O-Ringe nicht durchbrennen können, was die Ursache für den Verlust der Challenger Raumfähre gewesen war. Die Beständigkeit der Verbindung und ihre Dichtheit wurden extensiv unter härtesten Bedingungen getestet. Bis zu 89,6 Bar Druck wurden die Dichtungen bei Tests ausgesetzt. Während des Betriebs liegt der Brennkammerdruck bei maximal 64 Bar. Nach der Fertigung werden die Gehäuse vor der Füllung mit verschiedenen Verfahren „durchleuchtet", um zu vermeiden, dass es verdeckte Fehler im Gehäuse gibt. Dabei kommen eine Ultraschallinspektion, eine Röntgenstrahlendurchleuchtung und nach Füllung der Segmente endoskopische Untersuchungen des Inneren zum Einsatz.

Bei Europropulsion wird dann die Innenseite mit EPDM-Gummi (englische Abkürzung für **E**thylen-**P**ropylen-**D**ien-**K**autschuk) als Thermalschutz belegt. Flächen mit besonders hoher Beanspruchung werden mit Silikatfasern (GSM55) oder Kevlar (EG2) abhängig vom thermalen Stress verstärkt. Am Übergang zum Düsenhals ist diese Schutzschicht 12 mm stark.

Das kurze Segment wird beim Hersteller Europropulsion bei Colleferro in Italien gefüllt und nach Kourou verschifft. Die anderen Segmente werden erst am Startplatz in Kourou gefüllt. Es wurde eigens eine Fabrik zur Treibstoffproduktion errichtet (siehe S.362). Die Booster haben mit den Düsen eine Höhe von 27,37 m, dazu kommt dann noch eine halbkegelförmige aerodynamische Verkleidung, mit der die Booster an der EPC eingehängt sind, die an dieser Stelle besonders verstärkt ist, um die von den Boostern übertragenen Kräfte aufzunehmen. Zusammen mit dieser Verkleidung ist jeder Booster 31,20 m lang. Zu den 278,4 t des Boosters kommt noch die Nasenkappe mit den Vorrichtungen, um den Booster abzutrennen und gegebenenfalls zu bergen. Dies erhöht das Startgewicht auf bis zu 281 t.

Boostersegmente	
S1-Segment (Oben)	Sternförmige Oberfläche 3,50 m Länge 23,40 t Treibstoff 27,20 t Startgewicht 3,8 t Trockengewicht 1 Segment
S2-Segment (Mitte)	Kreisförmige Oberfläche 10,17 m Länge 107,4 t Treibstoff 114,6 t Startgewicht 7,2 t Trockengewicht 3 Segmente
S3-Segment (unten, mit der Düse)	Kreisförmige Oberfläche 11,10 m Länge 106,70 t Treibstoff 116,4 t Startgewicht 8,7 t Trockengewicht 3 Segmente
Wandstärke:	8,2 mm
Treibstoff 1814 HTPB:	68% Ammoniumperchlorat 18% Aluminium 14% HTPB
Zünder:	1,25 m Länge 0,47 m Durchmesser 315 kg Gewicht 68 kg Treibstoff
Gesamt:	24,77 m Länge 3,05 m Durchmesser 19.700 kg Startgewicht

EAP Versionen		
	P230 Planung (1990)	**EAP 238 (Ariane 5)**
MPS Startgewicht	260.700 kg	268.800 kg
MPS Leergewicht:	30.700 kg	30.800 kg
Brennzeit:	127 s	130 s
Länge:	30,50 m	31,16 m
Durchmesser:	3,05 m	3,07 m
Brennkammerdruck:	60 Bar	64 Bar
Startschub:		5.440 kN
Maximaler Schub:	5.433 kN	6.254 kN
Minimaler Schub:		4.000 kN
Durchschnittsschub:	4.907 kN	4.827 kN
Spezifischer Impuls:		2657 m/s (Vakuum)
Boostergehäuse		
Zylinder	16.160 kg	
Toleranzen	420 kg	
Intersegment Joints	2 × 435 kg	
Factory Joints	4 × 345 kg	
Dome Joints	2 × 435 kg	
Gesamt	19.700 kg	
Länge:	24,71 m	
Brennkammerdruck:	65 Bar	
Dicke:	8,2 mm	
An Verbindungen:	36,1 mm	

Segmente			
Segment	**Startgewicht**	**Trockengewicht**	**Länge**
S1	27,200 kg	3,700 kg	3,49 m
S2	115,600 kg	8,100 kg	10,17 m
S3	115,300 kg	8,600 kg	11,07 m

Düsen

Der untere Bereich JAV (**J**upe **av**ant) mit dem der MPS abschließt, ist mit 180 Stiften an dem MPS angebracht. An dem 0,9 m langen Strukturteil sind die Düsen der Booster montiert. Diese sind zur Schubvektorsteuerung durch zwei um 90 Grad versetzte, hydraulisch betriebene Servoaktoren schwenkbar. Jeder Aktor hat eine Kraft von maximal 420 kN. Der innere Bereich, wo die Düsen am Gehäuse angebracht sind, besteht aus sich abwechselnden Schichten von Elastomeren und Metall, wobei das Metall weitgehend von den Elastomeren überlappt wird. Diese elastische Konstruktion erlaubt es, die Düsen zu schwenken und sie trotzdem den hohen Brennkammerdruck aushalten zu lassen. Die Düse selbst besteht aus leichten Kohlenfaserverbundwerkstoffen mit einer 38-90 mm starken Phenolharzschutzschicht, versetzt mit Silikaten, die ablativ abbrennt. Sie muss Temperaturen von bis zu 3.000°C widerstehen. Während des Betriebs werden bis zu 41 mm abgetragen.

Jede Düse wiegt etwa 6.400 kg, davon entfallen jeweils die Hälfte auf die eigentliche Düse und den Düsenhals. Die Hydraulik bekommt ihre Kraft von einem Hochdrucktank aus Stahl und CFK-Werkstoffen. Jeder Booster hat an seiner Seite einen solchen Tank, der von MT Aerospace gefertigt wird, gefüllt mit Helium unter 380 Bar Druck. Helium liefert den Druck für die Hydraulik, die 200 l Hydrauliköl einsetzt.

Düse	
Gewicht:	6.400 kg
Düsenhalsdurchmesser:	0,90 m
Düsenmündungsdurchmesser:	2,84 m
Länge:	3,53 m
Entspannungsverhältnis	9,58
Schwenkbereich:	7,3 Grad maximal, 6 Grad nominal
Hochdrucktank:	4,40 m Länge, 0,40 m Durchmesser, 200 kg Leergewicht, Betriebsdruck 450 bar.
Düsenbefestigung:	2,82 m Durchmesser 2,62 m Höhe 1.040 kg Gewicht aus Aluminium 7020

Beginnend ab Flug 502 wurden die Düsen schrittweise verlängert, um die Nutzlast zu steigern:

Düse	Erstflug	Entspannungsverhältnis	Nutzlastgewinn
Original	501	9.58	-
Verlängert	503	10.36	100 kg
P2001	515	11	200 kg

Betrieb

Der Treibstoff besteht aus dem Kunststoff **Hydroxy-Terminiertes-Polybutadien** (HTPB), der zum einen als Verbrennungsträger, zum anderen als Binder für die beiden anderen Komponenten dient. 14 Prozent HTPB können die beiden anderen Komponenten binden und ergeben nach dem Aushärten eine gummiartige Masse. HTPB ist ein Kunstharz, das nach Zusatz eines Katalysators aushärtet und eine gummiartige, feste Masse bildet. Ohne den Binder wären zum einen die beiden anderen Komponenten nicht mischbar (Aluminium ist hat eine höhere Dichte als Ammoniumperchlorat, sodass keine homogene Mischung resultieren würde) und es würde ein granulöses Treibstoffgemisch entstehen. Durch den Binder brennt der Treibstoff gleichmäßig mit einer Geschwindigkeit von 7,4 mm/s ab.

Das Aluminiumpulver dient als Verbrennungsträger. Es macht 18 Prozent der Masse des Treibstoffs aus. Den Großteil (68 Prozent) macht der Oxidator Ammoniumperchlorat aus. Er liefert den Sauerstoff für die Verbrennung. Die Mischung wird wegen dem Verhältnis der Anteile als 1814 HTPB bezeichnet.

Die Booster werden durch einen Zünder entzündet. Dieser entspricht einem kleinen Feststofftriebwerk im Kopfsegment, welches einen Flammenstrahl in den Booster schickt. Es brennt extrem rasch ab und entzündet innerhalb von 0,35 s den Booster.

Der Schubverlauf ist variabel. Er wurde optimiert, um die aerodynamischen Belastungen der Ariane 5 zu minimieren. Beim Start beträgt der Schub 5.300-5.400 kN. Durch die zunehmende Oberfläche im Kopfsegment steigt er auf sein Maximum nach 15 s. Dann ist das oberste Segment verbraucht und der Schub sinkt ab, um ein Minimum nach 35-40 s zu erreichen, kurz vor dem Zeitpunkt, wo die maximalen aerodynamischen Kräfte auf die Rakete einwirken.

Der Schub beträgt dann nur noch 4.000 kN. Er steigt danach durch die zunehmende Oberfläche immer weiter, um nach 90-100 s erneut 6.300 kN zu erreichen und sinkt dann erst langsam und nach 120 s rapide ab. Die Abtrennung der Booster erfolgt, sobald der Schub 200 kN unterschreitet. Dieser Schubverlauf wird durch die Geometrie des Innenraums erreicht: Das oberste Segment hat eine sternförmige Höhle, die durch die 15 Zacken des Sterns viel schneller abbrennt als die anderen Segmente mit einem kreisförmigen Innenraum.

Die Beschleunigung ist durch die EAP viel höher als bei der Ariane 4 und erreicht bei der Ariane 5G eine Spitze von 4,8 g. Damit durchwandert die Rakete die unteren, dichten Atmosphärenschichten schnell, wodurch die Luftreibung vermindert wird.

Bergung

In etwa 60 km Höhe werden nach 132 s und einer Geschwindigkeit von 2.500 m/s die Booster abgetrennt. Zu diesem Zweck sind im Kopf und an der Basis jeweils vier Feststofftriebwerke vorhanden. Jedes hat 18,9 kg Treibstoff und liefert einen Schub von 66-73 kN über eine halbe Sekunde. Die Booster werden dadurch um 4 m/s quer zur Rakete beschleunigt. Sie steigen durch ihre Vertikalgeschwindigkeit bis auf etwa 150 km Höhe und gehen 450 km vom Startplatz entfernt im Atlantik nieder.

Etwa ein bis zweimal pro Jahr werden Booster geborgen, um sie zu inspizieren. Dazu wird ein eigenes System, das **B**ooster **R**ecovery **S**ystem (BRS) installiert. Es sitzt in einem 2,90 m langen 1,26 m durchmessenden Zylinder, 2,06 m unterhalb der Boosterbefestigung. Da das BRS die Boosterleermasse um 1.275 kg erhöht, senkt es die Nutzlast um rund 100 kg. Es wird von Dutch Aerospace hergestellt.

Das BRS hat seine eigene Stromversorgung. Es gibt drei Sicherheitsbarrieren, welche die vorzeitige Auslösung der Fallschirme verhindern. Die ersten beiden werden 10 s nach dem Start und nach dem Abtrennen der EAP deaktiviert. Die Dritte wird in 27 bis 8,5 km Höhe durch den Druck deaktiviert. Die folgenden Schritte werden dann von Drucksensoren ausgelöst und geschehen bei einer variablen Höhe:

- Zuerst wird in 4.800 – 5.200 m Höhe die Nasenkappe abgetrennt, und drei Bremsfallschirme werden entfaltet. Die Abtrennung der Nasenkappe geschieht bei einer Geschwindigkeit von 200 m/s. Die Bremsfallschirme stabilisieren den Fall und reduzieren die Fallgeschwindigkeit auf 65 m/s. Dies geschieht rund 462 s nach der Abtrennung. Die Pilotfallschirme sind an einer 18 m langen Leine angebracht, die beim Entfalten eine Abbremsung von bis zu 18 g aushält. Befestigt ist die Leine an viereckigen Haken aus Titan, die für eine Last von bis zu 132 t ausgelegt sind.

- In 1.330 – 2.770 m Höhe werden dann die drei Bremsfallschirme abgetrennt.

- Kurz danach werden in 1.200 – 2.640 m Höhe die beiden Hauptfallschirme entfaltet. Sie haben eine Fläche von 1.800 m².

Abbildung 23: Die Düse des bei V112 geborgenen Boosters

- Die Wasserung erfolgt mit einer Geschwindigkeit von weniger als 27 m/s (nominell 25 m/s), das entspricht einer Geschwindigkeit von 90 km/h oder einem freien Fall aus 32 m Höhe. Etwa 507 s nach der Abtrennung sollten die Booster landen.

Beim ballistischen Flug durch die Atmosphäre sind die Belastungen für den Booster deutlich höher als während der Antriebsphase: Während dort maximal 4,8 g auftreten, werden bei dem Wiedereintritt bis zu 22 g erreicht. Die thermalen Belastungen sind mit maximal 40 kW/m² nicht viel höher als während der Antriebsphase von 30 kW/m².

Die Booster schwimmen dann vertikal im Wasser, und die Nasenkappe schaut etwa 10 m heraus. SARSAT- und Peilsender übermitteln ihre Position. Nach ihrer Wasserung fährt ein Bergungsschiff zu ihnen, das 8 km von der berechneten Aufschlagsposition entfernt gewartet hat. Taucher bringen durch die im Wasser befindliche Düse eine aufblasbare Boje ein. Diese wird dann mit Luft gefüllt, wodurch sich der Booster in die horizontale Position dreht und nun mit einer Seilwinde auf das Schiff gezogen werden kann. Nach 80 Stunden sollte der Booster wieder in Kourou angekommen sein.

Das Kopfstück, Befestigung zur EPC, Trennraketen, Hydraulikdrucktanks und Bergungsausrüstung wiegen zusammen etwa 8,5 t. So resultiert mit den MPS eine Startmasse von 39,3 t. Zusammen mit unverbranntem Resttreibstoff beträgt das Gewicht zum Zeitpunkt der Abtrennung über 40 t. Die Bergung gelingt nicht immer. Bei den Flügen 502 und 503 hätten beide Booster geborgen werden sollen, doch dies gelang nur bei einem der Antriebe des Fluges 503. Bei den anderen hatte sich der Fallschirm nicht geöffnet, und der Booster schlug mit hoher Geschwindigkeit auf dem Meer auf. Nominell werden zwei EAP pro Jahr geborgen.

Bei den meisten Boostern ist eine Bergung nicht vorgesehen. Sie werden nach der Abtrennung durch ein Selbstzerstörungssystem mit Sprengschnüren über die Länge „geöffnet", damit Wasser schnell eindringt und sie untergehen. 3,5 kg RDX Sprengstoff (Hexogen, chemisch Cyclotrimethylentrinitramin) befinden sich dafür in jedem Booster.

Verbunden mit der Entwicklung der Booster waren sehr hohe Investitionen für ihre Produktion in Europa und die Teststände und Produktion des Treibstoffs in Französisch-Guayana in Höhe von 3 Milliarden Franc. Etwa alle zwei Jahre wird ein Booster aus der laufenden Produktion im Teststand BEAP (Bâtiment d'Essais des Accélérateurs à poudre) gezündet, auch um Veränderungen an den Boostern vor dem Flugeinsatz zu erproben (Überladung des S1 Segmentes, neue Düsen, geschweißte Verbindungen). Geplant war ursprünglich einmal ein Test pro Jahr, doch es entstand kein Bedarf für derart viele Erprobungen.

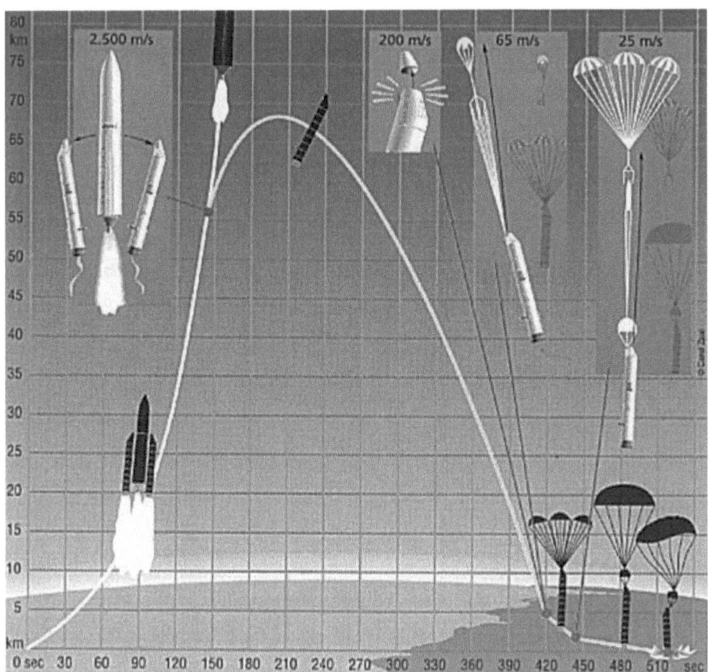

Abbildung 24: Ablauf der Bergung

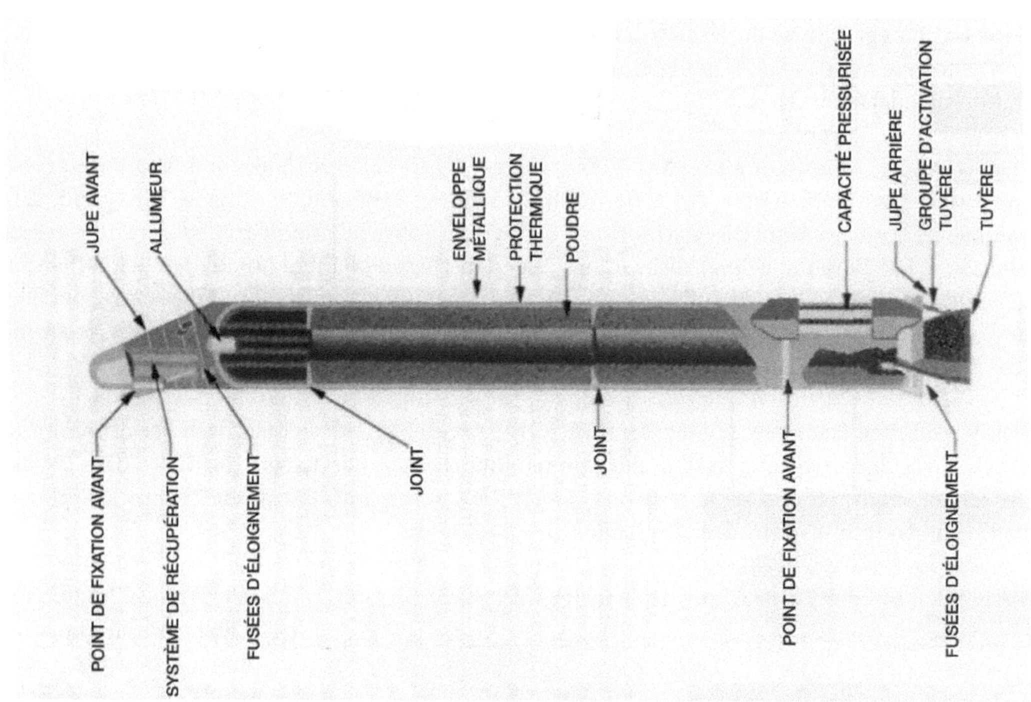

EAP-Parameter	
Startgewicht (pro Booster):	277,1 t, davon 268,8 t MPS
Treibstoff:	237,7 t
Leergewicht: (Pro Booster):	39,3 t, davon 31,2 t für MPS
Brennzeit:	130 s
Länge:	31,16 m
Davon MPS:	26,90 m – 27,80 m je nach Düsenlänge
Durchmesser:	3,07 m
Schub (pro Booster)	5.440 kN Start, 6.709 kN maximal, 4.000 kN Minimal, 4.984 Durchschnitt
Spezifischer Impuls:	2698 m/s (Durchschnitt)
Gesamtimpuls:	641,5 MNs
Entspannungsverhältnis:	9,58 – 11:1
Düsen schwenkbar um	7,3 Grad (maximal) 6,0 Grad (genutzter Ausschlag)
Booster Recovery System:	1.275 kg
Nasenkappe:	140 kg

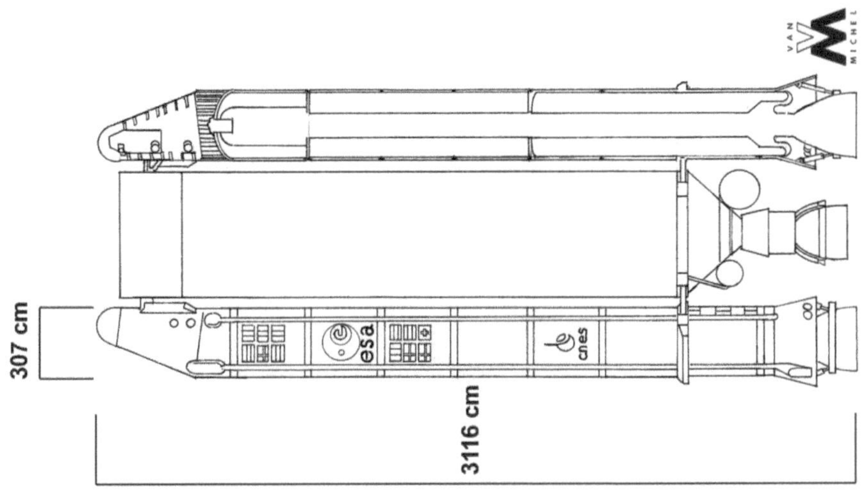

Abbildung 25: Aufbau der Booster © der Grafik: Michel Van

Abbildung 26: Eine EPC im Integrationsgebäude

Die Zentralstufe EPC

Die Bezeichnung EPC ist die Abkürzung von „**É**tage **P**rincipal **C**ryogénique": kryogene Hauptstufe. Der Großteil der Orbitalgeschwindigkeit der Ariane 5 wird von ihr aufgebracht. Die EPC arbeitet mit flüssigem Wasserstoff (LH2) als Treibstoff und flüssigem Sauerstoff (LOX) als Oxidator. Ein einzelnes Vulcain-Triebwerk treibt die Stufe an und ermöglicht ihr eine lange Brenndauer von 600 s.

Die Geschichte der EPC und des Vulcain geht bis ans Ende der siebziger Jahre zurück. Damals war unter der „Ariane 4" noch eine Ariane 3 mit einer kryogenen Zweitstufe mit 40 t Gewicht geplant. Sukzessive wurde die Stufe immer ambitionierter, und ihre Masse stieg von 40 auf 60 und dann sogar auf 90 t an. Damit war sie zu schwer für eine Ariane 4, selbst mit zusätzlichen Boostern. Beginnend mit der H120 (mit 120 t Treibstoff) wechselte die CNES zu einem neuen Konzept: Die H120 wurde die Zentralstufe der Ariane 5, unterstützt von zwei Feststoffboostern. Über die H140 mündete die Entwicklung schließlich in die H155.

Die Hauptstufe wird am Boden, 7 s vor den Feststoffboostern, gezündet und auf einwandfreie Funktion geprüft. Erst dann erfolgen die Zündung der Feststoffbooster und der Start. Im Vergleich zur Ariane 4 wurde die Zahl der Triebwerke stark reduziert. Während dort bis zu acht Triebwerke beim Start zusammenarbeiten mussten, sind es bei der Ariane 5 nur drei. Auch dadurch sinkt die Fehleranfälligkeit.

Ohne die Booster könnte die Rakete nicht abheben, da das Triebwerk eine Schubkraft hat, die ausreicht 86 t anzuheben, während die Ariane 5 beim Start bis zu 755 t wiegt. Selbst bei der Abtrennung von den Feststoffboostern wiegt die Rakete immer noch mehr, als der Schub des Vulcain beträgt. Die Beschleunigung sinkt bei der Ariane 5G dann ab auf 6 m/s. So steigt die Rakete zuerst noch durch die Beschleunigung der Feststoffbooster auf 150 km Höhe, um dann wieder bis auf etwa 133 km Höhe zu fallen. Nun ist der Treibstoff soweit verbraucht, dass der Schub des Vulcain größer ist, als das Gewicht des Trägers und die Trajektorie erneut ansteigt. Die Beschleunigung steigt bis zum Brennschluss in 140-150 km Höhe wieder auf 32 m/s an.

Die EPC wird bei Les Mureaux in einer 15.000 m² großen Fabrik gefertigt, deren Errichtung rund 500 Millionen Franc kostete. Zusammen mit anderen Fertigungsanlagen sind dort in „Ariane City" Gebäude mit einer Grundfläche von 24.000 m² entstanden.

EPC Daten	
Länge:	31,00 m
Durchmesser:	5,40 m
Startgewicht:	170,3 t
Leergewicht:	12,2 t
Treibstoff:	158,11 t
Flüssiger Sauerstoff:	132,27 t
Flüssiger Wasserstoff:	25,84 t
Schub:	1.140 kN (Vakuum) / 885 kN (Meereshöhe)
Brennzeit:	600 s
Mischungsverhältnis:	5,2 (LOX/LH2)

Treibstofftank

Der Treibstoff ist in einem einzigen Treibstofftank untergebracht. Dieser ist durch einen Zwischenboden in einen Sauerstoff- und Wasserstofftank unterteilt, was Gewicht spart, nachdem die frühen Entwürfe noch separate Tanks für den Sauerstoff und Wasserstoff vorsahen. Der aus der Aluminium-Legierung 2219 (Aluminium mit 6% Kupfer) gefertigte Tank hat ein sehr niedrigeres Voll-/Leergewicht. Dies wurde durch den gemeinsamen Zwischenboden und den geringen Schub des Vulcain möglich. Die Kräfte der Booster werden erst über den Zwischenstufenadapter übertragen.

Jeder Tank wird trotz seiner Größe vollständig mit Röntgenstrahlen auf Risse oder Defekte untersucht. Dies geschieht automatisch beim Verschweißen der drei Längsteile der Zylinderhülle in der 350 Millionen Franc teuren Schweißanlage. Mittels Laserkalibration können die Schweißnähte sehr genau gesetzt werden. Vor der Auslieferung wird der Tank in einer Druckkammer von 9 m Durchmesser und 30 m Länge unter Druck gesetzt, um seine Dichtigkeit zu prüfen. Die Außenisolation ist aufgesprüht und soll eine zu starke Wärmeaufnahme vermeiden. Die Fertigung eines Tanks dauert 26 Wochen. Die beiden ersten Serienexemplare kosteten zusammen 240 Millionen Franc (rund 18,6 Millionen Euro pro Stück).Der obere kugelförmige Tank nimmt den Sauerstoff auf. Der darunter liegende, zylindrische Wasserstofftank fasst trotz seines größeren Volumens nur 26 t Wasserstoff. Das liegt an der niedrigen Dichte von Wasserstoff von 0,069 g/cm³, während die von Sauerstoff bei 1,14 g/cm³ liegt. Von den 158,1 t Treibstoff werden 157 t während des Fluges verbrannt. Der Rest setzt sich aus einem nicht nutzbaren Rest und einer Reserve zusammen, da die EPC abgeschaltet wird, bevor der Treibstoff vollständig verbrannt ist. Das verhindert eine Beschädigung des Triebwerks durch abreißende Kühlung durch den Wasserstoff. Die Leitungen für den Treibstoff, wie auch für die Druckbeaufschlagung, verlaufen an der Außenseite der Ariane 5. Jede Leitung hat einen Durchmesser von 185 mm, um dem durstigen Vulcain-Triebwerk jede Sekunde rund 800 l Treibstoff zuzuführen. Anders ausgedrückt: Jede Sekunde schlürft ein Vulcain-Triebwerk vier Badewannen leer!

Der Tank hat eine sehr dünne Wand und muss bei der Montage in bestimmten Situationen unter Innendruck gesetzt werden, um eine Verformung durch das Eigengewicht zu verhindern. Auch während des Flugs wird er unter Druck gesetzt; dieser Druck stabilisiert ihn und drückt den Treibstoff in die Leitungen. Beim Wasserstofftank dient dazu ein Teil des erhitzten gasförmigen Wasserstoffs, der aus der Brennkammerkühlung stammt. Ein Fluss wird abgezweigt und in den Tank zurückgeleitet. Beim Sauerstofftank ist es Helium, welches aus einer Druckflasche an der Basis der EPC stammt. 166 kg flüssiges Helium sind im superkritischen Zustand bei 7 K Temperatur am Schubrahmen befestigt. Es wird durch das Abgas der Sauerstoffturbopumpe auf 250°C erhitzt, bevor es in den Sauerstofftank geleitet wird. Die zwiebelförmige Heliumflasche an der Basis wiegt 225 kg, 150 kg des Heliums sind nutzbar. Die Heliumflasche wird 20 Stunden vor dem Start befüllt. Danach steigt der Innendruck durch Verdampfen eines Teils des Heliums bis auf 23 Bar vor der Zündung. Heliumdruckgas verhindert auch die Kavitation in den LOX-Leitungen.

EPC Tank	
Länge:	23,80 m
Durchmesser:	5,40 m
Startgewicht:	5,6 t
Treibstoff:	158,1 t
Sauerstofftank	120 m³, 133 t Sauerstoff
Wasserstofftank	390 m³, 26 t Wasserstoff
Wandstärke:	1,3 mm Wasserstofftank, 4,7 mm Sauerstofftank, im Mittel 3 mm.
Tankboden:	1,86 m Höhe, 450 kg Gewicht
Zwischenboden:	3,40 m Höhe, zwei Segmente getrennt durch ein Vakuum
Außenisolation:	21 mm
Mischungsverhältnis:	5,2 (LOX/LH2)
Druckbeaufschlagung:	0,4 kg Wasserstoff/s, 0,2 kg Helium/s (166 kg gesamt)

EPC Frontskirt	
Länge:	3,288 m
Durchmesser:	5,40 m
Startgewicht:	1.785 kg
Lastaufnahme:	2 × 6.000 kN
Material	Aluminium / CFK, Thermalschutz (PROSIAL)

Betrieb

Gezündet wird die EPC pyrotechnisch durch drei Zünder. Die drei Austrittsöffnungen für die Flammen sind schräg um 180 Grad versetzt. Ein Zünder ist genau gegenüber dem Sauerstoffeinlass angebracht, um eine weiche Zündung ohne Druckspitzen zu ermöglichen. Nach Abtrennung von der EPS sorgen Ventile im Wasserstofftank, die den Wasserstoff entleeren, für eine Entfernung der Stufe von der EPS und für ihre Deorbitierung.

Das Abschalten erfolgt, wenn zwei Bedingungen erfüllt sind: Die Erste besteht darin, dass die EPC eine vorgegebene suborbitale Bahn erreicht hat, die vor dem Start dem Bordcomputer als Referenz gegeben wurde. Die Zweite tritt ein, wenn der Treibstoff verbraucht ist. Letzteres wird aber bei einem normalen Flugverlauf vermieden, um ein Durchbrennen des Vulcains aufgrund aussetzender Kühlung zu verhindern. Das Haupttriebwerk ist verantwortlich für die Veränderung der Nick- und Gierachse. Die Ausrichtung der Rollachse erfolgt durch die Triebwerke, die in der VEB eingebaut sind. Sie werden aktiv, sobald die Booster abgetrennt werden.

Strukturen

Oberhalb der Tanks befindet sich die massive Boosterbefestigung, welche die Kräfte der Zusatzraketen auf die EPC überträgt. Jeder Booster überträgt eine Schubkraft von 3.300 kN und eine seitliche Kraft von 300 kN. Kombiniert mit den Vibrationen der Booster ist dies eine hohe Anforderung an die Befestigung, welche nicht starr sein darf, sondern diesen Kräften nachgeben muss, um sie nicht auf die EPC zu übertragen. Verwendet wird Teflon (um die Reibung zu vermindern) auf Stahl (um die Kräfte zu übertragen). Das Teflon muss einem Druck von 190 MPa und Temperaturen von 150°C widerstehen. Die statische Reibung erzeugt dabei ein Moment von 75.000 Nm.

Durch dieses Frontskirt hindurch werden auch die Tanks betankt. Es besteht aus einer Aluminium-Kernstruktur in gewichtssparender Honigwaben-Sandwich-Bauweise, verkleidet mit Platten aus mit Kohlefasern verstärktem Kunststoff. Sie wird wie die Boostergehäuse von MAN gefertigt. Außen ist es mit einer PROSIAL-Schutzschicht besprüht, die durch die Reibungshitze beim Aufstieg ablativ abgetragen wird und eine Wärmemenge von bis zu 1 MW/m² aufnehmen kann. Daneben fertigt MAN auch die Tankböden, den Zwischenboden zwischen LH2 und LOX Tank, den Thermalschutz für die EPC und das nur 60 kg schwere Kardangelenk aus Aluminium, Titan und Stahl, welches das Schwenken des Triebwerks erlaubt und bis zu 1.550 KN Schub übertragen kann.

Bedingt durch diese Art, die Boosterkräfte zu übertragen, konnte die EPC sehr leicht gebaut werden, da nur das Frontskirt strukturell verstärkt werden musste.

Das Triebwerk wird hydraulisch geschwenkt. Zu diesem Zweck befindet sich beim Triebwerk ein Hochdrucktank von 1,70 m Länge und 0,40 m Durchmesser. Bei einem Leergewicht von 59 kg hat er ein Volumen von 183 l und arbeitet bei einem Betriebsdruck von 230 Bar. Der Berstdruck liegt beim doppelten Wert. Er beinhaltet 50 kg Öl, um damit das Triebwerk in zwei Achsen zu schwenken. Der Druck im Tank wird durch Heliumdruckgas aufrecht erhalten, das in einer zweiten Flasche an der Basis angebracht ist.

Vergleich der EPC mit den Planungen		
	Planung (1988)	**Einsatzversion**
Länge:	29 m	31 m
Treibstoffzuladung:	155 t	158,13 t
Davon nutzbarer Treibstoff:	155 t	157 t
Trockenmasse:	11,3 t	12,2 t
Schub Meereshöhe:	850 kN	870 kN
Schub Vakuum:	1.070 kN	1.140 kN
Trockengewicht Vulcain:	1,3 t	1,685 t
Brennkammerdruck:	100 bar	110 bar
Spezifischer Impuls:	4217 m/s	4228 m/s

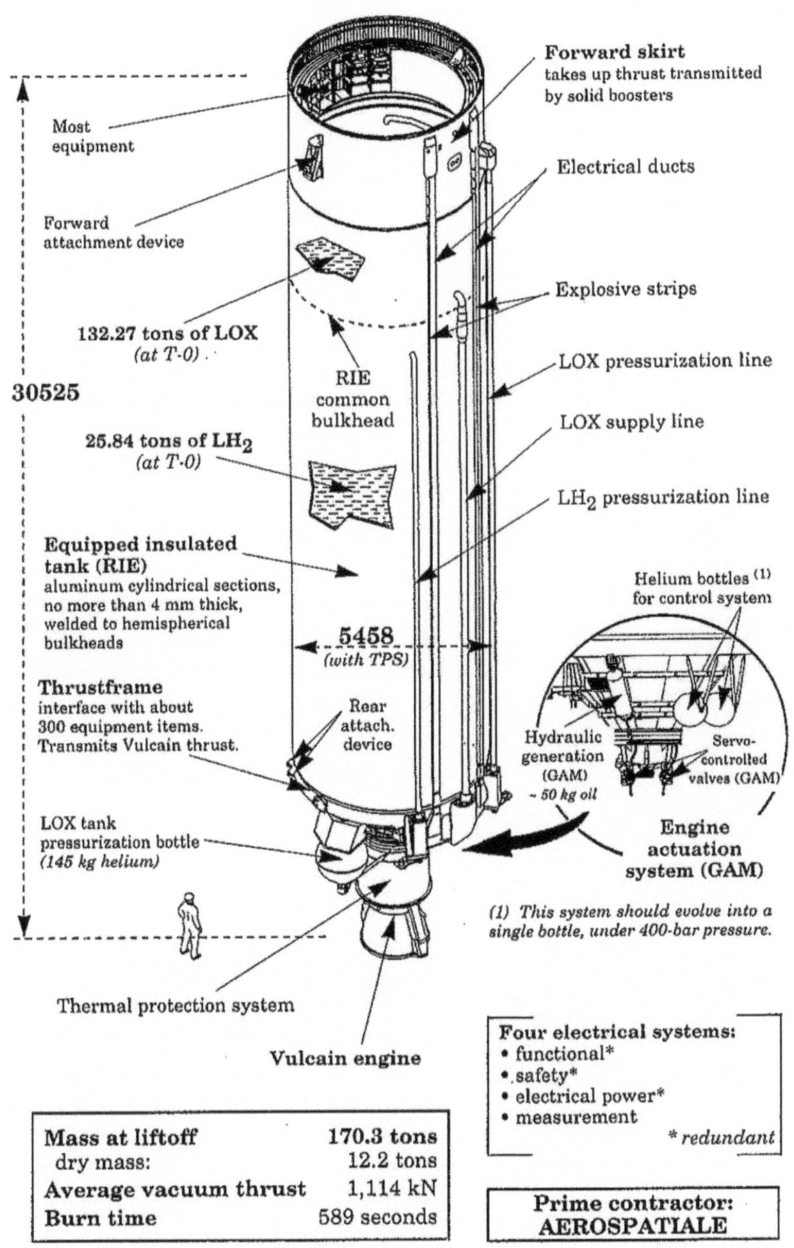

Abbildung 27: die wichtigsten EPC Subsysteme

Das Vulcain-Triebwerk

Auch das Vulcain-Triebwerk hat eine sehr lange Entwicklungsgeschichte hinter sich. Von 1979 bis 1984 fanden Vorarbeiten und Designstudien noch unter der Bezeichnung HM60 statt. Das HM60 war ausgelegt für die P120 Stufe mit 120 t Treibstoff. Schon 1983 wurde der Schub von den ursprünglich geplanten 60 t auf 80 t angehoben. Alternative Konzepte für die Ariane 5 sahen auch die Verwendung von drei HM60 in der ersten Stufe und keine Booster vor. Die Lösung mit zwei Feststoffboostern versprach aber größere Kosteneinsparungen. Die Forderung nach mehr Nutzlast führte zur Erhöhung der Treibstoffmenge der Zentralstufe auf 155 t und damit auch zur entsprechenden Vergrößerung des Schubs.

Ein Triebwerk mit dem Prinzip des „Staged Combustion Cycle" wurde geprüft, aber verworfen. Bei Verwendung eines Triebwerks dieser Bauart wäre der spezifische Impuls um 150 m/s höher gewesen, wodurch die Ariane 5 rund 900 kg mehr Nutzlast in den GTO-Orbit transportiert hätte. Allerdings wäre der Brennkammerdruck über 200 Bar gelegen. Das hätte zu doppelt so hohen Entwicklungskosten und 30% höheren Produktionskosten geführt – in der Summe wäre einem kleinen Nutzlastgewinn also ein viel höheres finanzielles Engagement entgegengestanden.

Im Jahr 1985 bekam das Triebwerk den Namen Vulcain. Von 1985 bis 1989 lief die Definitionsphase. Es gab Vorarbeiten für einige Komponenten. Schon während der Entwicklung wurde das Triebwerk im Schub von 1.070 auf 1.140 kN gesteigert, um vor allem Hermes als größte Nutzlast transportieren zu können. Dies geschah durch Steigerung des Brennkammerdrucks, der ursprünglich 100 Bar hätte betragen sollen. Die Leistung der Turbopumpen musste durch das Anheben des Brennkammerdrucks ebenfalls verbessert werden (von 2,9 auf 3,7 MW bei der

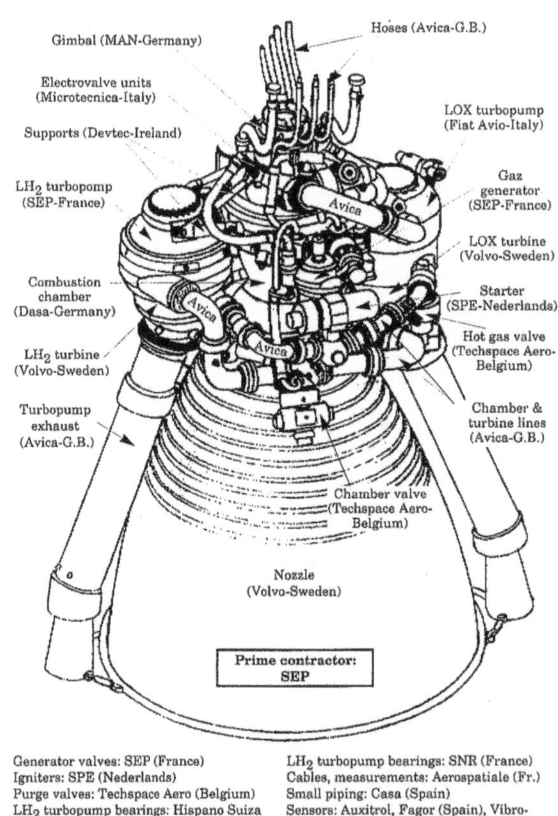

Abbildung 28: Wichtigste Systeme des Vulcain und ihre Hersteller

LH2 Pumpe und von 11,3 auf 11,9 MW bei der LOX-Turbopumpe). Es gibt nur wenige Triebwerke im Nebenstromverfahren, welche einen gleich hohen oder sogar höheren Brennkammerdruck aufweisen.

Es stieg der Schub des Triebwerks nicht im selben Ausmaß wie das Gewicht der EPC und ihrer Oberstufen, sodass die erste größere Maßnahme der ESA zur Leistungssteigerung der Rakete die Einführung des Vulcain 2 mit mehr Schub war.

	HM60	**Vulcain**
Schub:	800 kN Boden, 836 kN Vakuum	885 kN Boden, 1.145 kN Vakuum
Trockengewicht:	1.100 kg	1.935 kg
Brennkammerdruck:	100 bar	110 bar
Brenndauer:	290 s	590 s
	Vulcain Entwicklungsmuster	**Vulcain 1**
Höhe:	3,06 m	3,00 m
Max. Durchmesser:	1,76 m	1,76 m
Düsendurchmesser:	1,76 m	1,76 m
Gewicht:	1.450 kg (trocken)	1.685 kg (trocken)
Schub (Vakuum/Meereshöhe)	1.075 kN / 800 kN	1.140 kN / 885 kN
Mischungsverhältnis (gesamt)	5,1 (LOX/LH2)	5,9 (LOX/LH2)
Mischungsverhältnis (Brennkammer)	5,6 (LOX/LH2)	6,3 (LOX/LH2)
Treibstofffluss:	244 kg/s	262,2 kg/s
Davon LOX	40,6 kg/s (35,6 kg Brennkammer)	38 kg/s (37,4 kg/s Brennkammer)
Davon LH2	203,4 kg/s (199,3 kg Brennkammer)	224,2 kg/s (221 kg/s Brennkammer)
Davon Gasgenerator:	11,4 kg/s	8,8 kg/s
Davon Düsenkühlung:	1,8 kg/s	3,0 kg/s
Spezifischer Impuls:	4316 m/s (nur Brennkammer) 4216 m/s Gesamttreibstoffverbrauch	4305 m/s (nur Brennkammer) 4228 m/s Gesamttreibstoffverbrauch
Brennkammerdruck:	100 bar	109 Bar
LOX Turbopumpe Drehzahl:	13.400 U/min	12.300 U/min
Leistung:	2,9 MW	3,7 MW
LOX Förderdruck:	141,7 bar	139 Bar
LH2 Turbopumpe: Drehzahl:	34.200 U/min	34.100 U/min
Leistung:	11,3 MW	11,9 MW
Ausgangsdruck:	122,8 bar	133 Bar
Nominelle Brennzeit:	605 s	590 s

Land	Anteil an der Vulcain-Entwicklung
Frankreich:	46,8% (Gesamtkonzept, Wasserstoffturbopumpe, Gasgenerator, Ventile, Tests der Subsysteme und Triebwerke in Vernon)
Deutschland:	21,9% (Brennkammer, Schwenkmechanismus, Test von Triebwerken und Gasgeneratoren in Lampoldshausen)
Italien	13,2% (Sauerstoffturbopumpe)
Schweden:	6,2% (Düse, Wasserstoff- und Sauerstoffturbinen)
Belgien:	4,7% (Ventile für Treibstoff und Gase)
Niederlande:	2,4% (Befestigungen und Verbindungen)
Spanien	1,9% (Tests)
Österreich, Schweiz, Irland	Je 0,8% (Beförderungscontainer, Vibrationstests)
England:	0,5% (Treibstoffleitungen)

Aufbau

Das Vulcain verbrennt Wasserstoff mit Sauerstoff im klassischen Nebenstromverfahren, das heißt, ein Teil des Treibstoffs wird benötigt, um die Turbinen anzutreiben. Dieser Anteil kann nicht für den Antrieb genutzt werden. Neben dem Triebwerk sind zwei Rohre zu erkennen, durch welche die Abgase des Gasgenerators ins Freie entlassen werden (sozusagen der „Auspuff" des Raketentriebwerks).

Die Treibstoffe werden durch zwei Turbopumpen gefördert, die wiederum von einem Gasgenerator angetrieben werden. Der Gasgenerator verbrennt einen Teil des Wasserstoffs mit etwas Sauerstoff, wobei ein 600°C heißes, wasserstoffreiches Gas entsteht. Der Gasgenerator ist dabei eine Brennkammer im Kleinen, mit 60 Düsen im Einspritzkopf aus Inconel. Die Brennkammer des Gasgenerators besteht aus Waspalloy, einer Legierung aus 56% Nickel, 19% Chrom, 14% Kobalt und 4.2% Molybdän. Sie ist hochtemperaturfest und wird nicht gekühlt. Im Innern befinden sich Blenden, die eine bessere Durchmischung des Gases bewirken. Der Gasgenerator erzeugt 14,4 kg Arbeitsgas pro Sekunde. Dieses wird nach Passage der beiden Turbinen durch die schon erwähnten zwei „Auspuffrohre" neben der Düse abgeleitet. An diesem auffälligen Detail kann auch ein Laie das Vulcain leicht von seinem Nachfolger Vulcain 2 unterscheiden, wo die Abgase in einen Ring im oberen Drittel der Düse entlassen werden.

Das vom Gasgenerator erzeugte Arbeitsgas treibt mit 80 Bar Druck die beiden Turbopumpen an, welche die Treibstoffe fördern. Dabei erreichen beide Pumpen einen Förderdruck von bis zu 134 Bar. Zwar ist die Fördermenge beim Wasserstoff siebenmal kleiner als beim Sauerstoff –

beim Volumen ist es jedoch gerade anders herum. Die Anforderungen an die Turbine zur Förderung des flüssigen Wasserstoffs sind daher höher als die für die Förderung des flüssigen Sauerstoffs. Die LH2-Turbine von Volvo hat eine Leistung von 7,4 – 15,5 MW (abhängig vom Eingangsdruck zwischen 50 und 105 Bar) bei Rotationsgeschwindigkeiten von 28.500 bis 36.000 u/min. Das Vulcain-Triebwerk arbeitet mit einem Arbeitspunkt, also einem festgelegten Mischungsverhältnis und Schub. Die Wasserstoff-Turbopumpe aus Titan erreicht die hohe Drehzahl in drei Stufen für die Pumpe und zwei Stufen für die Turbine. Auch hier kommen für die Teile, die hohen Temperaturen ausgesetzt sind, Inconel 718 und Waspalloy zum Einsatz.

Die LOX-Turbopumpe hat dagegen weitaus geringere Anforderungen an die Leistung und Fördermenge und kommt mit zwei Stufen für die Pumpe und einer für die Turbine aus. Weiterhin kann sie aus einer leichten Legierung gefertigt werden. Die nur 200 kg schwere Turbopumpe hat ein zwanzigmal besseres Leistung/Gewicht Verhältnis als der Motor eines Formel-1 Rennwagens.

Der restliche Wasserstoff muss, bevor er verbrannt wird, noch die Außenseite der Brennkammer passieren. Da er -253°C kalt ist, schützt er so die Brennkammer vor den über 3.500°C heißen Verbrennungsgasen. Die Brennkammer selbst besteht aus einer Kupfer-Silber-Zirkonium Legierung. An ihrer Außenseite sind Röhrchen eingefräst, in denen der Wasserstoff sie umströmt und so kühlt. Diese Röhrchen werden zuerst galvanisch mit einer dünnen Kupferschicht überzogen, die dann im Pulsstromverfahren mit einer Nickelschicht variabler Dicke von bis zu 25 mm Stärke überzogen wird. Die Außenseite wird dann von einer Inconel 718 Verbindung (eine Legierung aus 53% Nickel, 19% Eisen, 19% Chrom und Spuren von Niob, Molybdän und Titan) gebildet, die im Elektronenschweißverfahren aufgetragen wird. Diese Kombination der Werkstoffe ergibt gute Eigenschaften, sowohl bei der Wärmeleitung durch Kupfer, wie auch Robustheit bei tiefen Temperaturen (Nickel), Härte (Zirkonium), wie auch Hitzebeständigkeit (Inconel 718). Insgesamt 360 dieser Kühlkanäle gibt es. Beim Passieren der Kühlkanäle erhitzt sich der Wasserstoff von -227°C auf +120°C. Danach wird er mit dem -176°C kalten Sauerstoff im Einspritzkopf vermischt und in der Brennkammer verbrannt. Der Einspritzkopf, der mit einem Duschkopf verglichen werden kann, hat 516 kleine, düsenförmige Öffnungen in 16 konzentrischen Kreisen. Die koaxialen Düsen bewirken eine besonders gute Vermischung der Treibstoffe. In jeder Düse wird der Oxidator in der Mitte eingespitzt und der Wasserstoff in einem äußeren Kreisring. Die Brennkammer wiegt 625 kg. Insgesamt erreicht das Vulcain 2 einen technischen Wirkungsgrad von 99%, also 99 Prozent der nutzbaren Energie wird auch in Schub umgewandelt.

Die Düse aus Inconel 600, einer Nickellegierung mit guter Beständigkeit gegen Oxidation und Korrosion bei hohen Temperaturen (72% Nickel, 14-17% Chrom, 6-10% Eisen) wird durch Dumpkühlung vor dem Durchbrennen geschützt. Bei der Dumpkühlung wird die Düse von dem Kühlmittel durchströmt, dieses nimmt die Wärme auf und wird am Düsenende ins Freie entlassen. Dazu durchströmen sie 2,0 kg Wasserstoff pro Sekunde. Die 456 rechteckigen Kühlkanäle sind dazu spiralförmig miteinander verschweißt. An ihrem Ende befinden sich kleine Minidüsen, welche einen zusätzlichen Schub erzeugen. Die Düse hat eine Länge von 1,80 m. Der Durchmesser weitet sich von 0,262 m am Düsenhals bis 1,70 m an der Öffnung auf.

Die Haupttreibstoffventile werden pneumatisch durch gasförmiges Helium aus einem Druckgastank betätigt. Eine Schubregelung ist durch Steuerung des Sauerstoff-Hauptventils möglich.

Das Vulcain wurde in über 10 Jahren entwickelt, wobei dafür die bisher ausgedehnteste Testkampagne in Europa durchgeführt wurde. Tests gab es auf drei Ebenen (Komponenten, Subsysteme, Triebwerk) und mit drei Konfigurationen (Prototyp, „gereifte Konfiguration" und Demonstrationslevel). Alleine für die drei Hauptsubsysteme (Gasgenerator, Turbopumpe und Brennkammer) gab es jeweils 200 einzelne Tests in Vernon und Lampoldshausen. Insgesamt 280 Versuche mit 19 Triebwerken und einer Gesamtbrenndauer von 86.000 s fanden bis zum Erstflug statt. Weitere Tests fanden auch danach zur Verbesserung des Triebwerks statt. Nach dem Ende des dritten Testflugs beliefen sich diese bereits auf 127.000 s, was mehr als 200 Missionen entspricht. Die Lebensdauer eines Triebwerks liegt bei maximal 6.000 s oder 20 Starts. Limitiert ist sie nicht durch die Brennkammer, sondern durch die LOX-Turbopumpe. Ein Dauerbetrieb von bis zu 900 s ist vorgesehen, obgleich die Triebwerke bei der Ariane 5 nur maximal 600 s lang arbeiten müssen. Auch Überprüfungen mit erhöhtem Schub wurden durchgeführt, so fanden Tests mit bis zu 1.330 kN Schub über 5 s Dauer statt.

Die Fertigung eines Vulcain-Triebwerks kostet 15 Millionen Euro (2002), womit dieses die teuerste Einzelkomponente der Ariane 5 ist. Die Entwicklungskosten wurden 1985 auf 770 Millionen Dollar (700 MAU) geschätzt. Inflationsbereinigt betrugen sie schließlich 1.370 Millionen Euro.

Aufgrund der geforderten hohen Zuverlässigkeit der Ariane und zur Verringerung der Produktionskosten finden auch während des Einsatzes der Ariane 5 begleitende Tests statt. Pro Jahr wird ein Triebwerk mit neuen Komponenten ausgerüstet und ein Zweites intensiv getestet – die kumulierte Brennzeit der Tests von 6.000 s pro Jahr ist länger als die Betriebszeit der Flugexemplare. Eine Tabelle der technischen Daten des Vulcain 1 finden Sie zusammen mit denen des Nachfolgers Vulcain 2 auf Seite Fehler: Referenz nicht gefunden.

Die Oberstufe EPS

Die Abkürzung EPS steht für „**E**tage à **P**ropergols **S**tockables": Stufe mit lagerfähigen Treibstoffen. Die EPS ist für eine Zuverlässigkeit von 0.995 ausgelegt. Um diese zu erreichen, wurde die Konstruktion sehr einfach gehalten.

Die EPS verwendet die Treibstoffmischung **Monom**ethyl**h**ydrazin (MMH) und Stickstofftetroxid (NTO: **N**itrogen**t**etr**o**xid). Deutsche Firmen sind Hauptauftragnehmer für die EPS. Unter anderem findet bei der DASA (heute Astrium LV) die Integration der dritten Stufe in Bremen statt. Auch das Triebwerk stammt von Astrium, diesmal vom Standort Ottobrunn. Dies ist ein Unterschied zur Ariane 1-4: Bei diesen waren zwar auch deutsche Unternehmen Systemintegratoren, aber die Triebwerke stammten aus Frankreich.

Die Konstruktion weicht von anderen Stufen ab, da die Ariane 5 sowohl Hermes (ohne EPS) als auch geostationäre Satelliten (mit EPS) transportieren sollte:

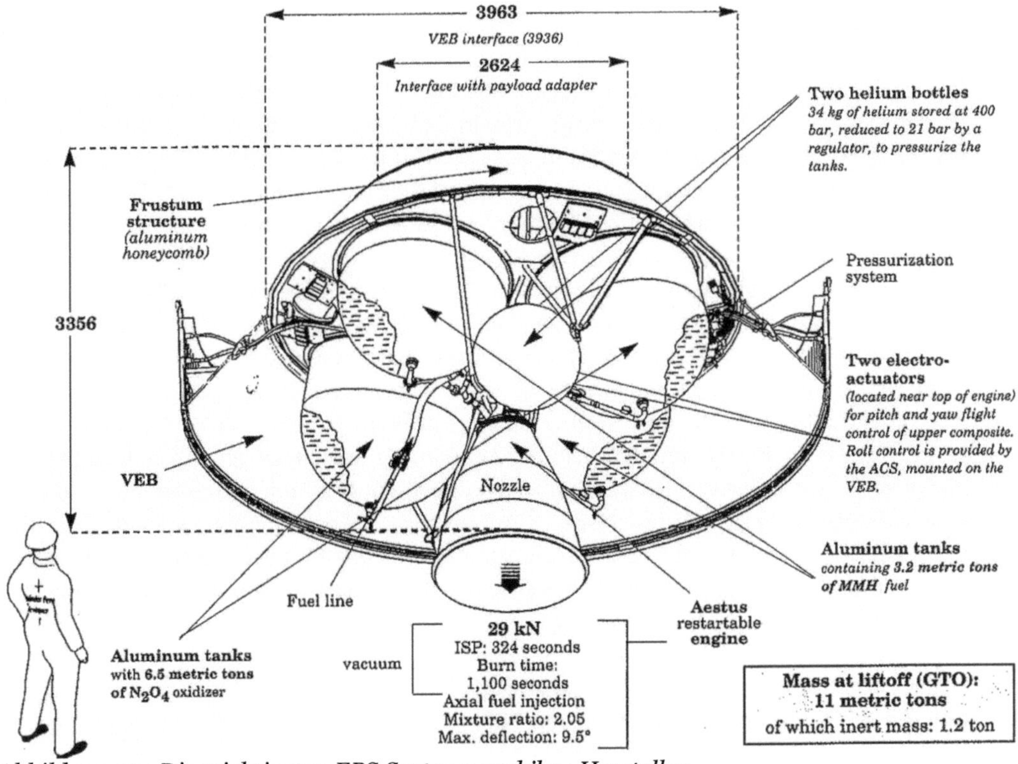

Abbildung 29: Die wichtigsten EPS Systeme und ihre Hersteller

- Die EPS sitzt innerhalb der VEB, welche direkt auf der Hauptstufe angebracht ist. Damit kann die EPS einfach weggelassen werden und die VEB muss nicht einmal für eine Ariane 5 mit EPS und einmal für eine solche ohne EPS angepasst werden.

- Wie bei der Hauptstufe wurde Sicherheit groß geschrieben. So verwendet die Oberstufe Treibstoffe, die keine Zündung benötigen, sie entzünden sich spontan bei Kontakt. Sie werden durch Druck gefördert, wodurch fehleranfällige Pumpen überflüssig sind. Dies erlaubte es, dasselbe Subsystem auch für den Antrieb von Hermes zu übernehmen.

- Das Leergewicht der EPS ist sehr niedrig. Der Treibstoff wird in vier Tanks mitgeführt, um den Platz optimal auszunützen. Der spezifische Impuls des Aestus-Triebwerks liegt sehr hoch für diese Treibstoffkombination.

- Der Schub ist durch die Druckförderung gering, und die Brennzeit ist dadurch lang.

- Die EPS ist im Gegensatz zu der bei der ECA-Variante eingesetzten Oberstufe wiederzündbar.

Die EPS besteht aus drei Hauptelementen: dem Schubgerüst, dem Aestus-Triebwerk in der Mitte des Schubrahmens und vier Tanks, die am Schubrahmen angebracht sind. Dieser Rahmen ist an der Innenseite der VEB fixiert. Das Schubgerüst bestimmt die Form der EPS von einem Konus. An der Oberseite wird die Nutzlast auf einem Standardadapter angebracht. Der Schubrahmen besteht aus einem Mix aus CFK-Werkstoffen und Aluminium in Honigwabenbauweise.

Die Zuladung an Treibstoff ist missionsspezifisch. Je zwei Tanks nehmen das Stickstofftetroxid auf, zwei das Hydrazin. Sie können bis zu 60 Tage vor der Mission gefüllt werden. Beide Tanks sind für einen Prüfdruck von 22,77 Bar ausgelegt und bestehen aus der Aluminiumlegierung 2219. Der Druck wird durch Helium-Druckgas aufrecht erhalten. Dieses befindet sich in zwei weiteren Druckgasflaschen. Die Treibstoffmischung wurde ursprünglich gewählt, weil sie es erlaubte, die Tanks für MMH und NTO auszutauschen. Es waren ursprünglich kugelförmige Tanks geplant, da diese das geringste Leergewicht aufweisen. Die Anhebung der Treibstoffmenge während der Entwicklung machte aber eine Anpassung der Formen notwendig, da vier gleich große, kugelförmige Tanks nicht unterzubringen waren. Daher sind die Tanks heute unterschiedlich geformt und länglicher. Sie bestehen aus einer 2,7 mm starken Aluminiumhülle, verstärkt durch aufgesponnene Aluminiumfasern.

Die Treibstoffe müssen in einem Temperaturbereich von -20 bis +25°C gehalten werden. Die Isolation der Treibstofftanks in unmittelbarer Nähe der Brennkammerwand war eine der Herausforderungen bei der Entwicklung. Die Tanks werden von MAN (heute MT Aerospace) gebaut. Ein passives POGO-Dämpfungssystem ist in den NTO-Leitungen eingebaut.

Das Triebwerk ist kardanisch aufgehängt und in zwei Raumachsen um 9,5 Grad schwenkbar. Dazu dienen elektromechanische Aktoren. Den Strom dafür liefert die VEB. Die Rollachsensteuerung erfolgt wie bei der EPC durch die VEB.

Das Grunddesign der EPS wurde trotz Erhöhung der Treibstoffmenge während der Entwicklung weitgehend beibehalten. Wesentliche Änderung war der Übergang von kugelförmigen Tanks aus Titan mit einem Durchmesser von 1,41 m zu länglichen Tanks aus Aluminium mit einem größeren Fassungsvermögen und die Vergrößerung des Injektors für das Aestus-Triebwerk, um den Schub von 20 auf 28,4 kN zu erhöhen.

Die EPS wird nach dem Missionsende passiviert. Zuerst wird der Druck in den Tanks und den Leitungen abgebaut. Das erzeugt noch einen kleinen Schub von 30 N und beschleunigt die Stufe leicht – ein Effekt, der bei der Abtrennung der Nutzlasten mit einbezogen werden muss. Danach werden die Ventile geöffnet und die Treibstoffe simultan entlassen, um ein Taumeln der Stufe zu vermeiden. Zu Missionsende befinden sich noch rund 200 kg NTO und 100 kg MMH in den Tanks. Es wurden Tests in einer Vakuumkammer durchgeführt, um zu prüfen, ob diese beim Entlassen nicht im Vakuum reagieren oder sich auf den Nutzlasten niederschlagen. Im Hochvakuum bei einer Temperatur von 50 K reagieren NTO und MMH aber nicht mehr. Die Treibstoffzuladung erfolgt missionsspezifisch, das heißt, es wird nur so viel Treibstoff zu geladen wie benötigt wird, um bei der gegebenen Nutzlast die Zielbahn zu erreichen, plus einer Reserve. So wurde die Stufe beim ersten Einsatz des ATV „Jules Verne" nur mit 5,2 t Treibstoff befüllt, da dieser 1,5 t leichter als die maximal mögliche Nutzlast war.

Evolution der EPS während der Entwicklung		
L5	**L7**	**L9,7**
Startgewicht: 6.000 kg	8.130 kg	10.900 kg
Trockengewicht: 800 kg	930 kg	1.200 kg
Schub: 20 kN	27,5 kN	28,4 kN
Höhe: 4,50 m		3,33 m
Durchmesser: 5,40 m	5,40 m	3,96 m
Brenndauer: 800 s	835 s	1.150 s
Spezifischer Impuls: 3077 m/s	3189 m/s	3178 m/s

EPS Daten	
Startgewicht:	10.900 kg (11.200 kg EPS10)
Leergewicht:	1.200 kg
Spezifischer Impuls:	3178 m/s (Vakuum)
Länge:	3,40 m
Min. Durchmesser:	2,62 m
Max. Durchmesser:	3,96 m
Lageregelung:	Schwenkung des Haupttriebwerks um bis zu 9,5 Grad Rollachsensteuerung durch die VEB
Treibstoffförderung:	Druckförderung mit 20,5 / 20,7 Bar.
Brenndauer:	Bis zu 1.100 s
Schub:	28,4 kN
MMH-Tank: (AL-2219)	Fasst 3.200 kg Treibstoff und hat ein Volumen von 2,06 m³ 1,15 m Durchmesser, 1,865 m Länge 97,4 kg Gewicht 20,5 bar Betriebsdruck
NTO-Tank: (AL-2219)	Fasst 6.700 kg Treibstoff und hat ein Volumen von 2,35m³ 2,35 m³ Volumen 1,515 m Durchmesser, 2,049 m Länge 20,7 Bar Betriebsdruck
Druckgas:	Helium, zwei Druckgasflaschen 34 kg Füllmenge 400 bar Druck
Schubrahmen:	380 kg 3,90 m Basisdurchmesser, 2,60 m Durchmesser am oberen Abschluss 1,20 m Höhe

Das Aestus-Triebwerk

Abbildung 30: Aestus Triebwerk © des Fotos: EADS/Astrium

Das Aestus-Triebwerk ist eines der leistungsfähigsten, druckgeförderten Triebwerke. Die Druckförderung vereinfacht den Aufbau des Triebwerks und erhöht auch die Zuverlässigkeit, welche ja bei Ariane 5 ein sehr wichtiges Ziel war. Allerdings begrenzt sie auch den Schub, woraus eine sehr lange Brennzeit resultiert. Das Aestus Triebwerk hat von allen eingesetzten Triebwerken mit dieser Technologie die längste Brennzeit.

Das Aestus-Triebwerk verwendet eine Brennkammer aus rostfreiem Stahl, welche regenerativ durch das MMH gekühlt wird. Dieses durchläuft zuerst die Brennkammerwand in 184 Röhrchen und erhitzt sich dabei von 20 auf 125 Grad Celsius. Danach tritt das MMH zusammen mit dem Stickstofftetroxid durch 132 Einspritzdüsen in die Brennkammer ein. Der Einspritzkopf besteht aus koaxialen Elementen, in deren Zentrum das Stickstofftetroxid eingespritzt wird und im äußeren Ring das MMH. Die Verbrennung bei 3.000 K erreicht eine Effizienz von 98 Prozent. Die Treibstoffventile werden pneumatisch betätigt, während das Schwenken durch Elektromotoren bewerkstelligt wird.

Die Düse wird nicht regenerativ gekühlt, sondern erhitzt sich soweit, bis sie genauso viel Wärme abstrahlt, wie sie aufnimmt. Die Temperatur am Brennkammerhals erreicht 1050 K und nimmt dann zur Düsenmündung hin ab. Dafür wird die hochtemperaturfeste Legierung Haynes 25 verwendet. Sie wird erst bei Temperaturen über 1600°C weich und besteht aus 63% Kobalt, 20% Chrom, 15% Wolfram und 10% Nickel. Die lange Düse weist ein Entspannungsverhältnis von 84:1 auf. Dadurch wird trotz des niedrigen Brennkammerdrucks ein hoher spezifischer Impuls erreicht.

Vor der Zündung wird die Düse mit Helium aus den Druckgastanks gekühlt. Ob das Entzünden des Treibstoffs in der schon erhitzten Brennkammer nicht problematisch ist, musste bei Tests für die Qualifikation als wiederzündbare Oberstufe geklärt werden. Mit Helium wird auch das Treibstofffördersystem vor einer Wiederzündung gespült, um Treibstoffreste zu entfernen. Das „weiche" Zünden wird dadurch erreicht, indem zuerst das Ventil für den Oxidator geöffnet wird und dann erst dasjenige für den Treibstoff. Schon nach 0,3 s wird der Maximalschub erreicht. Umgekehrt wird bei Brennschluss zuerst das MMH-Ventil geschlossen und dann das für den Oxidator. So werden explosive Mischungen bei Start und Betriebsende vermieden.

Bedingt durch das Funktionsprinzip ist das Triebwerk sehr einfach in seiner Leistung steigerbar. Dazu muss nur der Injektor mit weiteren Ringen von Einspritzdüsen versehen werden. So wurde der Schub schon während der Entwicklung von 20 auf 28 kN angehoben, und für eine Zuladung der EPS mit noch mehr Treibstoff war eine Erweiterung auf 35 kN Schub geplant. Leichte Erhöhungen des Schubs seit dem Jungfernflug kamen vor allem durch einen leicht höheren Brennkammerdruck zustande.

Begleitend zur Produktion findet im Rahmen des ARTA-Programms pro Jahr eine Testkampagne mit einem Aestus-Triebwerk statt, das dabei mehrfach kurz und lang gezündet wird, um damit verschiedene Flugbedingungen zu simulieren. Dasselbe Testprogramm durchlaufen die Hochdrucktanks (bis zur Zerstörung) und der Schwenkmechanismus.

Abbildung 31: Die EPS Oberstufe. Neben den vier großen Treibstoffbehälter sind auch die beiden kleineren (dunkleren) Druckgastanks zu sehen.

Inzwischen wird bei Astrium LV eine Version mit einer Turbopumpenförderung entwickelt. Das „Aestus 2" setzt die Turbopumpe des Triebwerks XLR-132 der Firma Rocketdyne ein. Der durch die Pumpe erreichte höhere Brennkammerdruck lässt auch eine Verlängerung der Düse zu. Beide Maßnahmen steigern den spezifischen Impuls. Vor allem ist aber der Schub durch den fünfmal höheren Brennkammerdruck doppelt so hoch wie beim originalen Aestus. Ein Einsatz des Aestus 2 wurde zeitweise bei der Evolution Variante der Ariane 5 erwogen, dann aber zugunsten der leistungsfähigeren ESC-A Oberstufe verworfen. Es war auch im Gespräch für eine deutsche Oberstufe für die Vega (siehe S.298).

Auch Rocketdyne erwog den Einsatz des Aestus 2 unter der Bezeichnung RS-72 in der Delta 4 „Lite" Variante und als Ersatz für den Antrieb für die Delta-Oberstufe der Delta 2. Es kam jedoch zu keinem Einsatz.

Parameter des Aestus Triebwerks		
	Aestus	**Aestus 2 / RS-72**
Schub (im Vakuum):	28,4 kN (Vakuum)	55,4 kN (Vakuum)
Leistung:	43,7 MW	92 kW
Spezifischer Impuls (Vakuum):	3178 m/s	3335 m/s
Treibstoffförderungsdruck:	17,7 bar	
Brennkammerdruck:	11,0 bar	60 bar
Länge:	2,183 m	2,286 m
Max. Durchmesser:	1,31 m	1,31 m
Brenndauer:	400-1100 s	600 s
Starts pro Mission:	>3	5
Treibstoffverbrauch:	8,772 kg/s	16,5 kg/s
Mischungsverhältnis (NTO/MMH):	2,05	1,9 (Triebwerk) 2,0 (gesamt)
Gewicht:	111 kg	138 kg
Flächenverhältnis der Düse:	84:1	300:1
Lebensdauer:	> 1.340 s	2.500 s / maximal 20 Starts

Vehicle Equipment Bay

Oberhalb der Hauptstufe liegt das „Gehirn" der Ariane 5, die VEB (**V**ehicle **E**quipment **B**ay). Die VEB ist bei der Ariane 5G für eine maximale Betriebsdauer von 6.900 s ausgelegt. Damit sind auch Zwei-Impuls-Manöver in LEO Bahnen möglich. Sie verwendet den Bordcomputer des SPOT-Satelliten. Innerhalb eines Rings befindet sich die Ausrüstung. Die VEB hat drei Funktionen:

- Sie beinhaltet alle wichtigen elektronischen Systeme der Ariane 5, die Stromversorgung (auch für die EPS) und die Steuerung.

- Sie übernimmt die Rollachsensteuerung nach Abtrennung der Booster und die Ausrichtung der Satelliten nach der Abtrennung.

- Sie nimmt die Lasten der Oberstufe und Nutzlast auf.

Die VEB der Ariane 5 Basisversion wiegt 1.500 kg. Sie ist deswegen so schwer, weil bei einem Einsatz der EPS-Oberstufe diese innerhalb der VEB angebracht ist. Die VEB überträgt dann die Kräfte, die durch EPS und Nutzlast entstehen, auf die EPC und muss daher massiv gebaut sein.

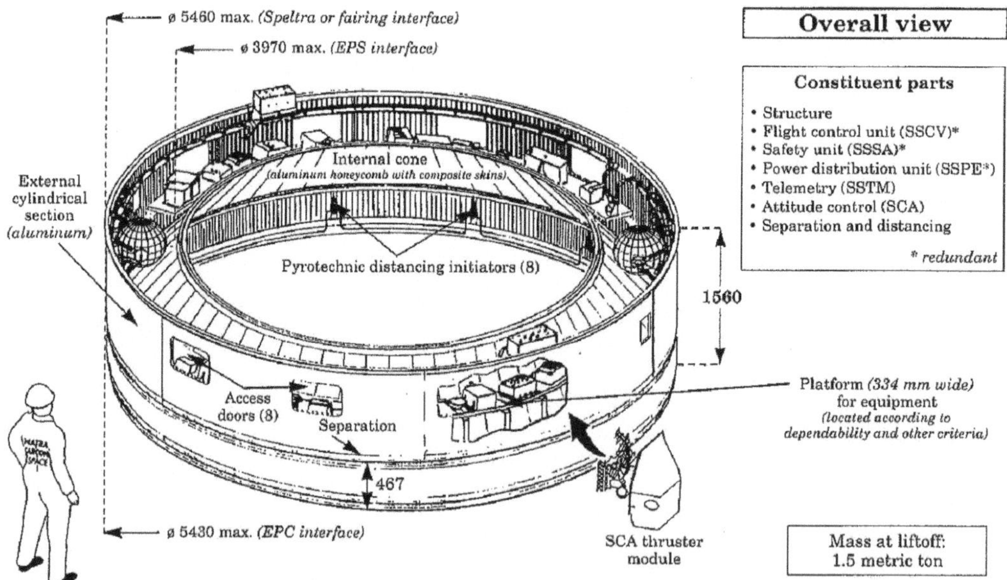

Abbildung 32: Wichtigste Subsysteme der VEB und ihre Hersteller

Von diesen 1.500 kg entfallen daher 1.030 kg alleine auf den strukturellen Kern. Sie besteht bei der Generic-Version aus einem 4,5 mm starken Aluminiumzylinder.

Der äußere Teil der VEB besteht aus einem Ring aus Kohlenfaserverbundwerkstoffen in Honigwabenbauweise. Dazu kommen acht pyrotechnische Sprengsätze, welche die Verbindung zur EPC durchtrennen, wenn diese ausgebrannt ist. Die VEB enthält in zwei Tanks bis zu 70 kg Hydrazin. Jeder Hydrazintank fasst maximal 39 l Hydrazin unter einem Druck von 26 Bar. Das Hydrazin ist der Treibstoff für sechs Triebwerke in den drei Raumrichtungen.

Das Lageregelungssystem SCA (**S**ystème de **C**ontrôle D' **A**ttitude) besteht aus zwei Gruppen von je drei Triebwerken mit jeweils 400 N Maximalschub. Sie zersetzen katalytisch Hydrazin, das

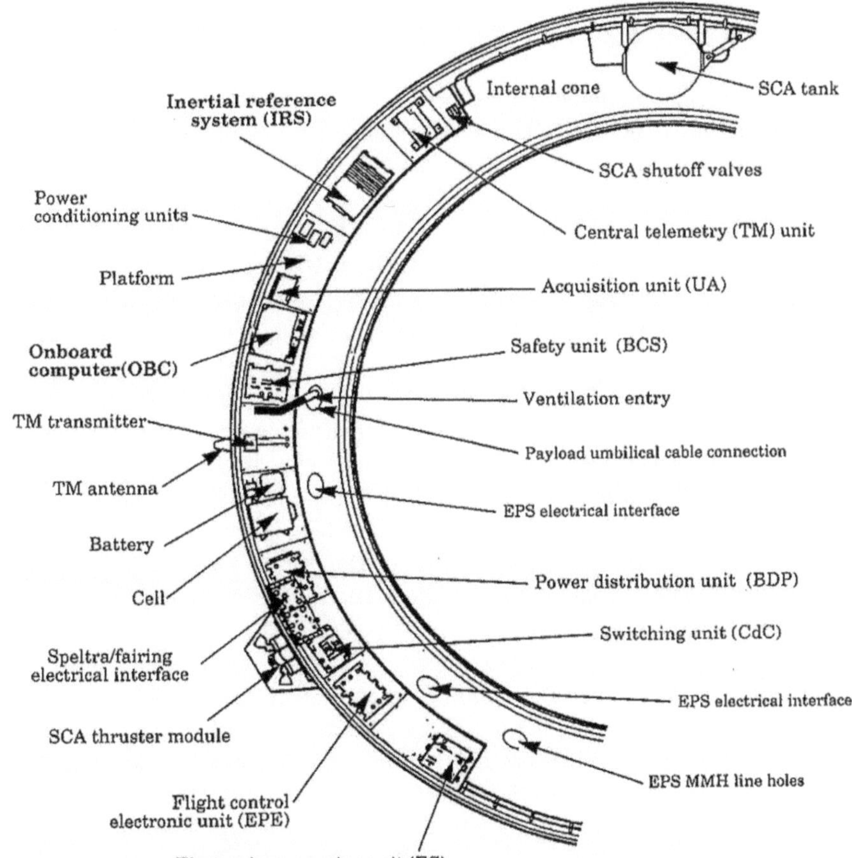

Abbildung 33: Anordnung der Subsysteme auf dem Ring der VEB

durch Stickstoff-Druckgas gefördert wird. Der Schub nimmt dabei parallel zum Druck ab. Pro Hydrazintank gibt es einen Druckgastank.

Das Wesentliche ist jedoch, dass sich in der VEB die gesamte Steuerung der Rakete befindet. Sie besteht aus den Subsystemen für die folgenden Zwecke:

- Ermittlung der räumlichen Lage und Geschwindigkeit, der Steuerung der Rakete. Sie vergleicht diese mit den Solldaten der Bahn, die vor dem Start übermittelt wurden.

- Empfang von Kommandos.

- Senden von Messwerten und Statusinformationen zum Boden.

- Batterien zur Bordstromversorgung.

Dazu kommen noch unabhängige Systeme wie das Selbstzerstörungssystem, welches Sprengladungen an den Stufen zündet, wenn die Rakete eine instabile Fluglage erreicht. Alle Systeme sind doppelt ausgelegt, um eine Redundanz bei einem Ausfall verfügbar zu haben.

Jeweils vier Beschleunigungsmesser und Gyroskope liefern die Daten über Fluglage und Beschleunigung an die Bordcomputer. Die VEB überträgt Telemetrie mit 1 MBit/s pro Sekunde zum Boden. Bis zu 1.500 Messwerte von der Rakete werden mit zwei Antennen auf verschiedenen Seiten laufend gesendet. Das garantiert, dass mindestens eine Antenne immer zum Boden weist.

Die VEB benutzt die Technik, die 1988 aktuell war, als sie entwickelt wurde. Der redundant vorhandene Bordcomputer (OBC: **O**n-**B**oard **C**omputer) verwendet eine strahlengehärtete Version des 32-Bit-Prozessors Motorola 68020. Der Arbeitsspeicher aus statischem RAM ist mit der EDAC-Fehlerkorrektur (**E**rror **D**etection **A**nd **C**orrection) versehen. Damit können einzelne Bitfehler erkannt und korrigiert werden. Unterstützt wird der Hauptprozessor durch einen Fließkommaprozessor (für schnelle Fließkommaberechnungen) und eine zweite baugleiche CPU für die Ein-/Ausgabe auf den Datenbus.

Von den beiden Bordcomputern ist einer aktiv und der andere im „Observer" Modus. Er steht jederzeit bereit, die Steuerung zu übernehmen, wenn der erste Rechner fehlerhaft arbeitet. Beide synchronisieren sich regelmäßig. Die Umschaltung zwischen den beiden kann durch den Watchdog Timer erfolgen, aber auch durch Selbsttests des laufenden Prozessors und durch Speicherfehler oder Fließkommaexceptions (ungültige mathematische Operationen oder Überläufe bei Konvertierungen) initiiert werden.

Das Bussystem ist das vom amerikanischen Militär entwickelte und in der Luft- und Raumfahrt weitverbreitete MIL-STD 1553B, welches eine maximale Datenübertragungsrate von 1 MBit/s erlaubt.

Die CPU kann auf 14 Interruptereignisse reagieren. Vier Timer mit programmierbaren Frequenzen von 70 kHz bis 18 MHz können zeitgesteuert Routinen aufrufen. Ein separater Watchdog-Timer mit eigenem Zeitgeber ermöglicht die Überprüfung, ob die CPU abgestürzt ist. Die Zuverlässigkeit (definiert als Nichtauftretens eines Fehlers) beträgt 0.999999 für eine Mission. Das eigene Fehlererkennungssystem soll 95% aller Fehler erkennen.

Der OBC wird von Saab in Schweden gefertigt. Die Software wurde in der Programmiersprache ADA entwickelt. Die Verarbeitung der Daten des Inertialsystems (SRI) geschieht durch einen TMS320C25 Signalprozessor von Texas Instruments. Dieser 32 Bit Prozessor ist mit 40 Mhz getaktet.

Die Stromversorgung erfolgt durch Silber-Zinkbatterien, welche eine hohe Ausgangsspannung von 60 V beim Start haben (abnehmend auf 52 V zu Missionsende). Dies ist wegen der langen Stromleitungen bei der Ariane 5 nötig. Die Entwicklung der VEB kostete 1,3 Mrd. Franc.

VEB	
Gewicht:	1.400 kg
Davon Struktur:	1.030 kg
Treibstoff:	70 kg
Abmessungen:	5,40 m Außendurchmesser: 3,936 m Innendurchmesser, 1,56 m Höhe
Bordcomputer:	32,5 × 27 × 10 cm, 4,7 kg, 15 Watt Stromverbrauch
Prozessor:	MC 68020, 18 Mhz ,MC 68881 FPU 1 Mbyte SRAM Speicher mit EDAC Fehlerkorrektur, 32 kByte EEPROM
I/O Prozessor	MC 68020, 18 Mhz 256 kByte SRAM Speicher mit EDAC Fehlerkorrektur, 32 kByte EEPROM
Triebwerke:	6 × 400 N

Speltra

Wie Ariane 4 enthält auch Ariane 5 eine Doppelstartstruktur namens Speltra (**S**tructure **Po**rteuse **de L**ancement **T**riple **A**riane). Diese ist vergleichbar einer Dose, in welcher sich der eine Satellit befindet, während der andere Satellit auf ihrem „Deckel" angebracht ist.

Die Speltra verlängert die Nutzlastverkleidung und hat denselben Durchmesser wie diese. Die Ariane 4 setzte ein analoges System namens Spelda ein, allerdings mit 4,00 m Durchmesser, angepasst an die Nutzlastverkleidung der Ariane 4.

Die Speltra gibt es in einer kurzen und einer langen Version. Beide bestehen aus einem zylindrischen Teil aus sechs Paneelen und einem konischen Deckel, der in einem Standard Nutzlastadapter des Typs 2624 (für 2.624 m Durchmesser) endet. Der konische Deckel ist bei beiden Typen identisch. Die Speltra besteht aus Kohlefaserverbundwerkstoffen, die durchlässig für Radiowellen sind, sodass ein Satellit vor und während des Starts Daten und Messwerte zum Boden

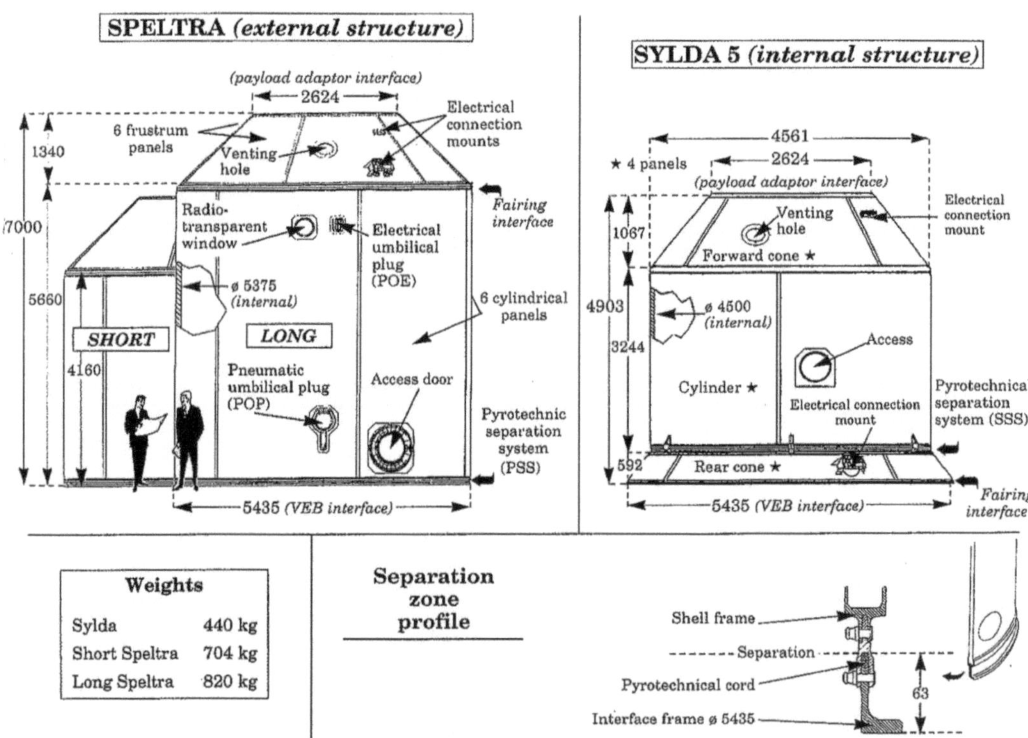

Abbildung 34: Speltra und Sylda im Vergleich

senden kann. Die Nutzlastverkleidung umgibt nur den oberen Satelliten. Dadurch hat der obere Satellit mehr Raum zur Verfügung.

Die Speltra erreicht zusammen mit der Nutzlast den Orbit. Dort wird zuerst der obere Satellit abgetrennt, dann der Deckel der Speltra. Danach folgt die Außenhülle der Speltra und zum Schluss der untere Satellit. Wie der Name Speltra verrät, war es auch ein Designkriterium, dass zwei Speltras kombiniert werden konnten. Dann konnten mit einer kurzen Nutzlastverkleidung 5.115 kg im Dreifachstart befördert werden. So leichte Satelliten (nur 1.700 kg pro Satellit) waren 1996 aber schon die Ausnahme, sodass es niemals zu einem Dreifachstart kam. Bei der Ariane 5 ECA/ECB wäre dies aufgrund der höheren Nutzlast zwar wieder finanziell interessant, doch Arianespace schätzt die logistischen Probleme, drei passende Nutzlasten zum gleichen Zeitpunkt angeliefert zu bekommen, als so hoch ein, dass diese Option nicht angeboten wird. Die Speltra wurde nach den ersten drei Flügen nicht mehr eingesetzt.

Speltra	
Kurze Speltra:	5,50 m Höhe 4,16 m zylindrischer Teil 704 kg Gewicht 99 m³ Volumen
Lange Speltra:	7,00 m Höhe 5,86 m zylindrischer Teil 820 kg Gewicht 138 m³ Volumen
Gemeinsam:	5,435 m Basisdurchmesser Standard 2624 Adapter im Deckel 4,57 m nutzbarer Innendurchmesser: 1,314 m Länge des konischen Teils Oberer Satellit: max. 4.500 kg Gewicht

Abbildung 35: Test der Trennung der Fairing. In der Mitte eine SPELDA

Abbildung 36: Die Speltra nach Abtrennung von der Ariane 502, aufgenommen von TEAMSAT

Die Nutzlastverkleidung

Schon seit der ersten Ariane 1 profitiert ein Kunde bei Arianespace, dem Vermarkter der Ariane, von sehr viel Raum für die Nutzlast. Ariane 5 macht hier keine Ausnahme.

Beim Design der Rakete wurde der Space-Shuttle als der direkte Konkurrent angesehen. Der nutzbare Durchmesser des Nutzlastraums sollte daher so groß sein wie derjenige des Space Shuttles (4,55 m). Da die Nutzlastverkleidung (wie auch die Satelliten) durch die Vibrationen beim Aufstieg schwingen und es einen Sicherheitsabstand zwischen Satellit und Verkleidung geben muss, ergab sich ein Durchmesser der Nutzlastverkleidung von 5,40 m für einen nutzbaren Innendurchmesser von 4,57 m. Dieser Durchmesser wurde dann für die EPC übernommen. Die Generic-Version der Ariane 5 setzte zwei Nutzlastverkleidungen von 12,70 und 17,20 m Länge ein. Das Gewicht betrug 2.027 kg bei der kurzen und 2.900 kg bei der langen Version.

Jede Nutzlastverkleidung besteht aus zwei Hälften aus jeweils zehn miteinander verbundenen Panels. Die Struktur besteht aus Aluminium in Honigwabenbauweise, um die Last besser aufzunehmen. Innen ist sie mit einem Überzug aus „Helmholtzabsorbern" versehen, der die Übertragung von Schall auf die Nutzlast vermindern soll. Außen ist sie mit einer Haut aus Kohlenfasern überzogen. Sie ist durchlässig für Radiowellen und erlaubt so den Funkkontakt mit den Satelliten in der verschlossenen Verkleidung. Dazu kommt ein Ablativschutz aus Kork. Im unteren Teil gibt es Zugangstüren für den Zugriff auf den Satelliten bis zum Start.

Zwei pyrotechnische Einheiten trennen die beiden Hälften in der Längsachse auf und entfernen sie seitlich von der Rakete. Sie durchtrennen nicht nur die Verbindungen zur Rakete und zwischen den Hälften, sondern geben den beiden Hälften noch einen Impuls nach schräg außen, damit sie nicht mit der Rakete oder der Nutzlast kollidieren können.

Um die Nutzlast zu maximieren, wird die Nutzlastverkleidung abgetrennt, wenn die noch vorhandene Restatmosphäre dem Satelliten nicht mehr gefährlich werden kann. Gemessen wird dies als übertragene Reibungshitze, die entsteht, wenn die Rakete die Atmosphäre mit hoher Geschwindigkeit durchquert. Gemäß internationaler Standards wird die Nutzlasthülle abgetrennt, wenn die übertragene Reibungswärme einen Wert von 1.135 W/m² unterschreitet. (Das entspricht der Energie, die auf dem Erdboden bei maximalem Sonnenschein ankommt). Wann dies ist, ist missionsspezifisch, da dies vom Gewicht von Satellit und Oberstufe und der Aufstiegsbahn abhängt. Bei einem Standardflug in den GTO sollte die Abtrennung nach 202,5 s in 108 km Höhe erfolgen. Die Nutzlasthülle wird von Oerlikon Contraves (heute Oerlikon Space) in der Schweiz gefertigt.

Abbildung 37: Blick auf die Helmholz Absorber im Innenteil der Fairing

Abbildung 38: Die zwei Hälften einer kurzen Nutzlastverkleidung

Nutzlastadapter

Zu erwähnen sind dann noch die Adapter zum Anschluss der Satelliten. Sie haben einen genormten Anschluss auf einer Seite für den Satelliten, auf der anderen Seite werden sie mit der VEB verbunden. Diese konusförmigen Adapter dienen auch als Distanzstücke, welche die Nutzlast von der VEB entfernen, sodass noch Platz für herausragende Teile bleibt. Die Anschlussseite für den Satelliten ist international genormt. Je nach Masse des Satelliten wird eine von mehreren verfügbaren Größen eingesetzt. Für den Kunden bedeutet der einheitliche Anschluss, dass er am Satelliten keinen speziellen Anschluss für eine Trägerrakete vorsehen muss und diese wechseln kann, wenn zum Beispiel ein Anbieter einen gewünschten Starttermin nicht einhalten kann.

Der Satellit wird freigegeben, indem Spannbänder, die Verbindungen festhalten, durch einen pyrotechnisch angetriebenen Schneider durchtrennt werden. Arianespace bietet verschiedene Adapter an, die sich vor allem am Satellitengewicht orientieren. Der Adapter besteht aus zwei Teilen. Der Untere, der an der VEB fest angebracht wird, wird „Cone 3936" genannt und ist für alle Satelliten gleich. Er besteht aus Kohlefaserverbundwerkstoffen mit einem Glasfaserüberzug.

Auf dem Cone 3936 werden die verschiedenen Standard-Adapter angebracht. Sie sind von konischer oder zylindrischer Form (nur der 2624 Adapter). Gemeinsam ist, dass sie unten einen Durchmesser von 2624 mm haben und oben einen von 937, 1194, 1663, 1666 und 2624 mm, entsprechend den Normen für Adapter für Satelliten. Durch den Adapter verlaufen auch die Versorgungsleitungen für den Satelliten. Durch Kommando wird das Band, welches den Satelliten festhält, durchtrennt, und Federn im Cone 3936 drücken den Satelliten sanft von der VEB weg. Der Adapter wird daher auch SDM – **S**eparation and **D**istance **M**odule genannt. Von den Typen 1194 und 1663 gibt es zwei Subversionen, abhängig vom Gewicht der Satelliten.

	Cone 3936	Adaptor 937	Adaptor 1194	Adaptor 1663	Adaptor 1666	Adaptor 2624
Gewicht:	200 kg	130 kg	125, 190 kg	125, 175 kg	155 kg	95,140 kg
Höhe:	0,783 m	0,950 m	0,860 m	0,900, 1,720 m	0,900 m	0,35 m
Basisdurchmesser:	3,936 m	2,624 m	2,624 m	2,624 m	2,624 m	2,624 m
Abschlussdurchmesser:	2,624 m	0,937 m	1,194 m	1,663 m	1,666 m	2,624 m

ASAP-5

Wie Ariane 4 verfügt auch Ariane 5 über die Möglichkeit, Sekundärnutzlasten zu befördern, um die Nutzlastkapazität optimal auszunützen. Dazu gibt es eine als ASAP-5 bezeichnete Struktur (**A**riane **S**tructure for **A**uxiliary **P**ayloads **5**). Sie ist ausgelegt für Mikrosatelliten (Gewicht bis 120 kg) und Minisatelliten (Gewicht zwischen 120 und 300 kg). Eine Fortentwicklung für den Transport bis zu 600 kg schwerer Nutzlasten war geplant, anscheinend wurde sie aber inzwischen eingestellt.

Die ASAP-5 existiert in drei Konfigurationen:

- Für bis zu acht Mikrosatelliten (maximal 960 kg)

- Für bis zu vier Minisatelliten (maximal 1.200 kg)

- Für bis zu zwei Mikrosatelliten und sechs Minisatelliten (maximal 1.320 kg)

Abbildung 39: ASAP-5 mit sechs Nutzlasten

Die ASAP ist ein einfacher Ring von 60 mm Stärke, der auf einen Standardabschlussadapter von 2.624 mm Durchmesser montiert wird. Im Ariane 5 ASAP User Manual werden drei mögliche Positionen genannt:

- Auf der EPS-Oberstufe

- Auf der Sylda-5

- Auf der Speltra

Die ESC-A Oberstufe wird nicht erwähnt, weil sich diese damals noch in der Entwicklung befand. (Das entsprechende Users-Manual wurde seit 2001 nicht aktualisiert und ist inzwischen von der Website genommen worden.)

Ziel ist es, zusätzliche Nutzlasten mitzuführen, ohne die Hauptnutzlast zu beeinträchtigen. Das ist möglich, weil die Nutzlastadapter mit Ausnahme des 2624 Adapters konisch sind. Das bedeutet, dass die Höhe zwischen der Basis des Adapters und der Anbringung des Satelliten genutzt werden kann. Die nutzbare Breite ist limitiert durch die Größe der ASAP, deren innerer Durchmesser 2.624 mm beträgt und der äußere 3.806 oder 3.936 mm, je nach Version.

Für Mikrosatelliten sind als maximale Dimensionen 60 × 60 cm Breite und 71 cm Höhe zulässig, für Minisatelliten 1,50 maximaler Durchmesser und 1,50 m Höhe. Sie werden mit Standard 937 Adaptern angebracht.

Allerdings dürfte es in der Praxis kaum möglich sein, so große Minisatelliten zu befördern, weil die Satelliten üblicherweise nach unten herausragende Teile haben, welche die Höhe eines Minisatelliten limitieren. Bei hohen Minisatelliten wäre nur eine Mission mit Einsatz der Sylda-5 möglich, bei der dann die Sekundärnutzlasten in der Sylda transportiert würden.

Wie bei der Ariane 4 ist der Einsatz der ASAP limitiert, da die Ariane 5 vorwiegend GTO-Missionen absolviert. Die meisten potentiellen Sekundärnutzlasten sind jedoch Forschungssatelliten für einen sonnensynchronen Orbit. Daher wird die ASAP recht selten eingesetzt.

- Der erste Einsatz fand bei Start V135 (L507) mit STRV 1C/1D statt. Die beiden Sekundärsatelliten gelangten in einen geostationären Übergangsorbit.

- Der erste Einsatz in einen sonnensynchronen Orbit fand bei V162 statt, wo zusammen mit Helios 2A noch sechs Sekundärnutzlasten in einen sonnensynchronen Orbit gelangten.

- Bei V173 (L533) wurde erstmals die ASAP auf der ESC-A Oberstufe eingesetzt. Neben zwei Hauptsatelliten wurde das japanische LDREX2 Experiment mit einem Gewicht von 211 kg transportiert.

- Bei V186 gelangten neben den Hauptsatelliten zwei militärische „Spirale" Sekundärnutzlasten in den GTO-Orbit.

- Kurios war der bisher letzte Einsatz der ASAP bei V-193. Der Helios 2B Satellit war mit 4.200 kg Gewicht so leicht, dass die EPC einen Orbit erreicht hätte. Daher wurde eine ASAP-5 mit Ballast mitgeführt, um die Gesamtstartmasse auf 5.954 kg zu erhöhen. Eine Sekundärnutzlast wurde jedoch nicht mitgeführt.

Weitere Einsätze mit Sekundärnutzlasten erfolgten bei den Qualifizierungsflügen nach den Fehlstarts (YES und Teamsat-H bei L502 und Sloshsat bei L521, dem zweiten Einsatz der Ariane 5 ECA). Bei diesen wurden die Satelliten aber direkt auf andere montiert oder auf einer Speltra. Auch beim Start von SMART-1 bei V162 kam eine spezielle Verkleidung zum Einsatz, die sich innerhalb der Sylda befand.

Abbildung 40: Die ASAP von der Seite aus gesehen

Countdown der Ariane 5

Eine Ariane 5 Startkampagne dauert 22 Tage. Das sind vier Tage weniger als bei der Ariane 4. Die Reduktion der Dauer war auch ein Ziel, um die Kosten zu senken und Flexibilität zu gewinnen. Die Trägerrakete wird erst am Tag vor dem Start zur ZL-3 gefahren, und der endgültige Countdown beginnt sechs Stunden vor dem Abheben. Im Falle eines Startabbruchs ist ein erneuter Startversuch nach 24 Stunden möglich.

Der eigentliche Countdown beginnt einen Tag vor dem Start. Zuerst werden mechanische und elektrische Systeme geprüft, und das Helium wird in Druckgastanks gefüllt. 11 Stunden 30 Minuten vor dem Start beginnt der endgültige Countdown. In der letzten Stunde holt das Jupiter-Kontrollzentrum die Bereitschaft aller Stationen ein, die beim Start beteiligt sind. Das ist nicht nur das Startzentrum CDL3, sondern auch die Kontrollzentren des Satellitenbetreibers, die Radar-Verfolgungsstationen, die Empfangsstationen für Telemetrie, die optische Bahnverfolgung usw. Die Meteorologen müssen ihr „Okay" betreffend der Wetterbedingungen geben. Starke Höhenwinde oder ein Gewitter können der Ariane 5 gefährlich werden.

Sieben Minuten vor dem Start beginnt die sogenannte „Synchronized Sequence". Ab jetzt sind nur noch Computer mit der Überwachung betraut. Computer prüfen in den letzten Minuten alle Systeme der Rakete, trennen nach und nach alle Verbindungen zum Boden und aktivieren die On-Board-Systeme der Rakete und starten zuletzt ihren Bordrechner. Die Menge an Checks ist so umfangreich, dass Personen damit überfordert wären. Zudem muss die Rakete bei einem Fehler auch wieder schnell in einen sicheren Status gebracht werden. Bei einem Problem wird die Rakete wieder an die T-7-Minuten-Marke gebracht, alle Aktionen seit Beginn der Sequenz werden also rückgängig gemacht. In diesem Status kann die Ariane 5 einige Stunden verbleiben, sofern das Startfenster so lange offen ist. Der Name wurde gewählt, weil alle Stationen nun eine Zeitreferenz nehmen, die vom Kontrollzentrum bereitgestellt wird, also „synchronisiert" werden.

Diese Sequenz zerfällt in zwei Teile: Im ersten Teil bis 6 s vor dem Start kann jederzeit abgebrochen und zum Beginn der „Synchronized Sequence" zurückgekehrt werden. Danach ist dies nicht mehr möglich, der Countdown kann dann noch abgebrochen, aber nicht mehr an diesem Tag fortgesetzt werden, da dann schon die Kontrolle auf den Bordcomputer übergegangen ist. Die internen Systeme können zwar noch abgeschaltet werden, doch vor dem Neustart ist eine umfangreiche Initialisierung nötig. In diesem Fall muss der Start am nächsten Tag wiederholt werden.

Zwischen 6 und 3,2 s vor dem Start geht die Kontrolle über auf den OnBoard Computer der Ariane 5. Danach beginnt der Bordcomputer mit seinem Startprogramm. Die Rakete ist nun autonom. Eine Sekunde später werden die Navigationseinrichtungen in den Flugmodus umgeschaltet. Da die Rakete eine Bahn im Raum erreichen muss und sich die Erde um sich selbst dreht, wird diese Sollbahn bis zu diesem Zeitpunkt laufend angepasst. Dies wird nun beendet, und die Bahn für den Startzeitpunkt wird als Referenz genommen.

Die Abläufe beim Start einer Ariane 5 sind auf S.146 für die drei Versionen Ariane 5G, Ariane 5 ES und Ariane 5 ECA zusammengefasst. Das Datenblatt der Ariane 5 G finden Sie zusammen mit den anderen Varianten auf S.132.

Bei allen Versionen ist die Genauigkeit, mit der ein Orbit erreicht wird, sehr hoch. Arianespace garantiert bei einem niedrigen Erdorbit eine Abweichung von weniger als 2,5 km in der Bahnhöhe und bei GTO Bahnen von 1,3 km im Perigäum und 80 km im Apogäum. In der Praxis liegt die Abweichung bei LEO Bahnen unter einem Kilometer und bei GTO Bahnen selbst beim Apogäum bei nur wenigen Kilometern. Die Abweichung in der Bahnneigung liegt unterhalb von 0,02 Grad. Bei den Konkurrenten liegen schon die garantierten Abweichungen zwei bis viermal höher. Je genauer die Zielbahn erreicht wird, desto weniger Treibstoff wird für eine Korrektur benötigt. Dies kommt der Lebensdauer des Satelliten zugute.

Zeit	Ereignis
-7 h 30 min	Start der Tests des elektrischen Systems der Ariane 5, Kühlung der EPC vor der Betankung.
-6 h	Letzte Vorbereitungen an der Startrampe: Entfernen von Sicherheitsbarrieren, Vorbereitung der Betankung, Test der Kommunikation mit der Rakete, Laden des Computerprogramms in den OBC, Ausrichtung der Navigationseinrichtungen.
-5 h	Evakuierung der Startrampe, Druckbeaufschlagung der EPS-Stufe.
- 4 h 50 min	Beginn der Betankung der EPC. Dauer 2 h.
- 3 h 30 min	Beginn der Kühlung des Vulcain mit flüssigem Wasserstoff.
- 1 h 10 min	Tests aller Kabelverbindungen zwischen Startturm und Ariane 5.
- 1 h	Einholung der Startbereitschaft aller beteiligten Stationen.
-30 min	Vorbereitung auf die Synchronized Sequence.
- 7 min	Beginn der Synchronized Sequence.
-6 min 30 sec	Beenden des Nachfüllens der Treibstoffe. Armierung der Pyrotechnik der Sicherheitsleinen.
- 4 min 30 sec	Interne Stromversorgung der Rakete aktiviert.
- 4 min	Isolierung der Tanks von den Versorgungsleitungen
-3 min 30 sec	Berechnung der Startzeit. Umschalten des OBC in den Beobachtermodus.
-3 min	Transfer der Startzeit in den OBC. Gegencheck gegen den Computer des Kontrollzentrums
-2 min 30 sec	Elektrische Heizung der EPC und VEB-Batterien
-2 min	Beendigung der Kühlung des Vulcain 2. Öffnen der Überdruckventile des Vulcain.

- 1 min	Die Tanks werden auf Flugdruck gebracht, Stromversorgung auf Bordstromversorgung umgeschaltet.
-37 sec	Start des Kontrollsystems der Zündung. Start der Aufzeichnung von Messwerten im OBC.
-30 sec	Überprüfung der Abtrennung der Stromversorgung vom Boden, Öffnen der Spülventile für die Tankleitungen.
-22 sec	Aktivierung der Kontrollsysteme für die räumliche Ausrichtung. Letzter Gegencheck des OBC gegen den Bodencomputer.
-16,5 sec	Druckbeaufschlagung und Aktivierung der POGO Reduzierung.
-12 sec	Start der Spülung des Vulcain 2 Triebwerks mit Treibstoff.
- 4 sec	Bordcomputer der Rakete übernimmt die Steuerung.
- 3 sec	Umschaltung der Navigation in den Flugmodus.

Die Diagramme zeigen eine typische GTO-Mission einer Ariane 5 ECA

- H1: Brennschluss der EAP
- H2: Brennschluss der EPC
- H3: Brennschluss ESC-A
- FJ: Abwurf der Nutzlastverkleidung

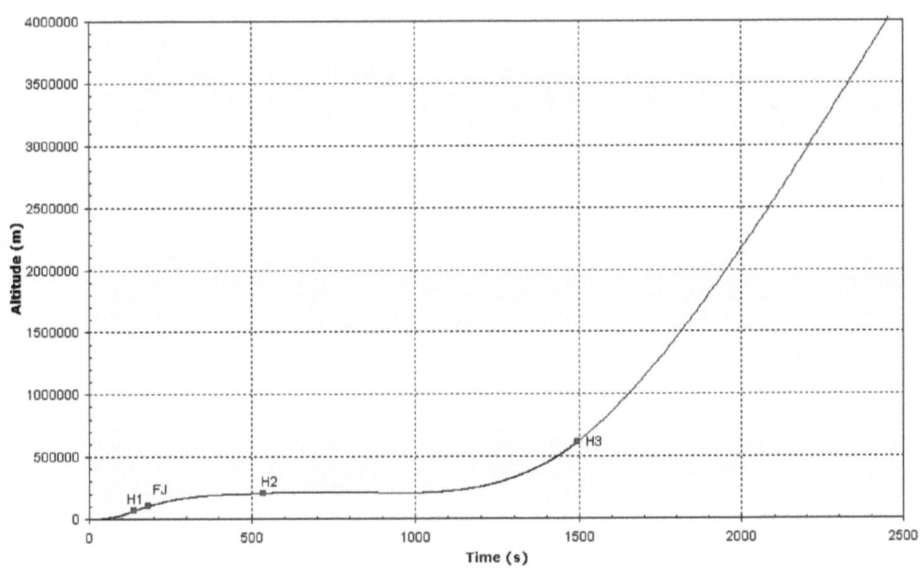

Abbildung 41: Diagramm Höhe gegen Zeit © der Grafik: Arianespace

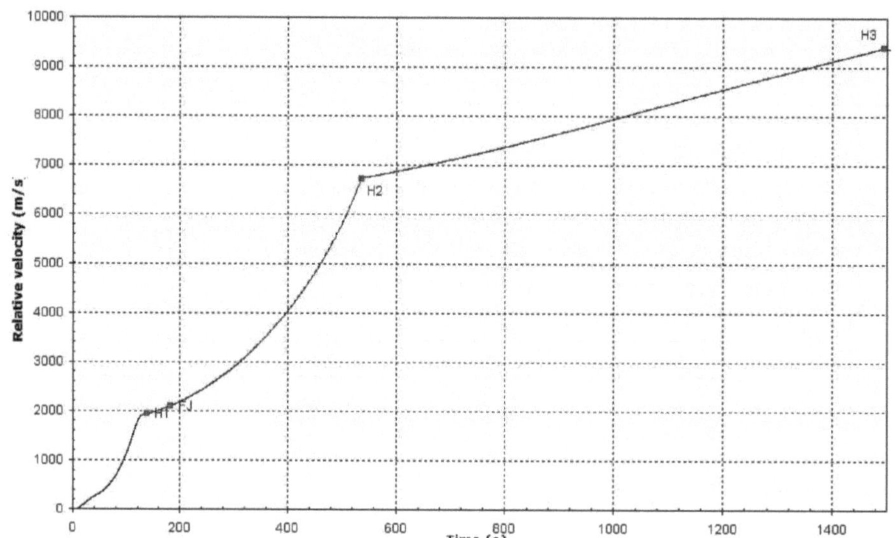

Abbildung 42: Diagramm Geschwindigkeit (relativ zur Erdoberfläche) / Zeit und Position der Empfangsstationen © der Grafik: Arianespace

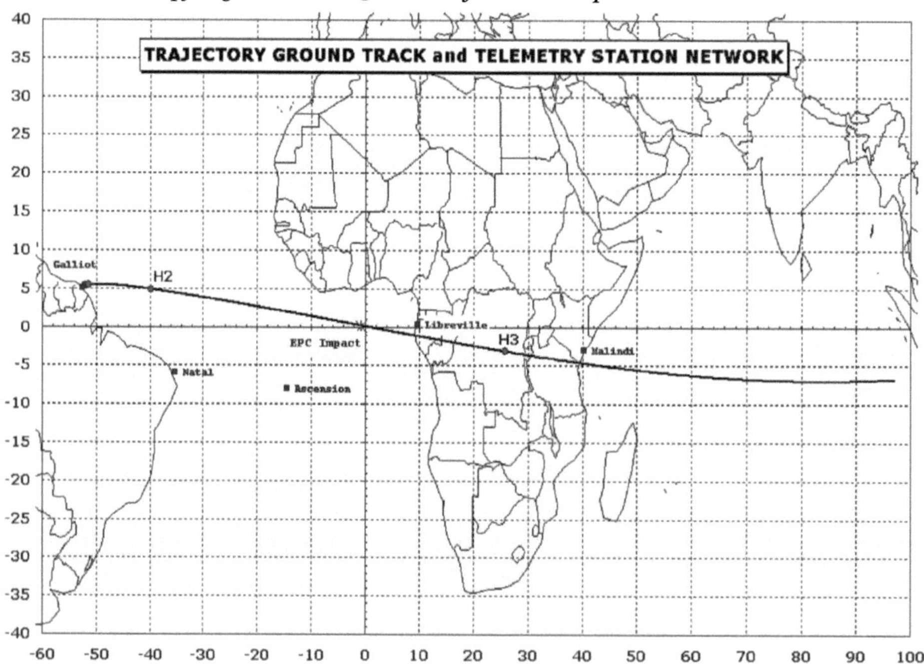

Quellen und Referenzen

Flight International: 31.3.1984: „Ariane and Spacelab in the 90 ties"

Flight International: 12.1.1985: „ESA Decisions critical for Ariane"

Flight International: 1.6.1985: „Europa: towards autonomy in space"

Flight International: 1.6.1985: „Ariane 5: T minus seven years and counting"

Flight International: 18.2.1988: „Vulcain forges ahead"

Flight International: 23.10.1990: „Vulcain burning to soar"

Flight International: 28.1.1992: „Vital Vulcain"

Flight International: 11.3.1992: „Five Alive"

Flight International: 2.2.1993: „Ariane 5 enters new component-test phase"

Flight International: 8.11.1994: „Ariane engine passes test"

Flight International: 20.6.1995: „Countdown to success"

Flight International: 14.8.2001: „Ariane 5 to take up again after upper stage failure"

Orbitec: „European and other Non-US/USSR/Japan Launch Vehicles and Propulsion Programs" 25.6.1990

SAAB: „Pilot – Launcher On-board Computer"

Ch Bonnal W. Naumann:
„Debris mitigation : Technical challenges of the Ariane 5 Passivisation"

P. Bara: „Ariane 5 EAP Solid Rocket Booster Design to cost and efficiency in the front and aft skirt (JAR&JAV)"

P. Bara: „Ariane 5 EAP Solid Rocket Booster Stage recovery integration in the front skirt" ir liquide: „Space cryostats"

ESA: Reaching for the Skies 1-26.

ESA Achievements BR-200. „Ariane 5"

ESA BR-150 „European Launchers for the world"

ESA: „Ariane 501 Inquiry Board Report"

ESA Bulletin 94: A. González Blázquez, M. Eymard: "Qualification Over Ariane's Lifetime"

ESA Bulletin 102: A. González Blázquez, A. Constanzo:
"First Test Firing of an Ariane-5 Production Booster"

Brian Harvey: „Europe's space program: to Ariane and beyond"

Thales Alenia Space „Ariane 5 Onboard Electronics"

T. Esch: „Raumfahrtantriebe"

Andreas Schöwe: "Ariane 5 – der europäische Erfolgsträger"

P.Agatonovic: "Structure Integration Analysis of the MPS-CN Intersegment Junction"

Arianespace "Ariane 5 Users Manual" Issue 4+5

Arianespace "ASAP Users Manual" Issue 1

Arianespace e.Space Newsletter, verschiedene Ausgaben.

Arianespace uplink, verschiedene Ausgaben.

Avio "The Ariane 5 Programme"

EADS Space Transportation: "Ariane 5 Launchkits"

CNES: „Ariane 5 Structures and Technologies"

Das Ariane 5 Evolution Programm

Schon vor dem Jungfernstart der Ariane 5 machte sich die ESA Gedanken über eine Steigerung der Leistung. Erste Studien führten zum Ergebnis, dass die Nutzlastmassen für den geostationären Orbit weiter anstiegen würden. Alle Modelle seit der Ariane 3 ziehen ihre Wettbewerbsvorteile daraus, zwei Satelliten gleichzeitig transportieren zu können. Bei Ariane 4 dürfen beide Satelliten zusammen nicht mehr als 4,5 t wiegen, bei Ariane 5 nicht mehr als 6 t. Die neuesten Satellitenbusse waren 1995 aber schon auf ein Gewicht von 3.5-5 t ausgelegt. Es gab daher den Bedarf nach einer Ariane 5 mit einer gesteigerten Nutzlast.

- Den Anfang machte die ESA. Schon 1995, vor dem Jungfernflug der Ariane 5, wurde das „Ariane 5 Evolution Programm" beschlossen. Es sah eine Erhöhung der Nutzlast bis zum Jahre 2002 um 1.400 kg vor.

- Es folgte 1998 Arianespace. Das von der Firma als „Perfo-2000" bezeichnete Programm sah Nutzlaststeigerungen von 300 kg auf 6.300 kg Doppelstartkapazität bis zum Jahr 2000 vor. Ziel war es, durch einfache Anpassungen in der Produktion recht schnell die Nutzlast zu steigern.

- Dem folgte das „Ariane 5 Plus Programm" der ESA im Jahre 1999. Es wurde damals in drei Etappen beschlossen. Die ersten beiden Teile umfassten Vorarbeiten an dem Vinci Triebwerk und die Entwicklung der Oberstufe ESC-A. Der letzte Teil wurde 2001 beschlossen und umfasste die Entwicklung der ESC-B Oberstufe. Er ist derzeit ausgesetzt.

Ansatzpunkte für eine Weiterentwicklung

Ariane 5 unterscheidet sich völlig von der Ariane 4. Das bei dieser Rakete verfolgte Konzept zur Erweiterung kann nicht übernommen werden. Ariane 4 steigerte die Nutzlast, indem zur ersten Stufe Booster mit demselben Triebwerk wie in der ersten Stufe hinzugenommen wurden. Das erlaubte es, diese Stufe zu verlängern.

Ariane 5 hat schon zwei große Booster, deren Anzahl nicht einfach auf vier verdoppelbar ist. Das würde zum einen den Umbau der Startrampe nach sich ziehen, da der Schacht unter der Ariane 5 für zwei und nicht vier Booster ausgelegt ist. Bedeutender ist aber, dass die Belastungen für die Nutzlast und die EPC viel höher würden. Die maximale Beschleunigung würde von 43,7 auf 56,7 m/s^2 steigen. Von Bedeutung ist, dass große Feststoffbooster niedrigfrequente Schwingungen induzieren, welche die Nutzlast stark durchschütteln und dass die Schallbelastung sehr hoch ist. Diese Option findet sich daher heute in einigen Szenarien für eine sehr leistungsfähige

Version der Ariane 5, ist aber niemals Teil eines offiziellen Programms für den Ausbau der Ariane 5 gewesen. Dabei wäre dies die einfachste Möglichkeit für die Nutzlaststeigerung gewesen, da die Booster der preiswerteste Teil der Rakete sind.

Die schon erwähnte Besonderheit der Ariane 5 ist, dass das Haupttriebwerk einen zu kleinen Schub hat, auch im Vergleich zu anderen Trägerraketen, die nur mit Feststoffraketen abheben können, wie die japanische H-2, das Space Shuttle oder die Delta 2. Das bedeutet, dass eine Ariane 5 sehr hohe Gravitationsverluste aufweist. Die Geschwindigkeit, die erreicht werden muss, um in den GTO-Orbit zu gelangen, liegt um 900 m/s höher als beim Vorgängermodell Ariane 4. Ein schubstärkeres Triebwerk kann diese reduzieren und erlaubt es als Nebeneffekt auch, eine schwerere Oberstufe zu transportieren. Daher war eine wichtige Maßnahme des Ausbaus, den Schub des Vulcain zu steigern.

Die größten Möglichkeiten der Nutzlaststeigerung ergeben sich aber bei der Oberstufe. Eine kryogene Oberstufe würde schon bei gleicher Startmasse wie die EPS-Oberstufe die Nutzlast um 1,5 t steigern. Dabei ist diese Oberstufe recht klein. Optimal wäre bei der Größe der EPC eine Oberstufe von etwa 30-40 t Gewicht, dann würde das optimale Stufungsverhältnis für die Ariane 5 erhalten, also der Teiler, bei dem die Nutzlast im Verhältnis zum Startgewicht maximal wird. Dies wird mit der ESC-B Oberstufe erreicht werden.

Darüber hinaus gibt es noch die Möglichkeiten von kleineren Optimierungen, wie sie auch beim Übergang von der Ariane 1 zur Ariane 2 stattfanden, wie leicht höherer Schub der Triebwerke, Verlängerung der Stufen oder leichtere Materialien bei Strukturen.

Das Ariane 5 Evolution Programm

Das 1995 beschlossene Evolution Programm sah folgende Schritte vor:

Maßnahme	Nutzlast
Einführung von Sylda-5	+300 kg
Überladen des S3 Segmentes der Booster	+150 kg
Ersatz von Vulcain durch Vulcain-2, 15 t mehr Treibstoff in der EPC	+1.000 kg
Vergrößerung der EPS-Tanks für insgesamt 14 t Treibstoff	+300 kg

So sollte die Nutzlastkapazität um 1.400-1.500 kg bis zum Jahre 2002 gesteigert werden. Das „Evolution Programm" sah massive Änderungen an der Hauptstufe vor. Dazu kamen kleinere an den Feststoffboostern und mittlere an der EPS-Stufe. Diese sollte im Schub gesteigert werden und mehr Treibstoff mitführen. 1.026 Millionen Euro sollte dies von 1996-2003 kosten, dazu kamen 323,7 Millionen Investitionen in die Ariane 5 Infrastruktur von 1996-2000 und der Start des ARTA Programmes (von 1996-2000), welches die Aufgabe hatte, die Produktionskosten der Ariane zu verringern: ein erster Schritt zur Dauersubvention der Ariane 5. Zusammen waren dies schon 1,71 Milliarden Euro, mehr als die ESA für die gesamte Entwicklung der Ariane 1-4 ausgegeben hatte, nur für die Weiterentwicklung der Ariane 5.

Im Jahre 1998/99 blockierte die deutsche Bundesregierung die Mittel für die Weiterentwicklung der EPS-Stufe, und es kam so zum „Ariane 5 Plus Programm", das in der Konsequenz zu zwei neuen Oberstufen für die Ariane 5 führte.

Das Performance 2000 Programm

Zum gleichen Zeitpunkt gab es seitens Arianespace ein „Performance 2000 Programm", das dazu diente, kleinere Leistungssteigerungen während der laufenden Produktion zu erreichen. Dieses sollte schneller umgesetzt werden und schon im Jahre 2000 mehr Nutzlast versprechen. Dafür sollte die EPS-Oberstufe, deren Weiterentwicklung von der ESA gestrichen wurde, wiederzündbar werden. Dies erlaubte es, eine Freiflugphase einzuschieben. Das erhöhte die Nutzlast, da dadurch die Gravitationsverluste sinken.

Eine weitere Möglichkeit, die Nutzlast zu steigern, war der Ersatz von Aluminium in der VEB durch Verbundwerkstoffe, die etwa 150 kg Gewicht einsparen. Es entstand so die „B" Version der VEB.

Die Düsen der Feststoffbooster wurden verlängert und hatten nun ein Entspannungsverhältnis von 11.

Das Ariane 5 Plus Programm

1999 kam es zu einer Neuberatung über die Erweiterungen. Die ESA entschloss sich für einen längst überfälligen Schritt: die Einführung einer kryogenen Oberstufe für die Ariane 5. Die EPS wurde wie schon erwähnt als Kompromiss gewählt, um den Träger sowohl für Hermes als auch für GTO Transporte einsetzen zu können. Es wurde die Vorentwicklung der ESC-B beschlossen. Da die Entwicklung einer völlig neuen Stufe allerdings sehr lange dauert, hätte sie nicht vor 2006 zur Verfügung gestanden. Vorhersagen über die Marktentwicklung sagten aber einen raschen Anstieg der Satellitenmassen voraus, sodass Ariane 5 sehr bald nicht mehr Doppelstarts würde durchführen können. Daher besann sich die ESA auf den früheren Vorschlag, einer alternativen Oberstufe mit dem HM-7B Triebwerk der Ariane 4. Als zweiter Beschluss wurde daher die Entwicklung der ESC-A Oberstufe beschlossen, die schneller, schon 2001, zur Verfügung stehen sollte und als Zwischenlösung galt, bis sie nach fünf Jahren von der ESC-B abgelöst würde. Damit bekam die ESA auch Deutschland wieder ins Boot, das eine Weiterentwicklung der EPS für wenig sinnvoll hielt. Die ESC-A wird wie die EPS in Bremen integriert, und der deutsche Anteil an der Ariane 5 Fertigung stieg auf ein Allzeithoch von 29%.

Weitere kleine Veränderungen gab es: So musste die VEB für die ESC-A Oberstufe angepasst werden, und die Booster erhielten leichtere, geschweißte Verbindungen. Insgesamt 1.275 Millionen Euro im Wert von 2001 war der ESA das Ariane 5 Plus Programm wert. Ergänzend wurde das Begleitprogramm Ariane 5 Infrastruktur aufgelegt. Es unterstützte den parallelen Betrieb von zwei Startanlagen in Kourou für die Ariane 4 und 5 sowie zwei Produktionslinien für beide Träger für die Übergangszeit, bis 2001 die Ariane 4 Fertigung endgültig auslaufen sollte. Das verursachte zusätzliche Kosten. Die gesamten Entwicklungskosten für die Ariane 5 sollten sich bis zum Auslaufen des Ariane 5 Programms nach ESA Angaben auf 7,5 Milliarden Euro belaufen. Dies umfasst nicht ARTA, Infrastruktur und die CSG-Unterhaltskosten.

Alle Programme wurden schließlich zusammengefasst zu einem Programm zum Ausbau der Ariane 5 in zwei Stufen auf bis zu 12 t Nutzlast für den geostationären Orbit. Als Folge gibt es nun aber auch nicht nur eine Ariane 5, sondern insgesamt sechs Versionen: die Ariane 5G, G+, GS, ES, ECA und im nächsten Jahrzehnt die ECB. Die folgende Tabelle informiert über die deutsche Beteiligung, wie sie 2001 noch geplant wurde:

Programm	Umfang (Wert 2001)	Deutscher Anteil	Laufzeit
Ariane 5 Evolution	1.299 Mill. €	17,7%	1995-2004
Ariane 5 Plus	1.275 Mill. €	29%	1998-2007
ARTA	306+303 Mill. €	16,4%	1996-2000 und 2003-2006
CSG Unterhalt	478 Mill. €	23%	2002-2006
Infrastruktur	246 Mill. €	6,5%	2002-2005
Gesamt	3.897 Mill. €	21,3%	1995-2007

Die folgende Tabelle informiert über die verschiedenen Maßnahmen und die erreichte Nutzlast. Die Angaben sind als Richtwerte anzusehen, da es zahlreiche kleinere Änderungen an der Konfiguration gab und der Nutzlastgewinn abhängig von der Ariane 5 Version ist.

Nutzlastgewinn	
Leichtere VEB Typ B (Ariane 5 G+ / GS)	+ 160 kg
Leichtere VEB Typ C (Ariane 5 ECA)	+ 550 kg
Schwerere VEB Typ D (Ariane 5 ES)	- 400 kg
Sylda 5 anstatt Speltra	+ 380 kg
Längere Düse bei den EAP	+ 200 kg
Überladenes S1 Segment in den Boostern	+ 150 kg
Geschweißte Verbindungen bei den Boostern	+ 400 kg
Vulcain 2 / Verlängerte EPC	+ 850 kg
Wiederzündbare EPS mit 300 kg mehr Treibstoff:	+ 80 kg / 300 kg (bei Einschub einer Freiflugphase)
ESC-A Oberstufe:	+ 1.200 kg
ESC-B Oberstufe:	+ 1.300 kg bis + 1.700 kg

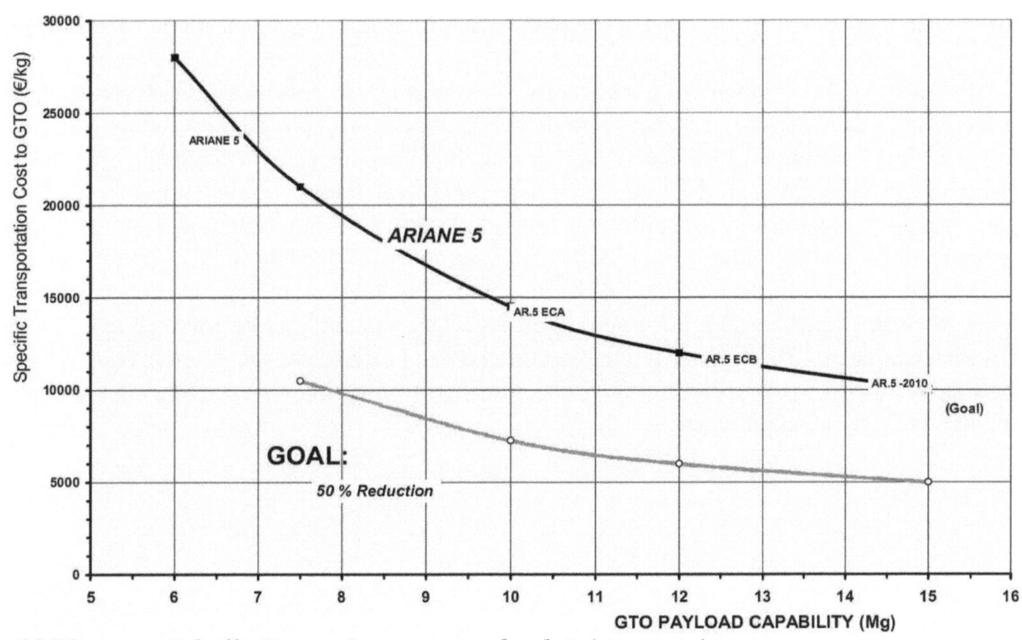

Abbildung 43: Erhoffte Kosteneinsparungen durch Leistungssteigerung

Die Feststoffbooster EAP241

Um die Nutzlast der Ariane 5 zu steigern, muss je nach Stufe unterschiedlich viel Aufwand getrieben werden. Bei den EAP ist der Aufwand am höchsten. Wird die Startmasse eines EAP um 1.000 kg reduziert, so erhöht sich die Nutzlast nur um 70 kg.

Die erste Änderung, die es gab, war die Erhöhung der Treibstoffzuladung um 2,43 t im oberen S1-Segment, welches den Startschub gegenüber der Ariane 5G etwas anhebt. 20 s lang liefern die neuen Booster etwa 500 kN mehr Schub. Damit erreicht zum einen die Ariane schneller die Orbitalhöhe, dies reduziert die Gravitationsverluste. Zum anderen ist der Schub nur beim Start wirksam, die maximale Belastung von 4,5 g nach 111 s wird so nicht erhöht.

Die Booster der Evolution-Variante der Ariane haben daher die Bezeichnung EAP 241 (mit 241 t Treibstoff). Die Generic-Variante verwendet die EAP 238 (mit 238 t Treibstoff). Die Zuladung von mehr Treibstoff erhöht die Nutzlast um rund 150 kg. Am 20.11.2001 fand der erste Test eines Boosters aus der neuen Produktion am Teststand BEAP statt.

Auch das Leergewicht konnte durch konstruktive Maßnahmen gesenkt werden. Da die Boostergehäuse 65% des Gewichts der Booster ausmachen, bestand der Hauptansatzpunkt der Verbesserungen darin, diese leichter zu machen. MT Aerospace hatte eine Reihe von Lösungen ausgearbeitet und deren Nutzen (mehr Nutzlast) und Kosten für die Serienfertigung abgewogen.

Die Maßnahme mit dem höchsten Potenzial ist die Ersetzung der gesteckten durch geschweißte Verbindungen. Die Booster bestehen aus sieben Zylindern. Es gibt zwei Verbindungstypen: „Factory Joints" verbinden jeweils drei Zylinder zu einem Segment sowie die Segmente mit der Düse und der Befestigung an der EPC, „Intersegment (Field) Joints" verbinden jeweils die Segmente. Da die Segmente erst am Startplatz verbunden werden, waren Änderungen an den Intersegment Joints nicht möglich. Eine Gewichtseinsparung war jedoch an den Factory Joints möglich. An dieser Stelle sind die Hüllen bis zu 36 mm dick. Das Schweißen reduzierte die Dicke an den Verbindungen von 36,1 auf 12 mm. Statt zwischen 345 und 435 kg pro Verbindung wiegen diese nur noch 60 kg. In der Summe konnte so das Leergewicht eines jeden Boosters um 1.900 kg verringert werden. Der Erstflug dieser leichteren Booster war der Flug V174 (Trägernummer 534) im Dezember 2006.

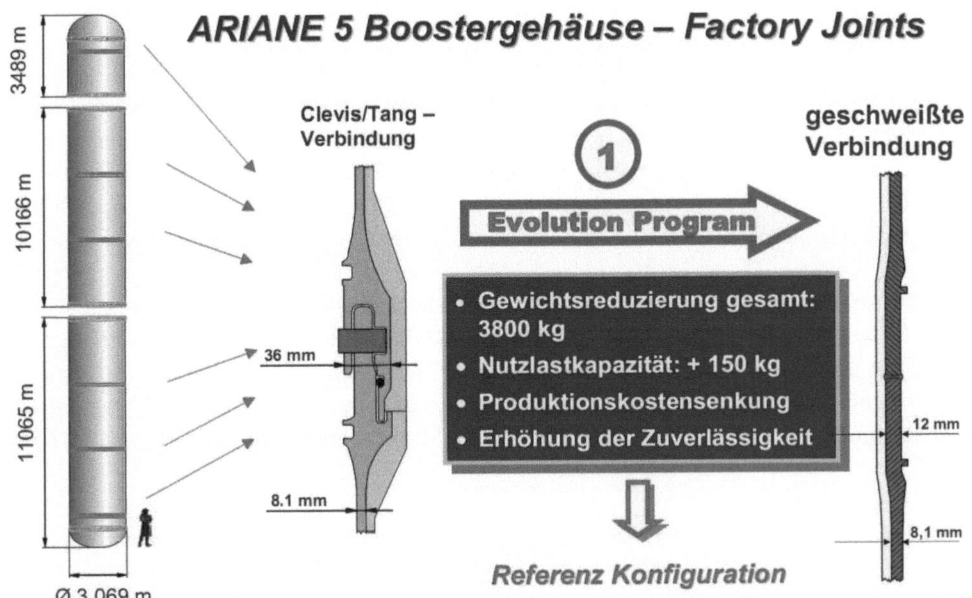

Abbildung 44: Maßnahmen zur Gewichtsreduktion bei den Verbindungen

Für das Schweißen wurde eine neue Fabrikhalle bei MT Aerospace erreichtet. Die Booster werden in einer großen Vakuumkammer mit einer Elektronenschweißanlage verbunden, um ein Schweißen ohne Oxidation zu ermöglichen. Dieses Verfahren wurde von MT Aerospace entwickelt.

Eine weitere Einsparmöglichkeit betraf die Wandstärke. Sie betrug bisher 8,2 ± 0,2 mm, also zwischen 8,0 und 8,4 mm. Die Verbesserung der Herstellungstoleranzen auf 8,1 ± 0,1 mm reduziert das Gewicht um 150 kg, ohne dass die minimale Dicke von 8,0 mm unterschritten wird. Auch das Gewicht der Abschlussdome wurde verringert, indem sie nun aus mehreren Halbzeugen, statt aus einem Teil gefertigt werden. Die Reduktion der Leermasse steigert die Nutzlast um weitere 150 kg.

Schon vorher wurde bei den G+ Versionen eine neue Düse eingeführt. Die von EADS „P2001" getaufte Düse ist einfacher aufgebaut und erhielt neue Verbindungen zur EPC. Die „P2001" Düse ist um 540 kg leichter als die Alte der Ariane 5G und wurde erstmals bei V165 (L515) eingesetzt. Europropulsion, Hauptauftragsnehmer für die Booster, unterscheidet noch mehr Subversionen der Düsen. Sie unterscheiden sich im Gewicht, Expansionsverhältnis und den

Herstellungskosten. Seit 2006 ist die „D" Version der Düsen im Einsatz, mit einem höheren Anteil an Verbundwerkstoffen in der Düse.

Alle Maßnahmen an den Boostern zusammen führten zu einer Erhöhung der Nutzlast um rund 400 kg für den GTO-Orbit. Bei Flug 177 (L533) wurden erstmals die Booster mit den geschweißten Verbindungen geborgen. Obwohl inzwischen das Fallschirmsystem von zwei auf einen großen Hauptfallschirm umgestellt wurde (mit 48,1 m Durchmesser) öffnete sich auch hier einer der Fallschirme nicht. Es gelang nur, einen der beiden EAP zu bergen.

MAN hat inzwischen seine Luft & Raumfahrtsparte ausgegliedert, sodass nun das Unternehmen MT Aerospace AG (als Teil von OHB Technology AG) die Booster fertigt. Die Fertigung von 35 für das Los PB bestimmten Boostergehäusen, EPC/ESC-A Tankdomen und Hochdrucktanks hatte 2009 einen Umfang von 370 Millionen Euro für MT Aerospace, 10 % der Fertigungskosten der Ariane und entspricht dem höchsten deutschen Einzelanteil.

EAP241 Parameter	
Startgewicht (pro Booster):	278 t
Leergewicht (pro Booster):	36,8 t
Abtrennungsgewicht (pro Booster):	37,5 t
Brennzeit:	132 s
Länge:	31,6 m
Durchmesser:	3,05 m
Startschub (pro Booster):	6.040 kN
Maximaler Schub:	7.080 kN
Minimaler Schub:	4.000 kN
Durchschnittsschub:	5.060 kN
Spezifischer Impuls:	2692 m/s (Vakuum)
Nur Boostergehäuse:	18.892 kg
Booster Recovery System:	1.200 kg
Düse P2001-Expansionsverhältnis:	11

Die Zentralstufe EPC173

Das Vulcain-Triebwerk der Ariane 5G hatte einen Schub von 120 t im Vakuum. Wenn die beiden Booster nach 132 s ausgebrannt sind, wiegt die Rakete aber mehr als 120 t. Daher war der wichtigste Punkt beim Evolution-Programm die Einführung eines neuen Triebwerks, des Vulcain 2 mit mehr Schub. Gleichzeitig sollte mehr Treibstoff transportiert werden, um die Nutzlast zu steigern.

Damit dies ohne größere Veränderung an der EPC möglich war, wurde der gemeinsame Zwischenboden abgesenkt. Der Zwischenboden in der EPC wurde um 64 cm nach unten verschoben. Das bewirkt, dass etwa 20 t mehr Sauerstoff in den Sauerstofftank passen und 1 t weniger Wasserstoff zugeladen werden kann.

Der obere Sauerstofftank nimmt in einem Volumen von 135 m³ nun bis zu 149,5 t Sauerstoff auf. Der untenliegende Wasserstofftank fasst bei einem Volumen von 365 m³ bis zu 24,7 t Wasserstoff. Das Verhältnis LOX/LH2 lag bei der Generic-Variante bei 5,2 und ist nun auf 6,2 gestiegen. Um die EPC der Evolution Serie von der Generic Variante zu unterscheiden, wird oft die Treibstoffzuladung in Tonnen angegeben. Die Ariane 5G Varianten verwenden dann die EPC 155 und die Ariane 5 ES und ECA die EPC 173.

Die Abschlussdome der Tanks werden nun aus acht Teilen gefertigt. Dies ist preiswerter als die vorherige Druckverformung aus einem Rohling von 130 mm Stärke und zudem leichter. Mittelfristig könnte die Technologie des Rührreibschweißens die Schweißnähte ersetzen. Dadurch würden Gewicht und Produktionskosten sinken.

Weitere Verbesserungen umfassten strukturelle Verstärkungen des Frontskirts, an dem die Feststoffbooster angebracht sind, die Reduktion der Kabelkanäle, die an der Außenseite angebracht sind, auf nur einen, sowie eine neue elektrische Verkabelung. Zwischen V157 und V164 wurde der Schub der SCA-Steuertriebwerke verdoppelt. Der Heliumvorrat für die Druckbeaufschlagung des LOX-Tanks wurde ebenfalls von 145 auf 168 kg erhöht. Die neuen Hochdrucktanks für das Helium bestehen nun aus dünnen Metallschalen (Dicke 0,7 mm), die mit CFK Werkstoffen umwickelt sind. Die Stärke der Hülle kann so zwischen 1 und 4,5 mm variiert werden, und die Konstruktion ist leichter als der frühere Vollmetalltank.

Neu ist auch der Zwischenstufenadapter, der nun eine Höhe von 2,80 m hat. Die Verlängerung war nötig, weil der untere Tank der ESC-A und das HM-7B Triebwerk unterhalb der Montageebene der Oberstufe liegen. Er enthält auch vier Beschleunigungsraketen, um den Treibstoff in der ESC-A zu sammeln, bevor diese gezündet wird. Erst nach Zündung der ESC-A wird dann der

Stufenadapter abgetrennt. Bei der Generic-Version verblieb er dagegen an der EPC. In der Summe ist die Trockenmasse der EPC um rund 2 t angestiegen.

Das Rollachsenkontrollsystem SCA ist bei der Ariane 5 ECA von der VEB in die EPC verlagert worden. Die ESC-A Oberstufe hat eigene Triebwerke, welchen einen Teil des Wasserstoffs nutzen und wie bei Ariane 1-4 auch die Manöver zur Ausrichtung der Satelliten und Kollisionsvermeidung ausführen. Sie kann aber nicht die Rollachsensteuerung der EPC durchführen, die auch eine Aufgabe des SCA war. Daher wurde dieses bei der ESC-A Version in das Frontskirt der EPC eingebaut. Dadurch ist die VEB bei der Ariane 5 ECA leichter und die Nutzlast höher.

EPC173 Daten	
Länge:	31,00 m
Durchmesser:	5,40 m
Startgewicht:	<188,3 t
Leergewicht:	14,1 t
Treibstoff:	<174,5 t
flüssiger Sauerstoff:	<149,5 t
flüssiger Wasserstoff:	<25 t
Schub:	1.350 kN (Vakuum) 960 kN (Meereshöhe)
Brennzeit:	540 s
Mischungsverhältnis:	6,2 zu 1 (LOX/LH2)

Das Vulcain 2-Triebwerk

Die Veränderung des Mischungsverhältnisses machte eine Anpassung des Triebwerks notwendig. Daher wurden nicht nur die Fördersysteme an das neue Mischungsverhältnis angepasst, sondern auch das Triebwerk in der Leistung gesteigert. Das Vulcain 2 Triebwerk ist schubstärker als das Vulcain 1 der Ariane 5G. Die Düse ist länger und wird mit einem Teil des Treibstoffs, der für die Turbinen benötigt wird, gekühlt. Der höhere Schub wird erreicht durch eine Erweiterung des Düsenhalses und die Erhöhung des Brennkammerdrucks um jeweils 10%.

Beim Erststart der Ariane 5 mit dem neuen Vulcain 2-Triebwerk zeigte sich, dass die neue Kühlungsmethode nicht ausreichend war, und die Rakete musste gesprengt werden, als sie durch Schubverlust vom Kurs abwich. Änderungen in der Konstruktion und entsprechende Tests dauerten zwei Jahre. Bei allen folgenden Flügen gab es keine Probleme mit dem Vulcain 2 mehr.

Die Vulcain 2 Turbopumpe hat einen höheren Förderdruck und auch eine höhere Förderleistung. Der Gasgenerator konnte weitestgehend unverändert übernommen werden. Sein Design konnte vereinfacht werden: So wurde die Zahl der Injektoren von 72 auf 6 verringert.

Abbildung 45: Einbau des Vulcain 2 in die EPC

Die LH2-Turbopumpe von Volvo musste zwar nur 9% mehr Treibstoff fördern, vor allem aber einen höheren Druck liefern. Sie hat eine Leistung von 9,9-20,4 MW bei Umdrehungszahlen von 31.800-39.800 U/min und einem Eingangsdruck von 60-102 Bar. Der Druck wurde gegenüber dem früheren Modell um 16% erhöht, die Leistung um 25%. Sie ist ausgelegt für einen Fluss von bis zu 52,8 kg/s, deutlich höher als die normale Fördermenge von 44,9 kg/s. Bei der LOX-Turbopumpe war eine einfache Leistungssteigerung nicht möglich. Eine neue Turbine musste her, und die Pumpe musste durch eine zweistufige ersetzt werden.

Das heiße Gas wird, nachdem es die Turbinen passiert hat, in einem Ring, etwa auf einem Drittel der Düsenhöhe, in die Düse entlassen und kühlt diese. Zum anderen kann es dort noch mit nicht umgesetztem Sauerstoff reagieren und so den Schub erhöhen. Dies geschieht bei einem Flächenverhältnis von 29,5-32. 10,7 kg Turbinenabgase mit einer Temperatur von 721 K werden pro Sekunde eingespritzt. Das Vulcain 2 hat eine längere Düse als das Vulcain 1 mit einem höheren Flächenverhältnis. Der obere Teil wird durch Wasserstoff, der in Kühlröhrchen zirkuliert, regenerativ gekühlt. Diese Kühlung wurde nach dem Durchbrennen dieses Teils beim ersten Flugeinsatz zusätzlich noch mit Wasserstoff filmgekühlt. Die gesamte Düse basierte ursprünglich auf einem doppelwandigen Design. Ab 2010 wird sie durch eine leichtere Version in Sandwichbauweise ersetzt. Gefertigt wird sie von Volvo Aero.

Die Brennkammer musste ebenfalls angepasst werden. Der Einspritzkopf wurde überarbeitet und hat nun 567 Öffnungen in 13 konzentrischen Kreisen. Die Brennkammerkühlung besteht aus 468 Kühlröhren mit einer Dicke von 0,7 mm am Düsenhals. Nach dem Fehlstart des ersten Vulcain 2 Triebwerks wurde die Kühlung der Brennkammer überarbeitet. Diese wurde zuerst unverändert vom Vulcain 1 übernommen. Nun tritt durch 75 kleine Schlitze und 80.000 kleine Öffnungen Wasserstoff in die Brennkammer ein und kühlt diese durch Verdampfen (Filmkühlung) und verhindert ihr Durchbrennen. Der Wasserstoff kühlt nicht nur die Brennkammer, sondern verhindert auch Oxidationen durch die nun sauerstoffreichere Mischung. 1.5% der Wasserstoffmenge wird dazu verwendet. Die Brennkammer wog anfangs 811 kg, nach den Anpassungen 909 kg (Vulcain 1: 625 kg).

Insgesamt 120 Versuche mit dem Vulcain 2 und einer Gesamtbrenndauer von 64.500 s (äquivalent etwa 120 Einsätze) fanden von 1999 – 2004 statt. Vor dem Fehlschlag waren 80 Tests mit sechs Triebwerken mit insgesamt 45.000 s Betriebszeit aufgelaufen. Vom Januar 2003 bis Juni 2004 kamen 42 weitere Tests mit 19.500 s Betriebszeit mit drei Triebwerken und neun Düsenkonfigurationen dazu. Damit übertraf zumindest in Lampoldshausen die Testdauer des Vulcain 2 diejenige des Vulcain 1.

Die Entwicklung des Vulcain 2 wurde erheblich teurer und komplexer als gedacht. Ursprünglich war ein weitgehend unverändertes Vulcain Triebwerk geplant, bei dem lediglich die Sauerstoff-Turbopumpe mehr Leistung erbringen musste. Doch das erhöhte Mischungsverhältnis und der höhere Treibstoffdurchsatz machten eine weitgehende Neukonstruktion des Triebwerks notwendig. Damit war auch nicht mehr der Hauptvorteil von geringeren Entwicklungskosten von 500 Millionen Dollar (verglichen mit den 1.600 Millionen für die Vulcain 1 Entwicklung) gegeben.

In der Retroperspektive hat die Entwicklung des Vulcain 2 nicht das erbracht, was sich die ESA von ihr erhoffte. Ziel war es, preisgünstig das Vulcain 1 im Schub zu steigern. Unter dieser Prämisse war auch die geringe Schubzunahme um lediglich 200 kN akzeptabel. Ein Triebwerk, welches mehr Schub aufweist, wäre der EPC angemessen gewesen, hätte schwerere Oberstufen zugelassen und die Gravitationsverluste gesenkt. Ein derartiges Triebwerk wäre jedoch teurer in der Entwicklung gewesen. Schließlich hat sich aber das Vulcain 2 als genauso teuer herausgestellt, bedingt durch den Fehlstart bei V157. Die geplante Entwicklung eines schubstärkeren Vulcain 3 wird auf S.201 genauer ausgeführt.

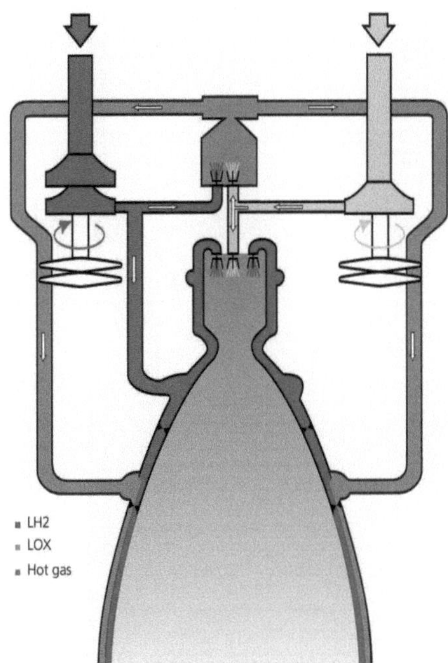

Abbildung 46: Treibstofffluss im Triebwerk Vulcain 2
© der Grafik: EADS/Astrium

Abbildung 47: Vulcain 2 im Teststand des DLR in Lampoldshausen © des Fotos: DLR

	Vulcain 2	Vulcain 1
Höhe:	3,45 m	3,00 m
Max. Durchmesser:	2,10 m	1,76 m
Düsenlänge:	2,17 m	1,80 m
Düsendurchmesser:	2,10 m	1,76 m
Gewicht:	2.100 kg (nass) 1935 kg (trocken)	1.685 kg (trocken)
Nur Düse:		400 kg
Nur Brennkammer:	811 kg	625 kg
Schub (Vakuum/Meereshöhe):	1.350 kN / 960 kN	1.140 kN / 885 kN
Mischungsverhältnis (gesamt):	7,2 (LOX/LH2)	5,9 (LOX/LH2)
Mischungsverhältnis (Brennkammer):	6,8 (LOX/LH2)	6,3 (LOX/LH2)
Treibstoffdurchsatz:	320 kg/s	271 kg/s
Davon Brennkammer:	306 kg/s	262,2 kg/s
Davon LOX:	40,9 kg/s	38 kg/s
Davon LH2:	275,6 kg/s	224,2 kg/s
Davon Gasgenerator:	13,5 kg/s	8,8 kg/s
Davon Düsenkühlung:	3,0 kg/s	3,0 kg/s
Spezifischer Impuls (Vakuum):	4256 m/s	4228 m/s
Spezifischer Impuls (Meereshöhe):	3040 m/s	3282 m/s
Brennkammerdruck:	118 Bar	110 Bar
Brennkammertemperatur:	3577 K	3473 K
LOX Turbopumpe Drehzahl:	13.265 U/min	12.300 U/min
LOX Turbopumpe Leistung:	5,1 MW	3,7 MW
LOX Turbopumpe Eingangsdruck:	72 bar	72 bar
LOX Turbopumpe Förderdruck:	165 Bar	139 Bar
Gewicht:	240 kg	180 kg
LH2 Turbopumpe Drehzahl:	35.800 U/min	34.100 U/min
LH2 Turbopumpe Leistung:	14,29 MW	11,41 MW
LH2 Turbopumpe Eingangsdruck:	91 bar	78 bar
LH2 Turbopumpe Ausgangsdruck:	150 Bar	133 Bar
Düse Flächenverhältnis: Einlass	4,6	5
Düse Flächenverhältnis: Auslass	61.8	45
Turbinentemperatur:	910 K	900 K
Nominelle Brennzeit:	540 s	600 s
Zuverlässigkeit:		0,9946
Erster Einsatz:	V88 (L501)	V157 (L517)

*Abbildung 48: Die Sylda wird über den Satelliten Planck montierte (oben)
und ein Satellit auf der Sylda (unten) © des Fotos: Arianesapce*

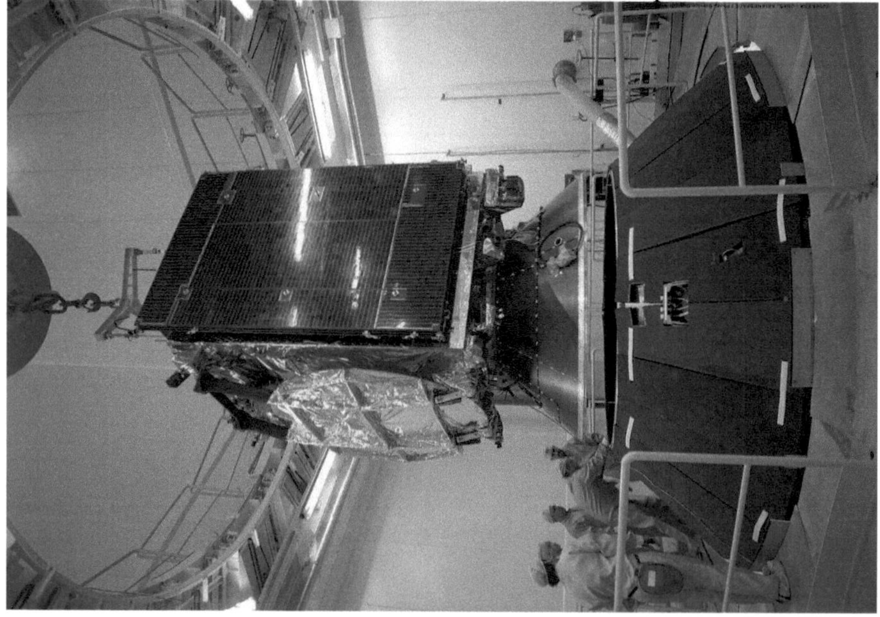

Die Sylda-5

Bei der Ariane 5 wurde die Speltra eingeführt, eine Doppelstartstruktur, die an die vergrößerte Nutzlasthülle angepasst war. Die Speltra wog bei Ariane 5 je nach Größe zwischen 704 und 850 kg. Sie war für bis zu 4,70 m breite Satelliten ausgelegt. Die meisten Satelliten waren aber erheblich kleiner, denn sie wurden gebaut, um mit vielen Trägern kompatibel zu sein, und die russische Proton, die amerikanische Atlas und die Zenit verfügten zum Zeitpunkt der Indienststellung der Ariane 5 über weitaus weniger Platz für die Nutzlast. So konnte eine modifizierte Version der Sylda von Ariane 4, die Sylda-5 (**S**ysteme de **L**ancement **D**ouble Ariane 5) eingeführt werden. Die Sylda der Ariane 4 war eine Umhüllung der Nutzlast innerhalb der Nutzlastverkleidung, denselben Zweck hatte auch die Sylda-5 für die Ariane 5.

Sie bietet mit 3,80 m nutzbarem Innendurchmesser weniger Raum und ist zudem innerhalb der Nutzlasthülle untergebracht, anstatt unter ihr. Dafür wiegt sie je nach Version nur 407 – 513 kg. Die eingesparten 350 kg kommen voll der Nutzlast zugute. Diese Änderung wurde schon 1999 bei den ersten kommerziellen Flügen eingeführt. Die Länge der Sylda ist in 0,30 m Intervallen zwischen 4,90 und 6,50 m einstellbar. Eine nochmals verlängerte Version wird derzeit untersucht und steht für bestimmte Missionen (abhängig vom zweiten Satelliten) zur Verfügung. Die ursprünglich entwickelte Speltra wird heute nicht mehr eingesetzt. Da die Spelda die Ariane 5 verlängerte, ist eine Ariane 5E in der Regel kürzer als eine Ariane 5G.

	Speltra	Sylda-5
Max. Durchmesser:	5,40 m	4,50 m
Länge Zylinder (Standard)	4,10 m	3,23 m
Länge Zylinder (lang)	5,60 m	4,73 m (5,23 m auf Wunsch möglich)
Länge Deckel:	1,30 m	1,10 m
Länge Übergang zur VEB		0,60 m
Durchmesser Nutzlastadapter:	2,60 m	2,60 m
Gesamthöhe:	5,50-7,50 m	4,90-6,50 m (7,00 m auf Wunsch möglich)
Volumen:	104-138 m³	50-65 m³
Gewicht:	750-850 kg	425 kg Basisversion 475 kg + 0,90 m 505 kg + 1,50 m 535 kg + 2,10 m

Vehicle Equipment Bay

Die Vehicle Equipment Bay durchlief bei der Evolution-Variante verschiedene Änderungen. Die unterschiedlichen Versionen werden durch einen angehängten Buchstaben für die Subversion gekennzeichnet. Die VEB-B wurde für die G+ und GS-Versionen eingesetzt. Bei ihr wurde Aluminium zum Teil durch Kohlefaserverbundwerkstoffe ersetzt. Dies machte die VEB um 150 kg leichter und erhöhte die Nutzlast im gleichen Maße.

Bei der ECA-Version ist die VEB-C nur 1,13 m hoch. Bei dieser Stufe entfällt das SCA-Subsystem mit seinen 70 kg Hydrazin. Die größte Gewichtseinsparung kam aber durch das Weglassen der EPS-Oberstufe zustande. Die VEB muss nun nicht mehr das Gewicht der EPS tragen und konnte in der Längsachse gekürzt werden.

Im Normalfall wiegt eine VEB für eine Ariane 5G+/GS 1.250 kg, für eine Ariane 5 ECA 950 kg. Die Ariane 5 ES ist für den Transport des europäischen Schwerlasttransporters ATV vorgesehen. Da das ATV viel schwerer als jede andere Nutzlast ist, welche bisher transportiert wurde, wurde für die Ariane 5 ES die VEB strukturell verstärkt und wog 1.900 kg beim Jungfernstart von Jules Verne. Dies schließt auch sechs Tanks mit Hydrazin ein, statt zwei bei der Ariane 5G Versionen. Auch die Batterien wurden vergrößert, um eine Betriebszeit von bis zu sechs Stunden zu ermöglichen. Bei den ATV-Missionen führt die VEB auch die Lageregelung während der Freiflugphasen durch, bringt die Stufe mit Nutzlast in Rotation und stoppt diese periodisch für Veränderungen der räumlichen Lage.

Es ist aber zu erwarten, dass nach dem ersten Start die genauen Belastungen bekannt sind, und eine Gewichtsreduktion einsetzt, die es auch beim Übergang von der Ariane 5G zur G+ gab. Diese Version für die Ariane 5 ES ist die VEB-D.

Technisch gesehen entspricht der OBC dem Stand der Computertechnik von 1988, als die Ariane 5 Entwicklung begann. Nach Einführung in der Vega wird deren Bordcomputer den derzeitigen OBC auf der Ariane 5 ersetzen. Ihr Bordcomputer ist seit Ende 2007 fertig entwickelt. Er benutzt den ERC-32 Prozessor, eine weltraumtaugliche Ver-

Abbildung 49: Sylda Abtrennung

sion der 32-Bit SPARC V7 CPU. Mit einer Geschwindigkeit von 13 MIPS ist er zehnmal schneller als der derzeitige Ariane 5 OBC und verfügt mit 4 MByte über viermal mehr Speicher. Auch das Volumen beträgt nur ein Viertel des Ariane 5 OBC.

Eine zweite Anleihe von der Vega sind neue Lithiummanganat Batterien, welche die Silberzink-zellen der alten VEB ablösen sollen. Sie versprechen eine deutliche Gewichtseinsparung.

VEB	Ariane 5G	Ariane 5 GS	Ariane 5 ECA	Ariane 5 ES
Typ:	A	B	C	D
Startgewicht:	1.500 kg	1.250 kg	950 kg	1.900 kg
Trockengewicht:	1.430 kg	1.180 kg	950 kg	1.690 kg
Höhe:	1,56 kg	1,56 m	1,13 m	1,56 m
Durchmesser:	5,40 m	5,40 m	5,40 m	5,40 m
Hydrazintanks:	2	2	0	6
Betriebsdauer:	6.900 s	~ 7.200 s		6 h

Abbildung 50: Eine VEB Typ C wird auf die Ariane 5 ECA montiert.

Nutzlastverkleidung

Da die Sylda-5 nun Platz innerhalb der Nutzlastverkleidung einnimmt, gibt es eine neue (mittlere) Nutzlastverkleidung von 13,80 m Höhe. Jede Nutzlastverkleidung ist durch Bänder flexibel um 50 bis 200 cm in 50 cm Intervallen verlängerbar.

Im Jahr 2004 wurden bei der Ariane 5 G+ die Schallabsorber entfernt, da sich zeigte, dass sie nicht mehr notwendig waren, da die Belastungen geringer waren als prognostiziert. Das verringerte das Gewicht der größten Verkleidung um 225 kg.

Seit V176 (am 4.5.2007) wird eine neue Innenverkleidung eingesetzt, die eine neue, leichtgewichtige Schutzschicht gegen den Schalldruck verwendet. Sie hat eine reduzierte Leermasse von 2,475 kg bei der größten Version. Dies sind 300 kg weniger als bei der alten Langversion.

Eingesetzt wird der Schaumstoff Basotect, ein Schaumstoff des deutschen Chemiekonzerns BASF. Der duroplastische Styrolkunststoff hat seine dämmende Wirkung bereits auf der Erde unter Beweis gestellt. Er kommt in Akustikprüfständen, Kinos sowie im Automobil- und Flugzeugbau zum Einsatz. Er ist leicht, reduziert vor allem die hohen Vibrationsfrequenzen von 100-2000 Hz und senkt den Schalldruck um 5-10 db. Da er anders als „normales" Polystyrol elastisch ist, passt er sich auch Verformungen der Hülle beim Aufstieg an, ist leicht zu verarbeiten und kann konturgenau eingepasst werden.

Nutzlastverkleidung	Länge	Volumen	Gewicht
Kurz	12,70 m	125 m³	2.027 kg (1996) 1.900 kg (heute)
Mittel	13,80 m	145 m³	2.060 kg (1998)
Lang	17,00 m	200 m³	2.900 kg (1996) 2.475 kg (heute)
Distanzring	0,33 m – 2,00 m	8 m³ – 33 m³	

Die EPS-Oberstufe

Abbildung 51: Einbau der EPS in die VEB

Die Pläne des Evolution-Programms gingen 1995 davon aus, die Oberstufentanks zu vergrößern und den Schub des Triebwerks von 28,4 auf 35 bis 38 kN zu steigern. Das wäre durch einen weiteren Ring von Einspritzdüsen im Injektor erreicht worden. Statt 9,7 t sollten 14 bis 15 t Treibstoff mitgeführt werden. Der maximale Durchmesser der Stufe wäre von 3,94 m auf 4,55 m gestiegen. Dies hätte weitere 300 kg Nutzlast gebracht.

Dieser Nutzlastgewinn stand in keinem Verhältnis zum dafür notwendigen Aufwand. Nachdem Astrium 2001 mit der Entwicklung des Aestus 2 begann, kam die Idee einer leistungsgesteigerten EPS erneut auf. Der höhere Schub und spezifische Impuls des Aestus 2 versprachen eine höhere Nutzlast von 600 kg (verglichen mit der normalen EPS-Oberstufe). Auch hob Astrium LV die Wiederstartfähigkeit hervor, die wichtig für die Transporte der Galileo Navigationssatelliten wäre, die keinen eigenen Antrieb haben. Zu diesem Zeitpunkt war aber die ESC-A Oberstufe schon fast fertig gestellt und Arianespace hatte kein Interesse, mehrere Subversionen der Ariane 5 parallel zu betreiben. Daher war auch dieser Vorstoß von Astrium nicht von Erfolg gekrönt.

Es wurden trotzdem einige Änderungen an der EPS durchgeführt. Für die ATV Missionen benötigt die ESA eine wiederzündbare Oberstufe. Die EPS ist prinzipiell wiederzündbar, nur war es keine Anforderung bei der Entwicklung. Dies führte zur erneuten Qualifizierung des Aestus-Triebwerks für ATV-Missionen. 200 Tests unter Realbedingungen (im Vakuum) fanden in Lampoldshausen statt. Dem folgten Tests bei den Starts V526 und V530, bei denen die Satelliten leicht genug waren, um genügend Resttreibstoff zu hinterlassen. Verbessert wurde auch die thermische Isolation der Tanks, um zu vermeiden, dass die Treibstoffe sich zu stark erwärmen. Das Stickstofftetroxid verdampft schon bei Temperaturen oberhalb 20°C. Die Stufe kann nun bis zu sechs Stunden anstatt eineinhalb betrieben werden. So lange kann die Temperatur in den Tanks in einem Bereich von -20 bis +25 Grad gehalten werden. Zusätzlich wurden weitere Batterien für einen längeren Betrieb der VEB installiert.

Wesentlich umfangreicher war die Neuqualifikation der EPS-Oberstufe und VEB für die schwerere Nutzlast von 21 t Gewicht – bisher war die schwerste Nutzlast weniger als 9 t schwer. Dazu wurden Stufe und VEB mit einer Last von 20 t auf einem Rütteltisch den zu erwartenden Belastungen eines Ariane 5 Starts ausgesetzt.

Weiterhin führt die EPS 300 kg mehr Treibstoff mit. Auch der Schub des Aestus Triebwerks konnte auf 30 kN leicht gesteigert werden. Beide Maßnahmen erhöhten die Nutzlast um 80 kg. Weitere 225 kg können erreicht werden, wenn eine Freiflugphase von 4.000 s Dauer eingeführt wird: Die EPS zündet zuerst kurz, um einen elliptischen Orbit zu erreichen. Diese erste Zündung hebt das Perigäum so weit an, dass EPS und Nutzlast nicht nach einem halben Umlauf verglühen. Beim erneuten Durchlaufen des erdnächsten Punktes findet dann das Anheben des erdfernsten Punktes statt. Bedingt durch die lange Brenndauer wird bei der EPS ohne diese Freiflugphase ein Orbit mit einem recht hohen erdnächsten Punkt von 600 bis 800 km Höhe erhalten. Dies ist energetisch ungünstig und so steigert eine Freiflugphase mit zwei Zündungen die Nutzlast. Von dieser Möglichkeit wurde bisher allerdings nicht Gebrauch gemacht.

Die wiederzündbare EPS wurde in der Ariane 5G+ und GS Version eingeführt und beförderte beim ersten Start die Raumsonde Rosetta auf einen Kurs zum Kometen Churyumov-Gerasimenko. Die Anpassung des Aestus war für moderate 33 Millionen Dollar möglich. Nach Ausmusterung der Generic-Variante wird die EPS-Oberstufe nur in der Ariane 5 ES eingesetzt. Derzeit einzige Aufgabe ist der Transport des ATV, eines bis zu 21 t schweren Zubringers für die Raumstation ISS. Um die Unterschiede zu kennzeichnen, wird sie auch als „EPS 10" bezeichnet, die Generic Variante verwendet dagegen die „EPS 9.7". die EPS Oberstufen werden für die Starts der fünf ATV und der Gallileo Satelliten benötigt.

Die Oberstufe ESC-A

Die Oberstufe ESC-A wird für Transporte in die geostationäre Übergangsbahn eingesetzt, für die meisten Missionen der Ariane 5 also. Die ESC-A (**É**tage **S**upérieur **C**ryotechnique: Kryogene Oberstufe) war als Zwischenlösung gedacht, bis die ESC-B zur Verfügung steht. Da deren Entwicklung aber 2004 gestoppt wurde, ist aus der ESC-A eine Dauerlösung geworden, die mindestens bis 2019 im Einsatz sein wird. Die Fertigung von 35 Oberstufen beim Los PB hat einen Umfang von 500 Millionen Euro, also 14,3 Millionen pro Stück.

Die neue Stufe verwendet das Triebwerk HM-7B, das schon in der Ariane 4 seinen Dienst tat. Eine erneute Qualifikation war nötig, da die ESC-A mehr Treibstoff mitführt und das Triebwerk länger arbeiten muss.

Es wurde der Sauerstofftank aus Aluminium 7020 von der Ariane 4 weitgehend übernommen. Es ist der einzige Einsatz dieser Aluminiumlegierung bei der Ariane 5. Alle anderen Tanks sowohl bei der EPC als auch der ESC-A bestehen aus der Legierung 2219. Verglichen mit dieser ist Aluminium 7020 leichter bearbeitbar und korrosionsfester. Aluminium 2219 weist eine höhere Härte

Abbildung 52: ESC-A Stufe

und Zugfestigkeit auf und ist daher geeigneter für die größeren Tanks der EPC und den Wasserstofftank der ESC-A.

Der LOX-Tank hat denselben Durchmesser wie bei der Ariane 4 und ist lediglich in der Länge gestreckt worden. Er liegt unter dem Wasserstofftank aus Aluminium 2219, getrennt durch einen evakuierten Zwischenraum zur Isolierung. Diese Konstruktion erlaubte es, den Schubrahmen, die Befestigung des Triebwerks an dem LOX-Tank, von der Ariane 4 zu übernehmen. Für den unteren Teil der Stufe konnten so alle Systeme durch den gleich gebliebenen Durchmesser des LOX-Tanks unverändert übernommen werden.

Der Wasserstofftank musste dagegen neu konstruiert werden. Doch auch hier konnte Astrium LV schon bestehende Teile übernehmen: Der Tankabschluss wurde von der EPC übernommen. Seine Struktur ist gegen das Verdampfen mit einer Isolationsschicht belegt. Der LH2-Tank hat eine recht ungewöhnliche Form: oben den einer abgeflachten Kugel, unten aber den eines Hohlkörpers mit einem Einschnitt für den LOX-Tank. Er berührt die Außenwand nur über einen Bruchteil der Höhe. Diese Bauweise mit nicht integralen Tanks hat allerdings den Nachteil, dass die Außenwand die Lasten aufnehmen und strukturell verstärkt sein muss.

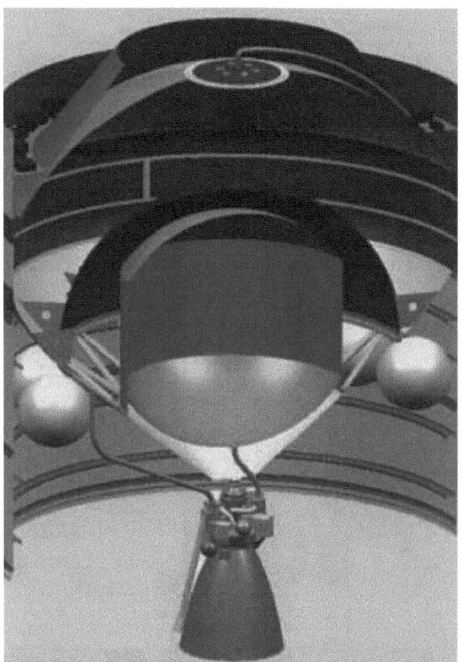

Abbildung 53: Querschnitt und Blick auf die Unterseite der ESC-A

120

ESC-A stage

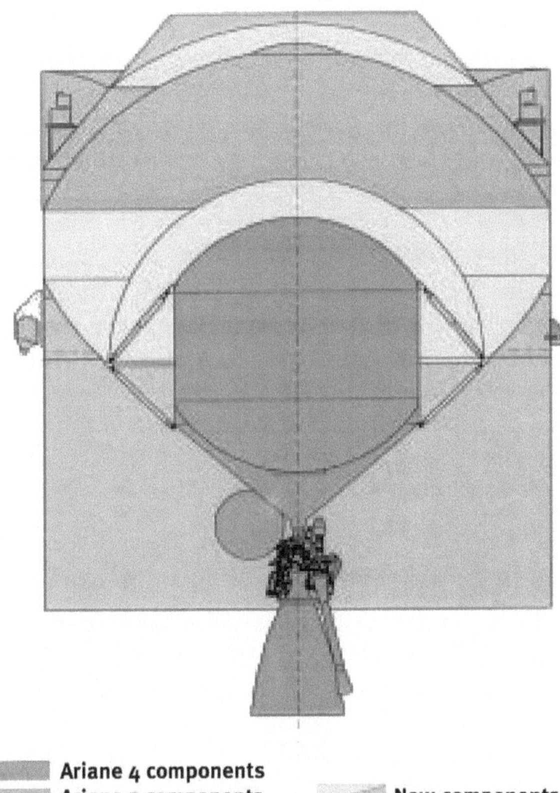

Abbildung 54: Neue und alte Teile in der ESC-A

Das Hauptproblem ist aber der geringe Durchmesser des LOX-Tanks und des Schubgerüsts von 2,60 m. Um dieses mit dem 5,40 m großen LH2-Tank zu verbinden, wurde unterhalb des LH2-Tanks ein massives Gerüst von 30-40 Aluminiumstreben eingebaut.

Dadurch weist die ESC-A Oberstufe ein sehr hohes Trockengewicht auf. Ein Teil ist den durch die Feststoffbooster angeregten Schwingungen des oberen Bereiches, in dem Oberstufe und Nutzlast sitzen, geschuldet. Sie werden durch den Stufenadapter in die ESC-A Oberstufe geleitet. Große Feststoffbooster bewirken niederfrequente Eigenschwingungen mit hoher Amplitude. Dagegen besitzen Stufen mit flüssigem Treibstoff, wie sie noch bei Ariane 4 hauptsächlich eingesetzt wurden, ein Eigenfrequenzspektrum mit geringerer Amplitude (Intensität). Die Folge ist, dass Treibstoff in der Oberstufe stärker zum Schwappen angeregt wird und auch die Struktur stärkeren Belastungen ausgesetzt ist. Kombiniert mit der ungünstigen Tankform und dem Gerüst zum Befestigen des LOX-Tanks, ergibt sich daher die hohe Leermasse. So beträgt das Trockengewicht der Stufe nach Zündung noch 3.300 kg. Zusammen mit dem Stufenadapter, der an der EPC verbleibt und den Raketen zur Beschleunigung der Stufe (um sie von der EPC zu entfernen und den Treibstoff vor der Zündung am Tankboden zu sammeln) wiegt sie 4.545 kg beim Start. Die Beschleunigungsraketen werden nach der Zündung abgetrennt. Die H10-III Oberstufe der Ariane 5, mit einer um 25% kleineren Treibstoffzuladung wog hingegen nur 1.360 kg.

Die Treibstoffventile werden durch Heliumdruckgas betätigt, dessen Ventile durch elektromagnetische Schalter geöffnet und geschlossen werden. Helium dient auch dazu, als Druckgas Kavitation und POGO in dem LOX-Leitungssystem zu verhindern.

Durch die hohe Trockenmasse musste die maximale Nutzlast während der Entwicklung abgesenkt werden. Im Jahre 1999 wurde noch als maximale Nutzlast für einen Einzelstart 10.500 kg angegeben. Sehr bald zeigte sich das Problem der benötigten steifen Struktur, und die maximale Nutzlast wurde auf anfangs 9.100 kg gesenkt. Verbesserungen bei der Rakete haben inzwischen die Nutzlast auf 10.300 kg erhöht.

Bei manchen Missionen wird Ballast mitgeführt. Dieser dient bei der ESC-A dazu, den Aufschlagpunkt der EPC durch Verschieben des Schwerpunktes festzulegen. Sind Nutzlast und ESC-A zu leicht, erfolgt die Stufentrennung zu weit östlich, und der Aufschlagpunkt der Hauptstufe rückt nahe *vor* die afrikanische Küste (bzw. würde im Extremfall sogar *auf* dem Festland liegen). Bei der Ariane 5G ist dies nicht nötig, weil der Aufschlagpunkt der EPC dort „*hinter*" Afrika im Indischen Ozean liegt. (EPS und Nutzlast wiegen bei GTO Missionen maximal 19 t, eine ESC-A mit Nutzlast aber 28,6 t. Das geringere Gewicht führt dazu, dass eine EPC bei Ariane 5G Missionen erst im Indischen oder sogar Pazifischen Ozean wieder in die Atmosphäre eintritt). Ist die Nutzlast aber schwer genug, kann der Ballast entfallen.

Die ESC-A Oberstufe übernimmt auch die gesamte Dreiachsensteuerung während ihres Betriebs und die Manöver zur Absetzung des Satelliten, das Auf-/Abspinnen und Abbremsen der Stufe nach Abtrennung des letzten Satelliten. Dazu gibt es vier Gruppen von jeweils drei Triebwerken – je eines für jede Raumachse. Sie setzen gasförmigen Wasserstoff aus dem Antriebssystem ein. Der Gesamtimpuls beträgt 15 kNs. Hinzu kommen beim Sauerstofftank zwei weitere Düsen, die nach Brennschluss den Druck im Tank abbauen, um eine Explosion des Tanks zu verhindern. Dieses System erlaubt es, das Gewicht der VEB entscheidend zu verringern, da hier das SCA-System mit seinen Triebwerken und Hydrazintanks entfallen kann.

Für den größeren LOX-Tank wird mehr Druckgas benötigt. Die ESC-A verwendet daher bis zu vier Heliumdruckgasflaschen. Bei Ariane 4 waren es zwei. Das Helium dient dazu, den Sauerstofftank unter Druck zu setzen. Beim Wasserstoff geschieht dies mit einem Teil des Wasserstoffs, der zur Kühlung der Brennkammer verwendet wird. Das HM-7B ist schwenkbar in der Nick- und Gierachse aufgehängt. Anpassungen waren in geringem Maße am Startturm nötig, da der Wasserstoff und Sauerstoff dauernd nachgefüllt werden muss. Bei der EPS ist dies nicht nötig. Sie wird zusammen mit den Satelliten im Integrationsgebäude betankt. Die Oberstufe ESC-A wurde in 42 Monaten für nur 170 Millionen Euro entwickelt.

ESC-A Daten	
Startgewicht:	19.079 kg (mit Stufenadapter) 18.159 kg (ohne)
Trockengewicht:	4.545 kg (mit Stufenadapter) 3.300 kg (bei der Zündung)
Schub:	64,8 kN
Brennzeit:	970 s
Länge	4,71 m (zwischen Stufenadapter und VEB), 7,60 m (gesamte Höhe)
Durchmesser:	5,40 m
LOX Tank:	2,60 m Durchmesser, 2,80 m Höhe 11,36 m³ Volumen 11.952 kg LOX
LH2 Tank:	5,44 m Durchmesser, 3,00 m Höhe 39,41 m³ Volumen 2.582 kg LH2
Subsysteme:	1.980 kg Wasserstofftank 920 kg Stufenadapter zur EPC 350 kg Schubgerüst 220 kg Sauerstofftank 190 kg Stufentrennungs- und Beschleunigungsraketen 180 kg Intertankverbindung 170 kg HM-7B Triebwerk 535 kg Sonstiges / Kleinteile

Für die Ariane 5 ECA nennt Airbus 2015 folgende Beteiligungen am Fertigungspreis der Rakete:

Teil	Firma	Mill. Euro	Anteil
Integration:	Energie: Safran, Pyrotechnik (Dassault + Pyroalliance	9,2	6,2
Aktoren:	SABCA	1,4	0,9
EAP	Hauptkontraktor: Airbus Frankreich	9,0	6,1
EAP	Ausrüstung: Airbus Frankreich	2,0	1,4
EAP	Zusammenbau: Europropulsion	4,9	3,3
EAP	Thermalschutz, Treibstoff, Segment S1: Avio	6,0	4,1
EAP	Treibstoffe (HTPB): Herakles	3,0	2,0
EAP	Düsen: Herakles	7,8	5,3
EAP	Treibstoffherstellung und Zusammenbau S2+S3: Herakles und Regelus	5,4	3,7
EAP	MT Aerospace: Boosterhüllen	6,0	4,1
EAP	Heck und Anbringung: SABCA	5,0	3,4

Teil	Firma	Mill. Euro	Anteil
EPC	Hauptkontraktor, Integration: Airbus Frankreich	15	10,1
EPC	Heckstruktur: M;T Aerospace	7,4	5,0
EPC	Struktur: Airbus France	10,0	6,8
EPC	Stufenadapter: CASA	1,0	0,7
EPC	Vulcain 2: LH2-Turbopumpe, Gasgenerator, Diverses: SNECMA	9,1	6,2
EPC	Vulcain 2: Brennkammer, Schubgerüst, Servoventile, Tieftemperaturtest: Airbus Deutschland	2,5	1,7
EPC	Vulcain 2: LOX-Turbopumpe	0,9	0,6
EPC	Vulcain 2: Verschiedenes, Turbinen: GKN Aerospace, Airbus Deutschland	1,7	0,6
EPC	Vulcain 2: Verschiedenes: Techspace Aero, Microtechnica, Herakles, Meggit	0,7	0,4
EPC	Motoraufhängung: Dutch Space	1,5	1,0%
EPC	Tanks: Air Liquide, Airbus	4,0	2,7
ECA Oberstufe:	Hauptkontraktor Airbus (Deutschland)	6,4	4,3%
ECA Oberstufe:	Struktur Airbus (Deutschland)	3,0	2,0
ECA Oberstufe:	HM-7B Düse und Turbopumpen: SNECMA	4,3	2,9
ECA Oberstufe:	HM-7B Brennkammer, Diverses, Ventile, Tests	1,6	1,1
ECA Oberstufe:	Tanks: Air Liquide, Airbus	3,0	2,0
VEB	Zusammenbau Airbus (Deutschland)	1,0	0,7
VEB	Struktur: CASA	1,0	A0,7
VEB	Ausrüstung: RUAG, TAS, Zodiac	3,5	2,4
Trennsystem	Trennsystem, Adapter: RUAG	1,0	0,7
Trennsystem	Schockabsorber, Cone 3936: CASA	1,0	0,7
SYLDA	Airbus Frankreich	3,5	2,4
Nutzlastverkleidung:	RUAG Space	5,0	3,4%

Teilt man die Herstellungskosten von 147,8 Millionen Euro auf, so entfallen:

- 10,6 Millionen für den Zusammenbau
- 49,1 Millionen auf die Booster

- 43,8 Millionen auf die EPC (davon 14,9 Millionen für das Vulcain)
- 18,3 Millionen auf die ECA (davon 5,9 Millionen auf das HM-7B)
- 5,5 Millionen auf die VEB
- 5,0 Millionen auf die Nutzlastverkleidung
- 3,5 Millionen auf die Sylda
- 2,0 Millionen auf die Adapter

- Frankreich: 51%
- Deutschland 19,0%
- Italien 8%
- Schweiz: 3%
- Belgien 4%
- Schweden: 4%
- Spanien 2%
- Holland: 1%
- Andere Länder: 7,6%

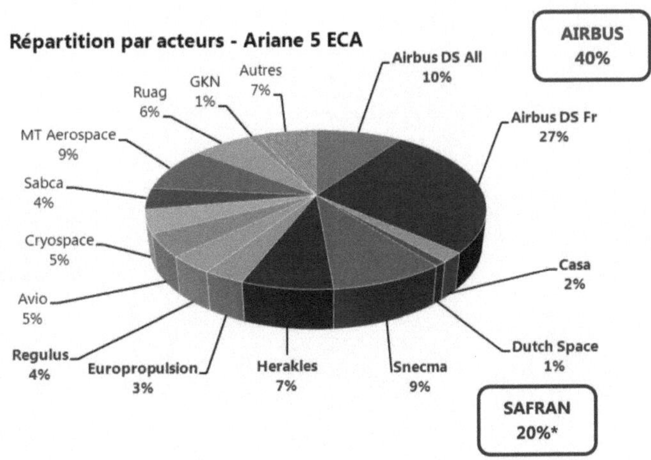

Abbildung 55: Ariane 5 ECA: Anteile der Firmen © der Grafik: SAFRAN

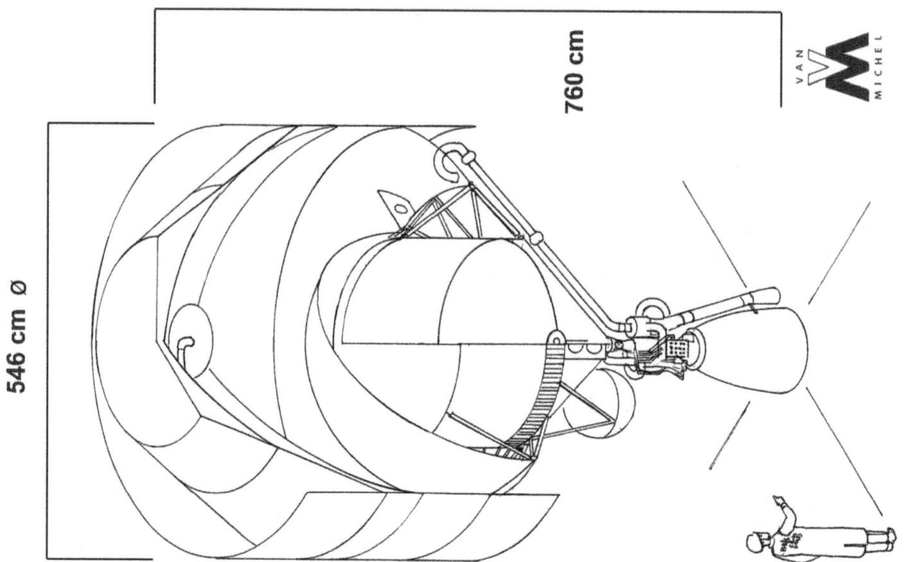

Abbildung 56: Die ESC-A © der Grafik Michel Van

Abbildung 57: HM-7B Triebwerk mit Schubrahmen

Das HM-7B

Das Triebwerk HM-7B wird nahezu unverändert von der Ariane 4 übernommen. Vom HM-7, welches 1979 auf der Ariane 1 seinen Jungfernflug hatte, unterscheidet es nur eine um 30 cm längere Düse und ein etwas höherer Brennkammerdruck. So setzt die Ariane 5 ECA ein bewährtes Triebwerk, allerdings mit einer rund dreißig Jahre alten Technologie, ein.

Der Treibstoff tritt über einen Einspritzkopf von 180 mm Durchmesser mit 90 Bohrungen in fünf konzentrischen Kreisen in die Brennkammer ein. Die Bohrungen führen zum Vermischen des Treibstoffs und zu einer gleichmäßigen Verbrennung. Eingesetzt wird wie bei den anderen Triebwerken der koaxiale Typ, bei dem in jeder Düse Oxidator und Verbrennungsträger miteinander vermischt werden. Der Einspritzkopf und die Frontplatte bestehen aus einem porösen Material und werden mit 7% der Wasserstoffmenge filmgekühlt.

Der restliche Wasserstoff kühlt die Brennkammerwand und den Düsenhals durch Regenerativkühlung. Er strömt mit 200 m/s durch 128 Kanäle um die Brennkammer herum und erwärmt sich dabei um 110 Grad Celsius. Er kühlt die Brennkammer so auf 550 K. Teile dieses gasförmigen Wasserstoffs werden für die Aufrechterhaltung des Drucks im Wasserstofftank und für das Lageregelungssystem eingesetzt.

Abbildung 58: Komponenten des HM-7B: Die Brennkammer (oben links), der Einspritzkopf mit den koaxialen Düsen, die Düse aus Kühlkanälen und die Kühlkanäle selbst vor dem Verschweißen.

Die Brennkammer besteht aus Kupfer mit einer galvanisch aufgetragenen Nickelstruktur von 2,5 mm Dicke. Diese Nickelschicht war eine der technischen Herausforderungen bei der Herstellung der Brennkammer. Das Verfahren zur Kühlung wurde von MBB entwickelt, welche daraufhin von SEP den Auftrag für die Entwicklung des Triebwerks erhielt. Die Brennkammer wird wie die des Vulcain in Ottobrunn gefertigt, das Triebwerk selbst von Snecma in Vernon integriert. Der Brennkammerdruck ist beim Einsatz auf der Ariane 5 leicht von 35 auf 37 Bar erhöht worden, wodurch der Schub von 64,8 auf 67 kN ansteigt.

Die Düse besteht aus 242 einzelnen, quadratischen Hohlprofilen mit einem Querschnitt von 4 × 4 mm Seitenlänge. Diese Elemente aus Inconel 600 werden spiralförmig aneinander geschweißt. Inconel 600 ist der Name einer Legierung aus 72% Nickel, 14 bis 17% Chrom und 7 bis 10% Eisen. Sie ist korrosionsbeständig und vor allem temperaturfest bis 1.095°C. Die Kühlung der Düse erfolgt mit 150 g Wasserstoff/Sekunde. Die Temperatur erreicht maximal 1.080 K am Düsenhals. Während der Wasserstoff zur Brennkammerkühlung mit dem restlichen Wasserstoff verbrannt wird, tritt der Wasserstoff zur Düsenkühlung an deren Ende durch 726 kleine Düsen aus. Dies erzeugt einen kleinen zusätzlichen Schub von 0,15 kN.

Das HM-7B ist nur einmal mittels Feststoffkartuschen zündbar. Die Verbrennung des ersten Feststofftreibsatzes erzeugt ein Arbeitsgas. Dieses bringt die Sauerstoffturbine innerhalb einer Sekunde auf die halbe nominelle Drehzahl und startet damit die Treibstoffförderung. Der zweite Treibsatz mit 3,5 s Brennzeit entzündet etwas später die in die Brennkammer geförderten Gase. Er erwies sich als unterdimensioniert. Das führte kurz hintereinander bei den Flügen V15 und V18 zu Fehlstarts: Unter bestimmten Umständen konnte ein zu wasserstoffreiches Gas in die Brennkammer gelangen, welches dann nicht entzündet werden konnte. Eine Überarbeitung der Anlasssequenz und ein um den Faktor 3 verstärktes Zündsystem beseitigte dieses Problem. Der Schub baut sich über zehn Sekunden auf und wird anschließend durch Regelung der Turbopumpendrehzahl konstant gehalten.

Der Gasgenerator verbrennt den Wasserstoff im Überschuss. Die 880 K heißen Gase des Gasgenerators treiben dann die Turbinen an. Die nur 30 kg schwere Turbopumpe erhöht den Förderdruck von 2 – 5 Bar auf 36 Bar. Die Sauerstoff- und die Wasserstoffpumpe sitzen an einem Turbinenschaft, wobei ein Getriebe die Drehzahl für die Sauerstoffpumpe reduziert. Geschmiert werden die beweglichen Teile mit Wasserstoff und Tributylphosphat.

Das HM-7 war das weltweit dritte im Weltraum eingesetzte Triebwerk, welches kryogene Treibstoffe nutzt. Vorher hatte dies nur die NASA mit den Triebwerken RL-10 (Centaur) und J-2 (Saturn) geschafft. Allerdings musste auch Arianespace Erfahrungen mit Fehlschlägen sammeln. Von den sieben Fehlstarts der Ariane 1 bis 4 gingen fünf auf Probleme mit dem HM-7A/B Triebwerk zurück. Ähnliche Rückschläge mussten auch die Amerikaner bei der Centaur Oberstufe hinnehmen.

Nach anfänglichen Problemen erwies sich das HM-7 dann aber als ein sehr zuverlässiges Triebwerk. Seit dem letzten Fehlstart (V70 im Jahre 1994) gab es während der letzten hundert Flüge keine Probleme.

HM 7B	
Schub:	67 kN
Spezifischer Impuls:	4374 m/s
Brennkammerdruck:	37 Bar
Verbrennungstemperatur:	3412 K
Mischungsverhältnis:	5,0 zu 1 (LOX / LH2)
Leistung:	152 MW
Treibstoffverbrauch:	14,8 kg/s
Länge:	2,01 m
Max. Durchmesser:	0,99 m
Gewicht:	165 kg Triebwerk, 70 kg Brennkammer
Gasgenerator: Mischungsverhältnis:	0,26 kg Treibstoff/s, 0,9 zu 1 (LOX/LH2) 24 Bar Ausgangsdruck, 880 K Temperatur
Leistung Turbopumpe:	405 kW (332 kW LH2, 73 kW LOX) LH2: von 3 auf 55 Bar, LOX: von 2 auf 50 Bar
Drehzahl:	60.800 U/min LH2, 13.000 U/min LOX
Expansionsverhältnis:	83,2 zu 1
Düse: Düsenhalsradius: Düsenradius:	1,22 m Länge 0,054 m 0,500 m

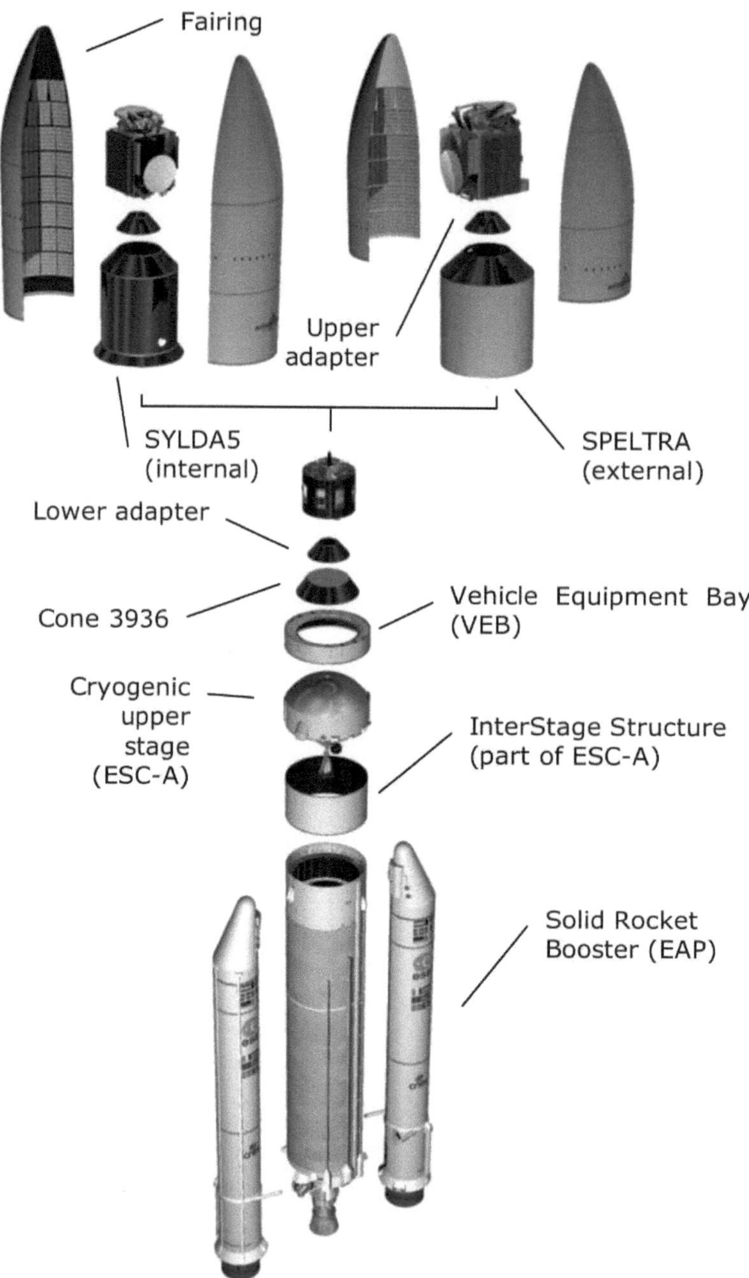

Abbildung 59: Aufbau der Ariane 5 ECA © der Grafik: Arianespace

130

Die Varianten

Da bestimmte Leistungssteigerungen früher als andere verfügbar waren, gab es zwischen 2004 und 2008 einige Versionen als Verbindung zwischen der Generic-Variante (Ariane 5G) und der Evolution-Variante. Alle Varianten mit dem Vulcain 1-Triebwerk haben den Buchstaben „G" im Namen.

Eine weitere Variante, die Ariane 5 GCA, wurde von der ESA nach dem gescheiterten Jungfernflug der Ariane als Backup zur Evolution Variante der EPC untersucht. Der Unterschied zur Ariane ECA wäre der Einsatz der EPC155 anstelle der EPC173 Stufe mit dem Vulcain 1b Triebwerk gewesen. Sie wäre eingesetzt worden, wenn die erneute Flugqualifikation des Vulcain 2 Triebwerks sehr lange gedauert hätte oder es auch bei den folgenden Flügen versagt hätte.

	Ariane 5 G	Ariane 5 G+	Ariane 5 GS	Ariane 5 ECA	Ariane 5 GCA	Ariane 5 ES
Booster:	EAP238	EAP241	EAP241	EAP241	EAP241	EAP241
Zentralstufe:	EPC155	EPC155	EPC155**	EPC173	EPC155**	EPC173
Triebwerk:	Vulcain 1	Vulcain 1	Vulcain 1b	Vulcain 2	Vulcain 1b	Vulcain 2
Oberstufe:	EPS9.7	EPS10	EPS10	ESC-A	ESC-A	EPS10
Nutzlast GTO*:	6.100 kg	6.300 kg	6.100 kg	9.100 kg	8.200 kg	7.475/ 7.775 kg
Nutzlast ISS Orbit:	17.910 kg		20.100 kg	20.600 kg		21.100 kg
Andere Bahnen:	9.216 kg SSO 3.500 kg Fluchtbahn	3.190 kg zum Mars	12.800 kg SSO	6.800 kg Fluchtbahn 5.200 kg zum Mars		4.300 kg Fluchtkurs

*: Doppelstart mit Sylda-5. Bei der ES ohne und mit Freiflugphase.
**: modifizierte EPC155 Zentralstufe

Ariane 5G

Die Ariane 5G ist die Basisversion (G für „Generic", wie sie von 1988 – 1995 entwickelt und von 1996 bis 2003 eingesetzt wurde. Während dieser Zeit gab es schon Anpassungen aus dem Evolutionsprogramm, die frühzeitig verfügbar waren. Das Datenblatt ist daher das einer Ariane 5G, wie sie bei Beginn der Testflüge eingesetzt wurde.

Ab dem vierten Flug wurde die Speltra durch die Sylda-5 ersetzt. Seitdem erfolgte kein Einsatz der Spelda mehr. Sie flog nur dreimal bei den ersten drei Starts.

Schon ab dem zweiten Flug wurden die Düsen der Feststoffbooster schrittweise verlängert. Die mittellange Nutzlastverkleidung wurde bei Flug V155 (L513) eingeführt.

Typenblatt Ariane 5G	
Länge:	46,27 – 53,93 m
maximaler Durchmesser:	12,20 m
Startgewicht:	746.000 kg
Startschub:	10.600 kN
Einsatzzeitraum:	1996-2003
Starts:	16
Fehlstarts:	3 (ein Fehlstart, zweimal zu geringer Orbit erreicht)
Zuverlässigkeit:	81,3%
Nutzlast:	17.910 kg (zur ISS) 6.820 kg (in einen GTO-Orbit) 9.216 kg (in einen 800 km hohen SSO Orbit) 3.500 kg (zum Mars)
Booster EAP238	
Länge:	30,00 m
Durchmesser:	3,80 m
Startgewicht:	278.400 kg
Leergewicht:	40.400 kg
Triebwerk:	MPS
Schub:	2 × 5.574 kN (Start), 2 × 6.367 kN (Maximum), 2 × 4.964 kN (Mittel), 2 × 3.900 kN (Minimum)
Brenndauer:	130 s
Treibstoff:	HTPB/Aluminium/Ammoniumperchlorat
Spezifischer Impuls:	2701 m/s (Vakuum)
EPC	
Länge:	30,50 m
Durchmesser:	5,40 m
Startgewicht:	170,300 kg

Trockengewicht:	12,200 kg
Triebwerk:	1 × Vulcain
Schub:	1140 kN (Vakuum) / 885 kN (Meereshöhe)
Brenndauer:	590 s
Treibstoff:	LOX/LH2
Spezifischer Impuls:	4228 m/s (Vakuum)
EPS	
Länge:	3,40 m
Durchmesser:	3,96 m
Startgewicht:	10.900 kg
Leergewicht:	1.200 kg
Triebwerke:	1 × Aestus
Schub:	27,5 kN (Vakuum)
Brenndauer:	1100 s
Treibstoff:	NTO/MMH
Spezifischer Impuls:	3178 m/s (Vakuum)
VEB	
Höhe:	1,40 m
Durchmesser:	5,40 m
Gewicht:	1.500 kg
Treibstoff:	70 kg Hydrazin
Triebwerke:	6 × 400 N
Nutzlasthülle (kurz / lang)	
Länge:	12,70 und 17,00 m
Durchmesser:	5,40 m
Gewicht:	2.027 und 2.900 kg
Speltra (kurz/lang)	
Volumen:	99 m³ / 138 m³
Länge:	5,50 m / 7,00 m
Durchmesser:	5,40 m
Gewicht:	710 / 850 kg

Abbildung 60: Zweiter Testflug der Ariane 5 bei V112

Abbildung 61: Start von Rosetta bei V158 auf der ersten Ariane 5 G+

Variante ausgemustert.

Ariane 5 G+

Die Ariane 5 G+ verwendet noch eine unveränderte EPC, aber bereits die Feststoffbooster mit 241 t Treibstoff und dem überladenen S1-Segment, sowie die wiederzündbare EPS. Die EPS nimmt 300 kg mehr Treibstoff auf, und die Feststoffbooster haben die verlängerte und leichtere P2001-Düse.

Die VEB Typ B ist um rund 150 kg leichter. Sie hat eine leicht höhere Nutzlast als die Ariane 5G Version.

Die Ariane 5 G+ wurde dreimal im Jahr 2004 eingesetzt und ist seitdem wie die Generic-

<table>
<tr><td colspan="2" align="center">Typenblatt Ariane 5 G+</td></tr>
<tr><td>Länge:</td><td>46,27-53,93 m</td></tr>
<tr><td>maximaler Durchmesser:</td><td>12,20 m</td></tr>
<tr><td>Startgewicht:</td><td>746.000 kg</td></tr>
<tr><td>Startschub:</td><td>11.200 kN</td></tr>
<tr><td>Einsatzzeitraum:</td><td>2004</td></tr>
<tr><td>Starts:</td><td>3</td></tr>
<tr><td>Fehlstarts:</td><td>0</td></tr>
<tr><td>Zuverlässigkeit:</td><td>100%</td></tr>
<tr><td>Nutzlast:</td><td>7.100 kg (in einen GTO-Orbit)
3.190 kg (zum Mars)</td></tr>
<tr><td colspan="2" align="center">Booster EAP241</td></tr>
<tr><td>Länge:</td><td>31,00 m</td></tr>
<tr><td>Durchmesser:</td><td>3,05 m</td></tr>
<tr><td>Startgewicht:</td><td>281.400 kg</td></tr>
<tr><td>Leergewicht:</td><td>40.400 kg</td></tr>
<tr><td>Triebwerk:</td><td>MPS</td></tr>
<tr><td>Schub:</td><td>2 × 6.840 kN (Start), 2 × 7.080 kN (Maximum), 2 × 5.060 kN (Mittel)</td></tr>
<tr><td>Brenndauer:</td><td>130 s</td></tr>
<tr><td>spezifischer Impuls:</td><td>2701 m/s (Vakuum)</td></tr>
<tr><td colspan="2" align="center">EPC155</td></tr>
<tr><td>Länge:</td><td>30,50 m</td></tr>
<tr><td>Durchmesser:</td><td>5,40 m</td></tr>
<tr><td>Startgewicht:</td><td>170,300 kg</td></tr>
<tr><td>Trockengewicht:</td><td>12,200 kg</td></tr>
<tr><td>Triebwerk:</td><td>1 × Vulcain</td></tr>
<tr><td>Schub:</td><td>11.40 kN (Vakuum) / 885 kN (Meereshöhe)</td></tr>
<tr><td>Brenndauer:</td><td>600 s</td></tr>
<tr><td>Treibstoff:</td><td>LOX/LH2</td></tr>
<tr><td>Spezifischer Impuls:</td><td>4228 m/s (Vakuum)</td></tr>
<tr><td colspan="2" align="center">EPS10</td></tr>
<tr><td>Länge:</td><td>3,40 m</td></tr>
<tr><td>Durchmesser:</td><td>3,96 m</td></tr>
<tr><td>Startgewicht:</td><td>11.190 kg</td></tr>
<tr><td>Leergewicht:</td><td>1.240 kg</td></tr>
<tr><td>Triebwerke:</td><td>1 × Aestus</td></tr>
<tr><td>Schub:</td><td>28,4 kN (Vakuum)</td></tr>
<tr><td>Brenndauer:</td><td>1.170 s</td></tr>
<tr><td>Treibstoff:</td><td>NTO/MMH</td></tr>
<tr><td>Spezifischer Impuls (Vakuum)</td><td>3178 m/s</td></tr>
<tr><td colspan="2" align="center">VEB B</td></tr>
<tr><td>Höhe:</td><td>1,56 m</td></tr>
<tr><td>Durchmesser:</td><td>5,40 m</td></tr>
</table>

Gewicht:	1.250 kg
Nutzlasthülle	
Länge: Durchmesser: Gewicht:	12,70 und 17,00 m 5,40 m 1.900 und 2.675 kg
Sylda-5	
Volumen: Länge: Durchmesser: Gewicht:	50 – 65 m³ 4,90 – 6,50 m 4,56 m 450 – 540 kg

Abbildung 62: Letzter Start der Ariane 5 GS mit Helios IIB im Dezember 2009

137

Ariane 5 GS

Die Abkürzung „S" steht für „Star" (Stern). Der Fehlstart der Ariane 5 ECA führte zur Bestellung dieser Version. Sie sollte die Starts durchführen, die zwischen 2003 und 2005 anstanden. Aber die Ariane 5 ECA stand nicht zur Verfügung, bis ihr Vulcain 2-Triebwerk neu qualifiziert war. So war es nötig, eine Zwischenversion einzuschieben, die der Tatsache Rechnung trug, dass die Produktion der EPC-Stufe schon auf die EPC173 umgestellt war, andererseits aber noch mit dem Vulcain 1-Triebwerk arbeitet.

Sie setzt die gleichen Veränderungen wie die Ariane 5 G+ ein, unterscheidet sich aber in der EPC von ihr. Die Produktion der neuen EPC mit den Merkmalen des Evolution Programms war schon angelaufen. Die GS-Version setzt nun EPC ein, welche schon aus der umgestellten Produktion stammten, aber mit der Aufteilung der Tanks wie bei der Generic Version. Die Verstärkung der EPC-Struktur für die Aufnahme einer größeren Oberstufe und des Vulcain 2-Triebwerks machte die EPC der Ariane 5 GS um rund 400 kg schwerer, wodurch die Nutzlast etwas geringer als bei der G+ Version ist.

Weiterhin erhielt das Vulcain der Ariane 5 GS dieselbe Verstärkung der Düse wie das Vulcain 2, obwohl es in allen Vulcain 1 Einsätzen keine Probleme mit dem axialen Ausbeulen gab. Das modifizierte Vulcain 1 bekam nun die Bezeichnung „Vulcain 1B". Sechs der ersten zehn Bestellungen der Ariane 5 ECA wurden in Ariane 5 GS-Bestellungen umgewandelt. Nach einer Pause von zwei Jahren fand der letzte Start mit dem Spionagesatelliten Helios IIB in einen sonnensynchronen Orbit im Dezember 2009 statt. Alle sechs Ariane 5 GS sind damit gestartet worden.

Typenblatt Ariane 5 GS	
Länge:	46,27 – 53,93 m
maximaler Durchmesser:	12,20 m
Startgewicht:	746.000 kg
Startschub:	11.200 kN
Einsatzzeitraum:	2005 – 2009
Starts:	6
Fehlstarts:	0
Zuverlässigkeit:	100%
Nutzlast:	20.100 kg (zur ISS) 7.100 kg (in einen GTO-Orbit) 12.800 kg (in einen 800 km hohen SSO Orbit)

Booster EAP241	
Länge:	30,00 m
Durchmesser:	3,80 m
Startgewicht:	280.400 kg
Leergewicht:	39.750 kg
Triebwerk:	MPS
Schub:	2 × 6.840 kN (Start), 2 × 7.080 kN (Maximum), 2 × 5.060 kN (Mittel)
Brenndauer:	132 s
spezifischer Impuls:	2701 m/s (Vakuum)
EPC155	
Länge:	30,50 m
Durchmesser:	5,40 m
Startgewicht:	169.600 kg
Trockengewicht:	12,600 kg
Triebwerk:	1 × Vulcain 1B
Schub:	1.145 kN (Vakuum) / 885 kN (Meereshöhe)
Brenndauer:	590 s
Treibstoff:	LOX/LH2
Spezifischer Impuls:	4228 m/s (Vakuum)
EPS10	
Länge:	3,40 m
Durchmesser:	3,96 m
Startgewicht:	11.240 kg
Leergewicht:	1.240 kg
Triebwerke:	1 × Aestus
Schub:	28,4 kN (Vakuum)
Brenndauer:	1170 s
Treibstoff:	NTO/MMH
Spezifischer Impuls (Vakuum)	3178 m/s
VEB B	
Höhe:	1,56 m
Durchmesser:	5,40 m
Gewicht:	1.250 kg
Nutzlasthülle	
Länge:	12,70, 13,80 m und 17,00 m
Durchmesser:	5,40 m
Gewicht:	1.900, 2.027 und 2.675 kg
Sylda-5	
Volumen:	50 – 65 m³
Länge:	4,90 – 6,50 m
Durchmesser:	4,56 m
Gewicht:	440 – 540 kg

Ariane 5 ECA

Die Abkürzung ECA steht für „Evolution kryogene Oberstufe A". Sie wird in den nächsten Jahren die am meisten eingesetzte Variante sein. Sie setzt die neue Evolution-Variante der EPC mit dem Vulcain 2-Triebwerk und mehr Treibstoff ein. Die ESC-A Oberstufe hat die EPS-Oberstufe abgelöst. Neben der Oberstufe und der EPC der Evolution-Serie setzt die Ariane 5 ECA auch eine leichtere VEB ein, die nun auf der ESC-A sitzt, anstatt direkt auf der EPC.

Abbildung 63: Start der Ariane 5 ECA V189 mit Herschel und Planck

Die Nutzlast betrug anfangs nur 9.100 kg im Einzelstart, wurde aber in zwei Etappen angehoben. Bis Ende 2007 wurden bereits 9.600 kg durch die Verringerung der Boosterleermasse um jeweils 1.900 kg und weitere Gewichtseinsparungen in zahlreichen Systemen erreicht (leichtere Sylda-5, Nutzlastverkleidung etc.)

Die weitere Steigerung der Nutzlast erfolgt nun in vielen Bereichen. Dies geschieht vor allem durch mehr Erfahrung mit dem Träger, was es erlaubt, Sicherheitsspielräume zu senken. So soll das Verhältnis von LOX/LH2 leicht angepasst werden, um möglichst wenig ungenutzten Treibstoff in den Tanks zu hinterlassen. Die Bahn wird optimiert, und in kleinem Maße sollen auch die Triebwerke „getuned" werden. So wurde der Schub des Vulcain 2 von 1.350 auf 1.390 kN angehoben. Eine neue Expansionsdüse für das Vulcain 2 von Volvo Aero in Sandwichbauweise ist nicht nur preiswerter, sondern auch leichter und liefert so 100 kg mehr Nutzlast. Auch die Treibstoffzuladung der ESC-A wurde von 14,6 auf 14,9 t erhöht. So wurde Anfang 2011 eine GTO-Einzelstartnutzlast von 10.000 kg erreicht. VA-212 setzte mit 10.317 kg die bisherige Rekordmarke. Die ECA Variante wird mindestens bis 2018 im Einsatz bleiben. Sie ist mit bisher 63 fix bestellten Trägern der am häufigsten eingesetzte.

Die Produktionskosten für eine Ariane 5 ECA wurden im Jahr 2004 von der ESA mit 130 Millionen Euro angegeben. 2014 nannte Airbus Produktionskosten von 147,6 Millionen Euro. Dazu kommen in beiden Fällen noch die Startservices durch Arianespace. Die Startkosten liegen so bei etwa 170 Millionen Euro.

Typenblatt Ariane 5 ECA	
Länge: maximaler Durchmesser: Startgewicht: Startschub:	50,56 – 57,72 m 12,20 m 780.000 kg 11.600 kN
Einsatzzeitraum: Starts: Fehlstarts: Zuverlässigkeit:	2002- 44 1 97,7%
Nutzlast:	20.600 kg (in einen 200 × 300 km hohen, 52° geneigten ISS Transferorbit) 10.500 kg (in einen GTO-Orbit) 6.800 kg (Fluchtgeschwindigkeit) 5.200 kg (zum Mars (v∞ = 3,5 km/s)

Booster EAP241	
Länge:	31,60 m
Durchmesser:	3,05 m
Startgewicht:	277.000 kg
Leergewicht:	37.400 kg
Triebwerk:	MPS
Schub:	2 × 5.860 kN (Start), 2 × 7.080 kN (Maximum), 2 × 5.060 kN (Mittel)
Brenndauer:	132 s
spezifischer Impuls:	2701 m/s (Vakuum)

EPC173	
Länge:	31,00 m
Durchmesser:	5,40 m
Startgewicht:	188.300 kg
Trockengewicht:	14,100 kg
Triebwerk:	1 × Vulcain 2
Schub:	1.390 kN (Vakuum) / 960 kN (Meereshöhe)
Brenndauer:	540 s
Treibstoff:	LOX/LH2
Spezifischer Impuls:	4256 m/s (Vakuum)

ESC-A	
Länge:	4,71 m
Durchmesser:	5,40 m
Startgewicht:	19.445 kg (18.200 kg ohne Stufenadapter)
Leergewicht:	4.545 kg (3,300 kg ohne Stufenadapter)
Triebwerke:	1 × HM-7B
Schub:	67 kN (Vakuum)
Brenndauer:	970 s
Treibstoff:	LOX/LH2
Spezifischer Impuls (Vakuum)	4374 m/s

VEB	
Höhe:	1,13 m
Durchmesser:	5,40 m
Gewicht:	970 kg

Nutzlasthülle	
Länge:	12,70, 13,80 m und 17,00 m
Durchmesser:	5,40 m
Gewicht:	1.900, 1.970 und 2.400 kg

Sylda-5	
Volumen:	50 – 65 m³
Länge:	4,90 – 6,50 m
Durchmesser:	4,56 m
Gewicht:	407 – 512 kg

Ariane 5 ES(V)

Die Ariane ES (**E**volution **S**torable) setzt ebenfalls die Evolution-Variante der EPC ein, jedoch mit der EPS-Oberstufe. Sie wird das ATV alle ein bis zwei Jahre transportieren. Die Rakete wurde ursprünglich auch als Ariane 5 ESV bezeichnet, wobei das „V" für **V**ersatile steht. Ursprünglich war das „V" gedacht für die Nomenklatur einer wiederzündbaren EPS, und es sollte zwei Versionen, die Ariane 5 ESV und Ariane 5 ES, geben. Da die EPS10 aber nur in einer wiederzündbaren Variante produziert wird, gibt es nur eine Version.

Nach den fünf ATV Starts von 2008 bis 2014 ist ein weiterer Einsatz für den Transport von Galileo Satelliten vorgesehen. Die ersten 14 Exemplare werden mit Sojus STK gestartet, die folgenden sollen mit der Ariane 5 ES in die Umlaufbahn gebracht werden. Da die Galileo-Satelliten keinen eigenen Antrieb haben, sind sie auf eine Wiederzündung der Oberstufe bei Erreichen des 23.000 km hohen Apogäums angewiesen und können so nicht mit der ESC-A gestartet werden.

Da das ATV nur die lange Nutzlasthülle und keine Sylda einsetzt, wurden die nicht eingesetzten Komponenten nicht ins Datenblatt übernommen.

Es fanden bisher fünf Starts mit den ATV statt. Drei weitere werden ab 2015 durchgeführt um 12 Galileo FOC Satelliten zu starten (je vier pro Start). Für den ersten Start bezahlte die ESA insgesamt 170 Millionen Euro. Dies schloss Anpassungen an das ATV ein. Nominell sollte eine Ariane 5 ES 125 Millionen Euro kosten, doch die drei Starts der Galileo Satelliten kosten zusammen 500 Millionen Euro, also 166 Millionen pro Start. Der Start von „Albert Einstein", dem vierten ATV setzte den (wahrscheinlich noch lange gültigen) Rekord für eine Nutzlast der Ariane-Familie. Er wog 20.252 kg mit Adaptoren zum Träger.

Typenblatt Ariane 5 ESV	
Länge: maximaler Durchmesser: Startgewicht: Startschub:	53,43 m 12,20 m 767.000 kg 11.500 kN
Einsatzzeitraum: Starts: Fehlstarts: Zuverlässigkeit:	2008- 5 0 100%
Nutzlast:	21.100 kg (in einen 200 × 300 km hohen, 52° geneigten ISS Transferorbit) 20.750 kg (in einen 260 × 260 km hohen, 52° geneigten ISS Transferorbit) 13.300 kg (in einen SSO-Orbit) 7.475 kg (in einen GTO-Orbit)

	7.775 kg mit Freiflugphase 4.300 kg (zum Mond)
Booster EAP241	
Länge:	31,00 m
Durchmesser:	3,05 m
Startgewicht:	280.500 kg
Leergewicht:	38.400 kg
Triebwerk:	MPS
Schub:	2 × 5.250 kN (Start) 2 × 7.080 kN (Maximum) 2 × 5.060 kN (Mittel)
Brenndauer:	132 s
spezifischer Impuls:	2701 m/s (Vakuum)
EPC173	
Länge:	30,50 m
Durchmesser:	5,40 m
Startgewicht:	188.300 kg
Trockengewicht:	14.100 kg
Triebwerk:	1 × Vulcain 2
Schub:	1.350 kN (Vakuum) / 960 kN (Meereshöhe)
Brenndauer:	540 s
Treibstoff:	LOX/LH2
Spezifischer Impuls:	4256 m/s (Vakuum)
EPS10	
Länge:	3,40 m
Durchmesser:	3,96 m
Startgewicht:	11.240 kg
Leergewicht:	1.240 kg
Triebwerke:	1 × Aestus
Schub:	30 kN (Vakuum)
Brenndauer:	1060 s
Treibstoff:	NTO/MMH
Spezifischer Impuls (Vakuum)	3178 m/s
VEB	
Höhe:	1,56 m
Durchmesser:	5,40 m
Gewicht:	1.900 kg, davon 210 kg Hydrazin
Nutzlasthülle	
Länge:	17,00 m
Durchmesser:	5,40 m
Gewicht:	2.475 kg

Abbildung 64: Die Ariane 5 ES mit dem ATV-2 „Johannes Kepler" auf der Startrampe. © des Bildes: ESA

Der Ariane 5 Start

Die Zündung des Vulcain 2 und nicht das Abheben markiert „T-Null", also die Zeitreferenz aller Ereignisse. Bis zur Zündung der Booster kann der Start noch abgebrochen werden; dies kann z. B. der Fall sein, wenn Druck und Temperaturen im Vulcain-Triebwerk nicht innerhalb der Normalparameter sind. Da das Vulcain pyrotechnisch gezündet wird, muss der Start an einem anderen Tag wiederholt werden. Nach dem Zünden der EAP hebt die Ariane 5 ab – zuerst nur um 30 mm, dann stoßen die Booster an ein Schubmessgerät, das den Schub misst und die Klammern freigibt, welche die Booster festhalten, wenn der Schub höher als ein vorgegebener Mindestwert ist.

Die folgende Tabelle enthält zusammengefasst drei Startprofile: eine Ariane 5G mit einer großen Einzelnutzlast, die erste Ariane 5 ES-Mission und eine Ariane 5 ECA mit einem Doppelstart.

Zeit (s) Ariane 5 G/ ES /ECA	Ariane 5 G	Ariane 5 ES	Ariane 5 ESC-A
0,00	Öffnen der Treibstoffventile		
1,00	Zündung Vulcain 2, Prüfung auf korrekte Funktion.		
7,05	Zündung der EAP.		
7,31	Abheben vom Starttisch.		
12,70	Beginn des Neigungsmanövers. (Höhe 90 m v= 34 m/s)		
17,05	Beginn des Rollmanövers.		
32,1 / 32,1 / 37	Ende des Rollmanövers.		
48.6 – 49.6	Überschallgeschwindigkeit erreicht.		
66 – 68.40	Maximale aerodynamische Belastung.		
111.0	Maximale Beschleunigung (41,3 m/s²) erreicht. (Ariane 5G: 43,7 m/s)		
138,6 / 137,2 / 140,1	Rückgang des Schubs der EAP		
139,4 / 138,1 / 141,0	Abtrennung der EAP, wenn eine Beschleunigung von 6,14 m/s² erreicht wird. V= 1982 – 2139 m/s (höhere Werte bei der Ariane 5G)		
201,1 / 208,7 / 188,6	Abtrennung der Nutzlastverkleidung in 105-106,7 km Höhe, v=2229 m/s bis 2426 m/s (höhere Werte bei der Ariane 5G)		
579,5 / 533,9 / 534	Abschalten der EPC		
585 s / 539,9 / 539,9	Abtrennung der EPC.		

Zeit (s) Ariane 5 G/ ES /ECA	Ariane 5 G	Ariane 5 ES	Ariane 5 ESC-A
592,5 / 587,9 / 544	Zündung der EPS / EPC v = 6895 – 7709 m/s (höhere Werte bei der Ariane 5G)		
1.615,5 / 1.030,5 / 1.488,5	Ende der ersten Zündung der Oberstufe		
1.700,8 s	Abtrennung Nutzlast		
1.213,6		Start der langsamen Rotation der EPS (Barbeque Mode).	
3730,2		Zweite Zündung der EPS	
3.759,8		Ende der zweiten Zündung der EPS.	
3.998,6		Abtrennen des ATV	
1.674			Abtrennung obere Nutzlast
1.941			Abtrennung Sylda
2.041			Abtrennung untere Nutzlast
2.736,5 / 8.937 / 2.517	Passivation / Missionsende		

Die Bahn der Ariane 5 folgt zuerst einem vorgegebenen Profil. 12,5 s nach T-0 ist die vertikale Aufstiegsphase beendet, die eingehalten wurde, bis die Rakete den Startturm passiert hatte. Sie neigt sich nun in die vorgegebene Bahn. Kurz danach beginnt das Rollmanöver, das dazu dient, dass eine Sendeantenne immer zum Boden weist.

Die EAP werden abgetrennt, wenn der Schub durch Verbrauch des Treibstoffs rapide absinkt. Der Bordcomputer misst die Beschleunigung, und unterschreitet diese einen Wert von 6,14 m/s^2, so trennt er die EAP ab. Diese haben zu diesem Zeitpunkt noch nicht den ganzen Treibstoff verbraucht, wie auf den Startvideos an der kleinen Restflamme zu sehen ist. Doch der Restschub von etwa 200 kN pro Booster ist nun sehr klein, verglichen mit dem maximalen Schub von fast 7.000 kN. Bis zum Abtrennen der EAP folgt Ariane 5 einem vorgegebenen Flugprofil, das ausgearbeitet wurde, um die Nutzlast zu maximieren und die aerodynamischen Belastungen zu reduzieren. Nun wechselt der Computer in einen aktiven Modus: Er hat vorgegebene Sollpunkte und optimiert die Bahn zwischen diesen. Gibt es Störungen, so berechnet er auf Basis der geänderten Bedingungen eine neue Bahn, die den Vorgaben ebenfalls genügt.

Etwa 209 s nach dem Start wird die Nutzlastverkleidung abgesprengt. Dieser Zeitpunkt ist variabel und hängt von der Aufstiegsbahn ab. Kriterium dafür ist, dass die Aufheizung der Nutzlast durch die Atmosphäre nach der Abtrennung einen Wert von 1.135 W/m² unterschreitet. Die Höhe ist dagegen weitgehend konstant. Üblicherweise wird die Verkleidung abgeworfen, sobald Ariane 5 eine Höhe von mindestens 105 km erreicht hat.

Die EPC nutzt nicht den ganzen Treibstoff, sondern wird abgeschaltet, wenn sie eine vorgegebene Bahn erreicht hat. Danach werden die Ventile geöffnet, der austretende Treibstoff gibt der Stufe einen Schubimpuls nach unten, und so verglüht die EPC bald darauf beim Wiedereintritt. Die Entfernung ist abhängig vom Gewicht der Oberstufe. Bei der Ariane 5 G findet dies erst vor der Küste Perus statt. Die Abtrennung der EPC findet je nach Mission (abhängig vom Gewicht der Oberstufe und der Nutzlast) in 130 bis 420 km Höhe statt. Die EPC erreicht eine elliptische Umlaufbahn, bei der das Perigäum unter der Erdoberfläche oder in der unteren Atmosphäre liegt. Daher verglüht sie spätestens beim ersten Durchlaufen des Perigäums. Die EPC zerbricht beim Eintritt in die Atmosphäre in etwa 80 bis 60 km Höhe.

Die EPS wird 7 s nach der Stufentrennung, die ESC-A schon 4 s nach der Stufentrennung gezündet. Bei den Flügen in den GTO-Orbit gibt es nur eine Brennphase. Die EPS kann auch sonnensynchrone Bahnen mit nur einer Brennphase erreichen, weil sie bei einer Brenndauer von 1.100 s die Zielbahnhöhe erreicht. Bei Flügen zur ISS sind dagegen drei Zündungen nötig. Die erste Zündung bringt die Oberstufe mit dem ATV in einen elliptischen Orbit, der nach einem halben Orbit mit einer zweiten Zündung zirkularisiert wird. Eine dritte Zündung deorbitiert dann die EPS mit der VEB. Bei den GTO-Missionen entfällt das Deorbitieren, da dies erst beim nächsten Durchlaufen des Perigäums nach zehn Stunden möglich wäre. Bei allen Missionen werden aber die Stufen passiviert. Dazu werden die Resttreibstoffe ins All entlassen und so eine Explosion der Tanks durch verdampfenden Treibstoff verhindert.

Der erdnächste Punkt bei GTO-Missionen ist bei den verschiedenen Oberstufen unterschiedlich. Beim Einsatz der EPS liegt er in 570 – 620 km Höhe, beim Einsatz der ESC-A in 180 – 270 km Höhe. Dies liegt daran, dass die EPS eine so lange Betriebszeit hat. Während sie Geschwindigkeit aufnimmt, steigt sie bis auf 1.600 km Höhe. Nach den Orbitalgesetzen hebt eine Zündung in größerer Höhe nicht nur den erdfernsten, sondern auch den erdnächsten Punkt an. Für die Nutzlast ist das von Vorteil, denn sie braucht weniger Treibstoff um den endgültigen Orbit zu erreichen. Für die Ariane 5 bedeutet dies jedoch einen Nachteil, denn diese Gravitationsverluste erhöhen die Zielgeschwindigkeit, die erreicht werden muss und vermindern so die Nutzlast. Die Reduktion der Brenndauer der Oberstufe ist daher auch ein willkommener Nebeneffekt, um die Nutzlast zu steigern. Dadurch liegt der erdnächste Punkt der Bahn niedriger. Die ESC-A hat schon in 710 km Höhe Brennschluss.

Der Einsatz

Die Evolution-Variante der Ariane 5 ist seit 2002 im Einsatz. Die Ariane 5 ECA/ECB wird selbst, wenn die ESA die Entwicklung der Ariane 6 im Jahr 2011 beschließen wird, mindestens bis 2020, wahrscheinlich bis 2025, im Einsatz sein. Die Bestellungen umfassen bisher Träger bis ins Jahr 2016.

Der Jungfernflug der Ariane 5 ECA

Am 11.12.2002 fand der Jungfernflug der Ariane 5 ECA statt, der 17. Flug einer Ariane 5. Der Betreiber Arianespace war so zuversichtlich, dass er klappen würde, dass zwei kommerzielle Nachrichtensatelliten transportiert wurden – allerdings wegen des erhöhten Risikos zu Sonderkonditionen.

Doch wie der Jungfernflug der allerersten Ariane 5 scheiterte auch dieser. 96 s nach dem Start trat ein Druckverlust im Kühlsystem des Vulcain 2-Triebwerks auf. Nach Abtrennung der Booster, 137 s nach dem Abheben, nahmen die Unregelmäßigkeiten rapide zu. Als 187 s nach dem Abheben die Nutzlastverkleidung abgesprengt wurde, fing die Rakete an, den Kurs zu verlassen und begann einen trudelnden Flug, der sie zuerst auf eine Spitzenhöhe von 150 km brachte, dann aber wieder Richtung Erdboden führte. 455 s nach dem Start wurde die Rakete aus Sicherheitsgründen in einer Höhe von 60 km gesprengt.

Anders als beim Jungfernflug war es nicht möglich, Trümmer zu bergen, und so musste die Telemetrie als Beurteilungsgrundlage herangezogen werden. Eine schnell einberufene Untersuchungskommission unter der Leitung von Prof. Wolfgang Wilhelm Koschel hatte nur bis zum 6.1.2003 Zeit, die Ursache zu finden. Wolfgang Koschel überwachte dann auch die Umsetzung der Vorschläge, um den Fehler zu beseitigen.

Es zeigten sich zwei Ursachen: Zum einen gab es durch eine zu hohe thermische Belastung der Schubdüse zuerst eine Rissbildung in den Kühlröhrchen. Danach kam es durch diese Risse zu einem Kühlmittelverlust, der dann zu einem Durchbrennen der Röhrchenstruktur führte. Das Zweite war eine mangelnde mechanische Stabilität der Düse unter Vakuumbedingungen, die sich in einem axialen Ausbeulen äußerte. Nach Ansicht der Untersuchungskommission war dies die Hauptursache für das Versagen.

Bei Brennkammerversuchen gab es zwar auch Porosität zwischen den Röhrchen, doch niemals so gravierende, welche die Stabilität des ganzen Triebwerks beeinträchtigten. Diese wurden durch Schweißen repariert. (Anders als die Flugexemplare werden die Triebwerke für Bodentests mehrfach benützt, bis zur zwanzigfachen normalen Betriebsdauer – da sind solche leichten Beschädigungen normal und auch von anderen Triebwerktests bekannt).

Aus der Arbeit der Untersuchungskommission entstanden zwei Empfehlungen: die Verstärkung der Röhrchen gegen axiales Ausbeulen und ein besserer thermischer Schutz. Dies wurde dadurch umgesetzt, dass der Wasserstofffluss für die Dumpkühlung durch die Röhrchen erhöht wurde. Zudem wurde eine keramische Schutzschicht auf der Innenseite der Düse angebracht. Weitere Forderungen der Kommission waren die unabhängige Prüfung aller kritischen Bauteile durch mindestens zwei Verfahren wie z. B. rechnerische Simulation und Tests und die Durchführung von Tests unter realistischen Umgebungsbedingungen wie z. B. im Vakuum. Auch diese wurden umgesetzt. Das Vulcain 2 hat nun am oberen Teil der Düse eine 2,28 mm starke Umhüllung aus Nickel, die auf die Röhrchen aufgeschweißt wird. Diese Schicht verstärkt die oberen 40 cm der Düse und soll so ein Ausbeulen verhindern.

Diese Blende wurde aus Sicherheitsgründen auch für das Vulcain 1 bei der Ariane 5 GS übernommen, obwohl das Vulcain-Triebwerk sich in der Düsenkonstruktion von dem Vulcain 2 unterscheidet. Die Untersuchungskommission stellte auch fest, dass der Fehler beim Vulcain 1 nicht auftreten kann.

Zur Qualifikation der Änderungen fanden zwischen 2003 und 2004 insgesamt 42 zusätzliche Tests des Vulcain 2 in Frankreich und Deutschland statt. Dabei wurden 19.500 s Betriebszeit akkumuliert, genauso viel wie in 38 Flügen.

Nach dem misslungenen Erststart

Dieser Fehlstart hat Arianespace „kalt erwischt". Anders als bei der Einführung der Ariane 5 gab es keine „Generic" Versionen mehr auf Reserve. Die Ariane 4 war in der Produktion ausgelaufen. Nur eine Ariane 4 war noch verfügbar. Die Bestellungen umfassten vor allem die Evolution-Variante, da diese erheblich mehr Nutzlast versprach.

Arianespace wandelte danach eine Reihe von ECA-Orders in Bestellungen für die GS-Variante um, doch standen diese Raketen erst 2005 zur Verfügung. So kamen nach Einschätzung von Arianespace zu den Kosten für einen, eventuell sogar zwei, Qualifikationsflüge der ECA noch die Verluste von mindestens vier Kontrakten, die Arianespace mangels verfügbarer Träger nicht annehmen konnte, da die Produktion der Ariane 5 GS erst aufgenommen werden musste.

Am 30.5.2003 beschlossen die Forschungsminister auf einer Sondersitzung über die Zukunft der Ariane 5 und auch der Beteiligung an der ISS, da nach dem Verlust der Columbia auch hier der Zeitplan hinfällig war. Dies waren die Beschlüsse für Ariane:

1. Zuschuss von 72,5 Millionen Euro für die Produktion von Ariane 5 GS aus dem Ariane 5 ARTA-Programm, um die Zusatzkosten für die Wiederaufnahme der Produktion dieser Version zu bezahlen. Die Industrie sollte aus eigenen Mitteln weitere 37,5 Millionen Euro bereitstellen.

2. Konsolidierung des Vulcain 2-Triebwerks durch Zuschüsse von 42,5 Millionen Euro für neue Tests und Konstruktionsänderungen. Auch hier erfolgte ein Zuschuss von 37,5 Millionen Euro seitens der Industrie. Die Mittel stammten ebenfalls aus dem Ariane 5 ARTA-Programm. (Dieses hatte von 2003 – 2006 einen Umfang von 302,9 Millionen Euro, und es diente der Erhaltung der Zuverlässigkeit und Qualifizierung der Ariane 5 während ihrer Einsatzdauer. Es ermöglichte die Beseitigung von Entwurfsmängeln und Schwächen sowie die Vertiefung der Kenntnisse über das Flugverhalten).

3. Überprüfung der Oberstufe ESC-A mit Mitteln von 60 Millionen Euro aus dem Ariane 5 Plus-Programm. Eigentlich sollte mit dem 699,15 Millionen Euro großen Ariane 5 Plus-Programm von 2001 bis 2006 die ESC-B entwickelt werden. Nun wurden 315 Millionen davon gesperrt, bis über die Zukunft der ESC-B entschieden war. Die Entwicklung der ESC-B wurde gestoppt.

4. Flugqualifikationsprogramm für die Ariane 5 ECA: 228 Millionen Euro. Dies sind folgende Posten: 130 Millionen für eine Ariane 5 ECA (Herstellungskosten des Trägers), 55 Millionen Euro für Start und Tests des Trägers sowie 41 Millionen Zusatzkosten für das Umbuchen eines ATV von einer Ariane 5 ECA auf eine Ariane 5 ESV (Mehrkosten, errechenbar durch Differenz zwischen den Kosten von 170 Millionen für eine Ariane 5 ESV und den schon gezahlten 129 Millionen Euro für den Start). Zwei Millionen waren für sonstige Kosten vorgesehen. Beschlossen wurde auch eine Qualifikation der EPS-Oberstufe der Ariane 5 ES für ATV Missionen. Auch dieses Geld stammte aus dem Ariane 5 Plus Programm.

Arianespace verlor 2004 und 2005 Marktanteile, da die Firma nicht über genügend Träger verfügte, um alle Aufträge anzunehmen. Die meisten Träger in der Produktionslinie waren Ariane 5 Evolution-Versionen. Arianespace wandelte einige Bestellungen in Varianten der Generic um. Ein Satellit wurde sogar von der Ariane 5 auf die Zenit umgebucht. Doch schon wenige Jahre später hatte sich die Situation gewandelt: Zwischen 2006 und 2008 scheiterten drei Proton-Starts an einem Designfehler der neuen Breeze-M Oberstufe. 2007 explodierte eine Zenit auf der Startrampe. Beide Träger standen jeweils für einige Monate, die Zenit sogar für ein Jahr nicht zur Verfügung, und Arianespace musste die Startrate erhöhen, um Aufträge anzunehmen. So fanden 2008 und 2009 jeweils sieben Ariane 5 Starts pro Jahr statt.

Besonders tragisch war das Schicksal der ESA-Raumsonde Rosetta. Sie war für den nächsten Start gebucht – für den ersten Start einer Ariane 5G+. Obwohl sehr schnell klar war, dass der Fehlstart auf dem neuen Design der Vulcain 2 Düse beruhte und daher die Ariane 5G+ nicht betroffen sein würde, entschloss sich die ESA auf „Nummer Sicher" zu gehen und den Start zu verschieben, bis dies genau geklärt war. Die Raumsonde musste zwischen dem 13.1 und 30.1.2004 starten, versäumte sie dieses Startfenster, so konnte die Ariane 5 sie nicht mehr zum Kometen Wirtanen befördern. Die Raumsonde konnte daher ihr primäres Ziel nicht erreichen, und es musste ein neues Ziel gesucht werden. Dadurch verteuerte sich die Mission um 80 Millionen Euro und wird nun bis zum Dezember 2015 anstatt Juli 2013 dauern. Der Start erfolgte ein Jahr später am 2.3.2004. Die EPC beförderte die EPS-Stufe mit der Nutzlast auf eine ballistische Bahn mit einem erdfernsten Punkt in 4.000 km Höhe. Erst nach 7.000 s, einem Erdumlauf, zündete die EPS beim Durchlaufen des Perigäums und beförderte die Rosetta auf Fluchtgeschwindigkeit.

Der zweite Start der Ariane 5 ECA erfolgte mit einem Massemodell, aber auch einem Kommunikationssatelliten und einer Sekundärnutzlast. Die Ariane 5 ECA hat bisher bei über zwanzig Flügen fast nur Nutzlasten in den geostationären Orbit befördert, darunter mit TerreStar 1 bei V189 (L547) mit 6.902 kg den bisher schwersten Kommunikationssatelliten. Die einzige Mission in einen anderen Orbit war der Transport der beiden Astronomiesatelliten Herschel und Planck in eine Transferbahn zum Lagrangepunkt L2 bei V188 (L546).

Die letzte Ariane 5 G+ und Ariane 5 GS transportierten jeweils einen Helios-II-Spionagesatelliten in eine sonnensynchrone Umlaufbahn. Mit 4.200 kg Gewicht nutzte dieser Satellit aber nicht einmal ein Drittel der Nutzlast der Ariane 5 aus. Es wird nach Einführung der Sojus der letzte Start einer Ariane in einen sonnensynchronen Orbit sein, da sie für diese Missionen eindeutig überdimensioniert ist. Das französische Militär wollte den 1 Milliarde Euro teuren Aufklärungssatelliten aber nicht von Baikonur aus mit einer Sojus starten.

Bisher transportierten die Ariane 5 ES ausschließlich die ATV. Ihr Jungfernflug war V181 (L528) mit dem Raumtransporter ATV-1 „Jules Verne". Weitere Starts mit jeweils vier Galileosatelliten sind ab 2015 geplant.

Im Dezember 2009 musste der Start von Helios IIB wegen eines Problems bei der Druckbeaufschlagung der Tanks mit Helium abgebrochen werden. Als dann beim nächsten Start im April 2010 mit ASTRA 3B & COMSATBw-2 der Countdown dreimal abgebrochen werden musste und dabei erneut ein Heliumdruckregulator sich als fehlerhaft herausstellte, verschob Arianespace den Start um sechs Wochen und berief eine Task-Force und ein Qualitätsaudit ein, das nicht nur dieses Heliumdruckventil, sondern die Ariane 5 Produktion allgemein untersuchte. Es war das erste Mal in der dreißigjährigen Firmengeschichte, dass dies nicht nach einem Fehlstart erfolgte. Der Bericht befand, dass die Produktion den Anforderungen genügt, machte aber Vorschläge für Verbesserungen, die sich vor allem auf die Antriebstechnologien bezogen. Die Industrie wird diese Empfehlungen bis Ende 2010 umsetzen. Das Ziel von sieben Starts für 2010 konnte so aber nicht mehr erreicht werden.

Erfreulich: Nach dem fehlgeschlagenen Ersteinsatz der Ariane 5 ECA gelangen alle folgenden Flüge – insgesamt 65 in Folge. (Stand: 1. September 2015). Geht dies so weiter, so könnte Ariane 5 in drei bis vier Jahren den Rekord von 74 erfolgreichen Flügen in Folge, gehalten von Ariane 4, einstellen. Flug V195 (L551) war ein Jubiläum: Es war der 50. Start einer Ariane.

Nach dem derzeitigen Stand wird die Ariane 5 mindestens bis 2020 genutzt werden – über 24 Jahre, genauso lange wie das Vorgängermodell Ariane 1-4. Zur Zeit der Drucklegung war Arianespace bis Ende 2016 komplett ausgebucht und hat sich 2014/15 schon an Ausschreibungen für Starts nicht mehr beteiligt. Grund dafür dürfte der Flucht der Kunden weg von ILS zu SpaceX und Arianespace sein. 2014 war auch das erste Jahr seit einer Dekade in der Arianespace schwarze Zahlen schrieb – trotz der neuen Konkurrenz durch SpaceX.

Abbildung 65: Start L238 © des Fotos: Arianespace

Ariane 5 Bestellungen

Zuerst gab die ESA zwei Ariane 5 Raketen für die beiden Qualifikationsflüge in Auftrag. Arianespace orderte, als der Erstflug näher rückte, 1995 das Los P1 mit 14 Ariane 5G. Von diesem Los wurde eine Rakete an die ESA verkauft, weil ein weiterer Qualifikationsflug nötig war. Das Los P1 bestand nur aus Trägern der Generic-Variante.

Das zweite Los wurde Ende 1999 bestellt. Dabei sollte der Preis pro Träger um durchschnittlich 35% sinken (verglichen mit dem ersten Los). Um dies zu erreichen, wurden gleich zwanzig Träger auf einmal geordert. Das gab der Industrie eine Abnahmegarantie und sie konnte Investitionen in neue Anlagen tätigen, um die Produktion zu rationalisieren. Die Bestellung umfasste zuerst drei Ariane 5 G+ Kernstufen und 17 Ariane 5 Evolution-Kernstufen (mit dem Vulcain 2-Triebwerk). Die georderten Oberstufen waren jeweils zur Hälfte vom EPS10- und ECA-Typ. Nach dem Fehlstart der ersten Ariane 5 ECA wurden die Bestellungen geändert. Drei ES Versionen wurden in GS Versionen umgewandelt, und zehn Evolution-Kernstufen wurden storniert. Der erste Start des P2 Loses war der von Rosetta am 2.3.2004, der erste Start einer Ariane 5 G+.

Im Jahre 2004 gab es einen Auftrag über 30 Raketen an den Raumfahrtkonzern EADS. Mit diesem Auftrag sollte das Vertrauen in Ariane bestätigt werden und gleichzeitig die Produktionskosten durch größere Lose gesenkt werden, denn die 30 Raketen haben ein Auftragsvolumen von 3 Milliarden Euro. Schon im Vorfeld wurde das Los von 50 auf 30 Träger reduziert. Ziel ist es, durch diesen Großauftrag die Fertigung weiter zu verbilligen und den Preis um 50% gegenüber dem ersten Los zu senken. Das entspricht einem Startpreis von 122 Millionen Euro/Rakete. Vorher kostete die Fertigung noch 136 Millionen Euro pro Stück und ein Start 150 Millionen Euro. Dabei wird auch die Herstellungsdauer von 28 auf 24 Monate verkürzt. Der erste Start des PA-Loses war V527 am 11.3.2006. Die ESA hielt Startkosten von 13.000 Euro/kg mit dem Los PA für möglich (entsprechend 125 Millionen Euro pro Start).

EADS/Astrium LV ist seit dem Los PA nun Generalauftragnehmer. Die Firma verhandelt mit den anderen, noch nicht im Konzern eingegliederten Raumfahrtfirmen und baut die Ariane in Kourou selbst zusammen. Sie übergibt nun die Ariane 5 startbereit an Arianespace. Die Rakete wird – wie bisher – in Teilen in Kourou angeliefert, dort aber nicht von Arianespace, sondern von EADS zusammengebaut. Astrium hat auch mehr Freiheiten, innerhalb der Produktion Änderungen durchzuführen. So wird schon seit V179 in Bremen die ESC-A Stufe zusammen mit der VEB montiert, wodurch sich der Zusammenbau in Kourou vereinfacht. Das erste Exemplar des PA Loses wurde am 4.2.2006 an Arianespace übergeben.

Am 3.2.2009 unterzeichnete Arianespace den bisher letzten Auftrag über 4 Milliarden Euro mit EADS. Das Los PB wird 35 Ariane 5 ECA umfassen. Keine andere Variante wird produziert. Versprochen wird der Industrie dafür eine erhöhte Abnahme von mindestens sieben Raketen pro Jahr. Die erste Rakete dieses Loses wird Ende 2010 starten.

Eine wichtige Aufgabe bei allen Losen war die Reduktion der Produktionskosten. Dies gelang bei der Ariane 5 weitaus besser als bei der Ariane 4. Zwar ist der Preis für einen Träger nahezu gleich geblieben, aber dies trotz Inflation (während z. B. der Startpreis einer Ariane 44L in fünfzehn Jahren von 84 auf 125 Millionen Dollar anstieg), und dabei wurde die GTO-Nutzlast von 7 auf 10 t gesteigert. Die Vorgaben, die unten in der Tabelle angeben werden, wurden allerdings nie erreicht. Beim Los PA konnte nur durch das EGAS-Programm der gewünschte Herstellungspreis erreicht werden. Beim Los PB soll dies ohne Subvention erreicht werden, was einer Kostenreduktion um 24% entspricht. Das wurde allerdings nicht erreicht. Diese konnten immerhin von 240 auf 100 Millionen Euro/Jahr gesenkt werden. Los PC im Dezember 2014 umfasste 18 weitere Träger für die Periode 2017 bis 2019. Dabei wurde die Oberstufe nicht spezifiziert, da diese Träger auch die Transitzeit zwischen Ariane 5 ECA und ME abdecken.

Der Markt ist allerdings kleiner als noch vor zehn Jahren. So gibt es nur noch rund 20 Satellitenstarts pro Jahr. Arianespace konnte bisher ihre Position halten, ist aber auf dauerhafte Subventionen angewiesen.

	Ariane 5 G	Ariane 5 G+	Ariane 5 GS	Ariane 5 ECA	Ariane 5 ES	Produktions-kosten	Kostenreduktionsziel gegenüber P1
ESA	2					129 Mill. €/Stück	
P1 (1995)	14					128 Mill. €/Stück	
P2 (1999)		3	3 (0)*	4 (17)*		136 Mill. €/Stück	- 35%
PA (2004)			3	24	3	100 Mill. €/Stück	- 50%
PB (2008)				35		114 Mill. €/Stück	Wie bei Los PA, aber ohne Subvention durch EGAS
PC (2013)				18		112 Mill. €/Stück	100 Millionen Euro Subvention durch die ESA/Jahr

*: ursprüngliche Bestellung vor dem Fehlstart der ersten Ariane 5 ECA in Klammern

Die Konkurrenz

Ariane wurde entwickelt, um auch bei immer größeren und schwereren Satelliten weiterhin Doppelstarts durchführen zu können, doch bis sie einsatzbereit war, hatte sich der Markt stark verändert: Neue Konkurrenz aus China und Russland drängte auf den Markt. Nun ist zum Zeitpunkt der Niederschrift dieses Buches Ariane 5 schon vierzehn Jahre operational. Ich will an dieser Stelle die heutige Situation beleuchten und die derzeitigen Konkurrenten vorstellen.

US Träger

Delta IV

Die Delta IV hat nur den Namen gemeinsam mit der Delta-Linie. Es handelt sich um einen neu entwickelten Träger mit einer kryogenen Zentralstufe und einer kryogenen Oberstufe. Letztere gibt es in zwei Größen mit 4 und 5 m Durchmesser. Die Rakete kann durch zwei oder vier Feststoffbooster ergänzt werden. Bei der Delta IV Heavy werden zwei weitere Zentralstufen als Booster eingesetzt und zusammen mit der Mittleren gezündet.

Die Delta IV entstand aufgrund einer EELV (**E**volved **E**xpendable **L**aunch **V**ehicle) genannten Ausschreibung des US-Verteidigungsministeriums nach neuen Trägerraketen, die deutlich preiswerter als die bisherigen Modelle sein sollten. Gleichzeitig sollte damit auch die US-Raumfahrtindustrie im Wettbewerb gestärkt werden. Das Verteidigungsministerium unterstützte Boeing und Lockheed Martin durch Übernahme eines Teils der Entwicklungskosten und erteilte Aufträge schon vor dem Jungfernflug.

Die Delta IV Medium kann zwischen 4.500 und 7.400 kg in einen GTO-Orbit transportieren, die Heavy Version sogar 13.000 kg. Die Angaben gelten allerdings für um 28 Grad geneigte Umlaufbahnen, da von Cape Canaveral aus keine so niedrigen Inklinationen wie mit Starts in Kourou möglich sind. Mit einer Doppelstartvorrichtung kann die Delta IV Heavy auch 9.700 kg in einen GTO-Orbit bringen, der vergleichbar mit demjenigen der Ariane 5 ist. Sie ist damit in der Performance mit der Ariane 5 ECA vergleichbar.

Es gelang dem Hersteller Boeing jedoch nicht, kommerzielle Aufträge zu gewinnen. Lediglich beim Jungfernflug, der wegen des höheren Risikos beim Erstflug günstiger angeboten wurde, wurde ein Kommunikationssatellit von Eutelsat transportiert. Ende 2006 kündigte Boeing an, den Träger nicht mehr aktiv zu vermarkten und sich auf das inneramerikanische Geschäft mit Regierungsaufträgen zu konzentrieren. Ein Grund für den Rückzug war, dass die Delta IV teuer als geplant ist. Sowohl bei der Delta IV wie auch bei der Atlas V stiegen die Startkosten innerhalb weniger Jahre rapide an. Die US-Regierung zahlte beiden Herstellern von 2004 bis 2007 insgesamt 1 Milliarde Dollar, um ausbleibende kommerzielle Aufträge zwischen 2004 und 2007 abzufangen. Anders als die Subvention der ESA konnte dies aber nicht die Konkurrenzfähigkeit der beiden Träger erhöhen. 2015 gaben ULA bekannt, dass die Delta 4 als teurer der beiden Träger eingestellt wird.

Abbildung 66: Start einer Delta IVM mit zwei Boostern und einer 4 m Oberstufe.

Atlas V

Die Atlas V war das zweite Modell, das aufgrund der EELV-Ausschreibung entwickelt wurde. Lockheed-Martin setzte allerdings nicht so viele neue Technologien wie Boeing ein. Entwickelt wurde eine neue erste Stufe, die deutlich größer war als die Atlas II Grundstufe. Das Triebwerk RD-180 vom russischen Hersteller Energomasch wurde aber schon im Vorgängermodell Atlas III getestet. Die Centaur Oberstufe wurde unverändert von der Atlas II übernommen.

Wie die Delta IV ist auch die Atlas V durch Feststoffantriebe erweiterbar. Es sind 0-5 Booster möglich. Weiterhin gibt es die Atlas mit einer Nutzlastverkleidung von 4 oder 5 m Durchmesser. Die 5 m Nutzlastverkleidung umgibt auch die Centaur-Oberstufe und wird sehr spät abgetrennt. Sie kostet dann rund 1.200 kg Nutzlast, was ein schweres Handicap darstellt. Eine Heavy-Variante der Atlas wurde von Lockheed Martin vorgeschlagen. Wie bei der Delta IV wären dazu zwei weiteren Erststufen als Booster eingesetzt worden. Das US-Verteidigungsministerium entschied sich

Abbildung 67: Eine Atlas der 4xx Serie vor dem Start

aber für die Delta IV Heavy. Sollte ein Kunde diese Version wünschen, könnte sie innerhalb von 36 Monaten entwickelt werden.

Die Nutzlast der Atlas V liegt zwischen 4.000 und 8.700 kg in den GTO-Orbit. Auch die Hoffnungen von Lockheed Martin, damit einen höheren Marktanteil im kommerziellen Markt zu erreichen, erfüllten sich nicht, doch konnten immerhin einige Startaufträge auf dem freien Markt gewonnen werden. Vermarktet wurde die Rakete zusammen mit der Proton von ILS.

Ende 2007 zerbrach das Bündnis von Lockheed Martin und Chrunitschew, die zusammen ILS bildeten, weil Chrunitschew sich weigerte, die Startpreise der Proton anzuheben, um die Atlas preislich attraktiver zu machen. Lockheed Martin verkaufte daraufhin seine Anteile an ILS an eine US-Investorengruppe und zog sich aus der aktiven Vermarktung zurück. Inzwischen haben sich Lockheed Martin und Boeing zu der **United Launch Alliance (ULA)** zusammengeschlossen und treten nun als Monopolanbieter gegenüber der US-Regierung auf. Die Atlas ist relativ teuer wird aber nach wie vor angeboten. Das kleinste Modell Atlas 401 kostet derzeit 187 Millionen Dollar für die NASA. Der Start eines Erderkundungssatelliten von Digiglobe war 2014 auf einer Atlas 401 für 150 Millionen Dollar möglich. Das größte 551 ist mit 230 Millionen Dollar nur wenig teurer, weil die Feststoffbooster relativ preiswert. Wie teuer sie für kommerzielle Kunden ist, ist nicht bekannt. In den letzten Jahren gab es einige Starts, meistens als Folge von Fehlstarts der Zenit oder Proton. 2014 kündete Lockheed Martin an bei einem Fehlstart einen kostenlosen Ersatzstart durchzuführen, wodurch der Kunde die Versicherungsprämie für den Start einsparen kann (was den Träger effektiv um 5% verbilligt). Ob dies reicht, muss sich noch zeigen. Womit die Atlas punkten kann ist ihre Zuverlässigkeit: alle 46 Starts gelangen. Bei einem hatte die Centaur Oberstufe einen Schubabfall, dies wirkte sich aber wegen eines leichten Satelliten nicht aus, und der Satellit erreichte seinen Orbit. Die Atlas konnte einige Startaufträge ergattern, allerdings immer nur dann wenn ein Träger ausfiel und die anderen Launch Serviceprovider dadurch ausgebucht waren. So 2014/15 zwei Starts für Cygnus Versorgungsflüge und einen Kommunikationssatelliten. Ab 2019 will ULA die Atlas durch die Vulcan ersetzen. Dieser Träger soll in der ersten Stufe in den USA entwickelte Triebwerke einsetzen. Sie ersetzen die RD-180, nachdem es in der US-Politik Ängste wegen eines Auslieferungsstopps dieser Triebwerke gibt die von Russland geliefert werden. Um die Kosten zu senken soll der Triebwerksblock der zwei Drittel der Herstellungskosten der ersten Stufe ausmacht abgetrennt werden und an Fallschirmen niedergehen. Hubschrauber werden die Fallschirme im Flug packen und den Block bergen.

Falcon 9 / Falcon Heavy

Das Unternehmen SpaceX ist angetreten, die Transportpreise für den Orbit deutlich zu senken. Nach zwei kleineren Modellen, der Falcon 1 und 1e, wird nun die Falcon 9 entwickelt. Um die Entwicklungskosten zu begrenzen, setzt sie denselben, „Merlin" genannten Triebwerkstyp wie die Falcon 1 ein, jedoch gleich neun Stück davon in der ersten Stufe. Die zweite Stufe setzt eine mit einer verlängerten Düse an den Vakuumeinsatz angepasste Version dieses Antriebs ein. Der Erststart ist von August 2007 auf Juni 2010 gerutscht. Die Firma hat wohl aus den Fehlschlägen bei der Falcon 1 gelernt, bei der drei von fünf Starts fehlschlugen und investiert nun deutlich mehr Zeit und Aufmerksamkeit in den Träger.

Der Jungfernflug der Falcon 9 gelang am 4.6.2010. Allerdings erreichte die Rakete einen zu niedrigen Orbit, und die zweite Stufe rollte am Schluss sehr stark. Der Flug ist daher wie der zweite Testflug von Ariane 5 nur als teilweise erfolgreich zu bewerten. Beim nächsten Start fiel ein Triebwerk aus, jedoch so spät, dass es nicht auf den Videos vom Boden aus zu sehen war. Bekannt wurde es erst bei einer Anhörung des Sicherheitsgremium der NASA, die diesen Flug bezahlte. Beim nächsten Ausfall, der so früh erfolgte, dass man ihn nicht mehr verschweigen konnte, ging die Sekundärnutzlast ver-

Abbildung 68: Start der ersten Falcon 9

loren und die Dragonkapsel konnte nur durch ihre eigenen Treibstoffvorräte noch den Orbit erreichen, weil durch den Schubverlust die Nutzlast in einem 100 km zu niedrigen Orbit abgesetzt wurde. Nach nur sieben Flügen wurde diese erste Falcon 9 mit etwa 7,5 t LEO Nutzlast ausgemustert und im September 2013 startete das 50% größere Nachfolgemodell Falcon 9 „v1.1" das auch leistungsfähig genug ist um 3,5 t schwere Satelliten in einen Ariane 5 kompatiblen GTO Orbit zu transportieren.

Da die Firma bisher nachweislich Vorfälle verschweigt aber kaum Daten über ihre Raketen oder Erklärungen für Probleme gibt ist eine Beurteilung des Konzeptes und der Erfolgschancen sehr schwierig. SpaceX teilt die Raumfahrtgemeinde in „Fans" die weitgehend unkritisch alle Verlautbarungen glauben und Kritikern, die der Firma aufgrund der bisherigen Desinformation nur noch das glauben, was sie auch erreicht hat. Der 19-te Start einer Falcon 9 scheiterte am 28.6.2015 kurz vor Stufentrennung durch Explosion der Oberstufe. Bisher konnte SpaceX zwar seine Startzahlen steigern, aber hinkt seit Jahren dem eigenen Startmanifest hinterher. Der Fehlstart wird weitere Verzögerungen addieren. Eine Stufenbergung wurde mehrfach versucht gelang bisher aber noch nicht.

Zwei weitere Erststufen als Booster ergeben eine noch größere Version, die Falcon Heavy, die über 10 t in den GTO-Orbit bringen soll. Sie sollte schon 2013 ihren Jungfernflug. Derzeit wird sie jedoch noch entwickelt und ein Start ist nicht vor 2016 geplant. Auch ist lediglich ein kommerzieller Start auf der Falcon Heavy gebucht. Vielmehr will sich SpaceX mit diesem Träger im EELV-Programm bewerben, das so attraktiv ist, das Boeing schon ein Vermarkten auf dem freien Markt aufgegeben hat. Die Falcon Heavy wird aufgrund ihrer Nutzlast eine deutlich größere Bedrohung für Ariane 5 sein. Die Falcon 9 ist auf Satelliten von maximal 3,5 t Masse in den Ariane 5 kompatiblem Super-GTO beschränkt, die Falcon Heavy soll 6,4 t schwere Satelliten für 83 Millionen Dollar transportieren. Ein Doppelstart ist nicht angekündigt vielmehr vermutet der Autor dass man bei der Falcon Heavy die Stufenbergung praktizieren wird. Sie macht mehr Sinn, denn sie kostet rund 20% Nutzlast die bei der Falcon 9 schon gering genug ist. Wenn Doppelstarts möglich sind, so wäre auch ein Umbuchen von Starts auf die Falcon Heavy denkbar, da man so den Rückstand bei den Starts aufholen kann.

Russische Raketen

Heute sind russische Trägerraketen die Hauptkonkurrenten der Ariane 5. Die Hersteller der Träger in Russland und der Ukraine sind Joint Ventures mit westlichen Raumfahrtfirmen eingegangen. Dies hat für beide Seiten Vorteile. Die Hersteller konnten auf die Kompetenz ihrer westlichen Geschäftspartner bei der Vermarktung von Trägern im kommerziellen Markt zurückgreifen, und diese profitierten von extrem niedrigen Herstellungskosten: Die Herstellung einer Proton kostete die russische Regierung nur 32,2 Millionen Euro. Selbst bei den hohen Pachtgebühren, die an Kasachstan für die Nutzung des Kosmodroms Baikonur zu zahlen sind, sind so konkurrenzlos niedrige Startpreise möglich. In den letzten Jahren blieben russische Träger konstant bei einem Niveau von 30 – 40% unter dem Startpreis von Ariane 5.

Proton

Die Proton war die erste Trägerrakete, die im Westen angeboten wurde. Schon 1987 offerierte Glawkosmos einen Start für nur 25 Millionen Dollar, weniger als einem Drittel dessen, was er damals auf einer Ariane 4 kostete. Damals scheiterte ein Flug noch an den COCOM-Bestimmungen, welche die Ausfuhr von Mikroelektronik in Staaten des Warschauer Paktes

Abbildung 69: Start der Proton M

verhinderten. Diese wurden aber später gelockert. Als der Hersteller der Proton, Chrunitschew, zusammen mit Lockheed Martin das Unternehmen ILS gründete, entfielen sie ganz. Der erste westliche Satellit wurde 1992 gestartet.

Die Nutzlast der „alten" Proton war limitiert durch das Bahnregime, welches erforderte, dass die letzte Stufe Block DM zusammen mit der Nutzlast in einen Erdorbit gebracht werden musste. Die Zündung durfte aber erst erfolgen, wenn die Stufe den Äquator überquerte. Das war kein Problem bei russischen Satelliten, die direkt in den GEO-Orbit gebracht wurden. Westliche Kommunikationssatelliten mit einem Apogäumsantrieb waren aber doppelt so schwer. So konnte die maximale Nutzlast der Proton nicht ausgenutzt werden. Mit finanzieller Unterstützung von Lockheed wurde daher eine neue Oberstufe, die Breeze-M, eingeführt, die auf der dritten Stufe der Rockot basierte. Sie erlaubt mehrere Zündungen und damit auch die Reduktion der Inklination. Damit sind auch Bahnen möglich, welche denselben Geschwindigkeitsbedarf wie ein Start vom CSG aus aufweisen.

Während die Nutzlast der alten Proton K in einen GTO-Orbit nur 4.350 kg betrug, kann die neue Proton M über 6.000 kg dorthin befördern. Inzwischen haben sich Lockheed Martin und Chrunitschew getrennt, und ILS vertreibt nur noch die Proton. Von allen Konkurrenten der Ariane transportierte die Proton in den letzten zehn Jahren die meisten Satelliten ins All. Allerdings weist der Träger eine sehr schlechte Zuverlässigkeit auf. Nachdem die Rakete 2014 erneut versagte konnte ILS keine weiteren Startaufträge gewinnen. Auffällig ist auch, dass mehr Proton Starts für die russische Regierung scheitern als wie bei kommerziellen Einsätzen. Je nach Gewicht des Satelliten kostete 2012 ein Start auf der Proton-M zwischen 104 und 125 Millionen Dollar. Aufgrund der Fehlschläge wurde sie danach billiger, da die Versicherungsprämien stiegen. Der Start des 4900 kg schweren Türksat 4A erfolgte 2014 für 85 Millionen Dollar.

Zenit

Die Zenit war als zweistufige Trägerrakete nicht fähig, eine geostationäre Übergangsbahn zu erreichen, da sie in beiden Stufen nur mittelenergetische Treibstoffe einsetzt. Die Lösung bestand darin, die vierte Stufe der Proton, den Block DM, auch auf der Zenit einzusetzen und die benötigte Geschwindigkeit durch einen äquatornahen Startplatz zu senken. So entstand das Gemeinschaftsunternehmen Sea Launch, bestehend aus den Herstellern der Zenit (KB Juschnoje), des Block DM (RKK Energija) und der als Startplattform umgebauten Ölbohrplattform Odyssey (Kvaerner), sowie Boeing als westlichem Vermarktungspartner.

Abbildung 70: Start der Zenit von der Startplattform "Odyssesy" aus

Die Zenit hat bei einer um ein Drittel geringeren Startmasse als die Proton die gleiche Nutzlast von rund 6.000 kg in den GTO-Orbit, bedingt durch die leistungsfähigeren Antriebe und den günstigen Startplatz nahe der Weihnachtsinsel. Der Jungfernflug der Zenit in der Sea Launch Konfiguration fand 1999 statt. Nachdem es in den ersten Jahren zwei Fehlstarts gab, klappten die folgenden, und die Rakete wurde immer häufiger eingesetzt. Sea Launch bot auch Starts von Baikonur aus an (Land Launch). Dies ist eine Alternative bei kleineren Satelliten, da von Baikonur aus die Nutzlast nur noch 3.600 kg beträgt. Dafür sind die Startkosten deutlich niedriger, da vorhandene Startanlagen der Zenit genutzt werden.

Einen herben Rückschlag musste Sea Launch am 30.1.2007 hinnehmen, als eine Zenit auf der Startplattform explodierte. Erst nach einem Jahr konnten die Flüge wieder aufgenommen werden. Zahlreiche Aufträge gingen dadurch verloren.

Im Juli 2009 musste Sea Launch als Folge Insolvenz anmelden, weil die Verbindlichkeiten die Einnahmen aus Startaufträgen überschritten. Seitdem hat sich die Firma bemüht, aus dieser Misere herauszukommen. Der Satellitenhersteller Loral und der Betreiber Intelsat sagten für den Fall der Wiederaufnahme des Geschäfts Startaufträge zu. Davon unabhängig sind die Starts von Baikonur aus, die nun direkt mit den russischen Partnern durchgeführt werden und auch nach der Insolvenz weiter gingen. Sea Launch konnte Kapital gewinnen und veröffentlichte Ende März 2010 den Plan, bis 2011 den normalen Geschäftsbetrieb erneut aufzunehmen. Einem Start 2011 folgten 2012 drei weitere Starts und Sealaunch schien aus der Krise zu kommen, als 2013 wieder ein Start scheiterte. Das hat die Aufträge erneut wegbrechen lassen.

Da Boeing inzwischen aus dem Unternehmen ausstieg, gehört es zu 90% russischen Unternehmen. Russland erwägt daher die Zenit zum Start von militärischen Nutzlasten zu nutzen und dabei die geografischen Vorteile des Starts vom Äquator aus nutzen. Weitere kommerzielle Starts sind nicht geplant. Gedacht wird auch über einen Verkauf der Startplattform an China.

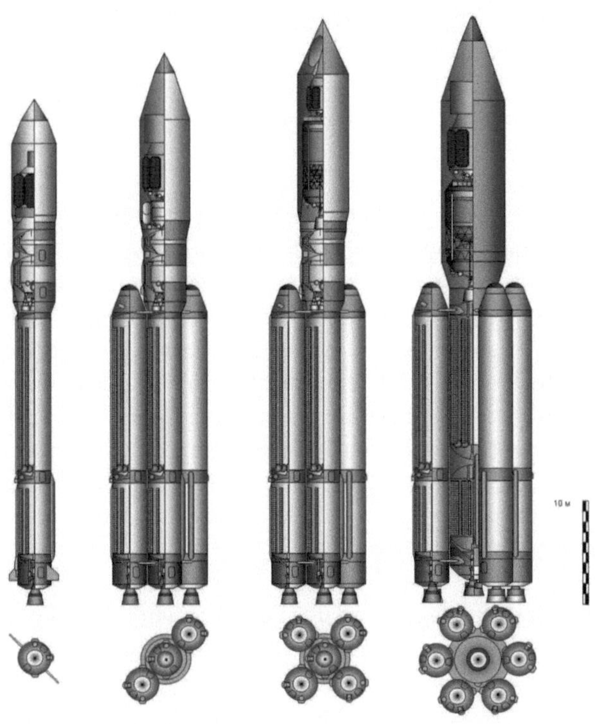

Abbildung 71: Die Versionen der Angara

Angara

Die Angara soll in Zukunft die meisten von Russland benutzten Trägerraketen von der Kosmos bis zur Proton ersetzen. Sie wird aber nicht alle Typen ersetzen, da z. B. die Rockot und Dnepr privat vermarktet werden und auch die Sojus nicht nur von Russland, sondern auch von Starsem eingesetzt wird.

Geplant sind vier Varianten von 2.000 bis 24.700 kg Nutzlast in einen erdnahen Orbit, eventuell gibt es auch eine fünfte mit bis zu 35.000 kg LEO Nutzlast. Die beiden größten, Angara 5 und 7, sollen zwischen 5,4 und 12,5 t in einen GTO-Orbit befördern können und liegen in dem Bereich, den auch Ariane 5 abdeckt.

Alle Versionen setzen eine identische Zentralstufe ein. Die Angara 5 und 7 setzen die gleiche Stufe auch als Booster ein, vier Stück bei der Angara 5 und sechs bei der Angara 7. Ein modifizierter Block I (Oberstufe der Sojus) wird als zweite Stufe verwendet. Für geostationäre Missionen gibt es zwei optionale Oberstufen: Die Breeze M, die von der Proton stammt und eine neu entwickelte KVRB mit der Kombination flüssiger Wasserstoff und Sauerstoff. Dies ist nach der Energija der erste Einsatz dieser Technologie bei einer russischen Rakete.

Ursprünglich sollte die Rakete schon 2009 ihren Jungfernflug absolvieren. Finanzierungsprobleme und deutlich gestiegene Kosten beim Umbau / Neubau der Infrastruktur am Boden führten jedoch zu einer Verschiebung auf das Jahr 2011/12. Nach dem Fehlstart der südkoreanischen KSLV am 10.6.2010, welche in der ersten Stufe eine Abwandlung der Zentralstufe der Angara einsetzt, gab es weitere Verzögerungen. 2014 fanden dann zwei Tests (ein suborbitaler und ein orbitaler Einsatz) statt. Weitere Starts sind nicht angekündigt, kommerzielle Starts noch nicht gebucht. Ebenso gibt es noch kein Datum wann die kryogene Oberstufe einsatzfähig ist. Geplant ist bei der Angara der Start vom neuen Kosmodrom Wostotschny, der an der Grenze zu China entsteht. Damit soll Russland langfristig unabhängig von Kasachstan werden, wo Baikonur und das Sternenstädtchen inzwischen eine Art russischer Enklave inmitten von Kasachstan sind. Zudem sind hohe Pachtgebühren zu zahlen.

ILS wird mit Sicherheit die Proton mindestens bis 2025 weiter betreiben und führt die Angara bisher nicht auf ihrer Website auf. Die russische Regierung, aber auch ILS, erhoffen sich von der Angara eine deutliche Reduktion der Startkosten von 15.000 $/kg bei der Proton M auf 10.000 $/kg bei der Angara, also auf den halben Wert, den Ariane 5 aufweist.

Sojus 2a / b

Die Sojus war lange Zeit kein Konkurrent für die Ariane. Ihre GTO-Nutzlast war beim Start von Baikonur aus zu gering. Dies hat sich nun geändert. Zum einen wird nun im CSG eine Startrampe für die Sojus errichtet, sodass die Rakete vom gleichen geographischen Vorteil wie Ariane profitiert. Zum anderen erhält die Sojus 2 ein neues Triebwerk in der Oberstufe Block I, und der Zentralblock und die Außenblocks wurden modernisiert. Beide Maßnahmen steigerten die GTO-Nutzlast von Kourou aus auf 2.640 kg (Sojus 2-1a), beziehungsweise 3.060 kg (Sojus 2-1b). Die Sojus 2-1b unterscheidet sich von der Sojus 2-1a durch neue Triebwerke in Block I. Die Versionen die vom CSG aus starten, werden als Sojus STK (Soyuz Two Kourou) bezeichnet.

Arianespace vermarktet die Sojus 2 und sieht in der Sojus 2 keine Konkurrenz zu Ariane 5. Bisher startete die Sojus vom CSG aus keine Kommunikationssatelliten, sondern Galileo Satelliten, Erdbeobachtungssatelliten, eine Raumsonde und Satelliten des O3B Systems in mittelhohe Umlaufbahnen, war also keine unmittelbare Konkurrenz zur Ariane 5. Die ESA nutzt die Sojus intensiv zum Start von Raumsonden (Gaia) oder Erdbeobachtungssatelliten (Sentinel) sowie den Galileo Satelliten: Die ersten 10 werden paarweise mit der Sojus gestartet. Den größten Auftrag für die Sojus zog Arianespace im Juli 2015 an Land: Für die Satellitenkonstellation von OneWeb werden 21 Sojus von 2017 bis 2019 vom CSG und Baikonur aus starten.

Die Produktionskosten einer Sojus haben sich in den letzten Jahren deutlich erhöht. Ein Start von Baikonur aus war zuletzt für einen Preis von 45 Millionen Dollar möglich. Nun kosten 17 Sojus, die von Arianespace im März 2010 bestellt wurden, alleine schon 1 Milliarde $, also 71 Millionen Dollar pro Träger.

Abbildung 72: Jungfernflug der Sojus 2 STK

Den Start selbst bietet Arianespace für 70 Millionen Euro an, sodass ein Kunde gemessen an der Nutzlastkapazität genauso viel wie bei der Ariane 5 zahlt. Damit sollen die enorm gestiegenen kosten für das Launchpad und die Infrastruktur zurückkommen, die von 325 auf 468 Millionen Euro anstiegen.

Asiatische Raketen

H-IIA und H-IIB

Die japanische H-II wurde als vitaler Konkurrent zur Ariane 4 eingestuft, war aber zu teuer in der Produktion. Die japanische Weltraumagentur JAXA lernte daraus und entwickelte aus der H-II die H-IIA. Äußerlich unterscheidet sie sich nur durch neue Feststoffbooster. Jedoch wurde die gesamte Fertigung rationalisiert, und es wurden auch Aufträge an ausländische Firmen vergeben. So stammen die neuen Feststoffbooster von Thiokol in den USA, und MT Aerospace stellt nicht nur Teile für die Ariane 5 her, sondern auch für Tankdome der H-IIA.

Als Resultat gelang es, die H-IIA deutlich günstiger zu produzieren. Inzwischen hat sich die JAXA aus der Vermarktung zurückgezogen, und Mitsubishi Heavy Industries hat diese übernommen. Es gelang auch, einen ersten Startauftrag zu akquirieren, dem weitere folgen könnten. Beeinträchtigt wird ihr Einsatz noch durch Abkommen mit der Fischereiindustrie, die Starts während einiger Monate pro Jahr untersagen, da die herabfallenden Oberstufen dann Treibnetze der Fischer beschädigen könnten, doch auch hier gibt es nun Ausnahmeregelungen.

Die H-IIA kann je nach Anzahl der eingesetzten Booster zwischen 3,7 und 5,8 t Nutzlast in den GTO transportieren. Von den 28 Flügen, die seit 2001 erfolgten, schlug einer fehl. Bisher wurden nur zwei kommerzielle Starts akquiriert, alle anderen Starts erfolgten im Auftrag der JAXA. Wie die Atlas und Delta ist die H-IIA für die meisten Kunden zu teuer.

Für den Start des japanischen Raumtransporters HTV wurde die H-IIB entwickelt. Sie unterscheidet sich von der H-IIA durch eine im Durchmesser vergrößerte Zentralstufe, die nun zwei L-7A Triebwerke, statt nur einem, einsetzt. Im weiteren verwendet die H-IIB vier Feststoffbooster, statt nur zwei. Sie ist mit 8.000 kg GTO Nutzlast deutlich leistungsfähiger als die H-IIA, aber ihre Startkosten sollen dennoch nur geringfügig ansteigen. Die H-IIB absolvierte im September 2009 erfolgreich ihren Jungfernflug. Kommerzielle Flüge sind derzeit zwar nicht geplant, andererseits aber auch nicht ausgeschlossen.

2014 beschloss die JAXA die Entwicklung der H-III. Sie wird 2020 ihren ersten Testflug absolvieren. Bei einem prinzipiell gleichen Konzept wie der H-IIA (eine kryogene Kern- und Oberstufe mit variabler Zahl an Feststoffboostern) soll der Startpreis von 10 Milliarden Yen auf 65 Milliarden Yen sinken. Erreicht wird dies durch einfacher aufgebaute und dadurch billigere Triebwerke und Booster. Sie soll frei skalierbar sein zwischen 3 t in einen sonnensynchronen Orbit und 6,5 t in den GTO. Sollte der Startpreis zu halten sein, so wäre die H-III anders als ihre Vorgänger ein ernst zu nehmender Konkurrent.

Abbildung 73: H-IIA Start in der vier Booster Konfiguration

GSLV

Die indische GSLV (**G**eosynchronous **S**tandard **L**aunch **Ve**hicle) ist derzeit noch keine Bedrohung für die Ariane 5. Die Trägerrakete setzt eine indische Feststoffrakete als Zentralstufe ein, unterstützt von Boostern, die auf der Ariane 1-4 Technologie basieren und deren Triebwerke in Lizenz gefertigt werden. Diese werden auch in der zweiten Stufe eingesetzt. Die dritte Stufe wird derzeit noch von Russland geliefert und setzt flüssigen Wasserstoff und Sauerstoff ein. Ihr Triebwerk soll später auch die kryogene Oberstufe der Angara antreiben. Ihre Nutzlast beträgt nur 1.900 kg für einen GTO-Orbit.

Indien arbeitet jedoch an einer „GSLV Mark II" mit leistungsfähigeren Triebwerken in den Boostern und der zweiten Stufe

Abbildung 74: Die indische GSLV

und einem eigenen Triebwerk in der dritten Stufe. Sie wird die GTO-Nutzlast auf mindestens 2.250 kg, eventuell sogar 2.500 kg, erhöhen. Der Erstflug dieser Version scheiterte am 15.4.2010 kurz nach Zündung der dritten Stufe. Damit gelangen von sechs Starts nur zwei, zwei weitere waren Fehlschläge und die beiden Letzten waren Teilerfolge, bei denen nicht der geplante Orbit erreicht wurde. Erst der letzte Start war erfolgreich. Diese Fehlschläge haben das Testprogramm um Jahre zurückgeworfen. Die beiden letzten Starts im Januar 2014 und August 2015 waren erfolgreich. Bisher hat Indien die GSLV nur für die nationalen GSTAR Kommunikationssatelliten eingesetzt.

Danach soll die GSLV Mark III mit zwei festen Boostern, vier Triebwerken in der ersten Stufe und einer doppelt so großen kryogenen Stufe wie bei der Mark II folgen. Sie weist 4.400 kg Nutzlast auf. Für zahlreiche Satelliten ist dies ausreichend. Die Entwicklung der GSLV Mark II wurde jedoch nach Problemen mit der GSLV verlangsamt, und die GSLV Mark III wird erst nach 2015 zur Verfügung stehen. 2014 stand der erste, noch suborbitale Teststart an. Erst die GSLV Mark III hat eine für heutige Kommunikationssatelliten ausreichend große Nutzlast.

Langer Marsch-Serie

Die chinesischen Trägerraketen drängten 1992 auf den Markt. Anders als russische Trägerraketen werden sie nicht mit westlichen Kooperationspartnern vermarktet, sondern von der „China **G**reat **W**all **I**ndustrial Corporation" (CGWIC). Die CGWIC bietet die Raketen zu sehr niedrigen Preisen an, die noch deutlich unter denen russischer Träger liegen. Ende der neunziger Jahre war ein Start für die Hälfte dessen zu haben, was Arianespace verlangte. Alle chinesischen Trägerraketen heißen „Langer Marsch" (chinesisch: 長 征 / 长 征 , Chángzhēng). Es sind derzeit drei Familien im Einsatz: die CZ-2 bis 4 (CZ: **Ch**áng**zh**ēng). Für geostationäre Transporte werden die beiden Typen CZ-3B und CZ-3C eingesetzt.

Abbildung 75: CZ-3C auf der Startrampe

Die Beziehungen zwischen China und den USA erlaubten anfangs den Start von Satelliten mit weitaus weniger Einschränkungen als durch russische Anbieter. Dies änderte sich, als im Februar 1996 der Jungfernflug der CZ-3B scheiterte und dabei Trümmer ein Dorf in Schutt und Asche legten. Es soll nach inoffiziellen Quellen mehrere hundert Tote gegeben haben. An Bord war der Satellit Intelsat 708. China konnte ihn bergen und betrieb Industriespionage. Nachdem der Hersteller Loral Schützenhilfe bei der Aufklärung der Ursache des Fehlstarts und Verbesserung der CZ-3-Serie leistete, wurde die CGWIC vom US-Kongress auf die Liste der Firmen gesetzt, die keinen Zugang zu US-Hochtechnologie bekommen, was einem Startverbot für US-Satelliten gleichkam. Seitdem konnte die CGWIC daher nur wenige Startaufträge akquirieren, bei denen die Satelliten komplett in Europa gebaut wurden.

Die Langer Marsch 3B und 3C sind identische Träger, nur einmal mit zwei (3C) und einmal mit vier Boostern (3B). Booster und erste beide Stufen setzen Stickstofftetroxid und UDMH ein und basieren auf den Triebwerken der DF-3-ICBM. In dieser Form ist die Rakete identisch zur Langer Marsch 2E/F und unterscheidet sich von dieser nur durch eine zusätzliche dritte Stufe mit kryogenen Treibstoffen. Die Nutzlast beträgt 3.700 kg beim Modell CZ-3C mit zwei Boostern und 4.850 kg beim Modell CZ-3B mit vier Boostern. Während drei Starts der CZ-3C glückten, scheiterten zwei der zehn Flüge der CZ-3B, pikanterweise beide mit westlichen Satelliten.

Die neue Serie Langer Marsch 5 soll deutlich größere Nutzlasten von 6.000 bis 14.000 kg in den GTO-Orbit befördern können. Sie hat ein modulares Design und setzt nur drei Triebwerkstypen ein: in der Oberstufe dasselbe wie in der letzten Stufe der CZ-3, in der Zentralstufe ein neu entwickeltes, kryogenes Triebwerk mit 500 kN Schub und in den Boosters eines mit 1.200 kN Schub, das LOX/Kerosin verwendet oder dasselbe wie in der Zentralstufe. Es existieren zwei Booster mit 2,25 und 3,35 m Durchmesser. Durch diese beiden Boosterversionen und Variation der Anzahl der Zusatzraketen sind drei Varianten mit 6.000, 10.000 und 14.000 kg GTO Nutzlast möglich. Diese Serie soll alle bisherigen Träger der Familie Langer Marsch 2-4 ersetzen.

Die höhere Nutzlast wird auch durch ein neues Startzentrum in Hainan ermöglicht, welches näher am Äquator liegt als Xichang. Dadurch gibt es eine neue Aufstiegsbahn, die nun komplett über das Meer führt. Beim bisherigen Startzentrum Xichang führte die Aufstiegsbahn über landwirtschaftlich genutztes Gebiet, und es gab bei mindestens zwei Fehlstarts Tote unter der Zivilbevölkerung. Damit wird voraussichtlich die internationale Akzeptanz ansteigen, da heute aufgrund des Risikos von zivilen Opfern keine Rückversicherung mehr bereit ist, einen Start zu versichern. Dies kompensiert bisher die CGWIC durch eine eigene Startversicherung. Die Entwicklung der neuen Serie und des Startzentrums ist offenbar schwieriger als geplant. So wurde der Erststart mehrfach verschoben. Wenn die CZ-5 zur Verfügung steht, kann Sie bei wegfallenden Einschränkungen für den Export von Satelliten und der Aufstiegsbahn über unbewohntes Gebiet ein sehr ernster Konkurrent der Ariane 5 werden.

In der folgenden Tabelle ist neben den Startkosten auch das Bezugsjahr des Startpreises angegeben, da derartige Informationen nur selten veröffentlicht werden. Sofern möglich, wurde der „Kourou" kompatible Orbit für die Nutzlast angegeben (Δv zum GEO-Orbit: 1500 m/s). Wenn dies nicht möglich war, wurde die Angabe mit einem Stern (*) gekennzeichnet.

Träger	GTO Nutzlast	Startkosten	Jahr	Einsätze 2010-14 Starts/Fehlstarts
Ariane 5	6.820 – 10.400 kg	160 – 170 Mill. €	2014	28 / 0
Delta IV	3.411 – 5.709 kg	138 – 170 Mill. $	2004	12 / 0
Delta IV Heavy	9.700 kg im Doppelstart	350 Mill. $	2014	5 / 0
Atlas V 4xx Serie	3.460 – 5.860 kg	187 Mill. $ (401)	2014	12 / 0
Atlas V 5xx Serie	3.755 – 8.900 kg	190 – 232 Mill. $	2014	20 / 0
Falcon 9 v1.1	3.500 kg	61,2 Mill. $	2014	13 / 2*
Falcon Heavy	6.400 kg**	83 Mill. $ pro Satellit	2016?	0
Zenit	6.000 kg	95 Mill. $	2014	11 / 1
Angara	5.400 – 7.300 kg*	73 Mill. $	2006	2
Proton M	6.300 kg	85 – 120 Mill. $	2014	49 / 6
Sojus 2a/2b	2.740 / 3.060 kg	70 Mill. €	2014	37 / 2
H-2A	3.700 – 5.400 kg*	88 – 112 Mill. $.	2006	10 / 0
GSLV	1.900 – 2.200 kg*	45 Mill. $	2008	3 / 2
Langer Marsch 3B/C	3.700 – 4.850 kg	60 / 70 Mill. $	2001	23 / 0
Langer Marsch 5	6.000 – 14.000 kg			0

*: partieller Erfolg
**: Angabe für den Startpreis von 83 Millionen Dollar

Ariane auf einem wechselnden Markt

Als die Entwicklung der Ariane 5 im Jahre 1988 beschlossen wurde, stand das Vorgängermodell Ariane 4 gerade vor seinem Jungfernflug. Der frühere Hauptkonkurrent, das amerikanische Space Shuttle, durfte nicht mehr für kommerzielle Transporte eingesetzt werden. So nahm die ESA an, die Ariane 5 würde mit Titan und Atlas um Aufträge konkurrieren. Die Titan entpuppte sich dabei als zu teurer Träger. So gab es eigentlich nur einen Konkurrenten. Es gab zwar die ersten Versuche Russlands, die Proton als Träger zu offerieren, doch scheiterten diese damals noch. Ariane 4 erreichte rasch einen Marktanteil von 50 bis 60%.

Die Situation änderte sich in der zweiten Hälfte der neunziger Jahre, als nun Ariane 5 endlich einsatzbereit war. Russland bekam zuerst die Erlaubnis, eine begrenzte Anzahl von Satelliten mit US-Technologie starten zu dürfen. Diese Beschränkung fiel weg, als US-Firmen mit den russischen Herstellern die Träger im Westen vermarkteten. Die Zenit profitierte von einem Start vom Äquator aus. Die Proton konnte ihre Nutzlast durch eine neue Oberstufe steigern. Auch Arianespace ging zusammen mit EADS Space Transportation, Roskosmos und dem Samara Space Center das Gemeinschaftsunternehmen Starsem ein. Dieses bot die Sojus für westliche Nutzlasten an. Die Nutzlast bei einem Start in Baikonur war mit nur 1,8 t in den GTO-Orbit aber zu klein.

Auch China konnte Ende der neunziger Jahre einige Starts gewinnen. Mehrere Fehlstarts durch chinesische Trägerraketen und die sich verschlechternden Beziehungen zwischen den USA und China führten dazu, dass von 1999 bis 2008 China keine US-Satelliten mehr starten konnte, da die CGWIC auf der ITAR-Liste verzeichnet war (**I**nternational **T**raffic in **A**rms **R**egulations).

Die US-Hersteller versuchten zur gleichen Zeit, die Kosten ihrer Träger zu verringern. Der Versuch von Boeing, mit der Delta 3 ein neues leistungsstärkeres Modell einzuführen, scheiterte Ende der neunziger Jahre. Es gab nur drei Starts. Die ersten beiden schlugen fehl, und der Dritte hinterließ nur Ballast in einem zu niedrigen Orbit. Danach finanzierte das US-Verteidigungsministerium die Entwicklung der Atlas V und Delta 4 mit. Beide sollten zur Leistungsklasse der Ariane 5 aufschließen. Doch es gelang nicht, die Kosten entscheidend zu senken. Daher zogen sich beide Firmen vom Markt zurück.

Zusätzlich änderte sich auch der Markt an sich. Statt dass die Auftragnehmer der Satelliten einen Start buchten, taten dies nun mehr und mehr die Hersteller der Satelliten. Sie boten den Satelliten mit Start und Inbetriebnahme im Orbit als Komplettpaket an. Dadurch wurden nun nicht einzelne Starts, sondern meistens Kleinserien gebucht, und der Gewinn oder Verlust eines solchen Auftrags betraf nun meistens mehrere Satelliten.

Arianespace wurde so Ende der neunziger Jahre mit russischer und chinesischer Konkurrenz konfrontiert. Diese konnte Träger zu konkurrenzlos niedrigen Preisen anbieten, während die Einführung der Ariane 5 sich aufgrund des gescheiterten Jungfernflugs verschob und sich dies auch noch bei der Ariane 5 ECA wiederholte. Gleichzeitig sank die Anzahl der jährlich zu startenden Satelliten rapide. Waren es noch Ende der neunziger Jahre rund 30 – 40 pro Jahr, so sind es zehn Jahre später nur noch 20 – 25 pro Jahr.

Im Jahre 2000 rutschte Arianespace erstmals seit ihrer Gründung in die roten Zahlen. In den beiden folgenden Jahren kamen weitere Verluste dazu. Die Firma strukturierte sich um und erzielte 2003 wieder schwarze Zahlen, nachdem es in den letzten drei Jahren insgesamt 540 Millionen Euro Verlust gegeben hatte.

Das rief die ESA auf den Plan. 2004 beschloss die ESA das EGAS-Programm (European **G**uaranteed **A**ccess to **S**pace). Es deckt Fixkosten bei der Produktion der Ariane 5 ab. Über fünf Jahre wurde von 2004 bis 2009 die Produktion so mit insgesamt 960 Millionen Euro unterstützt. Die Produktionskosten wurden dadurch von 130 auf 100 Millionen Euro verringert und die Startkosten von 170 auf 130 Millionen Euro. Das EGAS-Programm sollte die Industrie befähigen, ihre Produktion umzustrukturieren und den Träger in Zukunft billiger zu produzieren. Insgesamt hat die ESA zwischen 2002 und 2007 innerhalb von sechs Jahren 3.500 Millionen Euro für ihre Trägerraketen ausgegeben, einen Großteil davon für die Ariane 5 Entwicklung.

Trotzdem musste Arianespace den Startpreis für Kunden innerhalb von drei Jahren um 50% anheben – vor allem wegen des niedrigen Dollarkurses. Weiterhin ist für die Firma der seit 2008 gesunkene Wechselkurs des Euro von Vorteil. Die Startrate ist angestiegen, und bei V192 gelang Arianespace erstmals der Start zweier Ariane 5 im selben Monat. Es reichte aber nicht um ohne Subvention auszukommen. Seit dem Auslaufen von EGAS zahlt die ESA 100 bis 120 Millionen Euro pro Jahr, damit Arianespace eine „schwarze Null" schreibt. Die Industrie versprach, dass die Ariane 5 ME die Nutzlast um 20% steigert und das bei gleichen Fertigungskosten und so keine Subvention mehr nötig sei. Das war mit ein Grund, dass die Entwicklung der ESC-B Oberstufe 2012 genehmigt wurde.

Der Schlüssel zu niedrigen Preisen ist bei Ariane 5 jedoch nicht eine preiswertere Produktion, sondern die Nutzlaststeigerung bei gleichbleibenden Produktionskosten. So kostet eine Ariane 5 ECA in der Produktion genauso viel wie eine ES, transportiert aber rund 2 t mehr Nutzlast. Dies soll auch für das Nachfolgemodell mit der ESC-B Oberstufe gelten. Ariane 5 ist derzeit der einzige Träger für Satelliten mit mehr als 6,6 t Gewicht und kann zwei Satelliten der 4,5 t Klasse gleichzeitig transportieren. Je größer ihre Nutzlast ist desto mehr Möglichkeiten bei der Kombination von zwei Nutzlasten gibt es auch, wenn die Maximalnutzlast nicht ausgenutzt wird.

Inzwischen bietet Arianespace selbst den Start der Sojus von Kourou aus an. Vermarktet wird sie von Starsem, woran Arianespace zu 15% beteiligt ist. Von 2003-2010 wurde nordöstlich des Ariane 5 Startplatzes eine Startrampe für die Sojus 2 errichtet. Von den damals auf 344 Millionen Euro geschätzten Investitionen zahlt Starsem aber nur 121 Millionen Euro, zwei Drittel dagegen die ESA. Der Startplatz wurde mit 467,9 Millionen Euro aber erheblich teurer. Die Mehrkosten musste vor allem Frankreich tragen.

Abbildung 76: Abheben zu V209 © der Grafik: ESA/Arianespace

Liste der Ariane 5-Starts

Arianespace nummeriert alle Starts nach Datum sequenziell durch. Diese Nummer beginnt mit „V", unabhängig vom Träger (Ariane 4 oder 5). Die Trägernummer bezieht sich dagegen auf die Produktion. Sie beginnt mit „5" bei der Ariane 5. Hier kann es Brüche in der laufenden Nummerierung geben, wenn Starts verschoben wurden. Vor allem bei ESA Missionen, bei denen bestimmte Träger (wie für den Start des ATV) schon Jahre vor den Starts geordnet wurden und diese durch verschiedene Umstände verschoben wurden, ist dies deutlich sichtbar.

Nr.	Datum	Nutzlasten	Typ	Nummer	Er-folg
1	04.06.1996	Cluster F3 + Cluster F4 + Cluster F2 + Cluster F1	Ariane 5G	V88 (501)	—
2[1]	30.10.1997	TEAMSAT + YES + Maqsat-B + Maqsat-H	Ariane 5G	V101 (502)	—
3	21.10.1998	Maqsat-3 + ARD	Ariane 5G	V112 (503)	√
4	10.12.1999	XMM-Newton	Ariane 5G	V119 (504a)	√
5	21.03.2000	Asiastar + Insat 3B	Ariane 5G	V128 (505)	√
6	14.09.2000	Astra 2B + GE 7	Ariane 5G	V130 (506)	√
7	16.11.2000	PAS 1R + STRV 1c + AMSAT-OSCAR-40 + STRV 1d	Ariane 5G	V135 (507)	√
8	20.12.2000	Astra 2D + LDREX + GE 8	Ariane 5G	V138 (508)	√
9	08.03.2001	Eurobird 1 + BSAT-2a	Ariane 5G	V140 (509)	√
10[2]	12.07.2001	Artemis + BSAT-2b	Ariane 5G	V142 (510)	—
11	01.03.2002	Envisat	Ariane 5G	V145 (511)	√
12	05.07.2002	Stellat 5 + N-Star c	Ariane 5G	V153 (512)	√
13	28.08.2002	Atlantic Bird 1 + Meteosat 8	Ariane 5G	V155 (513)	√
14	11.12.2002	Hot Bird 7 + Stentor	Ariane 5ECA	V157 (517)	—
15	09.04.2003	Insat 3A + Galaxy 12	Ariane 5G	V160 (514)	√
16	11.06.2003	BSAT-2c + Optus and Defense C1	Ariane 5G	V161 (515)	√
17	27.09.2003	Eurobird 3 + SMART-1 + Insat 3E	Ariane 5G	V162 (516)	√
18	02.03.2004	Rosetta + Philae	Ariane 5G+	V158 (518)	√
19	18.07.2004	Anik F2	Ariane 5G+	V163 (519f)	√
20	18.12.2004	Helios IIA + Essaim 3 + Essaim 4 + Parasol + Essaim 2 + Nanosat 1 + Essaim 1	Ariane 5G+	V165 (520g)	√
21	12.02.2005	XTAR-EUR + Sloshsat-FLEVO + Maqsat-B2	Ariane 5ECA	V164 (521)	√
22	11.08.2005	Thaicom 4	Ariane 5GS	V166 (523g)	√
23	13.10.2005	Galaxy 15 + Syracuse 3A	Ariane 5GS	V168 (524g)	√
24	16.11.2005	Telkom 2 + Spaceway 2	Ariane 5ECA	V167 (522a)	√
25	21.12.2005	Insat 4A + Meteosat 9 + Spainsat + Hot Bird 7A	Ariane 5GS	V169 (525)	√

26	27.05.2006	Satmex 6 + Thaicom 5	Ariane 5ECA	V171 (529)	√
27	11.08.2006	JCSAT 3A + Syracuse 3B	Ariane 5ECA	V172 (531)	√
28	13.10.2006	DirecTV 9S + LDREX-2 + Optus D1	Ariane 5ECA	V173 (533)	√
29	08.12.2006	WildBlue 1 + AMC 18	Ariane 5ECA	V174 (534)	√
30	11.03.2007	Insat 4B + Skynet 5A	Ariane 5ECA	V175 (535)	√
31	04.05.2007	Astra 1L + Galaxy 17	Ariane 5ECA	V176 (536)	√
32	14.08.2007	Spaceway 3 + BSAT-3A	Ariane 5ECA	V177 (537)	√
33	05.10.2007	Optus D2 + Intelsat IS-11	Ariane 5GS	V178 (526)	√
34	14.11.2007	Star One C1 + Skynet 5B	Ariane 5ECA	V179 (538)	√
35	21.12.2007	Rascom-QAF 1 + Horizons 2	Ariane 5GS	V180 (530)	√
36	09.03.2008	Jules Verne	Ariane 5ES/ATV	V181 (528)	√
37	18.04.2008	Vinasat + Star One C2	Ariane 5ECA	V182 (539)	√
38	12.06.2008	Skynet 5C + Turksat 3A	Ariane 5ECA	V183 (540)	√
39	07.07.2008	Protostar 1 + Badr 6	Ariane 5ECA	V184 (541)	√
40	14.08.2008	Superbird C2 + AMC 21	Ariane 5ECA	V185 (542)	√
41	20.12.2008	Hot Bird 9 + Eutelsat W2M	Ariane 5ECA	V186 (543)	√
42	12.02.2009	NSS 9 + Spirale B + Spirale A + Atlantic Bird 4A	Ariane 5ECA	V187 (545)	√
43	14.05.2009	Herschel + Planck	Ariane 5ECA	V188 (546)	√
44	01.07.2009	Terrestar 1	Ariane 5ECA	V189 (547)	√
45	21.08.2009	JCSAT RA + Optus D3	Ariane 5ECA	V190 (548)	√
46	01.10.2009	Amazonas-2 + COMSATBw-1	Ariane 5ECA	V191 (549)	√
47	29.10.2009	NSS 12 + Thor 6	Ariane 5ECA	V192 (550)	√
48	18.12.2009	Helios IIB	Ariane 5GS	V193 (532)	√
49	21.05.2010	Astra 3B + COMSATBw-2	Ariane 5ECA	V194 (551)	√
50	26.06.2010	Chollian + Arabsat 5A	Ariane 5ECA	V195 (552)	√
51	04.08.2010	Nilesat 201 + RASCOM-QAF 1R	Ariane 5ECA	V196 (554)	√
52	28.10.2010	Eutelsat W3B + BSAT-3B	Ariane 5ECA	V197 (555)	√
53	26.11.2010	Hylas + Intelsat IS-17	Ariane 5ECA	V198 (556)	√
54	29.12.2010	Hispasat 1E + Koreasat 6	Ariane 5ECA	V199 (557)	√
55	16.02.2011	Johannes Kepler	Ariane 5ES/ATV	V200 (544)	√
56	22.04.2011	Intelsat New Dawn + Yahsat 1A	Ariane 5ECA	VA201 (558)	√
57	20.05.2011	GSAT-8 + ST-2	Ariane 5ECA	VA202 (559)	√
58	06.08.2011	Astra 1N + BSAT 3c	Ariane 5ECA	VA203 (560)	√
59	21.09.2011	SES-2 + Arabsat 5C	Ariane 5ECA	VA204 (561)	√
60	23.03.2012	Edoardo Amaldi	Ariane 5ES/ATV	VA205 (553)	√
61	15.05.2012	JCSAT 13 + Vinasat-2	Ariane 5ECA	VA206 (562)	√
62	05.07.2012	Echostar 17 + Meteosat 10	Ariane 5ECA	VA207 (563)	√

63	02.08.2012	Intelsat IS-20 + Hylas 2	Ariane 5ECA	VA208 (564)	√
64	28.09.2012	Astra 2F + GSAT-10	Ariane 5ECA	VA209 (565)	√
65	10.11.2012	Star One C3 + EUTELSAT 21B	Ariane 5ECA	VA210 (566)	√
66	19.12.2012	Skynet 5D + Mexsat Bicentenario	Ariane 5ECA	VA211 (567)	√
67	07.02.2013	Amazonas 3 + Azerspace	Ariane 5ECA	VA212 (568)	√
68	05.06.2013	Albert Einstein	Ariane 5ES/ATV	VA213 (592)	√
69	25.07.2013	Inmarsat 4A F4 + Insat 3D	Ariane 5ECA	VA214 (569)	√
70	29.08.2013	Es'hail + GSAT-7	Ariane 5ECA	VA215 (570)	√
71	06.02.2014	ABS-2 + ATHENA-FIDUS	Ariane 5ECA	VA217 (572)	√
72	22.03.2014	Amazonas 4A + Astra 5B	Ariane 5ECA	VA216 (571)	√
73	29.07.2014	Georges Lemaitre	Ariane 5ES/ATV	VA219 (593)	√
74	11.09.2014	Optus 10 + Measat 3B	Ariane 5ECA	VA218 (573)	√
75	16.10.2014	Intelsat IS-30 + ARSAT-1	Ariane 5ECA	VA220 (574)	√
76	06.12.2014	GSAT 16 + DirectTV-14	Ariane 5ECA	VA221 (575)	√
77	26.04.2015	Thor 7 + Sicral 2	Ariane 5ECA	VA222 (576)	√
78	27.05.2015	DirecTV-15 + SKY Mexico-1	Ariane 5ECA	VA223 (577)	√
79	15.07.2015	Meteosat 11 + Star One C4	Ariane 5ECA	VA224 (578)	√

[1]: zu niedrige Bahn aufgrund vorzeitigen Abschaltens der EPC. Keine Auswirkung auf die Nutzlast, da nur Ballast mitgeführt wird.

[2]: zu niedrige Bahn aufgrund zu hohem Treibstoffverbrauch und vorzeitigem Abschalten der EPS. Artemis kann seine Bahn erreichen, BSAT-2B ist ein Totalverlust.

Quellen und Referenzen

Flight International 10.7.2001: „Volvo claims Ariane 5 Order"

Flight International 22.10.2002: „Arianespace cuts orders in bid for profit next year"

Flight International 19.11.2002:
„First Ariane 5 ECA booster ready to launch with cryogenic Vulcain 2"

Flight international 14.11.1995: „Europe remains a player"

Wolfgang Koschel
„Ariane 5 im Globalen Wettbewerb" Vortrag an der Universität Stuttgart 1/2005.

ESA Bulletin 92: J. Gigou: „The Ariane 5 Evolution program"

ESA Bulletin 96: "Ariane 5 completes flawless third test flight"

ESA Bulletin 99: D. Coulon:
"The Ariane-5 Evolution Programme: Three Years after Toulouse"

ESA Bulletin 102: D. Coulon:
"Vulcain-2 Cryogenic Engine Passes First Test with New Nozzle Extension"

ESA Bulletin 138: Uwe L. Berkes „The Ariane-5 ECA Heavy Lift Launcher"

ESA Achievements "Ariane 5", ESA BR-200 und BR-250.

Logsdon, John M., Ray A. Williamson, Roger D. Launius, Russell J. Acker, Stephen J. Garber, and Jonathan L. Friedman. Exploring the Unknown: Selected Documents in the History of the U.S. Civil Space Program, Volume IV, Accessing Space. NASA SP-4407, 1999.
http://history.nasa.gov/SP-4407/vol4/cover.pdf

ESA Launcher Program / EGAS
http://www.esa.int/esaMI/Launchers_Home/SEM71I1PGQD_0.html

Astrium:„Vulcain 2 Thrust Chamber"

Snecma: „Vulcain 2"

Snecma: „Vinci"

Snecma: „HM-7B cryogenic engine"

Volvo: „Vinci turbines"

Ralf Baumgartl: „20 t moved Mass – the Ariane 5 lower Assembly Vibration Test"

R.Pernpeitner: „DLR Technologietage: Raumfahrttechnologie – Schwerpunkte aus Sicht von MAN Technologie."

EADS Space Transportation "The Launcher Ariane 5"

MT Aerospace: „Space Transportation and Structures", Vortrag zum 5th Capital Market Day, Bremen, 11 Februar 2009

Jacques Villain: „Propulsion: From Viking To Vinci"

Abbildung 77: Sequenz der On-Board-Kamera: Ablösung der Booster und Fairing

Ariane 5 ME

Dieser Abschnitt soll die Pläne der ESA für eine Weiterentwicklung der Ariane 5 beleuchten. Dabei ist zwischen konkreten Vorhaben und Ideen oder Projektstudien zu unterscheiden. Begonnen wurde bisher nur die Entwicklung der ESC-B Oberstufe. Im Mai 2003 wurde sie jedoch unterbrochen. Die Mittel, die dafür vorgesehen waren, wurden für einen weiteren Qualifikationsflug der Ariane 5 ECA und Maßnahmen, um die Probleme beim Vulcain 2 zu lösen, benötigt.

Das sich schon in der Entwicklung befindende Oberstufentriebwerk Vinci wurde seitdem im Rahmen des FLPP-Programms (**F**uture **L**auncher **P**reparatory **P**rogram) langsam, aber stetig weiter entwickelt. Seit 2005 erfolgen Tests mit zwei Modellen des Triebwerks. Dies geschieht aber mit geringem Mitteleinsatz, sodass die komplette Oberstufe noch Jahre von einem Qualifikationsflug entfernt ist.

Vor dem Ministerrat im Dezember 2005 in Berlin sandte die Raumfahrtindustrie selbst die falschen Zeichen. So sprach sich EADS LV für die Entwicklung eines wiederverwendbaren Raumtransporters aus, der zwischen 7 – 10 t in eine erdnahe Umlaufbahn befördern sollte. Die Ariane 5 würde noch für Jahre den Anforderungen genügen und benötige derzeit keine neue Oberstufe. Politiker nehmen so eine Vorlage gerne auf und beschlossen auch 2005 keine Neuaufnahme der ESC-B-Entwicklung.

Beim bisher letzten Ministerratstreffen im November 2008 in Den Haag gab es immerhin einen Teilerfolg: Für die nächsten drei Jahre wird das Vinci-Triebwerk weiter im FLPP-Programm bleiben. Von 2009-2011 gibt es 115 Millionen Euro dafür. 2011 steht dann erneut die Entscheidung über die ESC-B-Entwicklung an, mit dem Ziel, einen Erstflug im Jahre 2016/7 durchzuführen. Eine Vorlage, die Ariane 5 Nutzlast um 1,5 t zu erhöhen, wurde zwar vom Ministerrat übernommen, leider wurde aber kein Zeitrahmen oder konkrete Aktionen beschlossen. Insgesamt erhält die ESC-B-Entwicklung zwischen 2008 und 2011 eine Summe von 355 Millionen Euro.

157 Millionen davon wurden am 21.12.2009 an Astrium vergeben mit dem Ziel, die Projektphase B der Entwicklung abzuschließen. Deren Ziel ist es, im Jahr 2011 beim nächsten Ministerratstreffen eine Mehrheit für die Wiederaufnahme der Entwicklung und den Start in die Phase C – die eigentliche Hardwareentwicklung – zu bekommen. Ein Testflug könnte dann 2016 folgen, und die Stufe würde 2017 operationell werden.

Die Nutzlastangaben beim Einsatz der neuen Oberstufe sind verwirrend. Geplant waren ursprünglich 12t im Einzelstart. Die ESA Forderungen für die ESC-B lagen 2009 bei 11,2 t GTO Einzelstartnutzlast mit der damals verfügbaren EPC und EAP. Snecma spricht je nach Veröffentlichung von einem Performancegewinn von 1.300 bis 1.700 kg durch die neue Oberstufe. Da bis 2011 die Nutzlast der ESC-A Version von 9,6 auf 10 t angehoben wird und dies nicht auf Optimierungen der Oberstufe beruht, dürfte auch die Nutzlast der Ariane 5 ECB ansteigen. EADS ging im Februar 2010 von 11 t bei Doppelstarts aus, das entspricht 11,5-11,8 t bei Einzelstarts (je nach Einsatz der Sylda oder Speltra). Im Juli 2010 gibt EADS auf der Website schon 12 t Einzelstartnutzlast oder 2 t Gewinn gegenüber der Ariane 5 ECA an.

Die Abteilung für Trägerraketen hält inzwischen die Oberstufe selbst für zu schwer und kündigte im Juni 2010 an, nach Wegen zu suchen das Trockengewicht zu senken, wobei allerdings der Terminplan eingehalten werden soll, und die Produktionskosten der neuen Version dürfen nur so hoch wie bei der Ariane 5 ECA sein.

Die angestrebte Zuverlässigkeit der Ariane 5 ECB soll 0,98 betragen, also weniger als bei der Ariane 5G (0,985). Sofern diese Veränderung nur auf der neuen Oberstufe beruht, sollte diese eine Zuverlässigkeit von 0,99 aufweisen.

2011 erfolgte bei der Ministerratskonferenz in Neapel endlich die Wiederaufnahme der ESC-B Entwicklung, die 2003 gestoppt wurde. Sie wird nun weitere 1,2 Milliarden Euro kosten, zusätzlich zu den schon investierten 360 Millionen Euro. 2003 war noch von 700 Millionen insgesamt die Rede. Die Nutzlast soll nun 11,5 t in einem Doppelstart betragen, dies sind mehr als 12 t in einem Einzelstart, da auch die Sylda-5 auf 8,00 m verlängert wurde und so schwerer ist. Ebenso wurde die Nutzlastverkleidung von 17,00 auf 20,00 m verlängert. Im Einzelstart sollte die Ariane 5 ME so 12,2 bis 12,3 t transportieren können.

Schon im Dezember 2014 fand bei der nächsten Tagung des Ministerrats eine Kehrtwende statt. Inzwischen hatte Frankreich auch Deutschland überzeugen können die Ariane 5 Weiterentwicklung zu stoppen und stattdessen gleich an die Ariane 6 zu gehen, die so früher zur Verfügung stehen soll. Zum einen fand man durch ein neues Ariane 6 Konzept genügend Arbeit für die deutsche Industrie zum anderen war seitens EADS/Astrium Skepsis zu vernehmen, dass man das lange propagierte Ziel von 1500 kg mehr Nutzlast zum gleichen Startpreis würde einhalten können. 2014 gab Safran den Verkaufspreis einer Ariane 5 ME durch Arianespace mit 158 Millionen Euro an.

Damit ist die hier skizzierte Ariane 5 ME Geschichte. Nachdem aber über ein Jahrzehnt an der Rakete geplant wurde möchte ich dieses Kapitel den Lesern nicht vorenthalten.

Die einzige Veränderung an dem Rest der Rakete ist eine Verstärkung des JAV, des Zwischenstufenadapters zwischen EPC und ESC-B, an dem auch die Booster angebracht sind.

ESC-B: eine neue Oberstufe mit einem neuen Triebwerk

Das Triebwerk HM-7B repräsentiert die Technologie der siebziger Jahre. Es wurde für Ariane 1 konzipiert und für die Ariane 2+3 verbessert. Es ist aber nicht wiederzündbar.

Snecma rechnet auch damit, dass der zunehmende Einsatz von Ionentriebwerken bei Kommunikationssatelliten neue Strategien bei den Oberstufen notwendig macht. Ionentriebwerke werden heute schon eingesetzt, um die Lebensdauer von Satelliten zu verlängern. Sie könnten in Zukunft auch als Apogäumsantrieb eingesetzt werden. Damit die Elektronik des Satelliten aber während der langen Zeit im Transferorbit keinen Schaden nimmt, müsste der erdnächste Punkt zumindest über den inneren Van-Allen-Gürtel angehoben werden. Dafür muss eine Oberstufe zwei Zündungen durchführen. Sie muss dann allerdings nicht so viel Geschwindigkeit aufbringen, wie bei einer Anhebung des Perigäums auf die GEO-Bahn.

Für Transporte in die GTO-Bahn ist die Wiederzündbarkeit nicht notwendig. Hier ist jedoch der geringe Schub des HM-7B, welcher etwa 6 t beträgt, eine Einschränkung. Mit der Nutzlast wiegt eine ESC-A Oberstufe bei GTO Missionen 29 t. Eine größere Oberstufe braucht also mehr

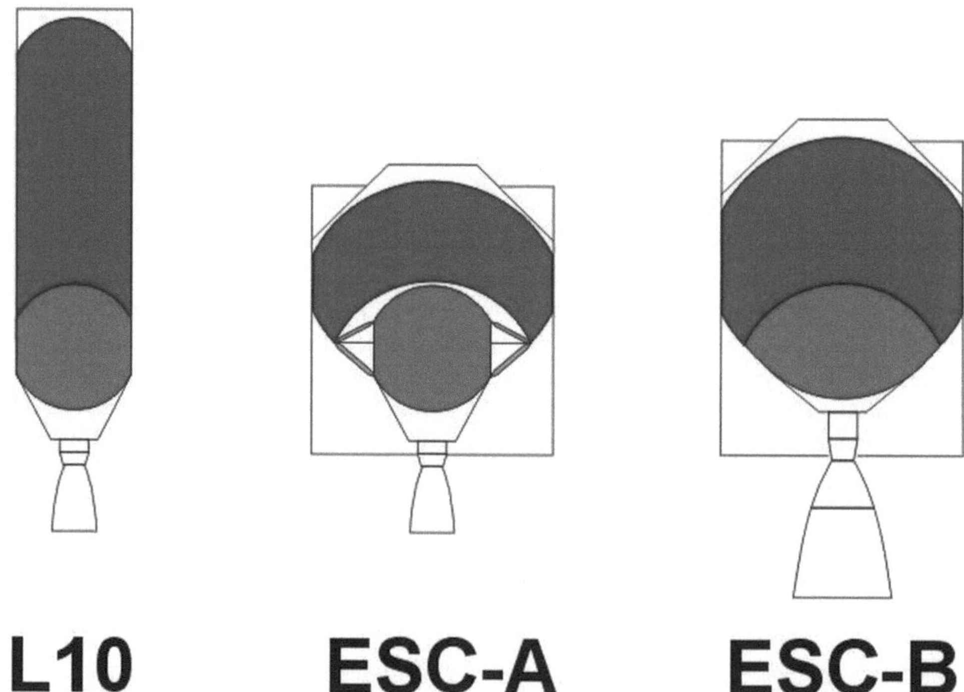

Abbildung 78: Vergleich der Tankformen der Ariane 5 Oberstufe H10 und der ESC-A und B

Schubkraft. Zwei oder drei HM-7B könnten diesen aufbringen, würden aber eine weitgehende Neukonstruktion der ESC-A erfordern und deren Fertigung verteuern. Die ESC-B setzt daher ein neues Triebwerk namens Vinci ein.

Die ESC-B sollte ursprünglich ab 2006 die ESC-A als Standardoberstufe ablösen. Sie soll wie die ESC-A Stufe in Deutschland integriert werden. Dadurch steigt die deutsche Beteiligung im Ariane Programm von 21% auf 29%. Nach Vorstudien, die es seit 1999 gab, wurde beim Ministerratstreffen Ende 2001 in Edinburgh die ESC-B-Entwicklung beschlossen. Damals ging die ESA von einem Budget von 699,14 Millionen Euro (Wert des Jahres 2001) für die Entwicklung aus. 2003 wurde diese aber gestoppt, und das Vinci-Triebwerk wurde in das FLPP-Programm transferiert, was eine Entwicklung auf Sparflamme ermöglichte.

Anders als die Entwicklung des Vinci-Triebwerks wurde die Entwicklung der ESC-B bis zum Dezember 2009 eingestellt. Danach vergab die ESA einen Entwicklungsauftrag für den Abschluss der Phase B der Entwicklung, bevor die eigentliche Entwicklung beginnt, über die dann 2011 entschieden wird. Bis dahin sollen zahlreiche Technologie- und Material-„Trade-offs" gemacht werden und das Design der Stufe verfeinert werden. Die Entwicklung (sofern sie 2011 beschlossen wird) soll dann weitere 1.100 Millionen Euro kosten und mit einem Qualifikationsflug 2016 enden. Operationell würde die Ariane 5 ECB dann 2017 werden. Insgesamt wird die Stufe dann die ESA 1,5 bis 2 Milliarden Euro gekostet haben. Die Verzögerung hat die Kosten also mindestens verdoppelt. 2012 erfolgte dann der endgültige Beschluss zur Entwicklung. Nun wird der Erstflug für 2017/18 erwartet.

Das ursprüngliche Entwurfsziel von 12.000 kg GTO-Nutzlast konnte auch durch stufenweise Erhöhung der Treibstoffzuladung von 21,1 über 24,9 auf 28,2 t und Anheben des Schubs von 155 auf 180 kN nicht gehalten werden. Der Grund dürfte wie bei der ESC-A das Ansteigen des Leergewichtes sein. 2004 wurde dieses noch mit 3.910 kg angegeben, 2009 war bereits von 6.250 kg die Rede. Danach konnte man die Masse noch auf 5.970 kg senken. Über die aktuelle Nutzlast gibt es sehr unterschiedliche Angaben die zwischen 11,2 und 11,8 t liegen.

Die ESC-B baut auf dem Design der ESC-A auf und erbt daher ihre schlechteste Eigenschaft: den schweren Wasserstofftank. Er ist wie bei der ESC-A geformt, nur der zylindrische Zwischenteil ist verlängert. An ihn schließt sich ein neuer, linsenförmiger, Sauerstofftank an, der nun denselben Durchmesser wie der Wasserstofftank hat. Die ungünstige Geometrie ist dadurch erhalten geblieben und damit eine hohe Leermasse. Anders als bei der ESC-A schließt er direkt an den LH2-Tank an, daher wird dieser auf Wasserstoffseite isoliert werden. Immerhin entfallen dadurch die massiven Verbindungsstreben der ESC-A. Obwohl 2011 eine gemeinsame Entwicklung der ESC-B und der Oberstufe für die Ariane 6 beschlossen wurde, hat man das Design der Tanks nicht geändert. Die Oberstufe für die Ariane 6 soll nur einen Durchmesser von 4 bis 4,4 m haben, aber 32 t Treibstoff aufnehmen – für sie ergibt sich so ein viel günstigeres Voll./Leermasseverhältnis.

Die ESC-B Oberstufe ist fünfmal zündbar und für eine Freiflugphase von 6 Stunden ausgelegt. Das würde ausreichen, Satelliten direkt in den geostationären Orbit auszusetzen. Das Vinci-Triebwerk ist kardanisch aufgehängt. Die Stufe hat einen Tank mit einem gemeinsamen, isolierten Zwischenboden der den LOX -Teil (unten) vom LH2-Teil oben trennt. Die Druckbeaufschlagung geschieht beim Wasserstofftank durch gasförmigen Wasserstoff der vom Kühlstrom des Triebwerks abgezweigt wird und beim Sauerstofftank durch Helium, das in vier 300 l Druckflaschen (jeweils 400 bar Druck) am Triebwerksgerüst befestigt ist.

Für niedrige Erdorbit-Missionen ist die ESC-B mit der Nutzlast zu schwer für eine Ariane 5, sodass Treibstoff weggelassen werden muss. Bei einem Flug des ATV zur ISS wird die Stufe z. B. mit 17,5 t Treibstoff betankt. Die Nutzlast beträgt dann 23 t (gegenüber 21,1 t bei der ES-Version). Das deutet auf ein strukturelles Limit hin, da der weggelassene Treibstoff ziemlich genau dem Mehrgewicht gegenüber einer GTO-Nutzlast entspricht.

Um Gewicht zu sparen, wird nun auch die Elektronik in die Oberstufe integriert, es entfällt also die bisher separate VEB, was das relativ hohe Leergewicht wieder etwas relativiert. Die Ariane 5 wird auch einen neuen Bordcomputer erhalten, welche den ERC32 der Vega einsetzt. Ebenfalls ist eine neue leichtgewichtigere Sylda welche mehr CFK-Werkstoffe und eine verlängerte Nutzlastverkleidung eingesetzt werden.

Ursprünglich sollte die Ariane 5 mit ESC-B Oberstufe als „Ariane 5 ECB" bezeichnet werden, analog zur ECA-Variante. Ende 2009 tauchte die Bezeichnung „Ariane 5ME" auf, wobei „ME" für **M**idlife **E**volution steht. Dies ist verwirrend, weil bis dahin unter der gleichen Bezeichnung die Pläne für weitergehende Maßnahmen zur Nutzlaststeigerung verstanden wurden.

	Frühe Planungen	Heute
Startgewicht:	32.130 kg	33.750 kg
Trockengewicht:	3.910 kg	5.970 kg
Schub:	150 kN	180 kN
GTO Nutzlast im Einzelstart:	12.000 kg	>11.200 kg

Die Fähigkeit zur Wiederzündung

Die Fähigkeit zur Wiederzündung wird von der ESA immer als Argument für die neue Oberstufe angeführt. Doch ist sie wirklich so wichtig? Nun, bei den normalen GTO-Missionen reicht eine einzelne Zündsequenz aus. Hier ist keine Zweite nötig. Ariane 1-5 kamen über 30 Jahre mit nur einer Zündung aus. Theoretisch gäbe es die Möglichkeit, einen Satelliten durch eine zweite Zündung im Apogäum direkt in den GEO-Orbit zu befördern. Ob sich dies lohnt, ist aber zweifelhaft:

- Zum einen haben alle kommerziellen Satelliten einen integrierten Antrieb, der Bestandteil ihres Lageregelungssystem ist und daher nicht einfach weggelassen werden kann.

- Zum Zweiten gibt es die Möglichkeit bei anderen Trägern, direkte GEO-Starts durchzuführen. Die Atlas Centaur offeriert diese seit 1967, die Proton seit 1992. Genutzt wurde sie von kommerziellen Kunden bisher nicht.

- Denn dies bedeutet, dass der Kunde sich fest auf einen Träger mit dieser Option festlegt und nicht wechseln kann – eine starke Beeinträchtigung. Genutzt wurde diese Option daher bisher nur von russischen wie amerikanischen Satelliten, die im Auftrag des Verteidigungsministeriums gebaut wurden und bei denen schon vor dem Bau der Träger feststand.

- Es ist auch nicht möglich, einen Forschungs- und Kommunikationssatelliten gleichzeitig zu starten, um die Nutzlast so optimal auszunützen. Forschungssatelliten werden in sonnensynchrone Bahnen gestartet: Das sind Bahnen in 500 – 800 km Höhe mit einer Bahnneigung über 90°. Kommunikationssatelliten dagegen erreichen einen Orbit von rund 6 Grad Bahnneigung. Um die Bahnneigung um 90 Grad zu ändern, benötigt Ariane genauso viel Energie, wie sie benötigt, um die erste Bahn zu erreichen. Das ist genau so, wie wenn Sie eine Gewehrkugel im Flug um 90 Grad umlenken wollen – und die ist zwölfmal langsamer als ein Satellit in einer GTO-Bahn!

Es gibt nur zwei Missionstypen, wo heute die ESC-B Oberstufe zwingend nötig ist. Der Erste besteht aus der Beförderung von mehreren Galileo-Satelliten auf einmal. Diese Satelliten haben keinen eigenen Antrieb und sind auf eine wiederzündbare Oberstufe angewiesen. Nur soll dieses Netz schon 2014 fertiggestellt sein. Für Galileo kommt die ESC-B also zu spät. Da die Satelliten eine Lebensdauer von zwölf Jahren aufweisen, wird außer für den Start einzelner Ersatzsatelliten erst ab 2024 ein Träger für die nächste Generation benötigt.

Der eigentliche Hauptgrund, warum die ESA die Wiederzündbarkeit des Vinci hervorhebt, ist ihr Raumtransporter ATV. Er ist zwingend auf eine wiederzündbare Oberstufe angewiesen.

Ohne ESC-B muss die ESA die Produktion der EPS weiterführen, und diese Stufe wird dann aufgrund der kleinen Produktionszahl von maximal einem Exemplar pro Jahr recht teuer. Bei ATV-Missionen zündet die ESC-B erneut nach 3.000 s und hebt die Umlaufbahn im Apogäum an. Die etwas höhere Nutzlast entspricht beim ATV auch einer Steigerung der Frachtmenge zur ISS um 25-30%, ein willkommener Nebeneffekt. Da die ATV inzwischen eingestellt wurden, ist dies jedoch nicht relevant.

Inzwischen hebt die ESA die Wiederzündbarkeit heraus für Missionen mit einem GTO+ Orbit: in diesem nutzt die Nutzlast nicht die volle Nutzlastkapazität aus und die ESC-B zündet im Apogäum nochmals für 30 s bei reduziertem Schub (130 kN) um das Perigäum anzuheben. Die Nutzlast braucht so weniger Treibstoff um den GEO Orbit zu erreichen. Auch wäre es von Vorteil für Planetensonden, die nach dem Durchlaufen einer Umlaufbahn in einer zweiten Zündung nochmals beschleunigt werden und so auf eine Fluchtbahn gelangen. Allerdings sind derzeit keine Raumsonden in der Planung bei der ESA die dies ermöglichen. Die Raumsonde JUICE ist ausgelegt für einen Start mit der ESC-A und dürfte zu wenig Nutzlast für einen zweiten Passagier übrig lassen. In jedem Falle kann die Wiederzündung genutzt werden, um mit dem Resttreibstoff die Stufe nach einem Umlauf in der Atmosphäre gezielt verglühen zu lassen, indem nach Absetzen des Satelliten sie das Perigäum durch eine zweite Zündung stark absenkt.

ESC-B	
Startgewicht:	34.240 kg[2] / 33.750 kg[1]
Leergewicht:	5.970 kg
Treibstoff:	28.200 kg[2] / 27.500 kg[1]
Sauerstoff:	24.090 kg[2] / 23.460 kg[1]
Wasserstoff:	4.150 kg[2] / 4.040 kg[1]
Schub:	Max. 180 kN (zwischen 130 und 180 kN im Betrieb)
Brennzeit:	790 s, 1 Hauptzündung und zwei Re-Boosts
Länge	5,60 m (zwischen Stufenadapter und VEB) 7.90 m (ohne Düsenverlängerung) 10,80 m (mit ausgefahrener Düsenverlängerung)
Durchmesser:	5,40 m
Schubgerüst:	178,3 kg
Triebwerk:	510 kg
[2]: ESA BR250, ESA Website, Angabe eventuell mit Oberstufenadapter [1]: Solar Power Propulsion System. Adaptation to Ariane 5 and preliminary Development Plan	

Der Prüfstand P4.1 in Lampoldshausen wurde bereits umgebaut, um das Vinci unter realistischen Bedingungen zu testen. Die Leistung der vorhandenen Dampferzeuger wurde erhöht und die Anzahl auf fünf erhöht. Die Dampferzeuger mit einer Leistung von 640 MW saugen das Abgas ins Freie und halten dadurch das (Fast)-Vakuum im Teststand aufrecht. Ebenso wurde die Kühlung überarbeitet. 5 m³ Wasser werden pro Sekunde dazu benötigt.

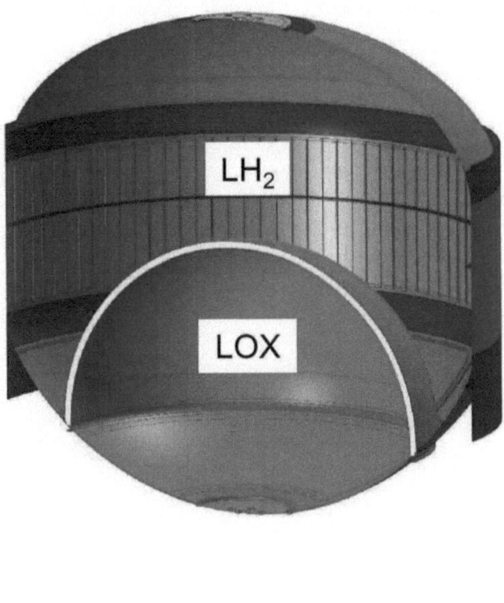

Abbildung 79: Tanks der ESC-B Oberstufe und Schnittbild durch die Stufe

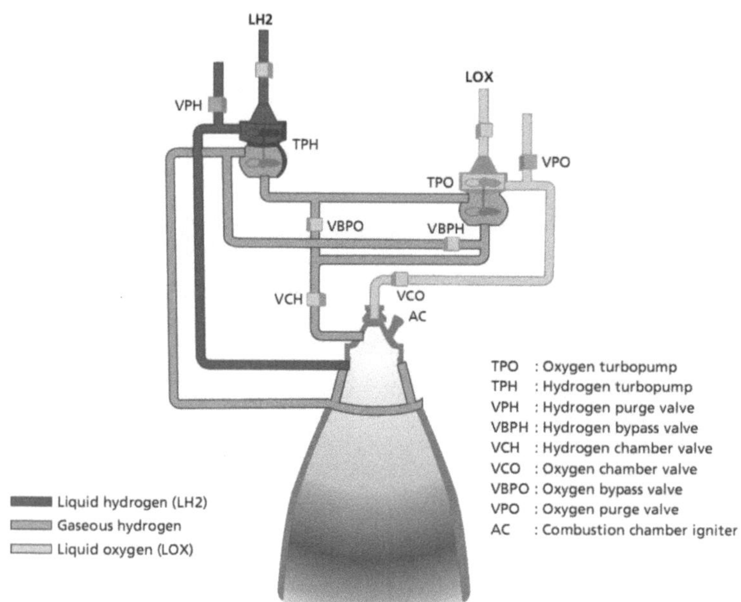

Abbildung 80: Treibstoffkreislauf im Vinci Triebwerk © der Grafik: EADS/Astrium

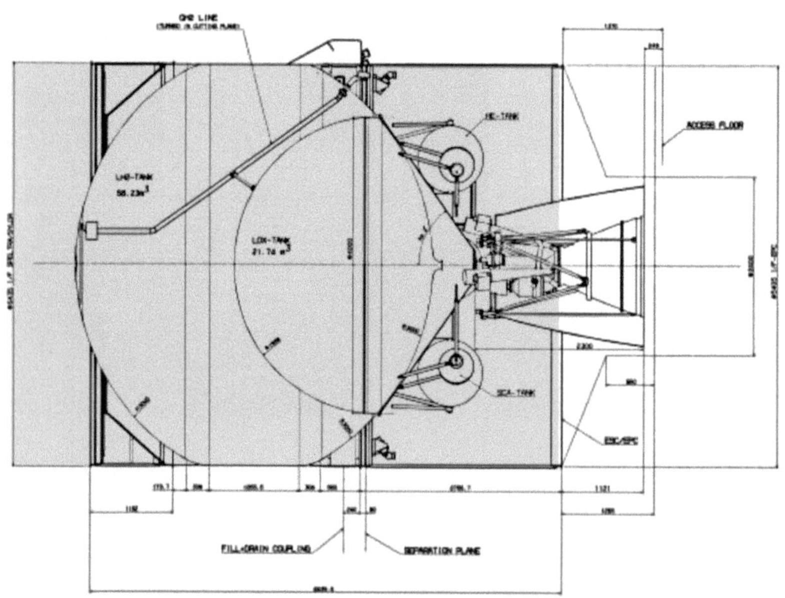

Abbildung 81: Querschnittdiagramm der ESC-B Oberstufe © der Grafik: ESA

Das Vinci-Triebwerk

Abbildung 82: Das Vinci Triebwerk mit ausgefahrener Düsenverlängerung

Das Vinci repräsentiert den neuesten Stand der Technik. Es soll mehrere Vorteile gegenüber dem HM-7B aufweisen:

- Mehr Schub, um eine größere Oberstufe und schwerere Nutzlasten zu befördern.

- Es ist einfacher aufgebaut und preiswerter in der Herstellung.

- Es sollte durch den einfacheren Aufbau zuverlässiger sein.

- Es nutzt den Treibstoff besser aus.

Das Vinci wurde zuerst unter der Bezeichnung MESCO-150 (**M**oteur d'**É**tage **S**upérieure **C**ryotechnique **O**ptimisée) von Snecma seit Ende der neunziger Jahre untersucht. Zur gleichen Zeit (1999/2000) suchte auch Rocketdyne in den USA ein leistungsfähigeres Triebwerk unter der Bezeichnung „RL-60" als Ersatz für das RL-10 mit höherem Schub und höherem spezifischen Impuls. So begann eine Zusammenarbeit zwischen SNECMA und Rocketdyne

Das Ziel der Kooperation war ein gemeinsames Triebwerk für die Oberstufen von Atlas, Delta und Ariane. Dieses Triebwerk unter der Bezeichnung „SPW2000" hätte einen Schub von 200 – 265 kN aufgewiesen. Die gemeinsame Fertigung hätte Kosten eingespart und höhere Produktionszahlen erlaubt. Während Snecma von US-Seite recht schnell die Genehmigungen bekam (auch Exportfreigaben), gab es von der ESA Einwände.

Die ESA hatte schon die Vinci Entwicklung beschlossen und hatte zwei grundlegende Bedenken. Das eine war die Abhängigkeit von einem Zulieferer aus den USA – schließlich war Ariane entwickelt worden, um einen unabhängigen Zugang zum Weltraum zu haben. Der zweite Einwand betraf das Prinzip des Kapitalrückflusses: 90% der von einer Nation beigesteuerten Mittel sollten auch wieder in Form von Aufträgen in das Land fließen. Das war schwer umzusetzen, wenn das Triebwerk zu Hälfte in den USA gebaut wird. Die ESA beschloss, ein eigenes Triebwerk zu entwickeln, das den Namen Vinci erhielt. Der Name musste mit „V" beginnen, um die bisherige gute Tradition fortzuführen: Bisher begannen alle in Vernon entwickelten Triebwerke mit einem „V" (Vexin in der Diamant A und Europa, Valois in der Diamant B, Viking in der Ariane 1-4 und Vulcain in der Ariane 5).

Aus der Zusammenarbeit von Snecma und Rocketdyne stammt noch die ausfahrbare Düse des RL-10B2. Diese wird auch für das RL-10B2 von Snecma gefertigt. Seitdem laufen die beiden Entwicklungen wieder getrennt, wobei es auch um die Entwicklung des RL-60 recht still geworden ist. Inzwischen plant die USAF wieder ein Triebwerk der 250-kN-Klasse für ihre Missionen.

Vinci hat einen Schub von 180 kN, also mehr als das Doppelte des HM-7B. Ursprünglich plante Snecma ein Triebwerk mit 150 kN Schub, doch um mehr Treibstoff mitführen zu können, wurde der Schub auf 180 kN gesteigert, indem der Brennkammerdruck verdoppelt wurde. Vinci besitzt von allen derzeit verfügbaren Triebwerken den höchsten spezifischen Impuls. Dabei ist es wiederzündbar und trotzdem einfach gebaut.

Das Vinci ist das erste Triebwerk in Europa nach dem „Expander Cycle" Prinzip (siehe S. Fehler: Referenz nicht gefunden). Dabei durchströmt der Wasserstoff zuerst die Brennkammer zur Kühlung, dann die Turbinen und wird dann erst in die Brennkammer eingespritzt. Dadurch wird zum einen der Gasgenerator eingespart, zum anderen wird der Wasserstoff sehr effizient, nämlich vollständig, genutzt. Das Ergebnis ist ein Triebwerk mit weniger Komponenten (weniger Problemstellen und geringen Produktionskosten) und trotzdem einer sehr hohen Energieausbeute. Die Herausforderung besteht darin, dass der Wasserstoff genügend Energie beim Durchströmen der Brennkammer aufnehmen muss, um die Turbine anzutreiben.

Snecma erreicht dies durch einen U-förmigen Weg um die Brennkammer und 228 Kühlkanäle mit einer großen Oberfläche. Der Wasserstoff erwärmt sich dabei von 20 auf 225 K und verdampft. Das Expander Cycle Verfahren eignet sich für kleine bis mittelgroße Triebwerke mit einem Schub von maximal 300 kN. Bei größeren Triebwerken reicht die von der Brennkammerwand abgegebene Wärme nicht mehr aus, um den nötigen Druck für die Turbopumpen aufzubauen. Das Vinci Triebwerk ist das weltweit schubstärkste Triebwerk mit dem Prinzip des „Expander Cycle". Die Brennkammer ist dabei eine konventionelle Konstruktion, welche den gleichen Aufbau wie diejenige des HM-7B oder Vulcain Triebwerks hat.

Damit der Wasserstoff bei der Turbine noch genügend Druck aufweist, um diese anzutreiben, ist der Förderdruck bei der Wasserstoffpumpe mehr als doppelt so hoch wie bei der Sauerstoffpumpe. Die Turbine von Vinci wird wie ihre Vorgänger für die Vulcain und Viking Triebwerke von Volvo gefertigt.

Neu ist auch die Düse. Je größer eine Düse ist, desto mehr Energie kann das Gas beim Verlassen der Brennkammer auf die Düse übertragen, und um so besser wird der Treibstoff ausgenützt. Vinci hat daher eine sehr große Düse. Das Entspannungsverhältnis beträgt 1:240 und ist damit dreimal höher als beim HM-7B Triebwerk.

Um die Düse mit ihrer großen Länge transportieren zu können, ist sie ausfahrbar: Ein äußerer Kegelstumpf sitzt beim Start über dem Inneren und wird erst nach Abtrennung von der EPC auf volle Länge ausgefahren. Dieser Teil wird durch eine Vorrichtung innerhalb von 10 Sekunden um 1,83 m abgesenkt. Dazu dienen drei Schraubengewinde, die von zwei Motoren angetrieben werden. Der Erste mit einer niedrigen Übersetzungszahl senkt die Düse ab, bis 95% seines Maximalmomentes erreicht sind, dann wird der Zweite aktiviert, der die Schrauben über die Restdistanz vortreibt. Die Düse besteht aus drei Segmenten mit einem Flächenverhältnis von 90, 175 und 240:

Entspannungsverhältnis	90	175	240
Länge Triebwerk:	2,13 m	3,16 m	4,20 m
Maximaler Düsendurchmesser:	1,31 m	1,81 m	2,20 m
Spezifischer Impuls [Vakuum]	4432 m/s	4519 m/s	4560 m/s
Schub [Vakuum]	175 kN	178,4 kN	180 kN

Diese „Extendable Nozzle" hat den Vorteil, dass der Zwischenstufenadapter verkürzt und so Gewicht eingespart werden kann. Sie besteht aus Kohlenstoff-Keramik-Verbundwerkstoffen. Der ausfahrbare Teil der Düse wird nicht gekühlt. Die regenerative Kühlung geht bis zu einem Flächenverhältnis von 23. Die verlängerte Düse bringt 4-5% mehr Schub und einen Nutzlastgewinn von alleine 600 kg. Die Düse kann durch die Erfahrungen von Snecma mit der Düse für das RL-10B Triebwerk als ausgereift gelten. Die ungekühlte Düse erreichte bei Tests Temperaturen von bis 1300°C. Reicht der Platz im Stufenadapter nicht aus (z.B. bei der Vega) so kann ein Segment weggelassen werden, man verliert etwas Leistung (Schub und spezifischer Impuls sinken ab).

Neu für Europa ist auch das Anlassen der Stufe über den „Bootstrap-Cycle": Dazu wird das Wasserstoffventil geöffnet. Nun fließt Wasserstoff durch die Brennkammerwand. Er verdampft dabei und wird gasförmig. Das Wasserstoffgas treibt die Turbine mit kleiner Drehzahl an, die dann den Sauerstoff und mehr Wasserstoff fördert. Beide Gase werden dann in der Brennkammer elektrisch gezündet, und das Triebwerk läuft an. Damit es genügend Gas für die Zündung gibt, wird vor jeder Zündung Wasserstoff- und Sauerstoffgas aus Hochdruckbehältern hinzugegeben. Deren Volumen reicht für fünf Zündungen.

Das Design der Brennkammer wurde vom HM-7B übernommen. Die LH2-Turbine erreicht eine extrem hohe Drehzahl von 90.000 U/min, einen Wert also, der deutlich über dem des Vulcain 2 oder dem HM-7B liegt. Die Turbopumpen sind seriell hintereinander geschaltet. Das macht einen recht hohen Eingangsdruck bei der LH2-Turbopumpe notwendig, damit das Arbeitsgas noch genügend Druck aufweist, um auch noch die LOX-Turbopumpe anzutreiben. Der Durchmesser der Rotoren dieser Kraftwerke auf engstem Raum beträgt nur 120 mm bei der LH2-Turbine und 180 mm bei der LOX-Turbopumpe. Dabei arbeiten sie bei Temperaturen von 210 beziehungsweise 245 K. Ein Vorlaufpropeller erhöht den Eingangsdruck für die Turbine und erlaubt so einen niedrigen Tankdruck. Zweiwegeventile vor den Turbinen regeln den Eingangsstrom und damit Leistung und Mischungsverhältnis.

Das Mischungsverhältnis von Wasserstoff und Sauerstoff kann durch Ventile in beiden Leitungen verändert werden. Es liegt nominell bei 1 zu 5,8. Vinci kann zwar unter Mischungsverhältnissen zwischen 5,7 und 5,9 arbeiten, wird jedoch bei Ariane 5 mit einem festen Verhältnis von 5,8 zu 1 betrieben, da Erfahrungen mit dem HM-7B zeigten, dass das im Flug beobachtete Verhältnis sich nicht stark vom nominellen unterscheidet, sodass es schon vor dem Start möglich ist, die Treibstoffmenge bei einem festen Verhältnis genau festzulegen, damit LOX **und** LH2 möglichst vollständig verbraucht werden. Bei anderen Stufen, die mit der Kombination LOX/LH2 arbeiten, liegt normalerweise Wasserstoff im Überschuss vor, da er nur ein Siebtel des Gesamtgewichts ausmacht. Geht der Sauerstoff zu Ende, so werden die Ventile geschlossen. Der Resttreibstoff kann so auch minimiert werden, aber der Wasserstofftank ist bei dieser Vorgehensweise wegen des verbliebenen Wasserstoffs größer, als wenn er vollständig entleert wird, und er ist der schwerste Teil der Stufe.

Die Tests des Vinci fanden zuerst im Teststand P5.1 in Vernon statt. Für Vernon spricht vor allem die räumliche Nähe zum Hersteller, die es erlaubt zahlreiche Veränderungen bei den ersten Testexemplaren durchzuführen. Dort wird das Triebwerk aber noch ohne Düsenverlängerung getestet, da dieser Teststand keine Vakuumbedingungen herstellen kann.

Seit 2005 finden Tests des Vinci im Höhensimulationsprüfstand P4.1 in Lampoldshausen statt. Ende April 2008 hatte eines von zwei Testtriebwerken schon 2.200 s kumulierte Brenndauer erreicht und auch die Wiederzündung erprobt. Die nominelle Betriebszeit sollte bei unter 720 s liegen. Als heikelster Punkt bei der Erprobung gilt dabei das „Chill-Down", das Herunterkühlen des Triebwerks vor einer zweiten Zündung. Bis zum Ende des Jahres 2008 waren davon erst 4.675 s erreicht worden. Snecma gab an, dass damit etwa die Hälfte des Entwicklungsprozesses durchlaufen ist. Mit dem Beschluss des Baus der Ariane 5 ME stieg die Testzahl weiter an. Am 1.6.2013 waren 15.500 s in 65 Tests angesammelt. Am 1.12.2013 schon 17.250. Triebwerk Nummer 3 hatte mehr als die neunfache Solllebenszeit von 6.300 s absolviert. Die Qualifikation soll bis 2016 abgeschlossen werden.

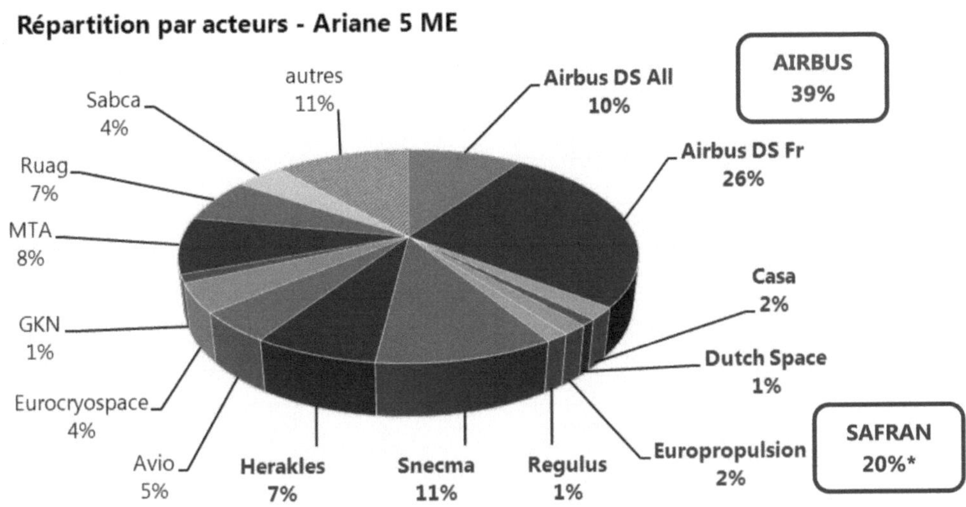

Abbildung 83: Ariane 6 ME: Beteiligung der Firmen © der Grafik: SAFRAN

Geplant sind insgesamt 150 Tests mit 45.000 s Brenndauer mit sieben Testexemplaren und zwei Qualifikationsexemplaren. Die Entwicklung des Vinci sollte ursprünglich ein Viertel bis ein Drittel des Vulcains kosten, dabei sollen 8 (Vulcain: 16) Entwicklungsmuster produziert werden. Die Entwicklungsdauer sollte von elf auf sieben Jahren gesenkt werden.

Die Herstellung einer Ariane 5 ME soll 158 Millionen Euro kosten (ECA-Version: 147,6 Millionen Euro). Folgende Aufteilung der industriellen Beteiligung ist geplant:

Teil	Firma	Mill. Euro	Anteil
Integration:	Energie: Safran, Pyrotechnik (Dassault + Pyroalliance	9,5	6,0
Aktoren:	SABCA	1,4	0,9
EAP	Hauptkontraktor: Airbus Frankreich	9,5	6,0
EAP	Ausrüstung: Airbus Frankreich	2,0	1,4
EAP	Zusammenbau: Europropulsion	4,9	3,3
EAP	Thermalschutz, Treibstoff, Segment S1: Avio	6,0	4,1
EAP	Treibstoffe (HTPB): Herakles	3,0	2,0
EAP	Düsen: Herakles	7,8	5,3
EAP	Treibstoffherstellung und Zusammenbau S2+S3 Segment: Herakles und Regelus	5,4	3,7

Teil	Firma	Mill. Euro	Anteil
EAP	MT Aerospace: Boosterhüllen	6,0	4,1
EAP	Heck und Anbringung: SABCA	5,0	3,4
EPC	Hauptkontraktor, Integration: Airbus Frankreich	15	10,1
EPC	Heckstruktur: M;T Aerospace	7,4	5,0
EPC	Struktur: Airbus France	10,0	6,8
EPC	Stufenadapter: CASA	1,0	0,7
EPC	Vulcain 2: LH2-Turbopumpe, Gasgenerator, Diverses: SNECMA	9,1	6,2
EPC	Vulcain 2: Brennkammer, Schubgerüst, Servoventile,Tieftermperaturtest: Airbus Deutschland	2,5	1,7
EPC	Vulcain 2: LOX-Turbopumpe	0,9	0,6
EPC	Vulcain 2: Verschiedenes, Turbinen: GKN Aerospace, Airbus Deutschland	1,7	0,6
EPC	Vulcain 2: Verschiedenes: Techspace Aero, Microtechnica, Herakles, Meggit	0,6	0,4
EPC	Motoraufhängung: Dutch Space	1,5	1,0%
EPC	Tanks: Air Liquide, Airbus	4,0	2,7
ECB Oberstufe:	Hauptkontraktor Airbus (Deutschland)	6,4	4,1
ECB Oberstufe:	Struktur Airbus (Deutschland)	3,0	2,0
ECB Oberstufe:	Vinci: Düse und LH2-Turbopumpe: SNECMA	7,9	4,8
ECB Oberstufe:	Vinci: Brennkammer, Diverses, Tests: Airbus Deutschland	2,3	1,5
ECB Oberstufe:	Tanks: Air Liquide, Airbus	3,0	2,0
ECB Oberstufe:	Vinci: LOX-Turbopumpe: Avio	0,6	0,4
ECB Oberstufe:	Vinci: Turbinen: GKN	0,3	0,2
ECB Oberstufe:	Vinci: Ventile: Herakles	0,8	0,5
ECB Oberstufe:	Vinci: Verschiedenes: Technospace Aero, Microtechnica, Herakles, Meggit	1,9	1,2
VEB	Zusammenbau Airbus (Deutschland)	1,0	0,6
VEB	Struktur: CASA	1,0	0,6
VEB	Ausrüstung, Elektronik: RUAG, TAS, Zodiac	4,0	2,5
Trennsystem	Trennsystem, Adapter: RUAG	1,0	0,6

Teil	Firma	Mill. Euro	Anteil
Trennsystem	Schockabsorber, Cone 3936: CASA	1,0	0,6
SYLDA	Airbus Frankreich	4,0	2,5
Nutzlastverkleidung:	RUAG Space	5,5	3,5

Teilt man die Herstellungskosten von 158 Millionen Euro, auf so entfallen:

- 10,6 Millionen für den Zusammenbau
- 49,6 Millionen auf die Booster
- 43,8 Millionen auf die EPC (davon 14,9 Millionen für das Vulcain)
- 29,9 Millionen auf die ECA (davon 13,5 Millionen auf das HM-7B)
- 6,0 Millionen auf die VEB
- 5,5 Millionen auf die Nutzlastverkleidung
- 4,0 Millionen auf die Sylda
- 2,0 Millionen auf die Adapter

Nach Nationen aufgeteilt:

- Frankreich: 49,3%
- Deutschland 20,0%
- Italien 8,3%
- Schweiz: 3,5%
- Belgien 4,1%
- Schweden: 3,5%
- Spanien 1,9%
- Holland: 0,9%
- Andere Länder: 7,6%

Firma	Hauptaufgabe
Snecma (Vernon, Frankreich)	Gesamtintegration, Entwicklung
Astrium (München, Deutschland)	Brennkammer, Tests
Fiat Avio (Turin, Italien)	Sauerstoff-Turbopumpe
Snecma (Vernon, Frankreich)	Wasserstoff-Turbopumpe
Volvo (Trollheim, Schweden)	Turbinen

Vinci		
Parameter	**Vinci (2008)**	**MESCO-150**
Schub:	180 kN	155 kN
Gewicht:	510 kg	480 kg
Nur Brennkammer:	160 kg	
Nur Düsenausfahrmechanismus:	25,2 kg	
Höhe (ausgefahrene Düse)	4,20 m	4,20 m
Höhe (beim Start)	2,37 m	
Maximaler Durchmesser:	2,20 m	2,10 m
Treibstoffverbrauch:	33,7 kg/s LOX, 5,8 kg/s LH2	28,5 kg/s LOX, 5 kg/s LH2
Mischungsverhältnis:	5,80:1 (LOX/LH2)	5,80:1 (LOX/LH2)
Leistung Turbopumpe LH2	2.800 kW (91.000 U/min)	
Leistung Turbopumpe LOX	350 kW (18.800 U/min)	
Injektorbedingungen:	224 K / 73 Bar LH2 93 K / 72 Bar LOX	
Brennkammerdruck:	60,8 Bar	28 bar
Entspannungsverhältnis:	240	280
Spezifischer Impuls	4560 m/s (Vakuum) 3432 m/s (Meereshöhe)	4550 m/s (Vakuum)

ESC-B Oberstufe: organisatorisches	
Entwicklungskosten bis Abschluss Phase B:	360 Mill. Euro
Entwicklungskosten Phase C/D:	1.200 Mill. Euro
Erststart:	2017/8
Überlappung mit dem ESC-A Einsatz:	3 – 5 Jahre
Einsatzdauer:	10 – 15 Jahre
Anteile:	Frankreich: 50% Deutschland: 32%

Typenblatt Ariane 5 ECB	
Länge:	51,51 – 61,67 m
maximaler Durchmesser:	12,20 m
Startgewicht:	800.000 kg
Startschub:	11.600 kN
Einsatzzeitraum:	keiner
Nutzlast:	23.000 kg (in einen 300 × 300 km hohen, 52° geneigten ISS Orbit) 13.300 kg in einen sonnensynchronen Orbit >11.500 kg (in einen GTO-Orbit, Doppelstart) 9.300 kg (zum Mond) 7.000 kg (zum Mars)
Booster EAP241	
Länge:	31,40 m
Durchmesser:	3,05 m
Startgewicht:	278.400 kg
Leergewicht:	37.400 kg
Triebwerk:	MPS
Schub:	2 × 5.250 kN (Start), 2 × 7.080 kN (Maximum), 2 × 5.060 kN (Mittel)
Brenndauer:	132 s
spezifischer Impuls:	2701 m/s (Vakuum)
EPC173	
Länge:	30,50 m
Durchmesser:	5,40 m
Startgewicht:	188.300 kg
Trockengewicht:	14,100 kg
Triebwerk:	1 × Vulcain 2
Schub:	1390 kN (Vakuum) / 960 kN (Meereshöhe)
Brenndauer:	540 s
Treibstoff:	LOX/LH2
Spezifischer Impuls:	4256 m/s (Vakuum)
ESC-B und VEB	
Länge:	5,68 m
Durchmesser:	5,40 m
Startgewicht:	34.450 kg
Leergewicht:	6.250 kg
Triebwerke:	1 × Vinci
Schub:	180 kN (Vakuum)
Brenndauer:	710 s
Treibstoff:	LOX/LH2
Spezifischer Impuls (Vakuum)	4560 m/s
Nutzlasthülle	
Länge:	12,70, 13,80 m, 17,00 m und 20,00 m
Durchmesser:	5,40 m

Gewicht:	1.970 kg, 2.060 kg, 2.475 kg und 2860 kg
Sylda-5	
Volumen:	50 – 80 m³
Länge:	4,90 – 8,00 m
Durchmesser:	4,56 m
Gewicht:	407 – 610 kg

Abbildung 84: Ariane 6 ME und erster Ariane 6 Entwurf im Vergleich

Ariane 2010 Initiative

Schon von 2000 – 2002 machte sich die CNES zusammen mit der Industrie Gedanken über eine Weiterentwicklung der Ariane 5 mit dem Ziel, die Kosten weiter zu senken. Diese Pläne liefen unter dem Namen „Ariane 2010 Initiative". Das Ziel bestand darin, bei ungefähr gleicher Nutzlast wie bisher die Kosten um 30% zu senken oder bei einer höheren Nutzlast von 15 t um 15%. Bedingt durch die Verzögerungen beim Evolution-Programm sind diese Pläne vorerst in der Schublade verschwunden. Da das Jahr 2010 nun nicht mehr passte, wurde die Bezeichnung des Programms zudem in „Ariane 5 Midlife Evolution" geändert. Derselbe Name wird seit 2009 allerdings auch für eine Ariane 5 mit ESC-B Oberstufe verwendet, da diese nun so spät kommt, dass auch hier der Ausdruck passt. Einen neuen Namen hat das Programm noch nicht erhalten.

Die Planungen sehen keine Änderungen am Gesamtkonzept vor: Die Abmessungen der Zentralstufe und der Booster sollen nicht verändert werden, weil massive strukturelle Änderungen eine kostenaufwendige Neuqualifikation der Trägerrakete notwendig machen würden. Der Schwerpunkt wurde auf die Antriebstechnologie gelegt: Es ist leichter für die Industrie, bei einem neuen, leistungsfähigen Antrieb 30% zu sparen als bei einem schon in der Produktion befindlichen. Im Folgenden sollen die Pläne des Programms vorgestellt werden.

Vulcain Mark III

Heute sind sich Experten einig, dass die Entwicklung des Vulcain 2 zu teuer war und zu wenig zusätzlichen Schub gebracht hat, um in ausreichendem Maße Optionen für einen Ausbau der Rakete zu eröffnen. Schon 2002 untersuchten Snecma und ESA zusammen die Optionen für ein Vulcain 3. Das Vulcain 3 soll zum einen preiswerter in der Fertigung als das Vulcain 2 sein, aber auch die Nutzlast steigern. Es existieren folgende Zusammenhänge:

- Eine Erhöhung des spezifischen Impulses um 10 m/s beim Vulcain bewirkt eine Vergrößerung der Nutzlast um 60 kg bei Einsatz der EPS-Oberstufe und 80 kg bei der ESC-B Oberstufe.

- Eine Erhöhung des Schubs um 10 kN beim Vulcain bewirkt eine Erhöhung der Nutzlast um 40 kg bei Einsatz der EPS-Oberstufe und 80 kg bei der ESC-B Oberstufe.

- Eine Reduktion der EPC-Trockenmasse um 10 kg bedeutet einem um 3 kg höhere Nutzlast für den GTO-Orbit.

Das bedeutet, dass bei einer Steigerung des Schubs auf 1.500 – 1.700 kN die Nutzlast sogar bei einer leichten Abnahme des spezifischen Impulses ansteigen kann. Der spezifische Impuls würde z. B. abnehmen, wenn der Brennkammerdruck gesenkt wird. Sinkt dieser, so sinken aber auch die Anforderungen an die Turbopumpen, einen der größten Kostenfaktoren eines Triebwerks. Die Balance zwischen Senkung der Produktionskosten und Steigerung der Nutzlast ist nicht einfach zu finden. Ziel war es, die Kosten jedes Subsystems des Triebwerks um 50% zu senken, wenn die Leistungen gleich bleiben oder um 30%, wenn die Leistung gesteigert werden kann. Dabei hat Snecma insgesamt acht verschiedene Optionen untersucht.

Ein höherer Schub reduziert vor allem die bei Ariane 5 sehr ausgeprägten Gravitationsverluste, welche dadurch entstehen, dass sowohl bei der Ariane 5G wie auch Ariane 5 ECA nach Abtrennung der Booster die Beschleunigung unter 1 g zurückgeht, also unterhalb der Erdbeschleunigung liegt. Ein höherer Schub bedeutet nicht nur, dass der Schub bei der Boosterabtrennung höher ist, sondern er bedeutet auch einen erhöhten Treibstoffverbrauch, sodass die Rakete leichter ist, wenn die Booster ausgebrannt sind. Die Tabelle zeigt dies recht deutlich. Nähert sich die Beschleunigung 1 g an, nehmen die Gravitationsverluste deutlich ab, und eine weitere Schubsteigerung erhöht die Nutzlast nur noch gering, da natürlich auch die Leermasse der EPC durch das größere Triebwerk und die Verstärkung des Schubgerüstes ansteigt.

Version	Triebwerk	Beschleunigung bei EAP Abtrennung	Zusätzliche Nutzlast
Ariane 5G	Vulcain 1	0,74 g	-
Ariane 5 ECA	Vulcain 2	0,77 g	1.150 kg
Ariane 5 ECB	Vulcain 2	0,71 g	1.000 kg
Ariane 5 ECB MC 1500 G	MC 1500 G	0,81 g	700 kg
Ariane 5 ECB MC 1700 G	MC 1700 G	0,94 G	1.500 kg
Ariane 5 ECB MC 2000 G	MC 2000 G	1,17 G	1.900 kg

Der Fokus der Untersuchungen liegt in einem Bereich zwischen 1.500 und 1.700 kN Schub, bei einem gleich hohen spezifischen Impuls wie beim Vulcain 2. Alternativ wurde auch vorgeschlagen, den Schub kaum zu erhöhen, doch das Triebwerk deutlich zu vereinfachen, sodass die Produktionskosten um 30% sinken.

Eine zweite Möglichkeit besteht darin, den spezifischen Impuls des Vulcain 2 zu steigern. Eine Umkonstruktion der Düse beim Vulcain 2 soll eine Erhöhung des spezifischen Impulses um 60 – 80 m/s (entsprechend 480 bis 640 kg mehr Nutzlast bei Einsatz der ESC-B Oberstufe) bringen. Da das Vulcain 2 am Boden gestartet wird, muss beim derzeitigen Triebwerk der Düsenmündungsdruck über 1 Bar liegen, um turbulente Strömungen, welche die Düse beschädigen können, zu vermeiden. Von der Brenndauer entfallen aber mehr als $^4/_5$ auf die Zeit bei einem niedrigen Umgebungsdruck. Eine ausfahrbare Düse könnte den spezifischen Impuls noch mehr, um bis zu 100 – 150 m/s, erhöhen, was 800 – 1.200 kg mehr Nutzlast entspricht. Dieser Ansatz wurde aber verworfen.

Die Untersuchung der Ariane 2010 Initiative fokussierte sich auf zwei Ziele:

- 12 t mit der ESC-B in den GTO-Orbit für 30% niedrigere Startkosten

- 15 t mit der ESC-B in den GTO-Orbit für 15% niedrigere Startkosten

Verschiedene Snecma-Studien zur Kostenreduktion und Nutzlaststeigerung haben bisher folgende Triebwerkstechnologien untersucht:

- „MC 1500 G": nur moderate Steigerung des Vulcain 2-Schubs auf 1.500 kN. Wesentliches Ziel ist eine Kostenreduktion bei der Fertigung um 30%. Dieses Triebwerk erhöht die Nutzlast um 700 kg. Eine ausfahrbare Düsenerweiterung kann weitere 400 kg Nutzlast erbringen (Erhöhung des Flächenverhältnisses auf 100:1). Der Vorteil dieses Triebwerks ist, dass sehr viele Elemente des Vulcain 2 weiter verwendet werden können, da der Schub nahe dem Wert des Vulcain 2 liegt. Dadurch sind die Entwicklungskosten deutlich geringer als bei den folgenden Typen.

- „MC 1700 G": Steigerung der Performance, sowohl des Schubs wie auch des spezifischen Impulses (1.700 kN, 4315 m/s). Erreicht wird dies auch durch eine Düsenverlängerung. Wie beim Vulcain 2 werden die Turbopumpenabgase bei einem Flächenverhältnis von 30 als Filmkühlung eingebracht. Dieses Triebwerk verspricht etwa 1.500 kg mehr Nutzlast. Die Herstellungskosten sinken nur um 15% gegenüber dem Vulcain 2. Dieses Triebwerk ist hinsichtlich des Schubs nahe am Optimum für eine Ariane 5.

- Sechs verschiedene Typen von 2.000 kN Triebwerken. Je nach Version resultieren Nutzlaststeigerungen um 1.000 kg bis 3.400 kg bei einer Kostenreduktion von 0 – 23%. Von den sechs Vorschlägen liegen fünf im Bereich von 1.000 bis 1.900 kg mehr Nutzlast. Lediglich die ambitionierteste „MC 2000 E"-Version mit einem Triebwerk nach dem „Staged Combustion" Prinzip offeriert eine mit 3.400 kg bedeutend höhere Nutzlast im Vergleich mit dem MC 1700-Typ. Dafür sind hier keine Kosteneinsparungen möglich. Alle Triebwerke arbeiten mit einer Düse mit einem Flächenverhältnis von 60 zu 1.

Die MC 2000 G-Varianten offerieren, verglichen mit den 1.500- und 1.700 kN-Varianten, nur wenig oder gar keine zusätzliche Nutzlast und sind nicht preiswerter in der Herstellung. Die

Triebwerke ohne Gasgenerator haben nur ein geringes Nutzlaststeigerungspotenzial, und die Zuverlässigkeit wird als gering angesehen. Einzig die Variante mit dem Hauptstromverfahren offeriert bedeutend mehr Nutzlast, bei allerdings gleich bleibenden Produktionskosten. Sie wäre nach Snecma Angaben aufgrund ihrer hohen Leistung ein guter Kandidat für ein wiederverwendbares Raumfahrzeug. Das MC 2000 E erreicht sehr hohe Performancewerte bei einem moderaten Brennkammerdruck von 150 bar. Der Brennkammerdruck liegt z. B. beim SSME des Space Shuttle bei 220 Bar. Das Triebwerk ist jedoch relativ schwer. Für eine nicht wiederverwendbare Rakete, wie die Ariane 5, wäre es wahrscheinlich zu teuer.

So spricht viel dafür, dass ein guter Kandidat für das Vulcain 3 das MC 1700 G sein könnte. Snecma selbst favorisiert das MC 1500 G, dies war allerdings noch im Jahr 2000, zu einem Zeitpunkt, als die ESA von 12 t Nutzlast für die ECB-Variante ausging. Da dies inzwischen nicht mehr gegeben ist, erscheinen 700 kg mehr Nutzlast als eine nur geringe Steigerung. Hinsichtlich Senkung der Herstellungskosten ist das 1.500 kN Triebwerk die bessere Wahl. Allerdings bietet es wiederum keine Reserven, wenn die ESC-B Oberstufe größere Tanks aufnehmen soll, da es nur 15 t mehr Schub als das Vulcain 2 liefert. Gingen Snecma/ESA im Jahre 2000 noch von einer Einführung des Vulcain 3 im Jahre 2010 – 2015 aus, so ist heute keine Aussage darüber möglich, ob und wann das Vulcain 3 entwickelt wird.

Typ	Kostenreduktion	Nutzlaststeigerung	Spezifischer Impuls	Architektur
MC 1500 G	30%	700 kg	4226 m/s	Gasgenerator, Vulcain 2-Typ
MC 1500 G Düsenverlängerung	?	1.100 kg	4286 m/s	Gasgenerator, Vulcain 2-Typ
MC 1700 G	15%	1.800 kg	4315 m/s	Gasgenerator, Low Cost Ansatz
MC 2000 G V1	17%	1.600 kg	4226 m/s	Gasgenerator, Vulcain 2-Typ
MC 2000 G V2	16%	1.900 kg	4266 m/s	Gasgenerator, Vulcain 2 Typ keine Dump-Kühlung
MC 2000 G V3	16%	1.100 kg	4187 m/s	Gasgenerator, Vulcain 1-Typ
MC 2000 T	23%	1.000 kg	4168 m/s	Kein Gasgenerator
MC 2000 B	20%	1.100 kg	4217 m/s	Kein Gasgenerator
MC 2000 E	0%	3.400 kg	4413 m/s	staged combustion

EPC-Stufe

Eine weitere Verbesserungsmöglichkeit wäre die Befüllung der EPC mit unterkühlten Treibstoffen, was eine höhere Treibstoffzuladung ermöglichen würde. Unterkühlter flüssiger Sauerstoff hat eine Dichte von 1,24 g/cm³ verglichen mit 1,14 g/cm³ beim normalen LOX. Unterkühlter flüssiger Wasserstoff hat eine Dichte von 0,076 g/cm³ verglichen mit 0.069 bei normalem. So könnten 162,6 t Sauerstoff und 26,8 t Wasserstoff, also 14,9 t mehr Treibstoff im Tank mitgeführt werden, wenn das Mischungsverhältnis beibehalten wird. Unterkühlte Treibstoffe werden erhalten, wenn man die Temperatur nach dem Füllen absenkt. Es gibt verschiedene Verfahren. So kann man den Treibstoff oben (er ist wärmer und hat daher eine niedrige Dichte) abziehen mit einem Kompressor komprimieren, dabei steigen die Temperatur und Druck an und dadurch den restlichen Treibstoff abkühlen (dessen mittlere Temperatur sinkt ab). Wieder dieser komprimierte Treibstoff nach einer Abkühlphase dann auf Normaldruck entspannt, so kühlt er sich unter die Ausgangstemperatur ab. Im wesentlichen funktioniert ein Kühlschrank auf ähnliche Art.

Alternativ kann man Helium durch den Treibstoff leiten. Die Heliumblasen platzen, nehmen dabei Energie auf und kühlen den Treibstoff ab. Beide Verfahren brauchen viel Energie.

Die ESA hat nicht beziffert, wie viel Nutzlast diese Maßnahme zusätzlich bringt. Bei gleichbleibender Trockenmasse der Stufe hat der Autor einen Gewinn von 1.000 kg errechnet. Allerdings ist wahrscheinlich, dass mehr Treibstoff auch eine strukturelle Verstärkung nötig macht. Dies erhöht die Trockenmasse, sodass wahrscheinlich nur etwa 500-600 kg netto übrig bleiben.

Feststoffbooster

Die heutigen Booster entsprechen dem technischen Stand Ende der achtziger Jahre. Damals war es noch nicht möglich, sehr große Hülsen aus kohlefaserverstärkten Kunststoffen (CFK) herzustellen. Inzwischen hat diese Technologie aber große Fortschritte gemacht. Große Teile der Passagierkabine des Airbus A380 und auch die erste Stufe der Vega bestehen aus diesem Material.

Es gibt zwei Möglichkeiten, von diesen Fortschritten zu profitieren: Die eine besteht darin, diese Technologie mit der schon erprobten Fertigung mit Stahl zu kombinieren. Die Dicke der Stahlzylinder würde dabei von 8 auf 5 mm sinken. Den Verlust an Festigkeit würde eine 6 mm dicke, äußere Hülle aus Verbundwerkstoffen ausgleichen. Da CFK-Werkstoffe eine niedrigere Dichte als Stahl haben, resultiert daraus eine Reduktion der Boosterleermasse um mehr als 2.000 kg. Allerdings würden die Fertigungskosten stark ansteigen, und es wären umfangreiche Entwicklungsarbeiten notwendig. MT Aerospace stellte schon 2003 einen Prototyp eines Segmentes mit 3 m Durchmesser aus Stahl/Kohlefaserverbundwerkstoffen vor.

Weitere 680 kg könnten eingespart werden, wenn die Zahl der Zylinder in den beiden großen Segmenten von drei auf zwei reduziert wird. Dies würde auch die Herstellungskosten senken, die derzeitige Fertigungsstraße bei MT Aerospace ist jedoch nur auf maximal 4 m lange Zylinder ausgelegt. Mit nun 5 m Zylinderlänge würden umfangreiche Investitionen für eine Umstellung der Produktion anfallen. Die Booster würden wie bisher aus Stahl bestehen. Auch die Zahl der Segmente könnte auf zwei reduziert werden. Damit würde eine weitere Verbindungsstelle wegfallen.

Ebenfalls gedacht ist an das Überladen von zwei der drei Segmente mit Treibstoff. Das wären beim größeren S2-Segment dann 10 t mehr.

Ein wesentlich größeres Einsparpotential hat aber die komplette Umstellung der Produktion auf CFK-Werkstoffe und der Verzicht auf Stahl. Die Fertigung der Boostergehäuse aus CFK verspricht eine Massenreduktion von derzeit 37,5 auf 27 t, also um ein Drittel. Diese Booster können trotzdem etwas mehr Treibstoff aufnehmen, 248 anstatt 241 t. Ein weiterer Vorteil wäre ein höherer zulässiger Brennkammerdruck von 90 statt 65 Bar. Dadurch kann eine neue Düse mit einem höheren Entspannungsverhältnis eingesetzt werden. Auch diese setzt CFK-Werkstoffe ein und wird elektromechanisch statt hydraulisch bewegt. Zusammen mit der energiereicheren Treibstoffmischung HTPB 1912, die bei der Vega zum Einsatz kommt, wäre so der spezifische Impuls um 40 m/s steigerbar.

Die ESA rechnet trotz der Leistungssteigerung mit Kosteneinsparungen. Die Produktion der Booster aus CFK-Werkstoffen ist einfacher, und das elektromechanische System des Schwenkmechanismus ist weniger komplex und preiswerter als das bisher eingesetzte hydraulische System. Die Möglichkeit, die Technologie der Vega auf die Ariane 5 zu übertragen, war der Grund, warum die CNES sich bei der Vega beteiligte. Die ESA spricht von einem Einsparpotential von 25 − 30% bei den Produktionskosten. Avio rechnet schon mit dem Auftrag: Die neu errichtete Fabrik in Colleferro ist für die Vega Erststufe viel zu groß. Es ist auch kein Zufall, dass P80 FW Booster und die EAP der Ariane 5 den gleichen Durchmesser haben. Die Synergien wurden also schon bei der Konzeption der Stufe mit einbezogen.

Durch Umstellung der Produktion auf CFK-Booster wäre im Optimalfall eine Steigerung der Nutzlast um 1.750 kg möglich.

Der Preis dafür wäre eine höhere dynamische Belastung in der Aufstiegsbahn von mehr als 48.000 Pascal, 30% mehr als bei der Ariane 5 ECA. Dies kann durch eine Anpassung der Aufstiegsbahn verringert werden, kostet dann aber einen Teil der gewonnenen Nutzlast. Realistisch bleiben dann 1.000 – 1.500 kg mehr Nutzlast durch den Einsatz neuer Booster bei gleich bleibenden oder sinkenden Produktionskosten.

ESC-B Oberstufe

Bei der Oberstufe wurde an eine Steigerung des Schubs auf 200 kN gedacht. Schon heute ist der Schub des Vinci nicht ausreichend für LEO-Missionen. So kann beim Transport eines ATV die Stufe nur teilweise befüllt werden. Eine Schubsteigerung erfolgte schon bei der Entwicklung des Vinci. Da das Triebwerk mit einer variablen Mixtur arbeiten kann (LOX/LH2 von 5,7 bis 5,9) und es bei der bisherigen ESC-B mit 5,8 zu 1 arbeitet, würden eine Umstellung auf 5,9 zu 1 und ein etwas höherer Brennkammerdruck die benötigten 20 kN mehr Schub liefern.

Eine weitere Optimierung wäre eine aktive Messung des Resttreibstoffs sowohl bei der EPC als auch der ESC-B. Beide Stufen werden heute abgeschaltet, bevor der Treibstoff vollständig verbraucht ist. Ein vollständiges Verbrauchen der Treibstoffe kann zum Durchbrennen des Triebwerks mangels Kühlung führen. Daher verbleiben in den Stufen Reste, typischerweise 1% der Gesamtmenge. Würde es gelingen, 0.5% weniger Resttreibstoff in den Tanks zu hinterlassen, so entspricht dies 140 kg mehr Nutzlast bei der ESC-B und 270 kg mehr bei der EPC, zusammen also 400 kg mehr Nutzlast. Dazu müssen die Restmengen bestimmt und zum richtigen Zeitpunkt die Ventile geschlossen werden. Beide Triebwerke können auch mit leicht veränderten Mischungsverhältnissen betrieben werden, sodass es so möglich ist, beide Komponenten vollständig zu nutzen. Derartiges „Treibstoffmanagement" wurde schon bei der Saturn V eingeführt, wobei der Arbeitspunkt des J-2 verändert wurde. Es half (zusammen mit anderen Maßnahmen), die Nutzlast während der Mondflüge um 8% zu steigern. Auch das Space Shuttle setzt diese Technik ein, um die Menge des Resttreibstoffs im externen Tank zu reduzieren.

Bisher wurden beide Möglichkeiten nicht von der ESA untersucht. Wie bisher sollen die Triebwerke mit einem konstanten Arbeitspunkt betrieben werden, obwohl die Variation des Mischungsverhältnisses technisch beim Vulcain 2 und Vinci möglich ist.

Alternativen

Untersucht wurden von der ESA auch gravierende Änderungen des Konzepts, wie beispielsweise neue Booster. Die Booster mit 200 t flüssigem Sauerstoff und Methan (Mischungsverhältnis 2,85 zu 1) würden von einem 4.000 kN Triebwerk mit einem Gewicht von 5.500 kg und einem spezifischen Impuls von 3.284 m/s angetrieben werden.

Dieser EAL („Etage d'Accélération à Liquide") genannte Booster offeriert eine niedrigere Belastung von 29 kPa beim Aufstieg. Aufgrund der gleichmäßigeren Schubübertragung auf die EPC (verglichen mit der Übertragung bei den EAP im Frontskirt) wäre die EPC strukturell um 1.700 kg zu verstärken. Gegen die EAL-Booster spricht vor allem ein um 30% höherer Startpreis der Ariane 5.

Gesamtbetrachtung

Eine Ariane, welche alle Punkte umsetzt, (mit einem MC 1700 G Triebwerk, neuen CFK-Feststoffboostern und einem Vinci Triebwerk mit 200 kN Schub) würde nach ESA Angaben eine LEO-Performance von 27 t und eine GTO-Nutzlast von 14 – 15 t besitzen. Es zeigt auch sehr deutlich, wie das Konzept der Ariane 5 auf eine Leistungssteigerung ohne Zusatzstufen ausgelegt ist, denn die Trägerrakete offeriert die doppelte Nutzlast der Ariane 5G bei einem nur um 6 % höheren Startgewicht.

Soll noch mehr Nutzlast resultieren, so wären bedeutende Änderungen notwendig, wie Verlängerungen von Hauptstufe und Booster, mehrere Booster oder mehrere Triebwerke in der Zentral- und der Oberstufe. Dies bedeutet dann aber auch erhebliche Kosten für eine erneute Qualifikation der nun in wesentlichen Teilen geänderten Rakete.

Das folgende Typenblatt zeigt eine mögliche Konfiguration. Da genauen Angaben (außer für die Feststoffbooster) nicht vorliegen, sind die Daten weitestgehend von der Ariane 5 ECB übertragen worden..

Typenblatt Ariane 5 „Endlife"	
Länge: maximaler Durchmesser: Startgewicht:	51,51 – 58,67 m 12,20 m 784.000 kg
Einsatzzeitraum:	keiner
Nutzlast:	27.000 kg (zur ISS) 14.200 – 15.000 kg (in einen GTO-Orbit) 13.400 kg (in eine Mondtransferbahn)
Booster P248	
Länge: Durchmesser: Startgewicht: Leergewicht: Schub: Brenndauer: Spezifischer Impuls:	31,40 m 3,05 m 275.000 kg 27.000 kg 2 × 5.130 kN (Mittel) 132 s 2741 m/s (Vakuum)

EPC189 (unterkühlte Treibstoffe)	
Länge:	30,50 m
Durchmesser:	5,40 m
Startgewicht:	204.500 kg
Trockengewicht:	15.000 kg
Triebwerk:	1 × MC 1700G
Schub:	1.700 kN (Vakuum)
Brenndauer:	480 s
Treibstoff:	LOX/LH2
Spezifischer Impuls:	4315 m/s (Vakuum)
ESC-B	
Länge:	5,68 m
Durchmesser:	5,40 m
Startgewicht:	34.450 kg
Leergewicht:	6.250 kg
Triebwerke:	1 × Vinci 2
Schub:	200 kN (Vakuum)
Brenndauer:	640 s
Treibstoff:	LOX/LH2
Spezifischer Impuls (Vakuum)	4560 m/s
VEB	
Höhe:	1,04 m
Durchmesser:	5,40 m
Gewicht:	950 kg
Nutzlasthülle	
Länge:	12,70, 13,80 m und 17,00 m
Volumen:	125, 145 und 200 m³
Durchmesser:	5,40 m
Gewicht:	1.970, 2.060 und 2.400 kg
Sylda-5	
Volumen:	50 – 65 m³
Länge:	4,90 – 6,50 m
Durchmesser:	4,56 m
Gewicht:	407 – 512 kg

Die Ariane 5 Entwicklung – ein persönliches Urteil

An dieser Stelle meine eigenen Gedanken zu der Ariane 5 und ihrer Entwicklung. In der ersten Auflage des Buchs habe ich mich auch ausführlich über die europäische Trägerpolitik ausgelassen. Doch in diesem Band will ich mich nur auf die Technik beschränken.

Als man die Ariane 5 beschloss, war zwar Ariane 4 noch nicht geflogen, doch der Erfolg der Ariane war schon an den prall gefüllten Auftragsbüchern erkennbar. Die ESA hat dies bei der Konzeption der Rakete weitestgehend ignoriert und die Rakete ausgelegt auf die Sicherheitsanforderungen für Hermes. Denn für diesen waren folgende zwei Punkte wichtig:

- Das Vulcain kann vor dem Abheben geprüft werden, im Flug werden keine weiteren Triebwerke gezündet.
- Es gibt nur drei Triebwerke bei Hermes Missionen, vergleichen mit 6-10 bei der Ariane 4.
- Hermes kommt ohne Oberstufe aus, er kann die geringe fehlende Geschwindigkeit mit seinem eigenen Antrieb aufbringen.

Damit man trotzdem Satelliten transportieren konnte und um trotzdem keine zwei Konfigurationen zu haben, kam man auf die Idee eine kleine Oberstufe in die VEB zu integrieren.

Diese Konfiguration bedeutete, dass man anders als bei der Ariane 1-4 Entwicklung nicht die Rakete um Booster erweitern konnte und man Nutzlast primär durch leistungsfähigere Oberstufen gewinnt, die man kostenintensiv erst noch entwickeln muss. Schon das war ein Fehler. Man hätte anstatt zweier großer Booster wie bei der geplanten Ariane 64 vier kleinere Booster nehmen können und so eine Alternative gehabt, wenn man nur eine schwere Nutzlast im Einzelstart hat oder zwei leichte Satelliten transportieren muss. Bei kürzerer Brennzeit wäre auch eine 6-Booster Konfiguration möglich, von denen dann zwei erst nach dem Ausbrennen der ersten vier gezündet werden, das hätte dann drei Konfigurationen ergeben die 80, 100 und 120% der Ariane 5G Nutzlast entsprochen hätten.

Nimmt man die geplante Ariane 5 als gegeben, so hätte man spätestens bei dem Ausbau intelligenter sein können, denn schon beim Jungfernflug war klar, dass Ariane 5 vor allem GTO-Transporte abwickeln würde.

Die ESC-A ist der sinnvollste Schritt und sie alleine brachte auch den höchsten Nutzlastgewinn, bei den geringsten Investitionskosten. Doch warum man eine Stufe mit nur 14,6 t Treibstoff mit 5,4 m Durchmesser konstruiert, ist mir unverständlich. Normal wäre bei dieser Treibstoffzuladung ein Durchmesser von 3 m. Es bietet sich ein Vergleich zur Centaur D an, die diese Treibstoffzuladung hat und leer 1,61 t wiegt. Auch die H10 der Ariane 4 wog bei 11,6 t Treibstoff leer

1,36 t. Die ESC-A dagegen 3,3 t. Sicher, dann nimmt der Durchmesser von der EPC ab und bei der Nutzlastverkelidung zu, doch zum einen geht dies ja auch beim Vorgängermodell Ariane 4 und auch beim Nachfolgemodell Ariane 6, zum andern gibt es die Möglichkeit einfach die Nutzlastverkleidung zu verlängern, sodass sie auch die Stufe mit umgibt. Die Atlas V und Titan 4 setzten diese Technik ein. Da man die Nutzlastverkleidung frühzeitig abtrennt, gewinnt man so trotz des erhöhten Gewichts deutlich. In der Summe hat man etwa 1,5 t Nutzlast bei der Ariane 5 ECA verschenkt – damit wäre z.B. die milliardenschwere Entwicklung der ESC-B überflüssig. Warum man sowohl bei der ESC-A und ESC-B den Weg von Oberstufen mit 5,4 m Durchmesser ging, obwohl diese sehr schwer werden (zum einen durch das ungünstige Oberflächen/Volumenverhältnis, zum andern durch die stärkere Neigung zum Schwappen bei einem größeren Tankdurchmesser, die wiederum schwerere Tanks nötig macht? Meine persönliche Erklärung ist, dass wohl die Rakete nicht zu hoch werden dürfte, sonst bekäme man bei der vertikalen Integration Probleme.

Auch bei der EPC hat man Fehler gemacht. Das Vulcain Triebwerk war und ist das teuerste Einzelbauteil der Rakete. Wenn man also ein neues Triebwerk für die Evolution Variante ins Auge fasst, weil man mehr Schub für schwere Nutzlasten/Oberstufen braucht, dann wäre es sinnvoll das Vulcain stärker im Schub zu steigern und gegebenenfalls auf Leistung zugunsten von Kosteneffizienz verzichten. Das ist die Haupttriebfeder bei den Vulcain 3 Entwürfen. Im Gegensatz dazu wurde die Vulcain 2 Entwicklung teuer, es brachte noch mehr Leistung (gemessen am spezifischen Impuls) als das Vulcain 1, liefert aber nur 200 kN mehr Schub. Ein schubstärkeres Triebwerk kann trotz geringerem spezifischen Impuls (und damit geringeren Anforderungen an Brennkammerdruck, Turbopumpen und Kühlung) mehr Nutzlast erbringen, weil es die Mitnahme von mehr Treibstoff zulässt oder bei gleicher Treibstoffmenge die bei Ariane 5 durch die lange Brennzeit ausgeprägten Gravitationsverluste absenkt. Hier tendiere ich zu einem Triebwerk der 1800 kN Klasse. Das MC 1700G hätte z.B. weitere 1.800 kg Nutzlast gebracht.

Diese beiden Maßnahmen (optimale Form für die ESC-A und Vulcain 3) hätten alleine die Nutzlast mehr angehoben als alle durchgeführten Maßnahmen. Man hätte sich also neue Boostergehäuse, Sylda und Verschieben des Zwischenbodens bei der EPC sparen können. Die ESC-B wäre auch überflüssig gewesen.

Nun ist die Ariane 5 zwar noch nicht Geschichte, aber sie wird nicht mehr weiterentwickelt. In den letzten Jahren hat sich aber die Einstellung zu den Trägern bei der ESA verselbstständigt. Seit 2005 bekam Arianespace Zuschüsse um Verluste aus der Vermarktung zu decken. Das Programm hieß pikanterweise EGAS: European Guaranteed Access to Space. Dabei ist es das genaue Gegenteil: Europa hat seit 1979 einen garantierten Zugrang zum Weltraum, denn die Ariane 5 existiert ja. Das Programm subventioniert aber die Startpreise, damit kommerzielle Kunden davon profitieren. Mit Europa hat das nichts zu tun. Nach 2010 sanken die Subventio-

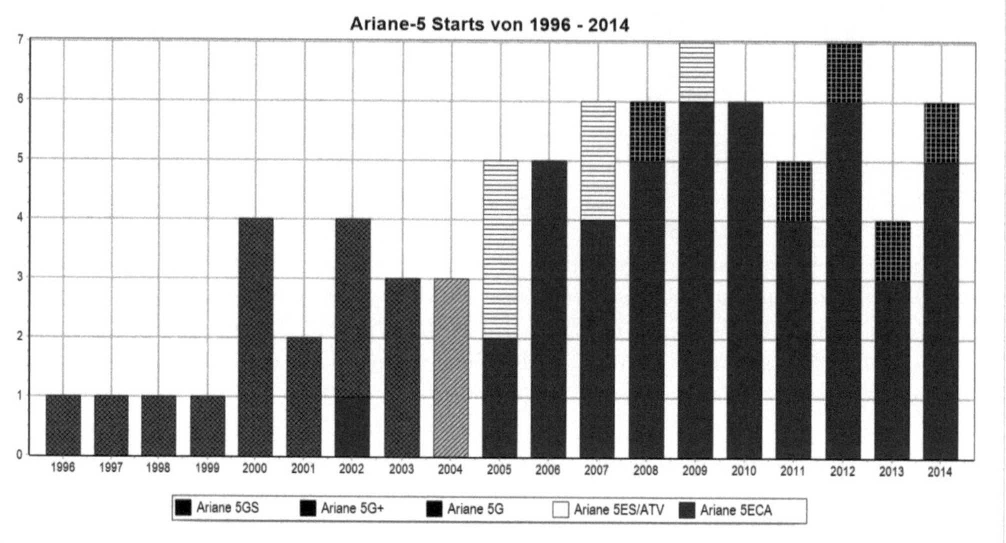

Abbildung 85: Die bisherigen Ariane 5 Starts aufgeteilt nach Versionen

nen von 240 auf 100 bis 120 Millionen Euro pro Jahr, und 2014 schrieb Arianespace erstmals seit langem schwarze Zahlen. Dabei nahm in diesem Jahr SpaceX den Flugbetrieb auf. Diese Firma wurde genutzt um bei den Regierungen erfolgreich Geld für die Ariane 6 Entwicklung loszueisen.

Warum dieses Paradoxon? Ariane 5 ist nicht zu teuer, weil die Rakete zu teuer ist. Sie ist zu teuer, weil nach Einführung des Euros die Träger in Euros bezahlt werden müssen. Vorher waren es französische Francs. International werden aber Starts in US-Dollar gehandelt. Der Wechselkurs zum US-Dollar stieg nach 2002, der Einführung des Euros laufend an, um bis zur Eurokrise im Jahr 2009 1,4 $ pro Euro zu erreichen – bei der Einführung waren es noch 1,2 $/Euro. Seitdem fiel er wieder und unterschritt 2014 wieder den Wechselkurs von 1,2$ pro Euro – und seitdem ist Arianespace wieder konkurrenzfähig. An den Wechselkursschwankungen werden aber auch neue Oberstufen oder ein neuer Träger nichts ändern.

Weitergehende Überlegungen

Weitere Änderungen beinhalten noch massivere Eingriffe in das Ariane 5-Design. Es gibt hier eine Vielzahl von Ideen, Projekten und Untersuchungen, die unterschiedlich weit verfolgt wurden. An dieser Stelle wird nur eine kleine Auswahl an möglichen Erweiterungen beschrieben.

Half Ariane 5 Solid

Im Rahmen der „Ariane 2010" Untersuchung wurde auch das Konzept der „Half Ariane 5 Solid" veröffentlicht. Sie besteht aus einem Ariane 5 EAP-Booster, bestehend aus zwei verlängerten Segmenten – bei 260 t Treibstoffzuladung weist dieser nur eine Trockenmasse von 10% auf.

Die zweite Stufe besteht aus einem Feststoffbooster mit nur einem Segment und 130 t Treibstoff. Eine kryogene Oberstufe von 4,0 m Durchmesser würde die dritte Stufe bilden. Drei verschiedene Konzepte wurden untersucht. Sie könnte 5,5 – 6 t in den GTO-Orbit befördern. Dabei würde die Nutzlastverkleidung der Ariane 5 von 5,40 m Durchmesser verwendet werden.

Damals stufte die Studie diesen Träger als machbar mit den derzeitigen Anlagen ein und sah nur ein geringes Entwicklungsrisiko. Als Nachteil wurde die geringe Nutzlast von 5,5 t angesehen. Damals waren schon deutlich schwerere Kommunikationssatelliten geplant. Da nun aber die Ariane 5 Konzepte ohne Zusatzbooster auch in diesem Bereich liegen, könnte es sein, dass dieses Konzept erneut aufgegriffen wird.

Lange Zeit wurde ein ähnlicher Träger im FLPP-Programm unter der Bezeichnung BBPH (**B**uilding **B**lock: **P**owder **H**ydrogen) untersucht. (Siehe Tabelle S.324). Aus ihm sollte das Konzept der Ariane 6 entstehen.

Post Ariane 5-Ideen

Sowohl die Industrie als auch die ESA sehen die Ariane 5 als weitgehend optimierte klassische Rakete – also nur einmal einsetzbar. Eine gravierende Reduktion der Startkosten kann nur erfolgen, wenn auf wiederverwendbare Systeme übergegangen wird. Doch auch dabei wird auf die Technologie der Ariane 5 zurückgegriffen.

Abbildung 86: Half Solid Konzept

Die folgenden Konzepte sind mit dem Beschluss die Ariane 6 zu entwickeln wohl hinfällig, denn wenn Ariane 6 wie ihre Vorgänger mindestens 20, eher 25 Jahre im Dienst bleibt (Ariane 1-4: 24 Jahre, Ariane 5: mindestens 25 Jahre), so gibt es keinen Bedarf für ein neues Trägersystem vor 2045. Sie sollen der Vollständigkeit halber trotzdem kurz vorgestellt werden.

Hopper

Der erste Vorschlag für einen wiederverwendbaren Träger war Hopper, ein 50 m langer Shuttle mit einer Spannweite von 27 m. Er sollte auf einem Schienenweg horizontal beschleunigt werden und hätte eine Nutzlast auf eine suborbitale Bahn mit einer Gipfelhöhe von 130 km gebracht. Dort wäre die nicht wiederverwendbare Oberstufe gezündet worden. Danach sollte er im Gleitflug wieder auf einer 4 km langen Piste aufsetzen. Der Landeort wäre etwa 4.500 km vom Startort entfernt gewesen. Antrieb sollten zuerst drei Vulcain 3R sein (wiederverwendbare Vulcain 3 Derivate), Triebwerke nach dem Staged Combustion Prinzip, wie das russische RD-0120, wurden auch untersucht. Sie wären noch besser geeignet (die Nutzlast für den GTO-Orbit würde von 7,2 auf 9 t steigen), erfordern aber höhere Investitionskosten.

Hopper sollte die Transportkosten auf die Hälfte, bis auf ein Viertel konventioneller Systeme reduzieren, also auf etwa 5 – 6.000 Euro/kg. Die Aria-

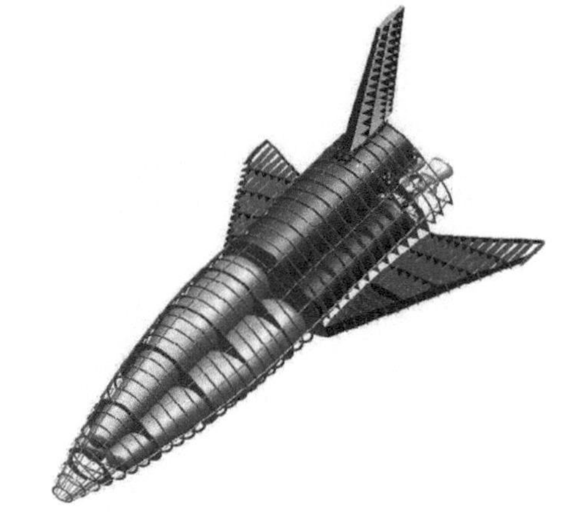

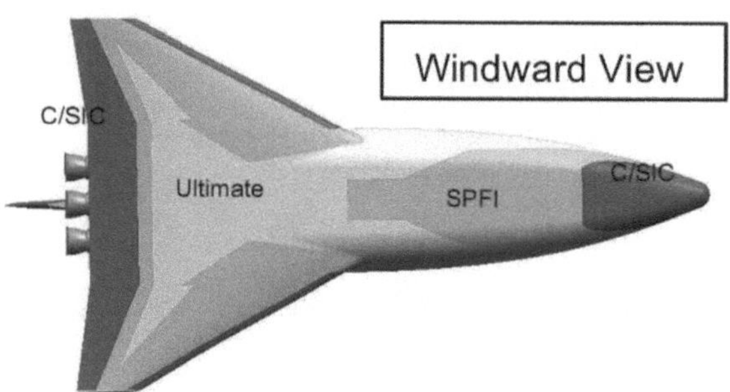

Abbildung 87: Hopper Entwürfe

ne 5 ECA liegt derzeit bei 13.000 Euro/kg, und für die Ariane 5 ME werden 10.000 Euro/kg angestrebt.

Das DLR förderte einen im Maßstab 1:7 verkleinerten Prototypen namens Phoenix mit einer Summe von 40 Millionen Euro im Rahmen des ASTRA Programms. Mit diesem Prototyp wurden im Jahre 2004 Gleitflugtests durchgeführt. Phoenix war 6,7 m lang, hatte eine Spannweite von 3,9 m und wog 1.200 kg. Danach wurde es still um das Projekt von EADS und DLR. 2014 führte Airbus (früher EADS) einen Test eines Gleitermodells vor der Küste Singapurs durch. Der Gleiter wurde dabei von einem Helikopter in 3.500 m Höhe ausgeklinkt und nach dem Gleitflug aus dem Meer gefischt. Offensichtlich arbeitet man immer noch an dem Konzept, wenn auch mit geringem Aufwand.

Hopper	
Gesamtlänge:	50,20 m
Spannweite:	27,20 m
Gleiterlänge:	43,80 m
Rumpfdurchmesser	10,30 m
Rumpfhöhe:	9,40 m
Startgewicht:	497.200 kg
Trockengewicht:	59.200 kg
Resttreibstoffe:	4.100 kg
Oberstufe:	27.200 kg
GTO Nutzlast:	7.200 kg
Treibstoffe:	399.000 kg
Triebwerke:	3 × Vulcain 3R
Schub:	4053 kN auf Meereshöhe

Liquid Fly Back Booster LFBB

Das DLR-Institut für **S**ystem**a**nalyse **R**aum**t**ransport, SART, hat schon vor Jahren einen Vorschlag einer teilweise wiederverwendbaren Ariane 5 ausgearbeitet. Die EPC mit der ESC-B Oberstufe wäre von zwei jeweils 221 t schweren Boostern unterstützt worden. Diese verwenden jeweils drei Vulcain-3 Triebwerke als Antrieb und können mit einem eigenen Antrieb zum Startort zurückfliegen und erneut eingesetzt werden.

Beim Antrieb der Booster handelt es sich um ein hypothetisches Vulcain-Triebwerk mit höherem Brennkammerdruck von 139 Bar und höherem Bodenschub. Dieses Triebwerk trägt der Tatsache Rechnung, dass die Booster nun die EAP ersetzen, also am Boden sehr schubstark sein müssen. Es soll auch bis zu sieben Mal wiederverwendet werden können. Es ist an den Bodenbetrieb angepasst, da die Brenndauer bei 150 s liegt.

Angebracht sind die Booster an einer verlängerten EPC mit einem weiteren Vulcain 3 Triebwerk, diesmal jedoch für den Betrieb im Vakuum angepasst. Diese EPC nimmt 185 t Treibstoff auf. Es folgt die normale ESC-B Oberstufe. Bei einer Startmasse von knapp unter 700 t transportiert diese Version etwa 13,1 t in den GTO-Orbit.

	Vulcain	Vulcain 2	Vulcain 3R
Schub (Meereshöhe):	885 kN	960 kN	1,412 kN
Schub (Vakuum):	1,145 kN	1,350 kN	1,622 kN
Spezifischer Impuls (Meereshöhe):	3335 m/s	3089 m/s	3600 m/s
Spezifischer Impuls (Mittel):	4228 m/s	4256 m/s	4138 m/s
Brennkammerdruck:	110 Bar	115 Bar	139 Bar
Expansionsverhältnis:	49	61.5	35
Länge:	3,00 m	3,58 m	2,89 m
Maximaler Durchmesser:	1,76 m	2,20 m	1,62 m
Gewicht:	1,685 kg	1,800 kg	2,370 kg
Brenndauer:	590 s	540 s	145 s
Einsätze:	1	1	7

In der 6,70 m langen Spitze des Boosters befinden sich drei luftatmende Triebwerke für den Rückflug zum Startplatz, das Landefahrwerk und zwei Entenflügel. Sie sind notwendig, um die Trimmbarkeit und Stabilität zu erhöhen. Es schließt sich der Treibstofftank an, der von der EPC übernommen wurde, aber etwas verkürzt ist (168,5 anstatt 185 t Treibstoff). An ihm sind zwei trapezförmige Flügel angebracht.

Jeder dieser LFBB (**L**iquid **F**ly **B**ack **B**ooster) verwendet einen EJ-200 Turbofanantrieb. Er soll vom Antrieb mit Kerosin auf Wasserstoff umgerüstet werden und im Tank verbliebenen Wasserstoff verbrennen. Dies spart Gewicht, da Wasserstoff einen höheren Energiegehalt aufweist. Die EJ-200 Triebwerke können nach ersten Untersuchungen des Herstellers auf den Betrieb mit Wasserstoff umgerüstet werden.

Bis der Booster in den aerodynamischen Gleitflug übergeht (bei Mach 6), regeln RCS-Triebwerke (RCS: **R**eaction **C**ontrol **S**ystem – System zur Kontrolle der räumlichen Lage) die Ausrichtung. Sie drehen auch den Booster für den Wiedereintritt. Als Treibstoff für das RCS können MMH/NTO, Ethanol/LOX oder LH2/LOX eingesetzt werden. Die RCS-Triebwerke werden auch zur Kontrolle der Lage der Ariane während der ersten zweieinhalb Flugminuten eingesetzt.

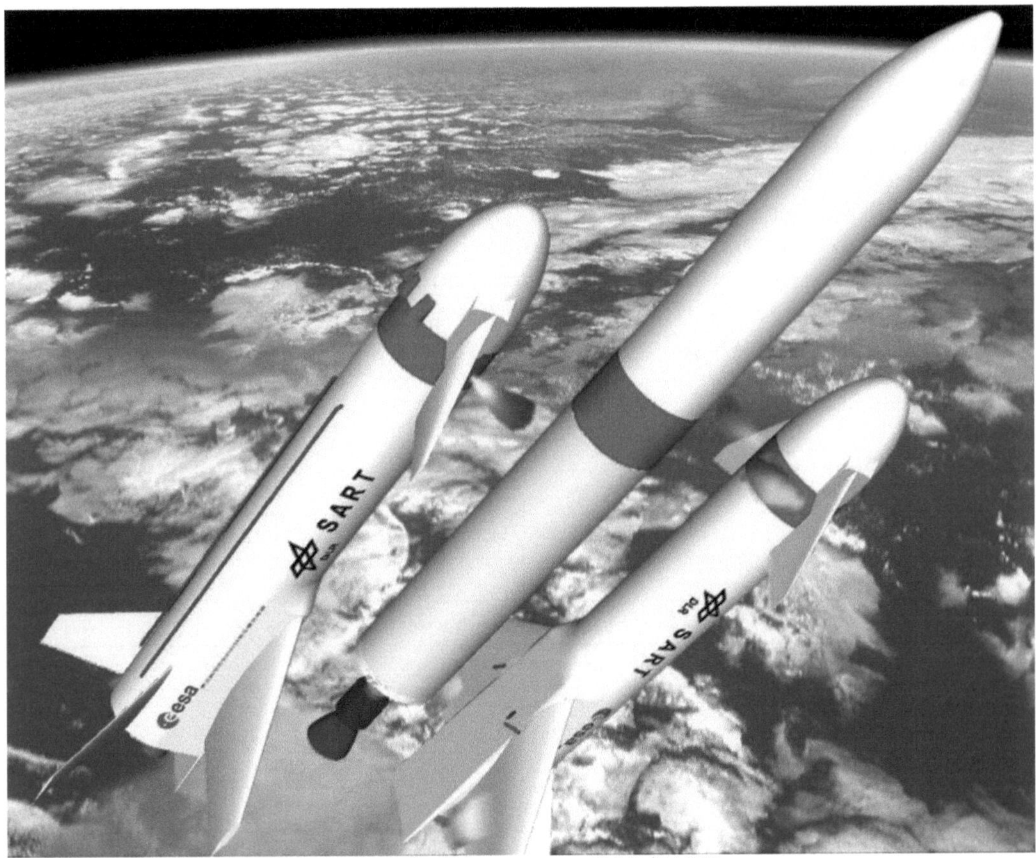

Abbildung 88: Konzept des LFBB © des Diagramms: DLR/SART

In veränderter Form übernommen werden die Feststoffraketen zur Abtrennung der Booster von der Ariane 5 EPC. Sie haben eine 64 % höhere Treibstoffzuladung und einen 27 % größeren Düsenhalsdurchmesser, um mehr Schub zu erzeugen, da das Leergewicht der LFBB höher als das der EAP ist.

Die Kräfte auf die EPC werden durch einen strukturell verstärkten, 2,50 m hohen Ring übertragen, der auf den Erfahrungen von MT Aerospace mit dem Ariane 5 Frontskirt beruht. Die Tanks sind aus zeitgemäßen Lithium-Aluminiumlegierungen gefertigt. Schubgerüst und Heck, welches das Gewicht der Booster und der EPC auf der Startrampe tragen muss, bestehen aus CFK-Werkstoffen.

Der Flügel aus CFK-Werkstoffen ist optimiert für einen Überschallgleitflug von Mach 0,8 bis 7. Es gibt eine Instabilität bei Geschwindigkeiten im niedrigen Unterschallbereich, die aber von einer verfügbaren Steuerung gemeistert werden kann. Der Flügel muss durch eine flexible thermische Isolation gegen die Hitze von 100 kW/m² beim Wiedereintritt geschützt werden. Alternativ könnte er aus hitzebeständigem Stahl gefertigt werden, doch wäre dieser deutlich schwerer.

Die Abtrennung der LFBB erfolgt nach drei Minuten Flugzeit in einer Höhe von 50 km bei einer Geschwindigkeit von 2 km/s. Bedingt durch die Geschwindigkeit steigen die LFBB bis auf 90-100 km Gipfelhöhe. Der LFBB dreht sich nun langsam in die Flugrichtung und geht in einen Gleitflug über, um Geschwindigkeit abzubauen, bis er in 550 km Entfernung vom Startort die Geschwindigkeit erreicht hat, in der der Turbofan-Antrieb in der Nase aktiviert werden kann. Der Rückflug nach Kourou dauert etwa eine Stunde. Inklusive einer Reserve von 30% werden dafür 3,65 t Wasserstoff benötigt. Die Landung erfolgt mit einer Geschwindigkeit von 334 km/h.

LFBB	
Startgewicht:	222.500 kg
Trockengewicht:	46.200 kg
Gewicht bei Brennschluss:	54.000 kg
Flügel:	21 m Spannweite, 115 m² Fläche, 45° Pfeilung
Entenflügel:	15 m² Fläche, 65° Pfeilung Vorderkante, 22° Hinterkante
Antrieb:	3 × Vulcain 3 (je 1.500 kN) 10 × RCS (je 2 kN) 3 × EJ-200 (je 60 kN)
Länge:	42,20 m
Rumpfdurchmesser:	5,45 m

LFBB	
Treibstoff:	167.500 kg unterkühltes LH2/LOX
Gesamtgewicht:	688.850 kg
Nutzlast:	13.140 kg in 180 × 35786 km GTO

Die LFBB könnten in einer Reihe von Trägersystemen eingesetzt werden, z. B. als wiederverwendbare erste Stufe eines kleinen Trägersystems in der Nutzlastklasse zwischen Vega und Sojus, aber auch als Booster einer Schwerlastrakete: Fünf LFBB stellen die Booster. Sie umgeben eine Zentralstufe mit 10 m Durchmesser. Ein Träger dieser Klasse könnte 70 t in einen niedrigen Erdorbit transportieren.

Triebwerksentwicklungen für zukünftige wiederverwendbare Träger

Die ESA Studien im Rahmen des FLPP-Programms für wiederverwendbare Stufen fokussieren sich auf ein neues Triebwerk, das schon bei der Ariane 5 Weiterentwicklung untersucht wurde. Das MC 2000 E mit dem Hauptstromverfahren soll 25-mal wiederverwendbar sein. Es könnte sowohl eine einstufige Lösung als auch eine wiederverwendbare erste Stufe einer zweistufigen Rakete antreiben. Sein höherer spezifischer Impuls erlaubt es, die Treibstoffmenge gegenüber dem Vulcain zu reduzieren, wodurch der Träger kleiner und leichter wird.

Am 15.6.2009 unterschrieben ESA und Snecma einen Vertrag für die Erforschung weiterer Technologien für Triebwerke. Ihm soll bis 2014 ein Technologiedemonstrator folgen. Der Vertrag hat einen Umfang von 20 Millionen Euro mit Optionen auf eine Erweiterung auf 33 Millionen Euro. Genauere Angaben über den Typ des Triebwerks oder die Art der Arbeiten wurden nicht bekanntgegeben.

Derzeit liegen derartige Ideen in einer fernen Zukunft. Da es derzeit an Geld fehlt, um nur die ESC-B-Entwicklung wieder aufzunehmen und danach noch weitere Schritte durchzuführen, welche die Nutzlast der Ariane 5 auf rund 15 t anheben können, werden diese Projekte erst nach 2020 angegangen werden. Im Gegensatz dazu sehen die bisherigen Pläne für eine Ariane 6 nicht einmal mehr ein wiederverwendbares System vor.

Weiter gediehen sind die Entwicklungen in der Tanktechnologie. Sie könnten bei der Ariane 6 zum Einsatz kommen und durch neue Verformungs- und Schweißtechniken deren Masse senken.

Ariane 5 – 50t

Die heutige Ariane 5 setzt nur ein Triebwerk in der ersten Stufe und zwei Booster ein. Es wundert daher nicht, dass es Ideen gab, wie durch Einsatz derselben Technologie eine Schwerlastrakete entstehen könnte.

Eine EADS-Studie von 2005 untersuchte, wie sich Europa auf Basis der Ariane 5 an einem bemannten Mondprogramm beteiligen könnte. Eine unveränderte Ariane 5 EPC wird dabei von sechs Boostern unterstützt. Die Oberstufe und die Nutzlastverkleidung haben 6,00 m Durchmesser. Die Oberstufe mit 48 t Treibstoff verwendet zwei Vinci-Triebwerke. Diese Variante sollte 50 t in einen Erdorbit bringen. Die Nutzlast in einen Mondtransferorbit beträgt zwischen 22,7 und 24 t. Ein Start soll im Monatsabstand erfolgen können.

Dies zeigt das Potential der Ariane 5 Technologie; die beschriebene Trägerversion könnte zum Einsatz kommen, wenn sich Europa an einem bemannten Mond/Marsprogramm beteiligen würde.

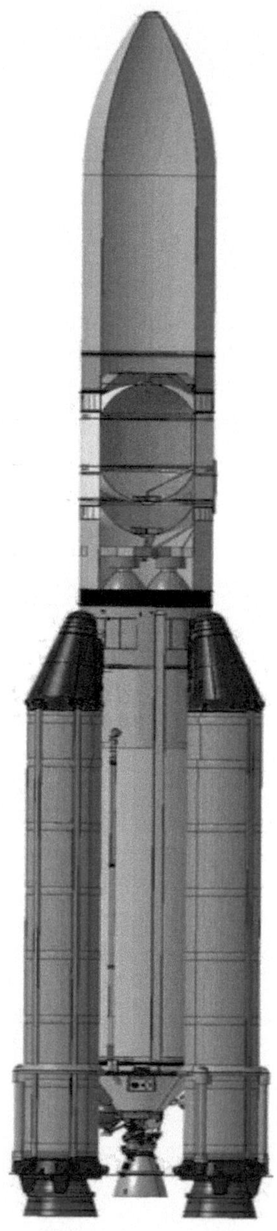

Abbildung 89: Ariane 5 50 t Konzept mit sechs Boostern © der Grafik ESA/EADS

CNES Studie für eine Ariane 5 Mondrakete

Schon im Jahre 1991 veröffentlichte die CNES eine Studie, wie durch Einsatz der Ariane 5 Technologie eine Mondrakete entstehen könnte. Dieses Konzept wurde „Ariane Super Lourd" getauft. Basis der Überlegungen bildete die Ariane 5 in der Generic-Version. Vier damalige Ariane-Booster (P230) sollten eine neue kryogene Erststufe umgeben. Diese Stufe von 8,20 m Durchmesser wäre länger gewesen als die derzeitige EPC. Die P230-Booster wären im Bereich zwischen dem Wasserstoff- und Sauerstofftank eingehängt worden. Die Zentralstufe hätte 620 t Treibstoff aufgenommen, und fünf Vulcain Triebwerke hätten sie angetrieben. Eine verkürzte Ariane 5 EPC mit nur 70 t Treibstoff und einem modifizierten Vulcain-Triebwerk (für den Start im Vakuum und unter Schwerelosigkeit) hätte die Oberstufe gebildet.

Diese Rakete von 1.874 t Startmasse hätte rund 90 t in einen erdnahen Orbit oder 35 t in eine Transferbahn zum Mond befördert. Bei einem Einsatz der derzeitigen Booster und des Vulcain 2 kann von einer noch etwas höheren Nutzlast ausgegangen werden.

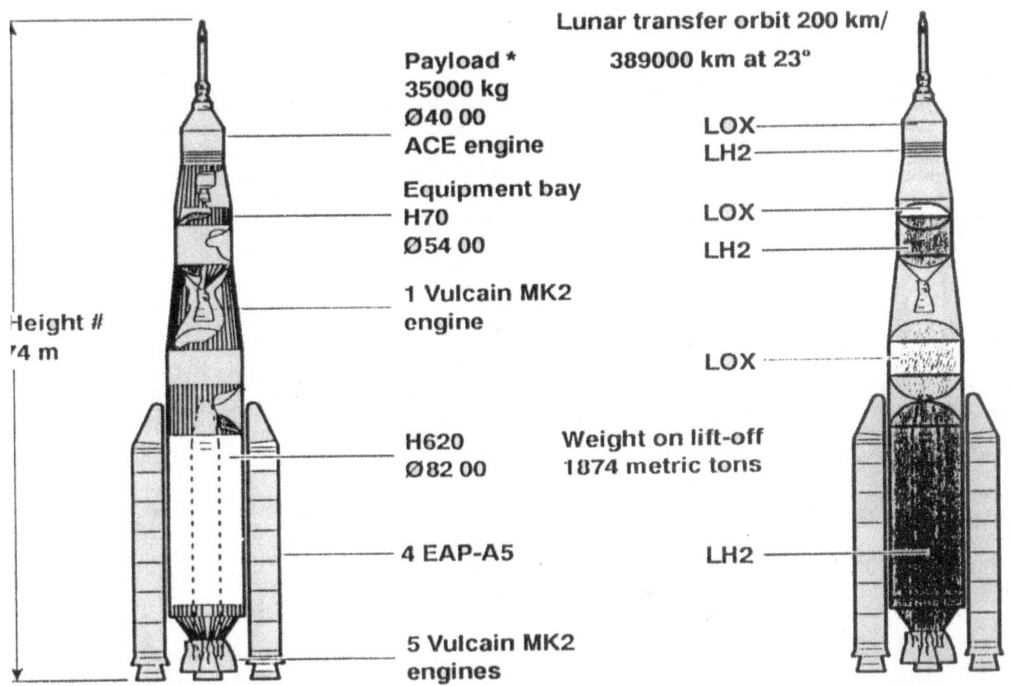

Abbildung 90: Ariane Super Lourd Konzept

Ariane 5 mit mehreren Boostern

Die Ausrüstung der Ariane 5 mit mehr als zwei Boostern wurde von der ESA nicht als eine Aufrüstoption angesehen, sie wird aber von EADS bei ihrem Vorschlag für eine „Ariane 50 t" verfolgt. Eine der häufigsten Anfragen an den Autor ist, wie sich die Ausrüstung der Ariane 5 mit mehr Boostern auf die Nutzlast auswirken kann.

Derartiges muss ohne genaue Kenntnis der Veränderungen an der Rakete weitgehend spekulativ bleiben. Im Folgenden habe ich trotzdem die mögliche Nutzlast unter folgenden Rahmenbedingungen errechnet:

- Voll-/Leermasse der Booster und Oberstufen entsprechen den Werten der Ariane 5 ECA/ECB
- Pro Boosterpaar 1.000 kg Gewichtszuschlag auf die Leermasse der EPC, um die höhere Belastung durch den Schub und die Vibrationen aufzufangen
- Identische Endgeschwindigkeit für den Orbit, mit Ausnahme der X+2 Konfigurationen (-200 m/s)

Konfiguration	Booster-zahl	Maximale Beschleunigung	Nutzlast mit Oberstufe ECA	Nutzlast mit Oberstufe ECB
2 Booster (Ariane 5 im Einsatz)	2	42 m/s	10.000 kg	11.600 kg
4 Booster	4	56 m/s	13.700 kg	16.000 kg
6 Booster	6	64 m/s	15.900 kg	18.800 kg
8 Booster	8	70 m/s	17.300 kg	21.000 kg
4+2 Booster	6	47 m/s	21.600 kg	25,000 kg
6+2 Booster	8	62 m/s	25,400 kg	29.800 kg
2 Booster + 2 P80FW Booster	4	53 m/s	12.200 kg	14.100 kg

Die „4+2" und „6+2" Konfigurationen sind dahin gehend zu verstehen, dass zuerst vier (bzw. sechs) Booster gezündet werden und erst nach deren Ausbrennen die restlichen zwei. Vier Booster reichen aus, um eine Startbeschleunigung von 1,18 g, sechs, um eine von 1,35 g zu ermöglichen. Das entspricht der Einführung einer neuen Stufe, und es verringert die Gravitationsverluste, da nun die Booster 264 s lang brennen (daher die um 200 m/s niedrigere Endgeschwindigkeit). Die hohe Leermasse der ESC-B Oberstufe wirkt sich nun weniger stark aus. Die Nutzlast steigt dadurch überproportional an.

Theoretisch bestünde die Möglichkeit die erste Stufe der Vega (P80) zusätzlich als Booster einzusetzen. Diese Option hat Vor- und Nachteile. Als Vorteil sind sie so leicht, dass man sie erst nach dem Abheben zünden kann (analog den Ariane 4 Boostern) so sind keine Veränderungen der Startanlagen nötig. Die derzeitigen Booster können das Mehrgewicht ohne Problem anheben. Sie reduzieren die Startbeschleunigung von 1,6 auf 1,34 g. Idealerweise wird man sie nach Ausbrennen der EAP zünden, so wirken sie sich nicht auf die Spitzenbeschleunigung aus. Die angegebene Beschleunigung geht von einem Paralellbetrieb aus, da dieser wahrscheinlicher ist.

Zudem erhöhen sie die Produktionszahl der Stufen und verbilligen so die Vega. Der Nachteil ist, dass sie viel kürzer sind. Daher können sie nicht die Kräfte an den strukturverstärkten Teilen der EPC – dem Triebwerksrahmen und dem Stufenadapter übertragen. Es müsste ein Band um den Tank gezogen werden, das die Kräfte verteilt und dieser eventuell strukturell verstärkt werden. So ging man bei der Atlas 2AS vor, als diese vier Castor Booster am Heck erhielt. Dafür eröffnet diese Option eine kleine Nutzlaststeigerung ohne viel Aufwand, die man z. B. nutzen kann, wenn zwei Satelliten sonst zu schwer wären. Wie die 4-Booster-Variante würde auch die Anbringung der Vega Erststufe die Entwicklung der ECB Oberstufe überflüssig machen (zumindest, wenn es nur darum geht, die Nutzlast zu steigern).

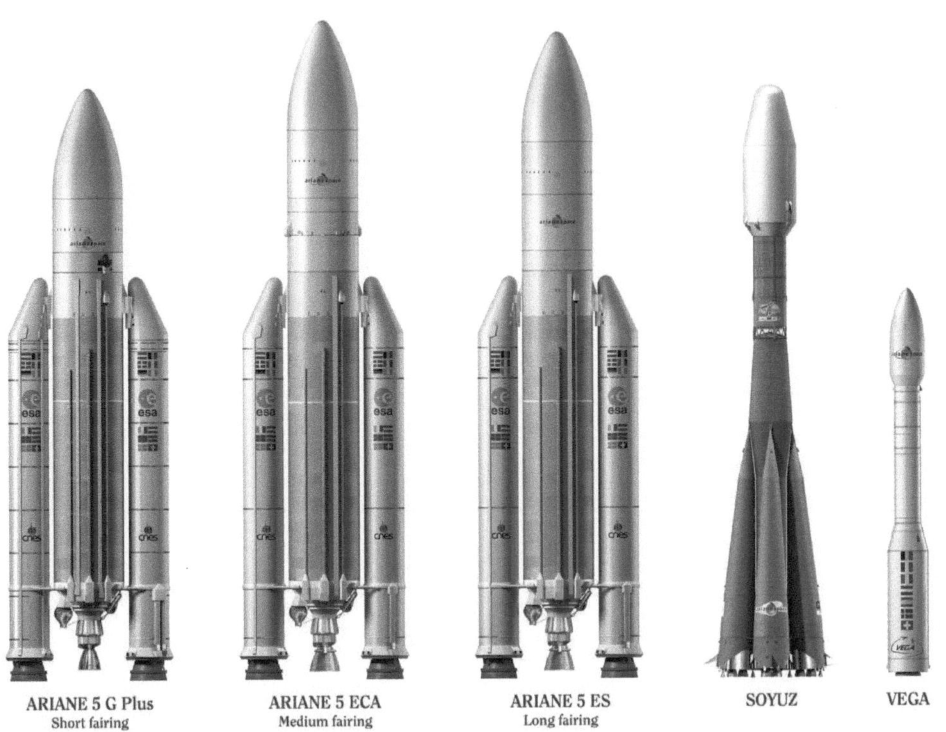

Abbildung 91: Die Trägerflotte von Arianespace

Quellen und Referenzen

J. Starke: „Human Mission to Moon – Scenario 1:"
http://spaceflight.esa.int/strategy/pages/PDF/home/events/integrated_architecture_review/8_July/06.%20Moon-scenario-1.pdf

David Iranzo-Greus: „Ariane 5 – A European Launcher for Space Exploration"
http://www.astron.nl/p/news/LO/Iranzo_Ariane5_LOFARworkshop.ppt

Flight international 3.10.2008: ESA „plans for 2016 'mid life evolution' of its Ariane 5"

A. Dalbies: „Engines Trade off for Ariane 2010 Initiative (AIAA 2002-3839)"

CNES Launcher Directorate: „Ariane 2010 and Alternatives"
http://www.home.btconnect.com/lister/ST/ST2303.pdf

Christophe Bonnard: „Future Launcher's Strategy: the Ariane 2010 initiative"

Christophe Bonnard: „Ariane 2010 and alternatives"

Isakowitz, S. J., Hopkins, J. B., und Hopkins, J. P.: „International Reference Guide to Space Launch Systems", 4th ed., AIAA, Reston, VA, 2004

P.Alliot: „Development of the VINCI upper stage for the Ariane 5"

Patrick Alliot, Eric Dalbiès, Anne Pacros: "Overview of the development progress of the Ariane 5 upper stage Vinci engine"

Joseph Berenbach: „Future Launchers Preparation"

Interview mit Jean-Yves Le Gall:
http://www.raumfahrt-concret.de/cms/front_content.php?idcat=124&idart=326

ESA: „Ariane 5 Post-ECA program"

SAFRAN Magazine: 9/2008 „Vinci powering Ariane 5 into future".

Snecma: „Space Propulsion Vinci Engine"

Volvo Aero: „Vinci Turbines"

Klaus Schäfer, Herbert Zimmerman: „Simulation of Flight Conditions for Rocket Engine Qualification."

François Deneu, Axel Roenneke, Johann Spies: „Candidate Concepts For A European RLV"

Welt-Online: Deutschland und Frankreich planen neue Europa-Rakete
Flightglobal.com: „Has the Countdown to Ariane 6 begun?"
http://www.flightglobal.com/articles/2009/07/14/329641/has-the-countdown-to-ariane-6-begun.html

Iranzo-Greus, Koroteev: „Solar Power Propulsion System. Adaptation to Ariane 5 and preliminary Development Plan"

G. Krühsel, H.Schäfer: „Operation of VINCI Altitude Test stand P4.1"

Joseph Berenbach "Future Launchers Preparation"

Guy Pilchen "Future Launchers Preparation Programme"

Driessen: "Structural mass optimization of the engine frame of the Ariane 5 ESC-B"

François Deneu, Axel Rönneke, Johann Spies: IAC-03-V.4.04 "Candidate Concepts for a European RLV"

Peter James: IAC-08-C4.1.9 "Technological readiness of the Vinci expander engine"

Leteurner, Dadier: IAC-08 -D 2.4.4: "Status of next generation expendable Launcher concepts within the FLPP Programme"

Guy Pilchen: IAC-08-D 2.5.2: "Future launchers preparatory programme (FLPP) – preparing for the future through Technology maturation and integrated demonstrators Status and perspectives"

Henri Bardi: "Evolutions of the electrical Power System of Ariane 5"

Space News 11.6.2010: "Review of New Ariane 5 Upper-stage Design Finds Weight Issue"
http://www.spacenews.com/civil/100611-new-ariane-design-weight-issue.html

Die Vega

In den neunziger Jahren des letzten Jahrhunderts entwickelte sich ein neuer Markt für kleine Satelliten, typischerweise mit einer Masse von 400 – 1.000 kg. Das Iridium-System bestand aus Satelliten von nur 725 kg Gewicht. Davon wurden aber 93 Stück in mittelhohe Umlaufbahnen gestartet. Auch zahlreiche Forschungssatelliten wurden kleiner und spezialisierter. Während die USA und Russland diese Nutzlasten mit zu Trägerraketen umgebauten ausgemusterten Interkontinentalraketen starteten, musste Europa auf ausländische Träger zurückgreifen.

Sowohl die alte Ariane 4, wie auch die neue Ariane 5 waren zu groß für diese Nutzlasten. Deshalb wurde in Italien nach einer Lösung gesucht. Italien wollte einen europäischen Träger im selben Segment entwickeln, wobei die Kosten relativ überschaubar sein sollten.

Marktprognosen, die von der italienischen Weltraumagentur ASI (**A**genzia **S**paziale **I**taliana) in Auftrag gegeben wurden, gingen 1999 von einem Markt von 35 – 80 Starts zwischen 2002 und 2011 aus. Dies wären bis zu acht Starts pro Jahr. Genug, um die Entwicklung einer eigenen Trägerrakete zu rechtfertigen, zumal diese Vorhersagen damals noch eher als konservativ angesehen wurden. Dies führte zu einer ersten Studie für die Vega, da sich die ESA 1998 noch nicht für den ASI-Vorschlag erwärmen konnte. Drei Jahre späte wurde die Vorentwicklung genehmigt. Als die Entwicklung im Jahre 2003 beschlossen wurde, waren die der Pioniere Iridium in Finanznöten, weitere Systeme waren nicht gefolgt. So wandelte sich die Vega schon vor dem Erststart von einem Träger, der in einem neuen Segment kommerziell erfolgreich sein sollte, zu einem institutionellen Träger, vorrangig für ESA-Nutzlasten. Die Begründung für die Entwicklung war nun die Sicherung des autonomen Zugangs in den Weltraum. Dies war auch dreißig Jahre vorher die Triebfeder für die Ariane 1 Entwicklung gewesen.

Da Europa seit einigen Jahren vermehrt kleine bis mittelgroße Forschungssatelliten in den erdnahen Orbit startet, das neue

Abbildung 92: Die Vega

Programm für die Erdbeobachtung und Überwachung der Umwelt mit der Bezeichnung „Sentinel"-Satelliten vorsieht, die kompatibel mit der Vega sind, dürfte die Vega ein bis zweimal pro Jahr eingesetzt werden – nicht die erstrebte hohe Startrate, aber durchaus eine respektable bei kleinen Trägerraketen.

Der Name Vega ist eine Abkürzung der italienischen Projektbezeichnung (**V**ettore **E**uropeo di **G**enerazione **A**vanzata: europäischer Träger der fortgeschrittenen Generation). Es ist das zweite Mal, dass dieser Name aufgegriffen wird. „Vega" war auch ein „heißer" Kandidat für den Namen der L3S (**L**anceur **3**ième **G**énération **S**ubstitution – Ersatzträgerrakete der dritten Generation). Unter diesem Akronym fungierte das Konzept der Ariane 1. Es war es der häufigste Vorschlag, der bei der Beratung der Delegation aufkam, die am 1.8.1973 über die Verwirklichung der L3S beschloss. Sie sollte auch einen Namen für die neue Trägerrakete vorschlagen. Damals gab es einen sehr profanen Grund, warum Vega nicht gewählt wurde. Der für Frankreich zuständige Minister für „Industrielle Entwicklung und Wissenschaft", Jean Charbonnel, befürchtete eine Verwechslungsgefahr mit einer zu dieser Zeit in Frankreich populären Biersorte. Daher lehnte Charbonnel den Vorschlag ab.

Die Vega ist auch der zweithellste Stern auf der Nordhalbkugel und Hauptstern des Sternbilds Leier. Der Name leitet sich vom arabischen Ausdruck النسر الواقع, *an-nasr al-wāqiʿ* ab, was in Übersetzung „herabstoßender (Adler)" bedeutet. Die Vega ist 25,3 Lichtjahre von der Sonne entfernt und einer der sonnennächsten Sterne. Sie wurde als Referenzpunkt für die photometrische Helligkeitsskala gewählt. Eine Analogie zur Rakete ist ihr „jugendliches" Alter. Sie ist 386 bis 572 Millionen Jahre alt, was für einen Hauptreihenstern sehr jung ist. So ist unsere Sonne rund 4.800 Millionen Jahre alt und befindet sich gerade in der Mitte des Sternenlebens.

Wahrscheinlicher ist allerdings, das der Name gewählt wurde, weil er in vielen europäischen Sprachen einfach aussprechbar ist, gut klingt und bekannt ist. Wie „Ariane" ist Vega ein Mädchenname, wenn auch nicht sehr populär. Häufiger findet man Vega als Nachname, vor allem in Skandinavien.

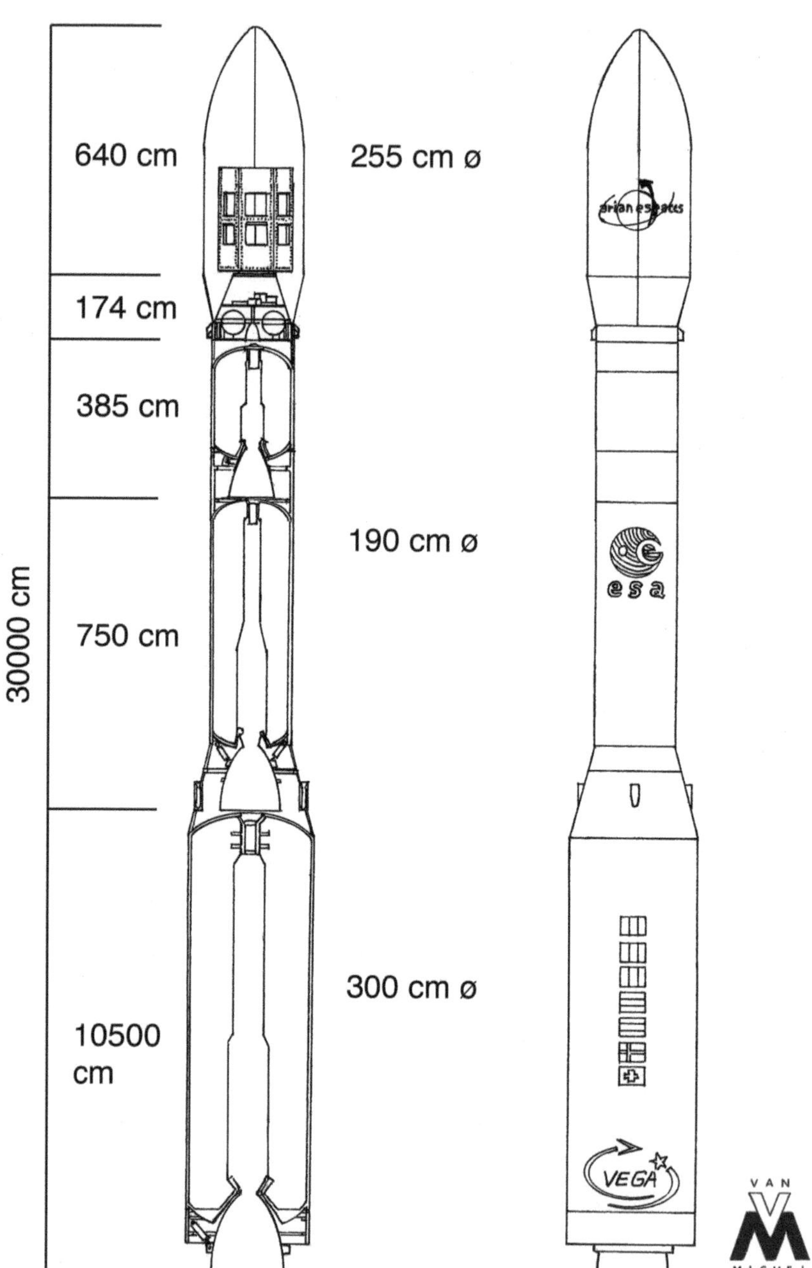

Abbildung 93: Vega im Querschnitt © der Grafik: Michel Van

Vorgeschichte

Ideen für eine kleine europäische Trägerrakete gab es schon lange. Die Ursprünge der Vega gehen auf ein nationales Projekt der italienischen Raumfahrtbehörde ASI aus dem Jahr 1990 zurück. Italien entwickelte die Feststoffbooster für die Ariane 3 und 4. 1986 schlug die Universität Rom vor, vier Ariane 4 Feststoffbooster als erste Stufe, jeweils einen als zweite und dritte Stufe, sowie den IRIS-Apogäumsantrieb als vierte Stufe zu kombinieren. Dieser Träger sollte bei einer Startmasse von rund 75 t rund 520 kg in eine Umlaufbahn transportieren können.

Italien betrieb seit in den siebziger Jahren die San Marco-Startplattform für amerikanische Scout-Trägerraketen vor der Küste Kenias. Eine Kombination der Ariane 4 Booster mit der Scout erschien deshalb sinnvoller als diese reine italienische Lösung. So arbeitete die ASI einige Jahre lang am Konzept, die amerikanische „Scout" mit zwei Ariane 4 Boostern als erster Stufe auszurüsten. Sie sollte von ihrer San Marco-Plattform aus starten. Die ersten drei Stufen der Scout wären übernommen, deren Durchmesser auf durchgängige 1,35 m erweitert worden.

Mit einem Mage Antrieb hätte die, zuerst als „Scout 2", dann als „San Marco 1" bezeichnete Rakete etwa 500 kg in eine erdnahe Umlaufbahn transportiert. Als die NASA 1992 die Scout zugunsten der Pegasus aufgab, erarbeitete die ASI das Konzept einer eigenen Trägerrakete.

Der erste Entwurf 1995 sah als erste beiden Stufen den Zefiro 16 Antrieb vor. Die dritte Stufe wäre ebenfalls fest gewesen, mit einer Treibstoffmasse von 1,7 t. Es war die für das Space Shuttle entwickelte IRIS-Oberstufe. Der Zefiro 16 Motor befand sich in der Entwicklung. Diese Trägerrakete war in den Investitionskosten überschaubar und von Italien alleine finanzierbar. Sie hatte jedoch nur eine Nutzlast von 250 – 700 kg.

Antonio Fabrizi, damals bei der ASI, heute Chef der ESA-Abteilung für Trägerraketen, bahnte zu dieser Zeit erste Kontakte mit der Ukraine an. In der Folge erarbeiteten ab 1994 Fiat Avio und KB Juschnoje, der ukrainische Hersteller zahlreicher Triebwerke und der Zyklon Trägerrakete, das Konzept der Vega, die 1997 die Bezeichnung „Vega K" erhielt.

Zwei Vorschläge entstanden aus dieser Zusammenarbeit. Der Erste entsprach einer vierstufigen Rakete, die „Vega K0" genannt wurde. Zwei Zefiro-16 Antriebe bildeten die beiden unteren Stufen, während die beiden Oberstufen mit flüssigen Treibstoffen betrieben werden sollten. Sie sollten mit Triebwerken der RS-36M (Dnepr) Interkontinentalrakete ausgestattet werden (RD-861 in der Dritten und RD-869 in der vierten Stufe). Die Nutzlast hätte 300 kg in einen 700 km hohen, sonnensynchronen Orbit betragen.

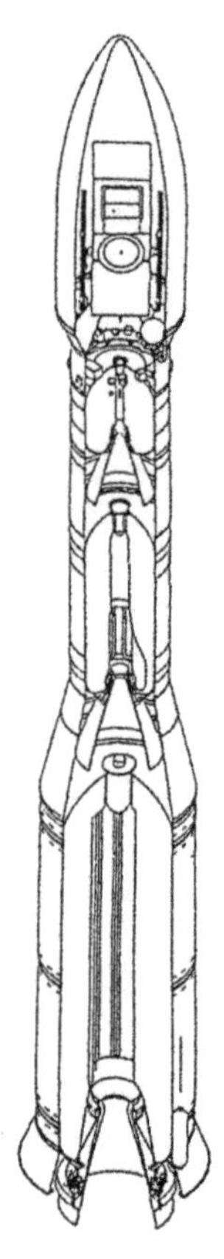

Der zweite Vorschlag, die „Vega K", näherte sich dem heutigen Konzept an: Ein verkürzter Ariane-5-Booster mit 85 t Treibstoff sollte die erste Stufe bilden. Der Zefiro 16 Antrieb die Zweite und eine von Aérospatiale zu entwickelnde dritte Stufe mit 7 t Treibstoff die Dritte. Ein ukrainisches Triebwerk sollte das AVUM antreiben und könnte später durch ein deutsches ersetzt werden, wenn die Bundesrepublik sich an dem Projekt beteiligen würde. Das AVUM hätte rund 400 kg Treibstoff aufgenommen, und das Triebwerk sollte einen Schub von 1,85 kN besitzen.

Die Vega K hätte eine maximale Nutzlast von 1.600 kg aufgewiesen und 1.000 kg in den 700 km hohen Orbit befördert. Sie wurde der ESA als Projekt vorgeschlagen – schließlich waren Frankreich und Deutschland auch an der Produktion der Ariane 5 Booster beteiligt, und Frankreich sollte die dritte Stufe bauen. Sie sollte für 420 Millionen Euro entwickelt werden. Davon sollten 70 Millionen aus der Industrie kommen, und 350 Millionen sollte die ESA tragen. Die Beteiligung Italiens würde 55% betragen. Beziffert wurden folgende Posten: 300 Millionen für die Vega, 45 Millionen Investitionen in das Bodensegment, 30 Millionen für das ESA-Management und 15 Millionen Sicherheitspuffer.

Im Juni 1998 wurde so die Vega zu einem ESA-Projekt. Es wurden aber zuerst nur Mittel für eine Vorstudie genehmigt, um für einen Ministerratsbeschluss im Mai 1999 genügend Daten verfügbar zu haben. Die damalige Vega hatte folgende Anforderungen:

- Nutzlast 800 kg in einen sonnensynchronen Orbit von 1.200 km Höhe.

Abbildung 94:
Vega Konzept
1998

- Maximale Synergie mit der Ariane 5 Entwicklung.

- Nutzlastverkleidung von 2,00 m Durchmesser.

- Ein Startpreis von weniger als 20 Millionen US-Dollar pro Flug.

- Erststart vor 2003.

230

<table>
<tr><td colspan="2" align="center">Typenblatt „Vega-K"</td></tr>
<tr><td>Nutzlast:</td><td>1.000 kg in einen 700 km hohen, sonnensynchronen Orbit</td></tr>
<tr><td colspan="2" align="center">Stufe 1: P85</td></tr>
<tr><td>Länge:</td><td>10,60 m</td></tr>
<tr><td>Durchmesser:</td><td>3,05 m</td></tr>
<tr><td>Startgewicht:</td><td>97.150 kg</td></tr>
<tr><td>Leergewicht:</td><td>12.150 kg</td></tr>
<tr><td>Schub:</td><td>1.851 kN Durchschnitt</td></tr>
<tr><td>Brenndauer:</td><td>128 s</td></tr>
<tr><td>Treibstoff:</td><td>Ammoniumperchlorat/Aluminium/HTPB</td></tr>
<tr><td>spezifischer Impuls:</td><td>2776 m/s (Vakuum)</td></tr>
<tr><td colspan="2" align="center">Stufe 2: Zefiro 16</td></tr>
<tr><td>Länge:</td><td>4,00 m</td></tr>
<tr><td>Durchmesser:</td><td>1,94 m</td></tr>
<tr><td>Startgewicht:</td><td>17.310 kg</td></tr>
<tr><td>Trockengewicht:</td><td>1.310 kg</td></tr>
<tr><td>Schub:</td><td>?</td></tr>
<tr><td>Brenndauer:</td><td>?</td></tr>
<tr><td>Treibstoff:</td><td>Ammoniumperchlorat/Aluminium/HTPB</td></tr>
<tr><td>spezifischer Impuls:</td><td>2825 m/s</td></tr>
<tr><td colspan="2" align="center">Stufe 3: P7</td></tr>
<tr><td>Länge:</td><td>3,05 m</td></tr>
<tr><td>Durchmesser:</td><td>1,94 m</td></tr>
<tr><td>Startgewicht:</td><td>8.170 kg</td></tr>
<tr><td>Leergewicht:</td><td>670 kg</td></tr>
<tr><td>Schub:</td><td>208 kN</td></tr>
<tr><td>Brenndauer:</td><td>103 s</td></tr>
<tr><td>Treibstoff:</td><td>Ammoniumperchlorat/Aluminium/HTPB</td></tr>
<tr><td>spezifischer Impuls (Vakuum)</td><td>2874 m/s</td></tr>
</table>

Das geplante Finanzvolumen betrug 221 Millionen Euro für die Vega und 40 Millionen Euro für die P80 Entwicklung. Sie sollte also deutlich günstiger als die der „Vega K" Entwicklung sein. Die geplante Trägerrakete hatte einen maximalen Durchmesser von 3,00 m und eine Höhe von 26,00 m.

Es kam aber bei dem Ministerratstreffen im Oktober 1999 kein Konsens der Staaten über eine Beteiligung an der Vega zustande. Frankreich schätze die Entwicklungskosten der Vega auf 370 Millionen Euro. Nach Frankreichs Ansicht gäbe es keinen Bedarf für die Rakete. Daraufhin drohte im März 1999 Italien damit, aus dem Ariane Evolution Programm und dem Forschungsprogramm für zukünftige Träger (FLPP) auszusteigen. Italien war am Ariane Evolution Programm mit 5% und am FLPP-Programm mit 7% beteiligt. Die so eingesparten 80 und 5 Millionen Euro würde die ASI dann zur alleinigen Entwicklung der Vega nutzen. Mit diesem Druck konnte ein erstes Vorentwicklungsprogramm mit einem Umfang von 48 Millionen Dollar bei den anderen ESA-Staaten durchgesetzt werden. Es wurde dabei nach Möglichkeiten gesucht, die Vega finanziell attraktiver zu gestalten.

Parallel arbeitete Italien weiter an der Qualifikation des Zefiro 16 Antriebs. 1998 und 1999 fanden zwei Tests dieses Antriebs statt. Die ASI versuchte zudem, in bilateralen Gesprächen weitere Partner gewinnen. Als eine Folge mussten wesentliche Details geändert werden:

Die maximale Nutzlast stieg von 1.500 auf 2.500 kg, weswegen alle Stufen vergrößert werden mussten. Dadurch sollte das Einssatzspektrum vergrößert werden. Der Startpreis sollte hingegen beibehalten werden, wodurch die Vega preislich attraktiver werden sollte. Anstatt dem verkürzten Ariane-5-Booster sollte eine neue erste Stufe in der Technologie von faserverwobenen Verbundwerkstoffen entstehen. Sie sollte zum einen in der Fertigung preisgünstiger sein, aber zugleich ein geringeres Leergewicht aufweisen. Vor allem Frankreich war an dieser Technologie interessiert, da sie von Bedeutung für zukünftige große Feststoffantriebe war. Dadurch gewann Italien Frankreich hinzu, und nach zwei Jahren Konsultationen wurde die Vega ein ESA-Projekt auf freiwilliger Basis. Im Dezember 2000 wurde die zweite Stufe der Entwicklung beschlossen. Die Entwicklungskosten waren durch die Vergrößerung der Stufen von 221 auf 335 Millionen Euro (Wert von 1997) angestiegen. Dazu kamen weitere 123 Millionen Euro für die Entwicklung des P80 Boosters. Mit den bisher schon aufgewandten Mitteln würde die Entwicklung 468 Millionen Euro kosten. Geblieben war der Startpreis von 18,5 – 20 Millionen Dollar (15% unter demjenigen westlicher Konkurrenten), nun aber bei einer höheren Nutzlast.

	Vega 1998	**Vega 2002**
Erste Stufe:	P85	P80 FW
Zweite Stufe:	Zefiro 16	Zefiro 23
Dritte Stufe:	P7 (7 t Treibstoff)	Zefiro 9
Nutzlast:	700 kg in 1.200 km SSO, 1.500 kg maximal	1.150 kg in 1.200 km SSO, 2.500 kg maximal

Dadurch verschob sich aber auch der Termin für den Jungfernflug, der noch 1998 für das Jahr 2003 vorgesehen war, auf Ende 2005. Die Planungen sahen eine Beteiligung Italiens von 65%, Spanien 5% (mit der Option auf 8% zu erhöhen), Belgien 6%, der Niederlande 3% und der Schweiz von 1% vor. Frankreich wollte Bedenkzeit bis Ende 2001. Falls Frankreich dann einsteigen würde, dann mit 15%, sonst müsste die ASI ihr Engagement auf mindestens 77% erhöhen, um die Finanzierung zu sichern. Die ESA ging von einem Marktvolumen von 1 Milliarde Dollar aus, und die Vega sollte 10 – 15% dieses Markts erobern. Bis zu 30 bis 35 Starts sollten von 2004 bis 2013 erfolgen. Von anfänglich ein bis zwei Starts pro Jahr sollte die Startrate auf 3-4 Missionen pro Jahr ansteigen.

Am 25.2.2003 wurde die Entwicklung der endgültig beschlossen. Hauptauftragnehmer wurde die Firma ELV, die zu 70% Fiat Avio und zu 30% der italienischen Weltraumagentur ASI gehört. Sie wurde im Februar 2001 gegründet. Der Erststart der neuen Rakete wurde nun für Mitte 2006 geplant.

Das Neudesign der Rakete machte sie auch erheblich teurer. Verzögerungen in der Entwicklung führten zu einem „Vega-3 Slice" Programm, das 2006 beschlossen wurde und von Italien alleine finanziert wird. Dieses hat einen Umfang von weiteren 35 Millionen Euro. Es deckt auch die zusätzlichen Kosten für die Verzögerungen bei der Entwicklung ab.

Bei der Ministerratkonferenz 2005 wurde bekannt, dass ein Start der Vega erheblich teurer wird als geplant. Die ersten fünf Missionen sollten zwar für einen Fixpreis von 14,5 Millionen Euro durchgeführt werden (25% mehr, als damals die Rockot kostete). Ab der elften Mission sollte der Preis aber bis auf 21 Millionen Euro ansteigen dürfen.

Später kam noch das VERTA-Programm dazu (**V**ega **R**esearch and **T**echnology **A**ccompaniment). (Vega Forschungs- und Technologiebegleitung). Dieses umfasst fünf Starts der Vega, um ihre Fähigkeiten in verschiedenen Missionen zu erproben. Es soll die Vega in die kommerzielle Phase überführen. Die Entwicklung selbst umfasst nur den Jungfernflug.

Die folgende Tabelle informiert über die Beteiligung der einzelnen Nationen. Sowohl Summe wie auch prozentuale Beteiligung veränderten sich während der Entwicklung. Bei den Preissteigerungen ist zu beachten, dass die Angaben immer auf der Kaufkraft in einem bestimmten Jahr beruhen. So die 468 Millionen Euro, als die Vega 2003 endgültig genehmigt wurde, auf dem Wert im Jahr 2002. Rechnet man mit konservativen 2,5% Inflationsrate, so entspricht dies 600 Millionen Euro im Wert von 2012. Es gab eine Überschreitung des Kostenrahmens um 76,2 Millionen Euro. Diese Mehrkosten wurden von der ASI getragen.

Land	Planung 2000	Entwicklungs- programm Vega 2003	Gesamtkosten 2012 (mit P80 Entwicklung)	P80 Entwick- lungspro- gramm	VERTA 2009	VERTA 2012
Italien	65,00%	64,7%	58,4 %	51,5%	60,6%	57,8%
Frankreich	12,43%	17,7%	25,3%	33,6%	19,4%	24,1%
Belgien	5,63%	6,0%	6,9%	12,1%	6,6%	5,6%
Spanien	5,00%	5,6%	4,6%		7,8%	7,7%
Niederlande	3,5%	2,9%	3,2%	2,0%	2,9%	2,5%
Schweiz	1,34%	1,3%	1,0%		1,7%	1,6%
Schweden	0,8%	1,2%	0,6%		1,0%	0,6%
Umfang	221 Mill. €	336,3 Mill. €	710 Mill. €	131,5 Mill. €	258 Mill. €	400 Mill. €

Abbildung 95: Zefiro 16 Test im Dezember 2000

Wer macht was bei der Vega?

Die folgende Tabelle führt die wichtigsten an der Entwicklung der Vega beteiligten Firmen und ihre Aufgaben auf. Wie bei jedem anderen ESA-Projekt muss auch bei der Vega das Prinzip des geografischen Rückflusses gewährleistet sein. Das bedeutet, dass die Aufträge nach der Beteiligung der Länder vergeben werden. Italienische Firmen erhalten aufgrund der Finanzierung Italiens daher auch die Aufträge mit dem höchsten Finanzvolumen.

Firma	Ort	Aufgabe
Avio (Hauptkontraktor)	Colleferro, Italien	AVUM (Integration und Tests) Zweite und dritte Stufe (Produktion, Integration und Tests) Erste Stufe (Integration und Tests)
S.A.B.C.A	Brüssel, Belgien	Schubvektorsteuerung alle drei Stufen Heckadapter erste Stufe
Ruag Space	Zürich, Schweiz	Nutzlastverkleidung
EADS CASA	Madrid, Spanien	Adapter 937 AVUM Struktur und Adapter zur dritten Stufe
SAAB	Linköping, Schweden	Spannbänder zur Befestigung der Satelliten Bordcomputer
Europropulsion	Suresnes, Frankreich	P80 FW Antrieb
Thales, INSNEC, Galileo Avionica, CRISA S, AAB, SAFT		AVUM Avionik, Sender und Batterien
KB Juschnoje	Dnjepropetrowsk, Ukraine	RD-869 Triebwerk und Antriebssystem
Oerlikon Contraves Italia (O.C.I)	Rom, Italien	Stufenadapter zweite/dritte Stufe
Dutch Space	Leiden, Niederlande	Stufenadapter erste/zweite Stufe
Stork Product Engineering	Delft, Niederlande	Zünder Stufe 1-3
Snecma Propulsion Solid	Le Haillan, Frankreich	Düse P80FW Antrieb
Vitrociset	Rom, Italien	Bodensegment

Vega – die Rakete

Die Vega ist eine vierstufige Rakete. Die ersten drei Stufen nutzen feste Treibstoffe, um das Kosten- und Entwicklungsrisiko zu senken. Die vierte Stufe enthält zugleich die gesamte Bordelektronik, die bei der Ariane in der VEB untergebracht ist. Die Treibstoffzuladung der vierten Stufe ist klein. Sie hat vor allem die Funktion, eine Bahn mit höherer Genauigkeit zu erreichen. Zudem steigert das AVUM durch die lange Betriebszeit und die Möglichkeit zur Wiederzündung die Nutzlast für hohe Umlaufbahnen.

Die Vega ist ausgelegt für Nutzlasten von minimal 300 kg (eine Beschleunigung von 5,5 g wird erreicht) und maximal 2.500 kg (strukturelles Limit). Die maximale Nutzlast wird erreicht, wenn die Vega von Kourou aus eine nahezu äquatoriale Bahn einschlägt. Die Bahnneigung beträgt dann 5 Grad und die Bahnhöhe 200 km. Die Referenzbahn für die Vega ist jedoch eine andere: Da die meisten Satelliten in diesem Nutzlastsegment der Erdbeobachtung dienen, wurde als Referenz eine 700 km hohe, polare, Bahn gewählt. In diese soll die Vega 1.500 kg transportieren. Die genaue Leistung wird nach Auswertung der Flugdaten des Jungfernflugs feststehen. Arianespace gibt sie 2014 mit 1.430 kg an.

Die Vega ist für den Markt der kleinen Satelliten ausgelegt. Sie soll sowohl Mikrosatelliten (bis 300 kg), Minisatelliten (300 – 1.000 kg) wie auch Kleinsatelliten (>1.000 kg) transportieren. Das bedeutet, dass die Vega mehr als eine Nutzlast, auch in unterschiedlichen Größen, transportieren kann. Die Vega ist optimiert für niedrige Bahnen und den Transport in den sonnensynchronen Orbit. Mit einer zusätzli-

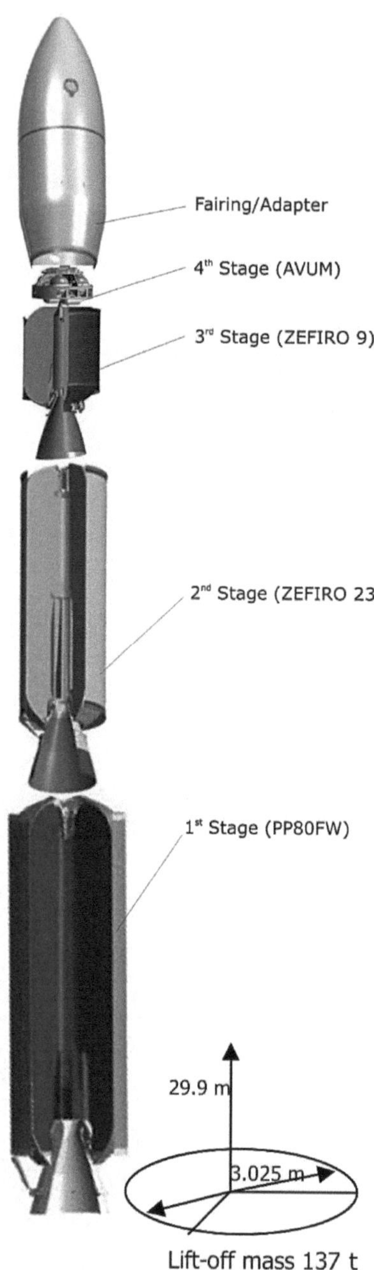

Abbildung 96: Die Stufen der Vega © der Grafik: Arianespace

chen Oberstufe (die bei der LISA-Pathfinder Mission eingesetzt wird) beschleunigt sie 550 kg auf Fluchtgeschwindigkeit.

Die angestrebte Zuverlässigkeit – das bedeutet, dass ein Satellit den vorgesehenen Orbit erreicht – wurde mit 98% angesetzt. Das ist derselbe Wert wie bei der Ariane 5 ECA. Die Abweichung in der Bahnhöhe soll maximal 5 km betragen, bei der Bahnneigung sind es 0,05 Grad. Beides sind für Feststoffantriebe sehr hohe Anforderungen.

Die erste Stufe P80 FW

Die erste Stufe besteht aus dem neu entwickelten Feststofftriebwerk P80 FW. Um die Stufe von ersten Entwürfen mit einem Stahlgehäuse zu unterscheiden, wurde die Bezeichnung durch ein „FW" für „Filament **W**ounding" ergänzt, der Technologie, in der das Motorgehäuse entsteht. Sie ist die größte Feststoffstufe, die nur aus einem Segment besteht. Vorher hielten diesen Rekord die Booster der japanischen H-2 mit jeweils 66 t Treibstoff. Die Stufe besteht aus drei Teilen:

- Dem Motorgehäuse, das den größten Teil der Stufe ausmacht.

- Dem Heckteil, das besonders verstärkt ist und mit dem die Vega am Starttisch festgehalten wird, bis sich der Schub voll aufgebaut hat.

Abbildung 97: Motorgehäuse der ersten Stufe

- Dem Stufenadapter mit sechs Retroraketen, der die ausgebrannte Stufe abtrennt und abbremst, um eine Kollision mit dem Zefiro 23 Antrieb zu verhindern.

Diese Retroraketen wurden von der Ariane 1-4 übernommen. Im Heckteil befinden sich auch die elektromechanischen Aktoren für die Bewegung der Düse.

Es wird eine neue Formel für den Treibstoff HTPB 1912 (**H**ydroxy**t**erminiertes **P**oly**b**utadien) mit einem höheren Aluminiumanteil von 19% benutzt. (Neben 12% HTPB und 68% Ammoniumperchlorat sowie kleineren Mengen an Katalysatoren). Verglichen mit dem bei den Ariane 5 Boostern genutzten HTPB 1814 (18% Aluminium, 14% HTPB) weist die Mischung einen höheren spezifischen Impuls auf.

Im unteren Segment an der Düse ist die Füllung sternförmig. Dieses Segment brennt schneller aus und liefert einen hohen Startschub. Oben hat der Treibsatz eine kreisförmige Öffnung. Neu entwickelt wurde auch der Zünder. Er befindet sich in einem Kohlefasergehäuse. Es ist ein 1,20 m langes Feststofftriebwerk, das innerhalb von 0,375 s genügend Druck und Hitze im Gehäuse erzeugt, um den Booster zu entzünden.

Abbildung 98: Die Düse des P80 FW Antriebs

Der Brennkammerdruck ist um 50% höher als in den EAP der Ariane 5. Der Schub erreicht ein erstes Maximum nach 7 s und fällt danach langsam ab. Nach Erreichen des Max-Q steigt er erneut an.

Das Kohlenfaser-Verbundmaterial ist erheblich leichter als der in den EAP verwendete Edelstahl. Das Massenverhältnis der Stufe beträgt 12,8 zu 1, während es bei den Ariane 5 Boostern bei 7,2 zu 1 liegt. Das Gehäuse besteht aus verflochtenen Filamenten aus Kohlenstofffasern, verbunden mit einem Epoxidharz zu einem Kohlefaserverbundwerkstoff (CFK). An der Innenseite ist es überzogen mit einer leichtgewichtigen thermischen Isolation aus EG1LDB3, einem gummiähnlichen Material niedriger Dichte, basierend auf Ethylen-Propylen-Dien-Kautschuk. Die Dicke variiert je nach thermischer Belastung zwischen 5 und 90 mm. Diese Bauweise gilt für alle Stufen. Das Heck aller Stufen, das der Hitze des Flammenstrahls ausgesetzt ist, ist mit einem Nextel Gewebe überzogen.

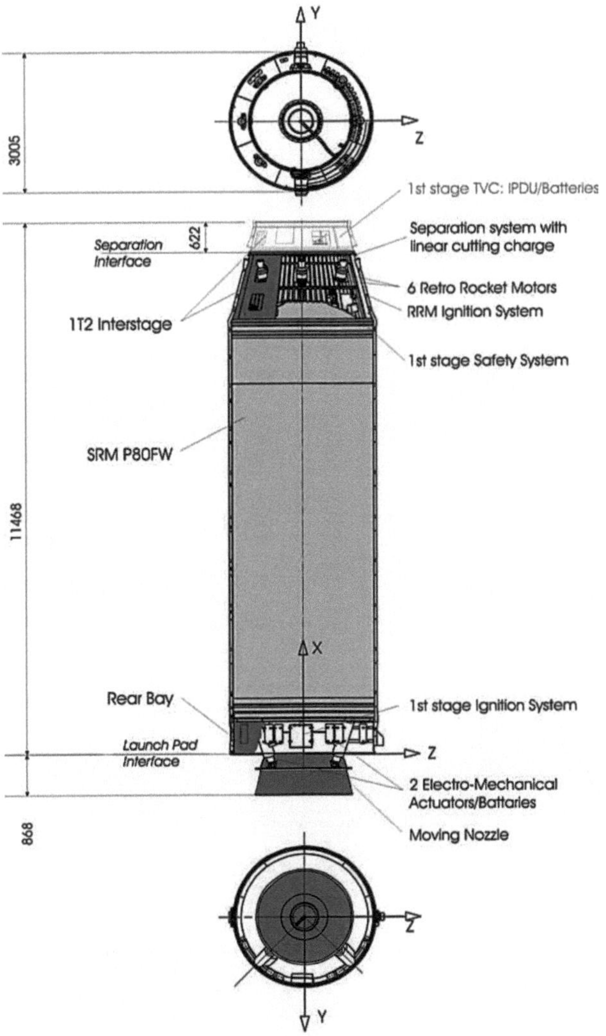

Die ESA hofft, 25 – 30% der Herstellungskosten durch die CFK-Fertigung zu sparen (verglichen mit einer Stahlkonstruktion).

Die Düse ist mit Kohlenstoff ausgekleidet, der langsam verbrennt und so als Ablativschutz die Düse vor dem Schmelzen bewahrt. Die Basis wurde aus einem Kohlenstoff-Phenolharzverbundwerkstoff gefertigt. Flexible Metallteile verstärken sie. Verglichen mit der Düse der EAP ist die Konstruktion einfacher und bil-

Abbildung 99: P80 FW Stufe
© der Grafik: Arianespace

liger zu fertigen. Die Düse kann durch zwei elektromechanische Aktoren, die von Lithiumionen-
batterien gespeist werden, in zwei Achsen um 6,5 Grad gedreht werden. Auch diese Konstruktion ist preiswerter und leichter als die bei der Ariane 5 eingesetzte, hydraulische Steuerung. Es
sind keine Öltanks und Gashochdrucktanks nötig. Die Steuerung der Bewegung um die Nick-
und Gierachse erfolgt durch eine eigene Regelung im Zwischenstufenteil.

Der Stufenadapter und ein Adapter für die Verbindung zum Starttisch bestehen aus Aluminium.
Sie sind in Längsrichtung verstärkt. Das Heck nimmt auch die sechs Batterien und die lokale
Elektronik zur Schubvektorsteuerung und Zündung des Antriebs auf.

Der Stufenadapter besteht in der ersten Version noch aus einer Monocoque-Struktur von 6,3
mm Stärke, in der sechs mit Feststoff betriebene Stufentrennungstriebwerke eingelassen sind.
Zukünftige Versionen sollen erheblich leichter werden, bei gleichbleibenden Produktionskosten.
Der Zwischenstufenadapter ist dafür ausgelegt, Lasten von bis zu 4.022 kN (410 t) aufzunehmen. Der Stufenadapter ist zweigeteilt: Der untere Teil enthält die Einrichtungen zur Selbstzerstörung und die Stufentrennungstriebwerke. Der obere Teil bleibt nach der Abtrennung der
ersten Stufe mit der zweiten Stufe verbunden. Er enthält die Batterien und Elektronik für das

Abbildung 100: Das P80 FW Motorgehäuse

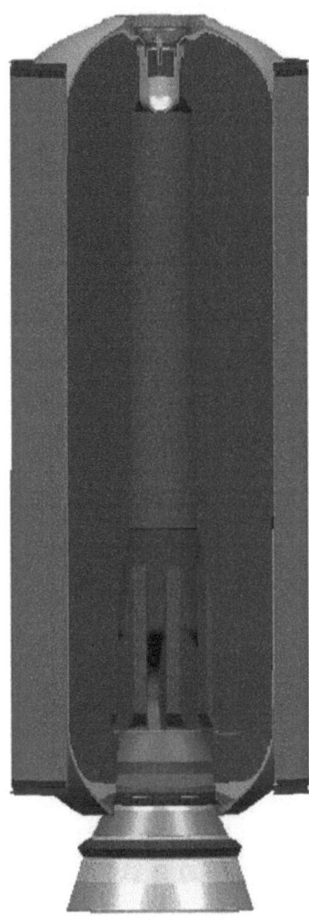

Abbildung 101: P80FW im Querschnitt

TVC (**T**hrust **V**ector **C**ontrol **S**ystem – Steuersystem für die Schubrichtung) der ersten Stufe und die elektromechanischen Aktoren und Batterien des TVC der zweiten Stufe. Des Weiteren ist dort die Elektronik für die Zündung der zweiten Stufe untergebracht. Durch den zweiteiligen Stufenadapter gibt es unterschiedliche Angaben über die Länge der ersten Stufe. Je nachdem ob man sie ohne Stufenadapter, mit dem unteren Teil oder dem ganzen Stufenadapter zählt.

Besonders hohe Anforderungen werden an die Batterien zur Schubvektorsteuerung der ersten Stufe gestellt, die Spitzenleistungen von 50 kW erbringen müssen, obwohl die durchschnittliche Leistung weniger als 600 W beträgt. Dies zeigt die folgende Tabelle. Verwendet werden Zellen des Typs Vl8P für die Schubvektorsteuerung (hohe Leistung über kurze Zeit) und MPS176065 für die Elektronik.

Die wichtigsten Hersteller der ersten Stufe (in alphabetischer Reihenfolge)		
Firma	**Land**	**Beteiligung**
APP	Niederlande	Zünder
Avio	Italien	Stufenintegration und Tests,
Europropulsion	Frankreich/Italien	Motorgehäuse
Regulus	Frankreich	Befüllung
S.A.B.C.A	Belgien	Schubvektorsteuerung
SPS	Frankreich	Düse

Elektrisches System der Vega			
	P80 FW	**Zefiro 23**	**Zefiro 9**	**AVUM**
Maximalleistung:	51 kW	15 kW	5 kW	0,6 kW
Spannung:	270/400 V	135/200 V	45/60 V	63/63 V
Benötigte Kapazität:	560 Wh	150 Wh	30 Wh	260 Wh
Betriebsdauer:	120 s	275 s	395 s	5.000 s
Temperatur:	20/50 °C	10/60 °C	10/60 °C	10/50 °C
Vibrationen:	<20 g	<20 g	<20 g	<20 g

P80 FW	
Höhe:	11,714 m, 12,50 m mit Stufenadapter, 10,50 m nur Motorgehäuse mit Düse
Stufenadapter:	1,70 m Länge, 3,00 m Basis und 1,90 m Kopfdurchmesser
Durchmesser:	3,003 m
Startgewicht:	95.916 kg
Leergewicht:	7.408 kg
Trockengewicht:	7.030 kg (ohne Treibstoffreste und Retroraketen)
Treibstoffgewicht:	88.365 kg, davon 87.732 kg nutzbar
Nur Motorgehäuse:	3.350 kg, 8,63 m Länge
Schub:	2.100 kN Durchschnitt, 2.296 kN Startschub 2.500 / 3.012 kN maximal (Meereshöhe/Vakuum)
Brennzeit:	114,3 s
Treibstoff:	HTPB 1912
Spez. Impuls:	2745 m/s
Gesamtimpuls:	240.740 kNs
Brennkammerdruck:	95 Bar
Düse	Expansionsverhältnis 16 Basisdurchmesser 0,468 m, Düsendurchmesser 1,872 m 2.249 kg Gewicht
TVC:	Schwenkbereich 6,5° / 340 mm Geschwindigkeit: 260 mm, Drehmoment: 77 Nm Leistung: 50 kW 153 kg Gewicht
Heckteil:	0,700 m Höhe

	3,035 m Durchmesser 228 kg Gewicht
Stufenadapter:	2,138 m Länge Durchmesser: 3,035 m → 1,952 m (unten / oben) 538,9 kg Gewicht
Unterer Teil Stufenadapter:	1,516 m Länge Durchmesser: 3,035 m → 2.182 m (unten / oben) 321,2 kg Gewicht
Oberer Teil Stufenadapter:	0,622 m Länge Durchmesser: 2,182 m → 1,952 m (unten / oben) 217,2 kg Gewicht

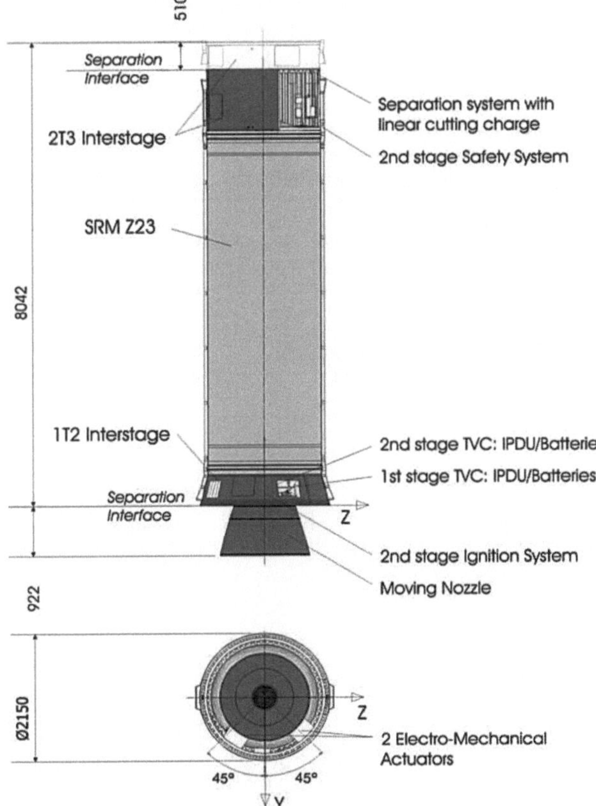

Abbildung 102: Aufbau des Zefiro 23 Motors
© des Diagramms: Arianespace

Die zweite Stufe: Zefiro 23

Die zweite Stufe Zefiro 23 (Zefiro: italienisch für „Zephyr") besteht ebenfalls aus festem Treibstoff. Basis war der im Jahre 1998 erstmals getestete Zefiro 16 Antrieb mit rund 16 t Treibstoff. Aus der Verlängerung des Motorgehäuses entstand die Zefiro 23 Stufe.

Die Bauweise ist identisch zur ersten Stufe mit gewundenen Filamenten aus Graphitepoxid Verbundwerkstoffen und einem Ethylen-Propylen-Dien-Kautschuk Thermalschutz im Inneren des Motorgehäuses. Die Düse ist über dehnbare Verbindungen elektromechanisch schwenkbar.

Der Zwischenstufenadapter zur dritten Stufe besteht aus Aluminium mit Längsversteifungen, um die Lasten besser zu übertragen. Er ist zylindrisch, da die zweite und dritte Stufe denselben Durchmesser haben. Er besteht aus zwei Teilen. Dem Unteren mit dem Stufentrennungsmechanismus und der Elektronik für das Selbstzerstörungssystem und dem oberen Teil, welcher an der dritten Stufe verbleibt. Dieser enthält die Elektronik, Batterien und Aktoren des TVC der dritten Stufe und die Elektronik zur Zündung der dritten Stufe.

Der Schub erreicht ein Maximum nach 14 s und fällt dann bis zum Betriebsende langsam ab. Die Öffnung ist im unteren Teil sternförmig, oben zylinderförmig mit einem fließenden Übergang zwischen beiden Geometrien. Die Betriebszeit ist wie bei den anderen Stufen dadurch definiert, dass der Brennkammerdruck auf 1,5 Bar abgefallen ist.

Anders als bei der ersten Stufe gibt es keine Retroraketen, da der Zefiro 9 Antrieb nach dem Brennschluss nicht sofort zündet. Die Verbindung zwischen beiden Stufen wird pyrotechnisch durchtrennt, und acht vorgespannte Federn drücken dann die beiden Stufen auseinander. Der Zefiro 23 Antrieb wird beim Hersteller Fiat Avio vollständig integriert, inklusive der Füllung mit Treibstoff. Eingesetzt wird wie bei der ersten Stufe die Treibstoffmischung HTPB 1912.

Industriebeteiligung an der zweiten und dritten Stufe (in alphabetischer Reihenfolge)		
Firma	**Land**	**Beteiligung**
APP	Niederlande	Zünder
Avio	Italien	Stufenproduktion, Integration und Tests
Dutch Space	Niederlande	Stufenadapter zur ersten Stufe
Rheinmetall Italia	Italien	Stufenadapter zur dritten Stufe
Sabca	Belgien	Schubvektorsteuerung

Zefiro 23	
Höhe:	7,50 m, 8,451 m mit Stufenadapter
Durchmesser:	1,91 m
Startgewicht:	25.787 kg, 26.563 kg mit Stufenadapter
Leergewicht:	1.963 kg
Trockengewicht:	1.887 kg (ohne Treibstoffreste)
Treibstoffgewicht:	23.906 kg, davon 23.820 kg nutzbar
Motorgehäuse:	900 kg
Schub:	900 kN Durchschnitt, 1120,5 kN maximal
Brennzeit:	86,5 s
Treibstoff:	HTPB 1912
Spez. Impuls:	2824 m/s
Gesamtimpuls:	67.126 kNs
Brennkammerdruck	95 bar
Düse:	Flächenverhältnis 27 Basisdurchmesser 0,294 m Düsenmündungsdurchmesser: 1,470 m 571,8 kg Gewicht
TVC:	Schwenkbereich 7° / 221 mm Geschwindigkeit: 208 mm Drehmoment: 12 Nm Leistung: 14 kW 78 kg Gewicht
Stufenadapter:	1.610 m Länge 1.952 m Durchmesser: 267,3 kg Gewicht
Oberer Teil des Stufenadapters:	0,51 m Länge 81 kg Gewicht
Unterer Teil des Stufenadapters:	1,12 m Länge 185,7 kg Gewicht

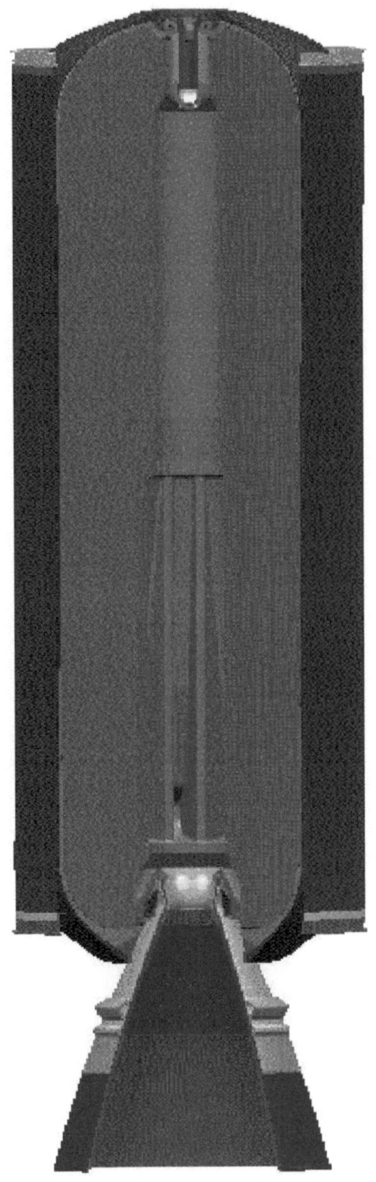

Abbildung 103: Querschnitt durch die Zefiro 23 Stufe

Die dritte Stufe: Zefiro 9

Die dritte Stufe Zefiro 9 ist ebenfalls aus dem Zefiro 16 abgeleitet. Sie verwendet weniger Treibstoff. Dazu wurde die Stufe verkürzt und der Düsenhals verengt. Sie wird daher von denselben Firmen wie die Zweite gefertigt und hat auch den gleichen Durchmesser von 1,90 m.

Bei der Entwicklung gab es Probleme mit der Düse. Beim zweiten Test wurde sie beschädigt. Die dadurch nötige Revision des Antriebs wurde genutzt, um 570 kg mehr Treibstoff zuzuladen, was die Startmasse von 10,9 auf 11,5 t erhöhte. Um diese Änderung deutlich zu machen, wurde der Name von Zefiro 9 auf Zefiro 9A geändert. Die erhöhte Treibstoffzuladung sollte die Nutzlast der Vega um 60 kg erhöhen.

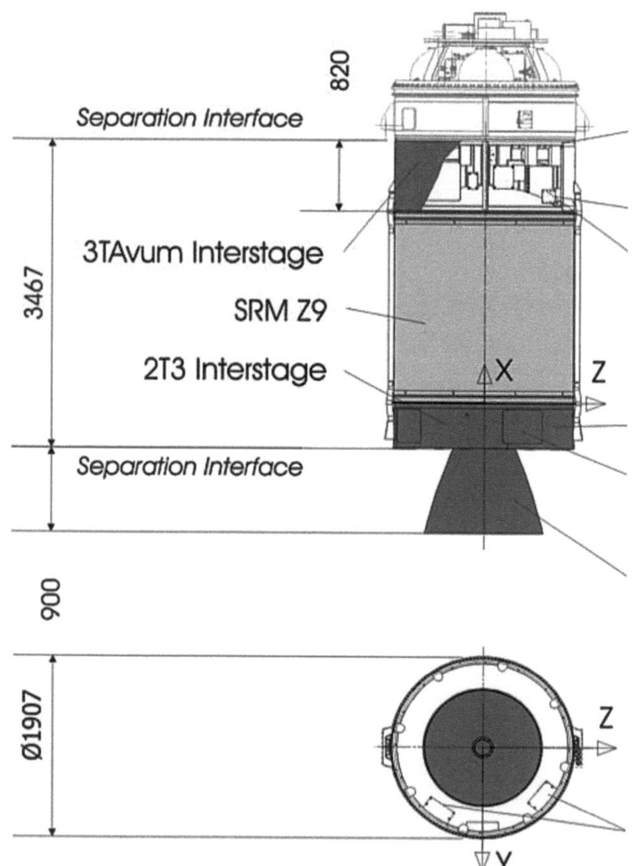

Das erforderliche Neudesign der Düse ermöglichte auch ein höheres Entspannungsverhältnis. Der dadurch erreichte spezifische Impuls ist sehr hoch. Er ist derzeit der höchste eines sich im Einsatz befindlichen Feststoffantriebs. Die Düse besteht aus einem Kohlefaserverbundmaterial. Sie kann durch ein elektromechanisches Schubvektorkontrollsystem gedreht werden.

Der Zefiro 9A Antrieb weist von allen Feststoffstufen der Vega die höchste Brennzeit und den kleinsten Strukturfaktor auf. Während des Betriebs des Zefiro 9A Antriebs tritt auch die höchste Beschleunigung während des Starts auf. Verantwortlich dafür ist, dass die Stufe bei der Zündung mit Nutzlast noch 14 t wiegt, bei Brennschluss aber nur noch 2,3 bis 4,5 t je nach Gewicht des Satelliten

Abbildung 104: Der Zefiro 9 Motor
© des Diagramms: Arianespace

Abbildung 105: Der Zefiro 9A Antrieb im Teststand

Nach Brennschluss wird die Verbindung zum AVUM pyrotechnisch durchtrennt, und acht vorgespannte Federn drücken die beiden Stufen auseinander. Im Zwischenstufenadapter zum AVUM befindet sich das Selbstzerstörungssystem für die dritte Stufe wie auch das Mastersystem für die Auslösung der Selbstzerstörung bei den unteren Stufen. Weiterhin befinden sich hier zwei Telemetrieempfänger. Dazu kommen je zwei Radar-Verfolgungssender bei 5.400 – 5.900

MHz mit 400 Watt Sendeleistung und Empfänger für das Selbstzerstörungskommando (440 – 460 MHz) mit ihren Antennen. Wie der Zefiro 23 Antrieb wird die Zefiro 9A-Stufe von Fiat Avio vollständig integriert und schon mit dem Treibstoff HTPB 1912 befüllt nach Kourou verschifft.

Abbildung 106: Querschnitt durch den Zefiro 9A

	Zefiro 9A	Zefiro 9 (Planung)
Höhe:	4,10 m	3,78 m
Durchmesser:	1,91 m	1,91 m
Startgewicht:	11.485 kg	10.948 kg
Leergewicht:	915 kg	833 kg
Treibstoffgewicht:	10.570,3 kg	10.115 kg
Trockengewicht:	808 kg (ohne Treibstoffreste)	725 kg
Nur Motorgehäuse:	300 kg	315 kg
Schub:	260 kN Durchschnitt 317 kN maximal	255 kN Durchschnitt 280 kN maximal
Brennzeit:	126,8 s	117 s
Treibstoff:	HTPB 1912	HTPB 1912
Spez. Impuls:	2903 m/s	2884 m/s
Gesamtimpuls:	30.672 kNs	
Entspannungsverhältnis:	72,5	56
Brennkammerdruck:	67	67
Düse:	0,164 m minimaler Durchmesser 1,227 m maximaler Durchmesser	0,164 m minimaler Durchmesser 227,7 kg
TVC:	Schwenkbereich 6° / 124 mm Geschwindigkeit: 93 mm/s Drehmoment: 7,04 Nm Leistung: 2,05 kW 58 kg Gewicht	Schwenkbereich 6°
Stufenadapter:	288,5 kg	248,7 kg
Unterer Teil des Stufenadapters:	0,820 m Länge 130,9 kg Gewicht	
Oberer Teil des Stufenadapters:	0,456 kg Länge 157,6 kg Gewicht	

Das AVUM (Altitude and Vernier Upper Module)

Das AVUM besteht aus zwei Elementen: dem oberen Teil mit der gesamten Bordelektronik (AAM: **A**VUM **A**vionics **M**odule) und dem unteren Antriebsteil (APM: **A**VUM **P**ropulsion **Mo**dule). Das AVUM ist eine leichtgewichtige Konstruktion aus kohlenfaserverstärktem Kunststoff. In der Struktur sind vier Treibstofftanks aus Aluminium und das zentrale Triebwerk eingelassen. Isoliert ist es mit mehreren Schichten aluminisiertem Kaptongewebe, das vor allem eine Überhitzung der Druckgastanks verhindern soll.

Das AAM beherbergt die Telemetrie, Navigationseinrichtungen, Computer und Batterien. An ihm ist der Satellitenadapter fest verschraubt. Die Vega stellt nur eine einzige Größe, den Standardadapter 937 zur Verfügung.

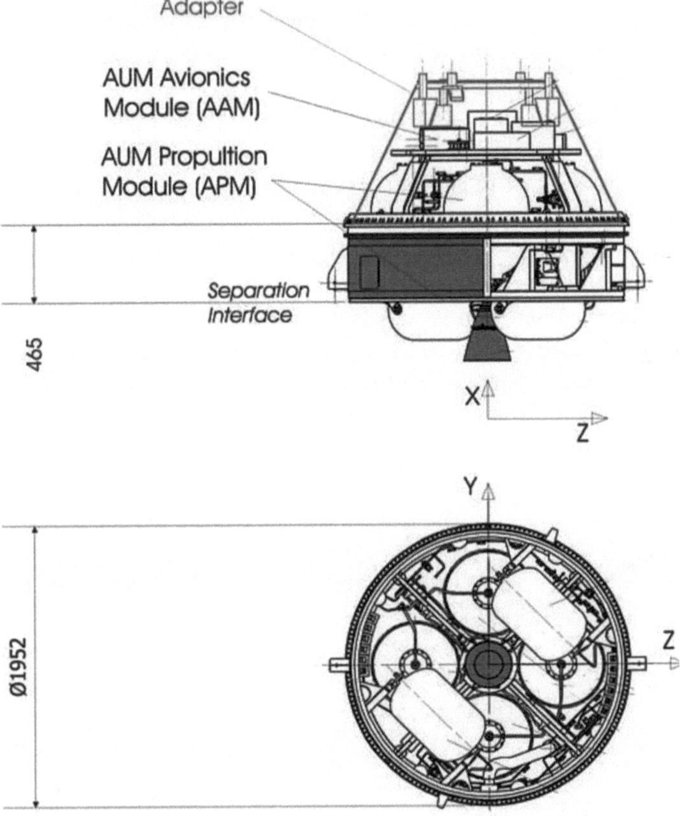

Abbildung 107: Querschnitt durch zwei Achsen beim AVUM
© *des Diagramms: Arianespace*

Die Elektronik zerfällt wiederum in drei Subsysteme: GNC: **G**uidance, **N**avigation and **C**ontrol, steuert die Rakete und bestimmt ihren Kurs. SAS, das **Sa**feguard **S**ubsystem, überwacht die Rakete. Bei gravierenden Abweichungen von den Sollwerten löst es die Selbstzerstörung aus. Dies kann auch durch ein Bodenkommando geschehen. TMC, das Telemetry Subsystem misst mit Sensoren zahlreiche Betriebsparameter und überträgt diese zum Boden.

Das TMC sendet die Messdaten der Rakete auf 120 analogen und 160 digitalen Kanälen zum Boden. Telemetrie wird bei 2.200 – 2.290 MHz mit 8 Watt Sendeleistung übermittelt. Mit Ausnahme des Sicherheitssystems ist die Avionik nicht redundant. ELV hat hier im wesentlichen Systeme verwendet, die auch bei der Ariane 5 eingesetzt werden, so wurde das Inertialsystem direkt von der Ariane 5 übernommen.

Neu ist der Bordcomputer (OBC: OnBoard-Computer) der Vega, der Technologien aus Satellitenprojekten der ESA übernimmt. Mit einer Geschwindigkeit von 13 MIPS (2,6 MFLOPS) ist er etwa zehnmal schneller als der bisherige Ariane 5 Bordcomputer. Er verfügt über viermal mehr Speicher (4 MByte). Trotzdem wiegt er nur die Hälfte, und sein Volumen beträgt nur ein Viertel des Ariane 5 OBC. Der Stromverbrauch des OBC beträgt 16 – 22 W. Er wird wie der Bordrechner der Ariane von Saab (heute Bestandteil von Ruag Space) gefertigt.

Eingesetzt wird der ERC32, eine weltraumtaugliche Version des SPARC V7 32-Bit-Prozessors mit einem integrierten Fließkommacoprozessor und einem Speicherkontroller. Das Design ist wird schon seit 1998 in Satelliten der ESA eingesetzt. Es basiert auf der ersten SPARC V7 CPU von Sun, wobei die 20-Mhz-Version, die 1990 erschien, die Ausgangsbasis für die Entwicklung war. Er ist in etwa so schnell wie ein PC aus dem Jahr 1991/92.

Für die Lageregelung und Rollachsensteuerung gibt es ein eigenes System. Ursprünglich war ein Stickstoff-Kaltgassystem geplant. Die ESA entschloss sich aus Kostengründen jedoch zur Adaption des Ariane 5 RACS (**R**oll and **A**ttitude **C**ontrol **S**ystem). Es besteht aus sechs Triebwerken in zwei Gruppen. In beiden Gruppen ist je ein Triebwerk in jede Raumachse ausgerichtet. Jede Düse hat einen Schub von mindestens 200 N. Der höhere Schub (geplant waren beim Stickstoff-Druckgassystem 50 N) erlaubt es, die Rollachsenkontrolle für die ganze Rakete und nicht nur für die oberen drei Stufen durchzuführen. Weiterhin ist das RACS für die Dreh- und Pitchkorrekturen während des Betriebs der beiden letzten Stufen verantwortlich. Während der Freiflugphase und vor dem Abtrennen der Satelliten führt das RACS die Ausrichtung der Stufe durch.

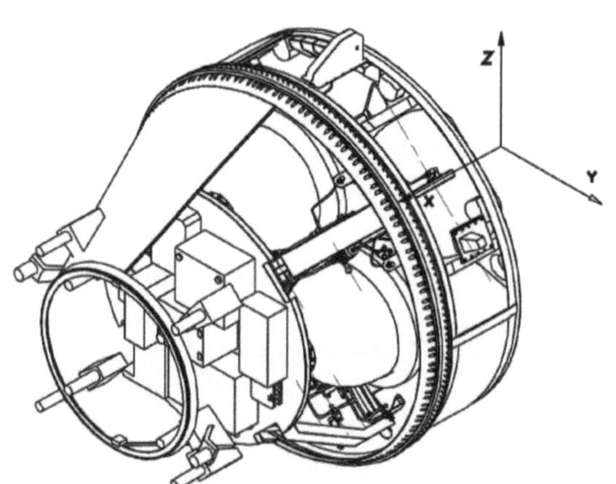

Abbildung 108: Die Systeme des AVUM
© der Grafik: Arianespace

Nach Missionsende senkt das RCAS mit dem Resttreibstoff die Bahn des AVUM ab. Die Triebwerke des RCAS zersetzen katalytisch Hydrazin. Sie verwenden also nicht, wie das Haupttriebwerk, einen Oxidator um es zu verbrennen. Daher verwenden die Triebwerke auch Hydrazin und nicht Di- oder Monomethylhydrazin, da nur Ersteres unter Energieabgabe spontan zerfällt. Das RACS stammt von Astrium ST in Bremen. Stickstoff-Druckgas aus einem 87-l-Drucktank aus Titan mit einer Umhüllung aus CFK-Werkstoffen fördert das Hydrazin in die Triebwerke.

Das Antriebssystem wird mit den lagerfähigen flüssigen Treibstoffen NTO und UDMH (**uns**ymmetrisches **Dim**ethylhydrazin) angetrieben. Die Zuladung ist variabel. Oxidator und Verbrennungsträger werden in je zwei identischen Tanks untergebracht. Ursprünglich sollten zwei verschiedene Tanks verwendet werden, doch die Nutzung identischer Tanks versprach höhere Kosteneinsparungen. Die Aufteilung in vier Tanks ermöglicht es, das APM kompakter zu bauen. Für die Förderung des Treibstoffs beim Haupttriebwerk wird Helium verwendet. Vor der Zündung werden die Treibstofftanks unter 6,2 Bar Druck gesetzt. Beim Betrieb des RD-869 Triebwerks sind es 35,6 bar.

Daten RD-869 Brennkammer	
Schub:	>2,12 kN
Spezifischer Impuls:	3065,6 m/s
Brennkammerdruck:	>17 bar
Düsenmündungsdruck:	0,01 bar
Mischungsverhältnis NTO/UDMH:	2
Eingangsdruck NTO:	>21,1 bar
Eingangsdruck UDMH	>21,8 bar
Maximale Betriebszeit:	1.600 s
Gewicht (nur Brennkammer und Düse)	24,8 kg

Das Triebwerk stammt nicht aus Westeuropa, sondern wird von KB Juschnoje in der Ukraine gefertigt. Es ist eine Variation des Triebwerks des MIRV Busses der Dnepr. Der Motor RD-869 (andere Bezeichnung RD 861G) ist druckgefördert. Das Triebwerk ist maximal fünfmal wiederzündbar. Bei einem Satelliten als Nutzlast sind normalerweise drei Zündungen nötig. Es ist um 9 Grad schwenkbar aufgehängt.

Bei KB Juschnoje wird nur die Brennkammer aufgeführt, die in verschiedenen Modi betrieben werden kann. Gedacht ist sie für den Betrieb mit einer Turbopumpe. Doch ist das Triebwerk auch fähig mit reduziertem Schub (2 anstatt 5 kN) zu arbeiten. Für die dann niedrigen Brennkammerdrücke reicht auch eine Druckgasförderung. Die Brennkammer wird filmgekühlt, die Düse ist ungekühlt.

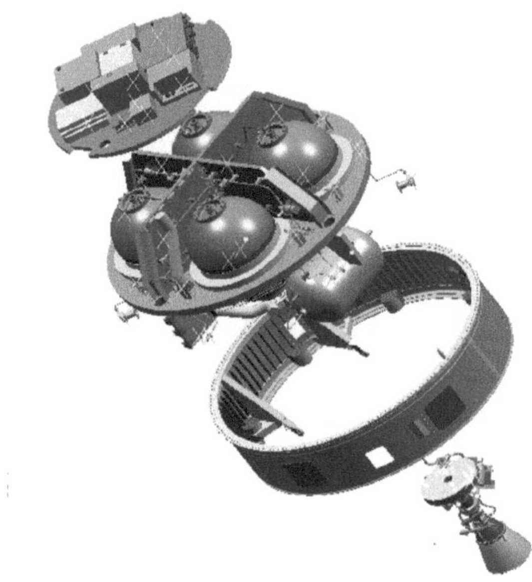

Abbildung 109: Aufbau des AVUM

Durch die lange Brennzeit kann das AVUM kreisförmige Bahnen in bis zu 1.500 km Höhe erreichen. Für die Referenzmission (1.500 kg in eine 700 km hohe Umlaufbahn) wird eine Brennzeit von 317 s benötigt (250 kg Treibstoff). Die Treibstoffzuladung für Bahnmanöver liegt nominell bei 250 – 400 kg. Sie kann auf bis zu 550 kg erhöht werden. Durch die Möglichkeit das Triebwerk bei Erreichen der Sollbahn abzuschalten und den kleinen Schub erreicht die Vega Bahnen mit sehr hoher Genauigkeit. Sie beträgt ±10 km in der Bahnhöhe. Bei der Inklination sind es ±0,05 Grad und beim aufsteigenden Knoten ±0,1 Grad. Diese Werte sind genauer als bei manchen Trägern mit flüssigen Treibstoffen (wie die Falcon 9) und

Abbildung 110: Montage des ersten AVUM Flugmodells

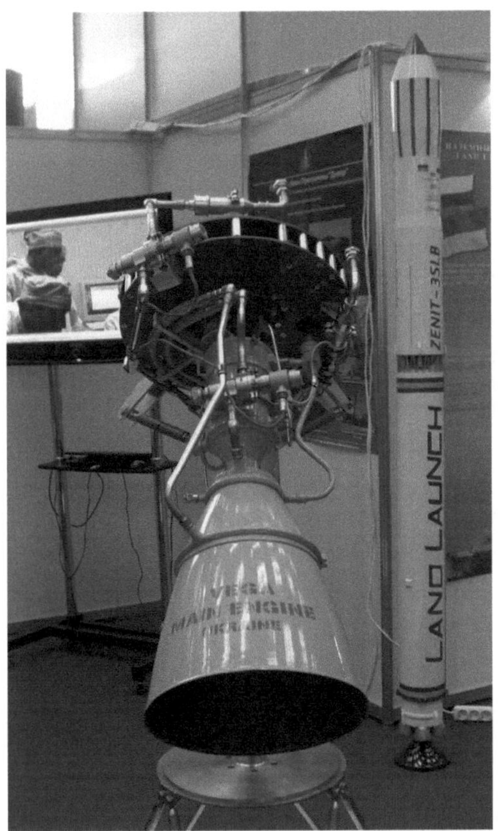
Abbildung 111: RD-869 Triebwerk

bis zu 550 kg erhöht werden. Durch die Möglichkeit das Triebwerk bei Erreichen der Sollbahn abzuschalten und den kleinen Schub erreicht die Vega Bahnen mit sehr hoher Genauigkeit. Sie beträgt ±10 km in der Bahnhöhe. Bei der Inklination sind es ±0,05 Grad und beim aufsteigenden Knoten ±0,1 Grad. Diese Werte sind genauer als bei manchen Trägern mit flüssigen Treibstoffen (wie die Falcon 9) und erheblich besser als bei allen reinen Feststoffraketen.

Feststofftriebwerke haben generell zwei Nachteile: Brenndauer und Schub sind vor dem Flug festgelegt, d.h., sie sind nicht einfach abschaltbar, wenn die gewünschte Bahn erreicht wird. Die Genauigkeit des Einschusses ist daher erheblich schlechter als bei Raketen, die flüssige Treibstoffe verwenden. Der zweite Nachteil liegt in ihrer kurzen Brenndauer und der Tatsache, dass Feststofftriebwerke nicht erneut gezündet werden können. Als Folge werden nicht hohe kreisförmige Bahnen erreicht, sondern nur elliptische, bei denen der Satellit mit seinem eigenen Antrieb diese zirkularisieren muss. Vega hat durch den Antrieb im AVUM die Möglichkeit, höhere Bahnen direkt zu erreichen. Die Nutzlast nimmt so auch bei hohen Bahnen nicht so stark ab, wie bei anderen Trägern der Fall ist, die nicht über diese Technologie verfügen.

Das AVUM ermöglicht der Vega Missionen, die bei anderen Trägerraketen mit festem Treibstoff nicht möglich sind. So können Satelliten in unterschiedlich hohen Bahnen ausgesetzt werden. Das kann derzeit kein anderer Träger. Mehrere Satelliten pro Start sind auch kein Problem. Es sind Zündungen nach längerer Zeit möglich, wie dies beim ESA IXV Wiedereintrittskörper erprobt wird. Das AVUM wird von Avio integriert. Die Struktur stammt von EADS CASA aus Spanien. Die Batterien von SAFT (Frankreich) im AVUM geben eine Gesamtleistung von maximal 1.300 W ab. Ihre Kapazität beträgt 1.600 Wh, ausreichend für eine Mission von mindestens 5.000 s Dauer.

AVUM	
Höhe:	1,72 m
Max. Durchmesser:	1,91 m
Startgewicht:	1.237 kg
Leergewicht:	659 kg
Davon Antriebsmodul:	336 kg
Davon Avionikmodul:	171 kg
Davon Stufenadapter/Satellitenadapter:	152 kg
Antriebssystem	
Triebwerk:	RD-869M
Schub:	2,42 kN
Brennzeit:	694,5 s, qualifiziert für 6672 s Gesamtbetriebszeit
Treibstoff:	NTO/UDMH
Spez. Impuls:	3086 m/s
Gesamtimpuls:	1.702,5 kNs
Entspannungsverhältnis:	25
Treibstoffe:	Max. 192,5 kg UDMH in zwei Tanks à 142 l Max. 385 kg NTO in zwei Tanks à 142 l 4,1 kg Helium (87 l-Tank, 310 Bar) 557 kg Treibstoff nutzbar, 20,5 kg Reste
Förderdruck:	35,6 bar (maximal)
Flussrate:	0,79 kg/s
Zündungen	Bis zu 5
Gewicht:	Triebwerk mit Tanks 131 kg, Tanks: 16 kg
TVC:	Schwenkbereich 6,5° / 68,8 mm Geschwindigkeit: 49 mm, Drehmoment: 0,17 Nm, Leistung: 0,43 kW 26 kg Gewicht

Abbildung 112: Nutzlastverkleidung der Vega bei Ruag Space © des Fotos: Ruag Space

AVUM Lageregelungssystem	
Schub:	6 × 400 N (maximal, 240 N durchschnittlich)
Förderdruck:	26 – 8 Bar (fallend)
Treibstoff:	Hydrazin
Spez. Impuls:	2232 m/s
Gesamtimpuls:	71.515 Ns
Triebwerke:	CHT-400
Treibstoffe:	26 kg Stickstoff, (87-l-Tank, 31 kg Gewicht, 310 Bar Druck) 38,5 kg Hydrazin (59-l-Tank, 8,5 kg Gewicht, 26 Bar Betriebsdruck)
Flussrate:	0,107 kg/s
Brenndauer:	< 360 s

Nutzlastverkleidung

Neu in dieser Klasse von Trägern ist auch die große und geräumige Nutzlastverkleidung, welche der Nutzlast ein Volumen von 20 m³ zur Verfügung stellt. Verglichen mit anderen Trägerraketen ist dies viel, so ist z. B. der nutzbare Innendurchmesser um 1 m größer als beim Konkurrenzmodell Rockot.

Die Nutzlast wird mit einem Standard Payload Adapter der Ariane mit der Rakete verbunden. Der Standard Adapter 937 (mit einem Basisdurchmesser von 937 mm) besteht aus kohlefaserverstärktem Kunststoff über einer leichten Aluminiumstruktur in Honigwabenbauweise mit einer äußeren Aluminium- und einer inneren CFK-Schicht. Die Wandstärke beträgt 20 mm. Es gibt in der Nutzlastverkleidung zwei Zugangsfenster von 30 und 42 cm Durchmesser für Verbindungen zum Satelliten bis zum Start. Ein weiteres Fenster von 25 cm Größe ist transparent für Radiowellen. Die Abschwächung durch die Hülle beträgt 10 db im 2-GHz-Band. Damit kann Telemetrie vom Satellit vor und während des Starts empfangen werden.

Ein aufgesprühter Schaum schützt die Verkleidung vor der Reibungshitze beim Passieren der Atmosphäre. Die Hülle besteht aus zwei Hälften, die durch Pyrotechnik in der Längsachse getrennt werden und dann durch Federn auseinander bewegt werden. Dies erfolgt kurz nach Zündung der Zefiro 9A Stufe. Die Nutzlastverkleidung wird wie die der Ariane 1-5 und Atlas V von Ruag Space in der Schweiz gefertigt.

Nutzlastverkleidung	
Höhe:	7,847 m (7,18 m ab Nutzlastadapter)
Durchmesser:	2,60 m
Volumen:	20 m³
Nutzbarer Innendurchmesser:	2,38 m
Nutzbare Höhe:	6,30 m
Davon zylindrischer Teil:	3,50 m
Gewicht:	525,9 kg, 562,3 kg mit Adapter zum AVUM
Adapter zum AVUM:	36,4 kg Gewicht, 0,04 m Höhe, 1,966 m Durchmesser
Adapter für den Satelliten:	59,8 kg Gewicht, 1,935 m Basisdurchmesser, 0,945 m Kopfdurchmesser, 1,079 m Höhe

VESPA

Wie die Ariane 5 ist auch die Vega eine sehr flexible Rakete. Neben einer Einzelnutzlast von 300 – 2500 kg Gewicht kann die Rakete auch zwei Satelliten übereinander im Doppelstart befördern. Jeder Satellit darf dann maximal 1.000 kg schwer sein. Alternativ ist es möglich, neben einer Hauptnutzlast von maximal 2.000 kg Gewicht bis zu drei Mikrosatelliten von maximal je 100 kg Gewicht als Sekundärnutzlast mitzuführen.

Bei mehreren Nutzlasten wird eine als VESPA (**Ve**ga **S**econdary **P**ayload **A**dapter) bezeichnete Struktur zum Einsatz kommen. Sie wurde unter dem VERTA-Programm entwickelt und beim zweiten Flug zum ersten Mal eingesetzt. Sie hat eine Höhe von 2,87 m und einen maximalen Durchmesser von 2,35 m. Die VESPA ähnelt der Sylda, die auf der Ariane 5 eingesetzt wird. Wie diese wird sie von der Nutzlastverkleidung umschlossen. Die Höhe von 2,87 m täuscht über den nutzbaren Raum hinweg, da die VESPA auf dem unteren Teil des AVUM sitzt. Daher macht der obere, konisch zulaufende Teil mit der Avionik und dem Standardadapter 935 etwa die Hälfte der Höhe aus. Dieser konische Teil hat einen unteren Durchmesser von 1,015 m und einen Oberen von 0,82 m. Auf ihm befindet sich dann eine Platte, die mehrere Mikrosatelliten aufnimmt.

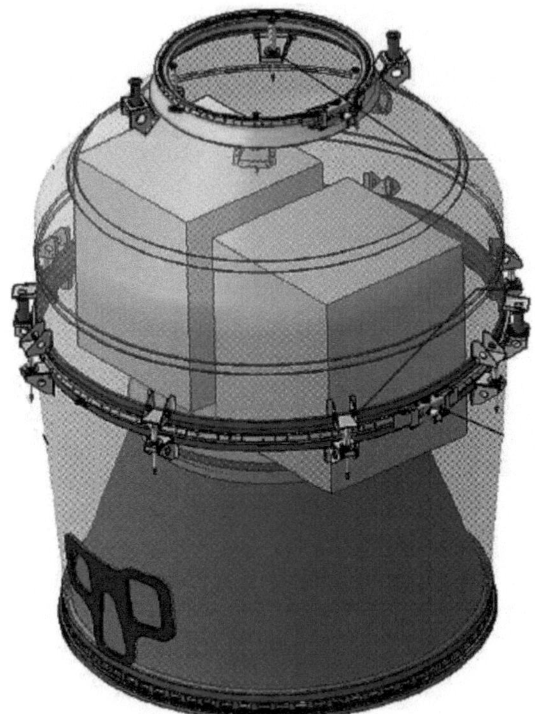

Abbildung 113: Die VESPA mit zwei Minisatelliten

Ein jeder darf maximal 200 kg wiegen, alle zusammen 600 kg. Sie dürfen zusammen einen Durchmesser von 1,96 m nicht überschreiten. Alternativ kann auch eine maximal 600 kg schwere Einzelnutzlast in der VESPA untergebracht werden. Die VESPA hat nominell eine Höhe von 2,69 m, kann aber um 30 cm gestreckt werden, wenn dies nötig sein sollte.

In der Mitte befindet sich ein Trennsystem, welches den oberen Teil, der mit einem Nutzlastadapter vom Typ 935 endet, abtrennt, bevor die Sekundärnutzlasten ausgesetzt werden. Die auf der VESPA sitzende Hauptnutzlast darf maximal 1.000 kg wiegen. Die Gesamtnutzlast ist beim Einsatz der VESPA auf 1.600 kg beschränkt. Die VESPA selbst wiegt mit 250 kg relativ viel, gemessen am Platz, den sie zur Verfügung steht und der nominellen Nutzlast der Vega. Die VESPA ist wichtig,

wenn man die Nutzlast der Vega steigern will, denn ihr Anteil ist konstant. Steigt die Nutzlast der Vega auf 2.000 kg, so kann man mit der VESPA 1.750 anstatt 1.250 kg in den Orbit transportieren – es steigt die Nutzlast bei Doppelstarts zum einen überproportional an, zum anderen ist es so möglich zwei größere Satelliten zu transportieren, bei der Vega in der Originalform sind 1.250 kg Nutzlast aufgeteilt auf zwei Satelliten nicht viel pro Nutzlast,

114. Abbildung: PROBA V auf der VESPA. Im Hintergrund die Nutzlastverkleidung © des Fotos: ESA

Das AVUM kann nach Abtrennung der Primärnutzlast die Bahn verändern und die sekundären Nutzlasten abtrennen, z. B. auf einer niedrigeren Bahn aussetzen. Sofern genügend Treibstoff vorhanden ist, können bis zu drei verschiedene Bahnen eingeschlagen werden. Zum Schluss wird mit dem Resttreibstoff das AVUM deorbitiert. Die Treibstoffvorräte sind so bemessen, dass eine Zielbahn mit einer Wahrscheinlichkeit von 99,7% erreicht wird.

Das folgende Typenblatt gibt die Daten, die von Arianespace im Juli 2014 publiziert wurden wieder. Gegenüber den obigen Angaben, die noch von der Entwicklung stammen, weichen diese leicht ab. Dies ist jedoch normal. Da es jedoch nur Summendaten sind, habe ich in den Aufstellungen die Originaldaten (die detaillierter sind) beibehalten, um nicht Angaben aus verschiedenen Quellen zu mischen.

Typenblatt Vega	
Länge: maximaler Durchmesser: Startgewicht:	29,90 m 3,00 m 136.700 kg
Einsatzzeitraum:	2012-
Starts:	5, davon kein Fehlstart
Zuverlässigkeit:	100%
Nutzlast:	2.500 kg in einen 200 km hohen äquatorialen Orbit. 2.000 kg zur ISS (400 km, 51,6° Bahnneigung) 1.967 kg in einen 200 × 1500 km elliptischen Orbit. 1.430 kg in einen 700 km hohen polaren Orbit. 1.300 kg in einen 800 km hohen sonnensynchronen Orbit 550 kg auf einen Fluchtkurs (mit Kickstufe)
Stufe 1: P80 FW	
Länge: Durchmesser: Startgewicht: Leergewicht: Schub: Brenndauer: Treibstoff: spezifischer Impuls:	11,20 m (12,18 m mit Stufenadapter 1→ 2) 3,01 m 96.243 kg 8.533 kg 3012 kN (maximal) 2261 kN (beim Start) 109,9 s Ammoniumperchlorat/Aluminium/HTPB 2745 m/s (Vakuum)
Stufe 2: Z23	
Länge: Durchmesser: Startgewicht: Trockengewicht: Triebwerk: Schub: Brenndauer: Treibstoff: Spezifischer Impuls:	7,50 m (8,39 m mit Stufenadapter 2→ 3) 1,90 m 26.300 kg 2.486 kg Zefiro 23 1.120 kN (maximal) 900 kN (Durchschnitt) 77,1 s Ammoniumperchlorat/Aluminium/HTPB 2820 m/s (Vakuum)
Stufe 3: Z9	
Länge: Durchmesser: Startgewicht: Leergewicht:	3,85 m (4,12 m mit Stufenadapter 3 → AVUM) 1,90 m 12.000 kg 1.433 kg

Triebwerke:	Zefiro 9A
Schub:	317 kN (maximal) 225 kN (Durchschnitt)
Brenndauer:	119,6 s
Treibstoff:	Ammoniumperchlorat/Aluminium/HTPB
Spezifischer Impuls (Vakuum)	2902 m/s
AVUM	
Länge:	1,74 m (2,04 m mit Nutzlastadapter)
Durchmesser:	2,18 m
Gewicht:	1.069 kg (1.237 kg mit Stufenadapter)
Leergewicht:	494 kg (688 kg mit Stufenadapter)
Triebwerk:	RD-869
Schub:	2,45 kN
Brenndauer:	< 612,5 s
spez. Impuls:	3084 m/s
Nutzlasthülle	
Länge:	7,88 m
Durchmesser:	2,60 m
Volumen:	20 m³
Gewicht:	540 kg
Doppelstartstruktur VESPA	
Höhe:	2,87 m
Durchmesser:	2,38 m
Maximale Nutzlast:	600 kg
nutzbarer Innendurchmesser:	2.105 m
Gewicht:	250 kg
Nutzlastadapter	
PLA 937 VG	0,937 m Abschlussdurchmesser 1,461 m Höhe 77 kg Gewicht
PLA 1194 VG	0,937 m Abschlussdurchmesser 1,072 m Höhe 78 kg Gewicht

Abbildung 115: Die Vega hebt zum Jungfernflug ab.

Missionsprofil

Die Startkampagne einer Vega, also die Vorbereitung auf den Start beginnend mit dem Zusammenbau der Stufen, dauerte beim ersten Flug 49 Tage. Dies ist normal, auch die erste Ariane 5 Startkampagne dauerte länger. Sie umfasste nicht nur viel mehr Überprüfungen als später im operationellen Betrieb, sie diente auch der Schulung des Personals. Dieses wird mit der Rakete vertraut gemacht, übt die einzelnen Arbeitsschritte ein, die später „sitzen" müssen. Die ESA will auch durch Übungen die Gewissheit haben, dass später vier Starts pro Jahr operationell durchführbar sind.

Das Missionsprofil, das veröffentlicht wurde, weicht von dem des Jungfernflugs in zwei Details ab. Dieses Referenzprofil beinhaltet zwei Freiflugphasen. Sie sind aufgrund der kurzen Brennzeit der Stufen nötig. Die oberen Stufen sollten in der gewünschten Bahnhöhe gezündet werden.

Die erste Freiflugphase findet nach 174 s statt, nach Ausbrennen der zweiten Stufe und dauert 50 – 100 s (beim 700-km-Referenzorbit: 64 s). Während dieser Zeit wird die Nutzlastverkleidung abgetrennt. Diese Freiflugphase vor Zündung der dritten Stufe bewirkt, dass die Vega an Höhe gewinnt. Die zweite, längere Freiflugphase folgt nach dem Einschuss in einen elliptischen Transferorbit.

Beim Jungfernflug war die erste Freiflugphase erheblich kürzer: 16 anstatt 64 s. Weiterhin wurde die Nutzlastverkleidung erst nach Zündung des Zefiro 9A Antriebs und nicht während der Freiflugphase abgetrennt.

Für 700 km Referenzorbit	Zeit	Höhe	Distanz zum Startort	Geschwindigkeit
Zündung P80	0	0	0	463 m/s
P80 ausgebrannt	110 s	44 km – 51,7 km	64 km	1817 m/s
Zefiro 23 ausgebrannt	188 s	101 – 109 km	267 km	4275 m/s
Abtrennung Nutzlastverkleidung	194 s	110 km	348 km	4240 m/s
Zündung Zefiro 9	246 s	143 km	529 km	4181 m/s
Zefiro 9 ausgebrannt/Zündung AVUM	356 s	165 km	1.205 km	7802 m/s
AVUM Brennschluss 1	559 s	171 km	2.768 km	7968 m/s
AVUM 2 Zündung	3217 s	702 km	17.186 km	7354 m/s
AVUM Brennschluss 2	3398 s	706 km	15.763 km	7504 m/s

Die maximale Beschleunigung liegt bei der Vega niedriger als bei vielen Trägern mit festen Treibstoffen. Sie ist abhängig vom Gewicht der Nutzlast. Bei der minimalen Nutzlast von 300 kg Gewicht erreicht sie maximal 5,5 g. Sie wird während des Betriebs der Zefiro 23 Stufe erreicht. Beim Betrieb des P80 Motors sind es 5,3 g und beim Betrieb des Zefiro 9 Motors maximal 5,0 G. Die Startbeschleunigung beträgt 2,0 g.

Für 1500 km äquatorialen Orbit	Zeit	Höhe	Geschwindigkeit
Zündung P80	0	0	463 m/s
P80 ausgebrannt	110 s	44 km – 51,7 km	1817 m/s
Zefiro 23 ausgebrannt	188 s	101 – 109 km	4275 m/s
Abtrennung Nutzlastverkleidung	194 s	110 km	4240 m/s
Zündung Zefiro 9	246 s	143 km	4181 m/s
Zefiro 9 ausgebrannt/Zündung AVUM	366 s	202 km	7478 m/s
AVUM Brennschluss 1	542 s	281 km	7542 m/s
AVUM 2. Zündung	2.733 s	1.483 km	6218 m/s
AVUM Brennschluss 2	3.071 s	1.500 km	6541 m/s

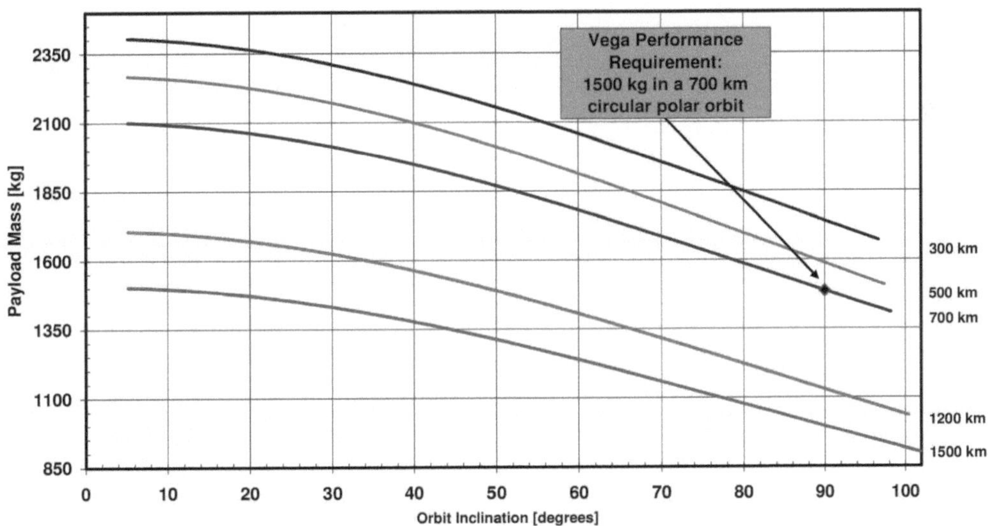

Abbildung 116: Nutzlast der Vega für verschiedene Umlaufbahnen

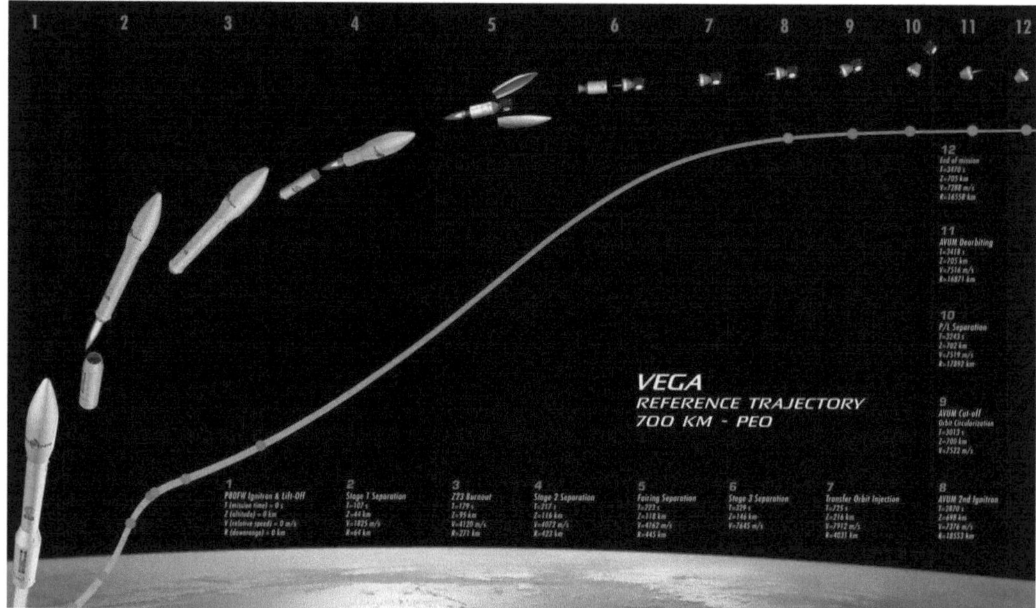

Abbildung 117: Verlauf des Starts bei der Referenzbahn der Vega

Nach Ausbrennen der dritten Stufe zündet das AVUM, bis ein elliptischer Orbit erreicht ist. Bei diesem liegt das Apogäum bei der Zielbahnhöhe und das Perigäum niedriger. Beim ersten Durchlaufen des Apogäums zündet das AVUM erneut, um die Bahn zu zirkularisieren.

Für 1500 km polaren Orbit	Zeit	Höhe	Geschwindigkeit
Zündung P85	0	0	0 m/s
P80 ausgebrannt	110 s	44 km – 51,7 km	1355 m/s
Zefiro 23 ausgebrannt	188 s	101 – 109 km	3812 m/s
Abtrennung Nutzlastverkleidung	194 s	110 km	3778 m/s
Zündung Zefiro 9	246 s	139 km	3718 m/s
Zefiro 9 ausgebrannt/Zündung AVUM	365 s	157 km	7943 m/s
AVUM Brennschluss 1	647,1 s	230 km	8200 m/s
AVUM 2 Zündung	3.126 s	1.489 km	6929 m/s
AVUM Brennschluss 2	3.377 s	1.500 km	7253 m/s

Die Entwicklung der Vega

Im Juli 2001 wurde das vorläufige Design der Vega abgenommen, und es konnte an die eigentlichen Entwicklungsarbeiten gehen. Es gab nur graduelle Änderungen, so stieg die Startmasse von 132 auf 137,6 t. Die Genehmigung des nun geänderten Konzepts durch die ESA gab es erst im Juni 2003.

Schon im Mai 2004 wurde in der Fabrik für feste Treibstoffe in Kourou die Befüllung des P80 Antriebs erprobt. Die neue Mischung wurde dazu zehn Tage lang erhitzt. Nach Aushärten und Abkühlung der Mischung wurde der Kern, der die Öffnung in der Brennkammer ausfüllte, entfernt und der Guss inspiziert. Die HTPB 1912 Mischung härtete ohne Probleme aus.

Im Jahre 2004 und 2005 wurden Akustikmessungen der Rakete (Schall kann bei hohem Schub starke Beschädigungen verursachen) mit einem 1:20 Modell der Vega durchgeführt. Auch wurden die Zünder getestet. In der Folge verzögerte sich der Erstflug laufend:

Datum	Jungfernflug geplant für ...	Startkosten
September 1998	Dezember 2002	10 Millionen $
Dezember 2000	Januar 2005	20 Millionen $
Mitte 2002	Ende 2005	20 Millionen $
März 2003	Juni 2006	
Mai 2004	Mitte 2006	14,5 Millionen €
Juni 2005	September 2007	18,5 Millionen €
November 2005	Dezember 2007	
September 2006	Ende 2007	20 Millionen €
April 2007	September 2009	
August 2008	November 2009	
Juni 2009	Oktober 2010	22 Millionen €
Februar 2010	Ende 2010	
September 2010	Mitte 2011	
Oktober 2011	Januar/Februar 2012	
19.1.2012	9.2.2012	32 Millionen €

Abbildung 118: Test des Zefiro 23 am 26.6.2006

Die Arbeiten am Startkomplex begannen am 20.10.2004. Die Fertigstellung war für April 2007 geplant, doch durch die Verzögerungen beim Zefiro 9 konnte der Zeitplan gestreckt werden. Seit Mitte 2008 ist auch das Bodensegment weitgehend fertig. Am CSG ist der Bunker neu ausgerüstet worden, und der mobile Startturm, bei dem auch die Vega montiert wird, ist umgebaut worden. Der Starttisch ist fertiggestellt, und es fehlen nur noch die beiden Zugangsplattformen für die mittlere und obere Höhe.

Der Verbindungsmast mit seinen Leitungen für Flüssigkeiten und auch das Vega Kontrollzentrum (CCV) wurden errichtet. Ebenso wurde die erste Version der Software für die Computer fertiggestellt. Der OnBoard Computer war im Oktober 2007 das erste Subsystem der Vega, das qualifiziert war. Im November 2009 erfolgten die Tests, ob das Gebäude von der Startrampe zurückgefahren werden kann. Im Frühjahr 2010 wurden alle Bodenanlagen abgenommen.

Anders als beim Vorgänger Ariane 5 wird Arianespace von Anfang an die Vega betreuen. Sie ist auch bei der Probekampagne und der Startkampagne des Jungfernflugs miteinbezogen. Ein entsprechender Vertrag wurde am 22.12.2009 unterzeichnet. Im September 2010 bestellte Arianespace fünf

266

Vega vom Hersteller ELV, während zeitgleich ein Vertrag mit der ESA über das VERTA-Programm abgeschlossen wurde.

Zefiro 16/23

Die Tests des Zefiro 16 Antriebs wurden bereits im Juni 1998 und 1999 sowie im Dezember 2000 durchgeführt. Der Zefiro 23 Antrieb konnte darum als Erstes getestet werden, weil er sehr schnell aus dem schon erprobten Zefiro 16 Motor entwickelt werden konnte. Der erste Test einer Zefiro 23 Stufe wurde am 26.6.2006 im Testgelände des italienischen Militärs bei Salto di Quirra auf Sardinien durchgeführt. Der Motor lieferte den erwarteten Schub und arbeitete einwandfrei. Nach dem zweiten Test am 27.3.2008 galt der Antrieb als qualifiziert. Ursprünglich waren für alle Stufen die Mischung HTPB 1614 geplant, wie sie im Zefiro 16 eingesetzt wurde. Während der Entwicklung wurde auf HTPB 1912 umgestellt. An der Leistung gab es dadurch keine Veränderungen. Die zweite Stufe war im Dezember 2008 als erste Stufe qualifiziert.

Zefiro 9/9A

Der erste Test des Zefiro 9 Motors am 21.12.2006 verlief erfolgreich. Allerdings wurde dieser Test noch mit einer verkürzten Düse mit einem Entspannungsverhältnis von 16 statt 58 durchgeführt.

Am 28.3.2007 wurde beim zweiten Test der Zefiro 9 Antrieb, nun mit der Düse, wie sie auch die Stufe auf der Vega einsetzt, ausgestattet. Schon 35 s nach der Zündung gab es Abweichungen im Innendruck, wodurch die Brennzeit länger als die geplanten 105 s war. Eine Untersuchung der Stufe nach dem Test zeigte eine Schwäche im Design der Düse und Mängel in der Fertigung. Das Material der Düse, das Temperaturen bis zu 2000°C aushalten muss, musste erneut qualifiziert werden, und die Düse wurde teilweise neu konstruiert. Die meisten Änderungen wurden auch auf die analog gefertigte Düse des Zefiro 23 übertragen. Ein Versuch zeigte, dass dieses Redesign die Mängel behob. Da dadurch die Zefiro 9 Entwicklung nicht abgeschlossen werden konnte, war es möglich, dessen Performance zu verbessern, indem ELV 560 kg mehr Treibstoff zulud. Aus dem Zefiro 9 wurde so der Zefiro 9A.

So wurden zwei weitere Tests des Zefiro 9A notwendig, wodurch der Starttermin verschoben wurde. Die Neuqualifikation des Antriebs hat den Jungfernflug um mindestens zwei Jahre verzögert.

Den ersten Test des Zefiro 9A Antriebs gab es am 28.10.2008. Der mit 400 Sensoren ausgerüstete Motor brannte für eine neue Rekordzeit von 120 s. Am 28.4.2009 fand der zweite Test eines Zefiro 9A erfolgreich seinen Abschluss. Der Dritte wurde dann schon aus dem VERTA-Programm finanziert. Schlussendlich war dies ja schon einer Weiterentwicklung der Z9 Stufe. Erst im November 2010 war die Stufe qualifiziert.

P80 FW

Für die Produktion des P80-Boosters errichtete Avio eine neue Produktionshalle von 7.000 m² Basisfläche und 22 m Höhe. Allein der Autoklav zum Vulkanisieren des Gummis bei 180°C und 10 Bar Druck, hat einen Durchmesser von über 3 m und eine Länge von 11 m. Die Fabrik kann 48 Segmente pro Jahr herstellen.

Am 14. September 2006 wurde die erste P80-Düse ausgeliefert. Der erste Test eines P80 Boosters fand am 20.11.2006 statt. Er lieferte über 111 s den nominellen Schub von 190 Tonnen. Die Auswertung der 600 Parameter, die bei der Testzündung gemessen wurden, ergab keine Auffälligkeiten. Das galt auch für die zweite Erprobung am 4.12.2007. Beide Booster wurden nach

Abbildung 119: Erster Test des Zefiro 9 Motors am 21.12.2006

dem Test im BEAP, dem Teststand für die EAP-Booster der Ariane 5, demontiert und nach Europa zur Inspektion verschifft. Der P80FW Antrieb wurde im Juni 2010 qualifiziert.

AVUM

Der ukrainische RD-869 Antrieb wurde im deutschen Testzentrum bei Lampoldshausen im Höhenteststand P4,2 getestet. Es fanden zuerst zwei komplette Qualifikationstests des Triebwerks statt. Ab Sommer 2008 begann dann der Gesamttest des AVUM in Lampoldshausen. Diese Tests wurden im April 2009 abgeschlossen. Die Testzeit des Triebwerks betrug insgesamt 6.000 s, über 100 Zündungen waren erfolgt.

2006 gab es eine Änderung in der Lageregelung. Anstatt diese durch Stickstoff-Druckgas durchzuführen, wurde beschlossen, die RACS-Triebwerke der Ariane 5 mitsamt einem Hydrazintank zu übernehmen (Ariane 5: zwei Tanks). Eine zweite Änderung war, dass die ESA beschloss, das AVUM zu deorbitieren. Dafür mussten die Treibstofftanks vergrößert werden und 150 kg mehr Treibstoff für dieses Manöver aufnehmen, wodurch das AVUM aber auch deutlich schwerer wurde. Es wiegt nun 1.237 kg statt der geplanten 1.050 kg. Auch die Trockenmasse stieg von 440 auf 659 kg an.

Die Qualifikation des Bordcomputers der Vega wurde schon im Oktober 2007 abgeschlossen. Dies war möglich, da der Prozessor schon flugqualifiziert war. (Er wurde erstmals auf dem ESA-Satelliten Proba 1 eingesetzt und wird unter anderem auch im europäischen Raumtransporter ATV und auf der ISS verwendet). Das AVUM war erst im Februar 2010 qualifiziert.

Die Struktur des AVUM und die Nutzlastverkleidung wurden im ESTEC den zu erwartenden Belastungen beim Start unterzogen (Schall, Vibrationen). Sie passierten die Tests im Oktober 2006. Die Nutzlastverkleidung war im Dezember 2007 qualifiziert, der Nutzlastadapter folgte im April 2010.

Die laufenden Verschiebungen des Erststarts führten zur Sprengung des Kostenrahmens. Ein Vega Slice-3 genanntes Programm zur Deckung der laufenden Aufwendungen wurde daher notwendig. Italien kam für die Aufwendungen auf.

Der Jungfernflug wurde von Jean-Jacques Dourdain, Generaldirektor der ESA im Januar 2009 für den November / Dezember 2009 angekündigt. Bei der Verschiffung der Mockups von Stufen für die erste Vega im Juni 2009 sprach Avio aber schon von 2010. Seitdem gab es weitere Verschiebungen, bis schließlich im Herbst 2011 sich Januar/Februar 2012 als Startermin herauskristallisierte. 2011 wurde im Februar ein Mockup der Vega am Startplatz montiert und es schlossen sich Tests der mechanischen und elektrischen Verbindungen mit dem Startplatz an. So wurde auch das AVUM probebetankt. Diese Prüfungen endeten mit einem Probecountdown im April 2011.

Hauptursache für die Verzögerungen war die Neuentwicklung des Zefiro 9A Antriebs. Die Zefiro 9 Stufe war die erste Stufe, die getestet wurde, ein halbes Jahr vor der Z23. So sollte auch die Qualifikation vor der Z23 abgeschlossen sein, die im Dezember 2008 erfolgte. Stattdessen waren zwei neue Tests des Z9A Antriebs nötig, dem noch ein weiterer im Rahmen des VERTA Programms erfolgte. Schließlich war die Stufe im Dezember 2010 qualifiziert, als letzte Komponente der Trägerrakete. 2011 stand dann im Rahmen von Tests des Gesamtsystems, also wie die Komponenten harmonieren und ob es keine Probleme mit dem Bodensegment gibt. Die Verzögerungen machten die Entwicklung deutlich teurer als geplant. Vor dem Jungfernflug gab die ESA folgende Zahlen bekannt:

- Die Vega/P80FW Entwicklung kostete 710 Millionen Euro.
- Dazu kommen 76,2 Millionen von der ASI für Verzögerungen / die Entwicklung der P80FW Stufe. Sie wurden von der ASI aufgebracht.
- Das VERA-Programm wird bis 2014 weitere 400 Millionen Euro kosten.

Abbildung 120: Transport des P80 FW zum Teststand © der Fotos: ESA

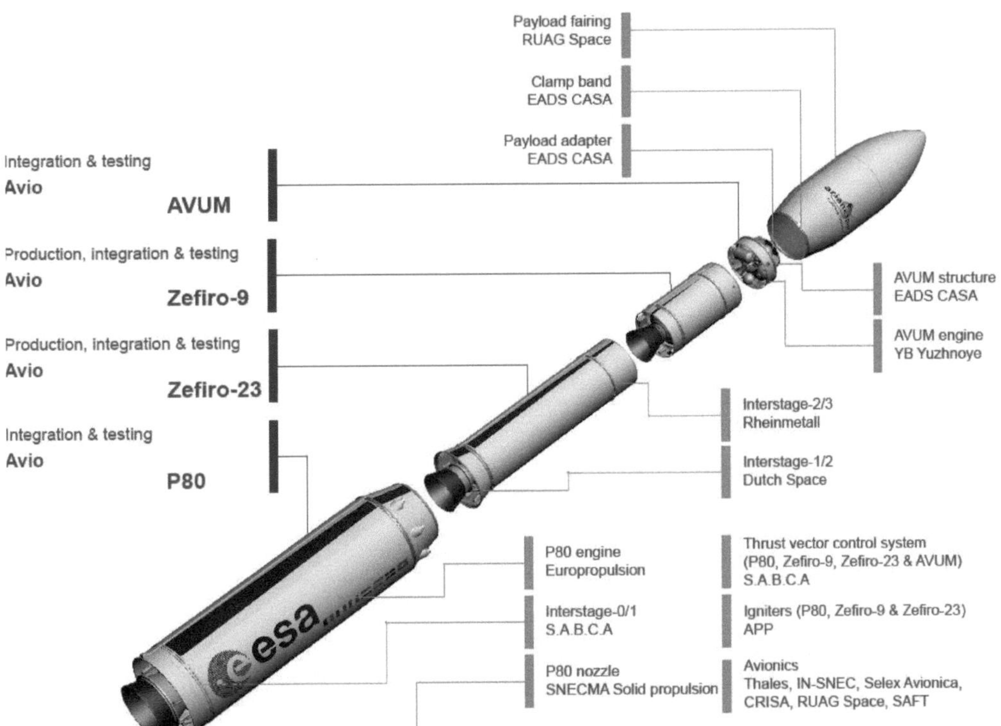

Abbildung 121: Die Stufen der Vega und ihre Hersteller

Darum	Ereignis
22.6.1998	Erster Test des Zefiro-16 Antriebs.
24.6.1998	ESA-Ministerrat genehmigt Vega Programm Vorstudien.
17.6.1999	Zweiter Test des Zefiro-16 Antriebs.
15.12.2000	ESA Ministerrat genehmigt Vega und P80 Entwicklungsprogramm.
Dezember 2000	Dritter und letzter Test des Zefiro 16.
21.2.2001	ASI und Fiat Avio gründen ELV.
Juni 2002	Abschluss Phase A: Preliminary Design Review.
25.2.2003	ESA genehmigt endgültig Vega Entwicklung nun mit einer leistungsgesteigerten Version. Der Auftrag geht an ELV
20.10.2004	Arbeiten am Vega Startplatz beginnen.
20.12.2005	Erster Bodentest des Zefiro 9 Antriebs.

Darum	Ereignis
23.5.2006	Abschluss Critical Design Reviews des Bodensegments
26.6.2006	Erster Bodentest des Zefiro 23 Antriebs.
30.11.2006	Erster Bodentest des P80FW Antriebs.
21.12.2006	Abschluss Phase B: Critical Design Review des Trägers
28.3.2007	Zweiter Bodentest des Zefiro 9 Antrieb scheitert und macht eine Neukonzeption nötig.
4.12.2007	Zweiter Bodentest des P80FW Antriebs.
Dezember 2007	Qualifikation der Nutzlastverkleidung
27.3.2008	Zweiter Bodentest des Zefiro 23 Antriebs.
23.10.2008	Erster Bodentest des Zefiro 9A Antriebs.
Dezember 2008	Qualifikation der Z23 Stufe.
28.4.2009	Zweiter Bodentest des Zefiro 9A Antriebs.
Februar 2010	Qualifikation des AVUM
April 2010	Qualifikation des Nutzlastadapters
25.5.2010	Bodentest des Z9A Antriebs im Rahmen des VERTA Programms
Juli 2010	Beginn der kombinierten Tests des Trägers.
November 2010	Qualifikation der Z9A Stufe.
11.2.2011	Vega Mockup auf der Startrampe errichtet.
April 2011	Simulierte Startkampagne abgeschlossen.
14.10.2011	Überprüfung des Programms ergibt, dass die Vega startklar ist.
7.11.2011	Beginn der Startkampagne für den Jungfernflug.
14.11.2011	Die ESA ordert Vega für die Starts der Satelliten Sentinel 2B+3B.
14.11.2011	Prüfung für den Start von IXV auf der Vega in Auftrag gegeben.
13.2.2012	Qualfikationsflug

Einsatz

Die Vega absolvierte nur einen Qualifikationsflug. Bei Ariane 1 waren es noch vier, und bei der Ariane 5 drei (ursprünglich zwei, aber da der Jungfernflug scheiterte, war ein weiterer nötig). Ursprünglich sollte er zu Sonderkonditionen verkauft werden, doch nun trägt die ESA die Kosten für diesen Start. Diesem schließen sich fünf Flüge an, deren Kosten durch das VERTA-Programm gedeckt werden. Sie sollen die Fähigkeiten der Vega ausloten und in die kommerzielle Nutzung überleiten. Die ESA finanziert neben den Trägern auch Kosten um die Produktion zu optimieren, also von der Einzelfertigung in eine Serienproduktion überzuleiten. Primäre Nutzlasten dieser ersten fünf Flüge werden daher ESA Satelliten sein. Schon Ende 2008 wurden von der ESA zehn Trägerraketen in zwei Losen von je fünf Trägern bei der Industrie bestellt. Beginnend mit dem ersten VERTA-Flug, dem zweiten Start, werden die Starts durch Arianespace durchgeführt.

Der erste Testflug erfolgt mit dem LARES-Experiment (**La**ser **Re**lativity **S**atellite) der italienischen Raumfahrtagentur ASI, einem passiven Laserreflektor-Satelliten. Dies ist ein kugelförmiger Satellit aus einer Wolfram-Aluminium-Legierung. Er wiegt 400 kg bei nur 37,6 cm Durchmesser, beinhaltet keinerlei Elektronik und trägt an der Oberfläche 92 Laser Reflektoren. Durch Bestimmung der Laufzeit eines Lasersignals kann eine Bodenstation die Veränderung der Bahn durch verschiedene Einflüsse bestimmen. Da er bei gleicher Masse kleiner als sein Vorgänger Lageos 2 ist, erlaubt er 2,7-mal empfindlichere Messungen, da die atmosphärische Reibung als Störgröße geringer ist. Es ist der dritte italienische Satellit für diesen Zweck nach den beiden Satelliten Lageos 1+2, die 1976 bzw. 1992 gestartet wurden.

Er soll den Lens-Turing-Effekt mit einer Genauigkeit von 1% messen. Dieser Effekt ist nach den bisherigen Forschungen der NASA-Sonde „Gravity Probe B" zu 3% genau bekannt. Allerdings wird die Vega LARES nur in einen vergleichsweise niedrigen Orbit (1.450 km Höhe) befördern. Ideal wäre nach Auskunft der Wissenschaftler eine wesentlich höhere Bahn von 8.000 km Höhe, um Störeinflüsse durch die Restatmosphäre auszuschließen. Ein so hoher Orbit ist von der Vega aber ohne eine weitere Oberstufe nicht erreichbar. Inwieweit sich diese erdnahe Bahn auf die Genauigkeit auswirkt, werden die Beobachtungen zeigen.

Im Juli 2008 veröffentlichte die ESA eine Ausschreibung für Nutzlasten für den zweiten Testflug VERTA-1. Dieser sollte nach den damaligen Planungen Mitte 2010 stattfinden. Der zweite Testflug sei offen für Satelliten aller Nationen.

Der zweite Testflug geht in einen 500 – 800 km hohen sonnensynchronen Orbit und soll die Mehrfachstartfähigkeit der Rakete erproben. Gedacht wird an folgende mögliche Nutzlastkombinationen:

- Zwei große Satelliten von jeweils 300 bis 500 kg Gewicht.

- Eine 300 – 500 kg schwere Nutzlast und mehrere kleinere 100 – 150 kg schwere Nutzlasten.

- Mehrere Nutzlasten im von jeweils 100 bis 150 kg Masse.

Die ESA gab an, dass die Vega für die folgenden Missionen vorgesehen ist, welche die ganze Palette der Fähigkeiten der Vega abdecken und damit auch evaluieren:

- ADM-Aeolus: eine 1.400 kg schwere Nutzlast in sonnensynchrone Bahn von 400 km Höhe – der Umlaufbahn, den wohl die meisten Satelliten einnehmen werden.

- SWARM: Erprobt das Aussetzen mehrerer Satelliten, in diesem Falle drei Satelliten von jeweils 500 kg Gewicht. Sie erreichen drei verschiedene Bahnen von 450 – 550 km Höhe.

- LISA Pathfinder: Gelangt in den L1-Lagrangepunkt. Sie ist mit 1.900 kg Startmasse die größte Nutzlast. Es wird die erste Mission der Vega sein, die das Erde-Mond-System verlässt. LISA Pathfinder setzt dazu einen eigenen Antrieb ein. Mit dieser Oberstufe kann die Vega 550 kg auf eine Fluchtbahn befördern.

- Proba-3: zwei Satelliten mit einem Gewicht von 453 und 208 kg, die in Formation fliegen. Sie gelangen in einen 200 × 1.100 km hohen Orbit. Sie heben ihn dann mit dem Antriebsmodul der LISA Pathfinder Mission an und erreichen eine Bahn mit einer Erdentfernung von 800 × 160.000 km.

- ESA IXV: ein 2.000 kg schwerer Technologie Demonstrator, der Wiedereintrittstechnologien erproben soll. Das genaue Missionsprofil ist noch nicht festgelegt. Denkbar ist eine suborbitale Bahn mit einem Gipfelpunkt in 450 km Höhe. Alternativ kann ESA IXV auch auf eine orbitale Bahn gebracht werden, bei der das AVUM für den Wiedereintritt erneut zündet und den Gleiter deorbitiert.

Das VERTA-Programm war ursprünglich von 2005 – 2010 limitiert. Durch die Verschiebung des Erststarts war eine Fortsetzung von 2011 – 2013 mit einem zusätzlichen Finanzaufwand von 120 Millionen Euro notwendig geworden. Durch die Verzögerung hat die Vega Starts verloren. So unterzeichneten am 9.4.2010 ESA und Eurockot einen Startvertrag für SWARM plus eine Option für einen weiteren Satellitenstart. Am 9.2.2013, nur vier Tage vor dem Jungfernflug, folgte ein weiterer Abschluss für den Start der Sentinel 2A und 3A Satelliten, ebenfalls auf der

Rockot. Die Schwestersatelliten Sentinel 2B und 3B wird die Vega starten, doch Sentinel 2A/3A sollten schon 2013 in den Orbit gelangen.

Die Vega ist daher derzeit (Februar 2012) für die Nutzlasten Aeolus, Proba 3, Proba V, IXV und Lisa Pathfinder gebucht. Diese Flüge werden vom VERTA-Programm finanziert. Der erste VERTA-Flug ist für die erste Hälfte des Jahres 2013 vorgesehen, also erst ein Jahr nach dem Jungfernflug. Er wird den Erdbeobachtungssatelliten Proba-V sowie einige Sekundärnutzlasten starten.

Yves Le Gall, damaliger CEO von Arianespace, äußerte sich 2010 in einem Interview relativ reserviert über die Vega. Er sieht ihre Chancen nur im regierungsnahen Markt, sprich als Träger für europäische Forschungssatelliten.

Die Planungen von ELV gehen bis 2015 von durchschnittlich zwei Starts pro Jahr aus. Nach VERTA folgen zwei Sentinel Erderkundungssatelliten:

- Sentinel 2B (2017): ein 1.100 kg schwerer Erdbeobachtungssatellit der ESA, welcher die Landoberfläche mit einem Multispektralscanner abtasten soll. Er wird in einen sonnensynchronen, 786 km hohen Orbit platziert werden.

- Sentinel 3B (2017): das Gegenstück zu Sentinel 2 zur Beobachtung der Meere. Aufgabe ist die globale Messung von Temperaturen sowie Höhenmessungen mit niedriger Auflösung mittels Altimeter und Radiometern. Jeder Satellit wiegt 1.300 kg und wird in einen 814 km hohen sonnensynchronen Orbit befördert.

Über die Starts von Sentinel 2B/3B wurde im Dezember 2011 ein Vertrag abgeschlossen. Dabei wurde auch der Start mit der Rockot erwogen. Hier konnte sich die Vega durchsetzen. Bei den Schwesterexemplaren war dies aufgrund des früheren Startzeitpunktes nicht möglich. Folgende Satelliten sind weitere Kandidaten für einen Vega-Start:

- Prisma: Ein Erdbeobachtungssatellit mit einem Hyperspektralsensor und einer mittelauflösenden Kamera der italienischen Raumfahrtagentur ASI.

- Miosat: Ein weiterer Erderkundungssatellit der ASI. Ziel ist es, mit einem Experimentalsatelliten zu erproben, inwieweit Mikrosatelliten als Erderkundungssatelliten eingesetzt werden können.

Die Vega wird in Zukunft wahrscheinlich vor allem ESA-Nutzlasten starten: Sie ist als Standardträger für kleine Forschungssatelliten der ESA vorgesehen. In den letzten Jahren startete die

ESA durchschnittlich einen Satelliten dieser Klasse pro Jahr auf einer Rockot/Dnepr. Dazu könnten weitere Nutzlasten der ASI kommen, die jedoch in der Vergangenheit nur wenige Satelliten startete. Deutschland wird wegen der Beteiligung von Astrium Bremen an Eurockot auch in Zukunft nicht auf die Vega zurückgreifen. Sehr viele weitere europäische Nutzlasten gibt es nicht. Die USA und Russland verfügen über eigene Träger.

ELV gab vor dem Start die Startkosten der Vega mit 32 Millionen Euro an. Für 25 Millionen kann ELV den Träger fertigen, 7 Millionen kosten die Startservices. Dies soll 20% über den Preisen russischer Träger sein, die in den letzten Jahren inflationsbedingt stark gesteigen sind. Auch wenn die Vega damit doppelt so teuer ist wie geplant, so ist sie noch deutlich preiswerter als die US-Konkurrenz wie die Minotaur IV (50 Millionen Dollar, 70% der Nutzlast einer Vega, Taurus XL: 70 Millionen Dollar, 50% der Nutzlast einer Vega). Der Jungfernflug war wegen des Prototypcharakters noch teurer. Er kostete 40 Millionen Euro.

Dass die Vega teuer als russische Träger ist, ist nicht verwunderlich. Auch die Proton und Zenit unterbieten die Ariane 5 preislich. Dies ist auf den enormen Unterschied in der Entlohnung zurückzuführen: Wie nach dem Fehlstart der Raumsonde Phobos-Grunt bekannt wurde, beträgt das Einstiegsgehalt bei NPO-Lawotschkin für einen Ingenieur 340 Euro. Selbst ein Handyverkäufer in Moskau verdient das doppelte und ein Arbeiter in Europa mehr als das zehnfache. Die russischen Träger können daher kein Vergleichsmaßstab sein, zumal keiner der Träger in der Vega Klasse neu produziert wird, sondern es ausgemusterte Interkontinentalraketen sind.

Vor allem häuften sich bei der Rockot in den letzten Jahren die Fehlschläge und auch die Startpreise stiegen an. Dies liegt zum einen an der hohen Inflation in Russland und dem sinkenden Wechselkurs des Rubels zum Dollar. Zum anderen handelt es sich um ausgemusterte Interkontinentalraketen, die nun am Ende ihrer Lagerungszeit angekommen sind. Das man diese nicht überstrapazieren sollte zeigen auch die Versager der NK-33 Triebwerke, die Orbital in ihrer Antares einsetzte – sowohl auf dem Teststand wie auch im Flug.

Nach dem Jungfernflug bekam Arianespace zahlreiche Aufträge, weitaus mehr als man rechnen konnte bei Drucklegung stand das Backlog bei dreizehn Starts, davon neun aus Nicht-ESA Mitgliedstaaten. Das erlaubt eine Verbilligung der Produktion. Bei drei bis vier Starts pro Jahr würden die Produktionskosten bei Avio von 25 auf 22 Millionen Euro sinken, ELV erwartet eine ähnliche Reduktion bei Arianespace, sodass die Startkosten um rund 10-15% sinken. Alleine 2015 wurden bis zum 1. September drei Launchkontrakte abgeschlossen. Gegenüber den Planungen musste die Nutzlast leicht abgesenkt werden. Sie beträgt nun 1.430 kg für den Referenzorbit, das sind 70 kg weniger als vorgesehen.

Der Jungfernflug

Der erste Start der Vega wird neben der Hauptnutzlast auch acht Sekundärnutzlasten befördern. Für die Vega hat man als Abkürzung für die Starts sich das Präfix „VV" ausgedacht. Das erste V steht für Vol, das französische Wort für „Flug" und das Zweite für Vega. Die Starts werden dann durchnummeriert. So hat der erste Start das Akronym „VV01".

Der erste Start wird von einer Startkampagne begleitet, die rund drei Monate dauert. Das ist sehr lange, doch dies ist bei den Jungfernflügen so üblich und auch die erste Ariane 5 Startkampagne dauerte viel länger als die folgenden. Diese Kampagne ist auch durch Weihnachten/Neujahr deutlich länger, weil dann alle Arbeiten ruhen. Tatsächlich sind es nur 49 Arbeitstage. Der Startzeitpunkt hängt auch von anderen Starts ab, so ist für den 9.3.2012 der Start des dritten ATV fest gebucht. Verschiebt sich der Jungfernflug, so wird die Kampagne abgebrochen. Eine Woche vor dem Jungfernflug verschob die ESA den Start vom 9.2. auf den 13.2.2012. Damit rutschte er an das Ende des Startfensters. Wegen der Umkonfiguration von Bodenstationen für die Verfolgung des ATV musste er vor dem 15.2.2012 stattfinden.

Die Nutzlast, ein passiver Satellit, der Laserreflektoren trägt, muss nicht zu einem bestimmten Zeitpunkt gestartet werden. Später wird er nur von Laserstrahlen angepeilt werden, die reflektiert und deren Signallaufzeit bestimmt werden. Daher konnte man den Start auf einen Zeitpunkt legen, bei dem optimale Bedingungen für die visuelle Beobachtung herrschen. Das Startfenster begann um 7:00 lokaler Zeit (11:00 Mitteleuropäischer Zeit). Es dauerte zwei Stunden. Das gewährleistet, dass die Rakete sich bis zum ersten Brennschluss des AVUM auf der Tagseite befindet. Da eine Videokamera an Bord ist, gelingen so gute Aufnahmen.

Zeitpunkt	Ereignis (Planung)
13-14.10.2011	Abschluss der Entwicklung. Vega erhält den Status „flugbereit".
24.10.2011	Vega Stufen und Lares kommen im Haven von Kourou an.
7.11.2011	Startkampagne beginnt. P80FW Stufe wird zum Launchpad transportiert.
2.12.2011	Montage der Zefiro 23 Stufe.
7.12.2012	Erneute Überprüfung gibt das Okay für endgültige Startfreigabe.
9.12.2012	Montage der Zefiro 9 Stufe.
16.12.2012	Anbringung des AVUM auf die Vega.
13.1.2012	Letzte Überprüfung der Vega.
24.1.2012	Transport der in die Nutzlasthülle eingeschlossenen Nutzlast zur Vega.

Zeitpunkt	Ereignis (Planung)
2.2.2012	Probecountdown.
3-6.2.2012	Befüllen des AVUM.
12.2.2012	Vega ist startbereit und wird nun in der Startposition fixiert.
13.2.2012	Start.

Beim Jungfernflug sollte nach älteren Planungen auch die VESPA eingesetzt werden. Es kam jedoch nicht dazu. Neben der Hauptnutzlast LARES werden als Sekundärnutzlasten folgende Mikrosatelliten befördert: MaSat, e-st@r, Goliat. UniCubeSat GG, PW-Sat 1, ROBUSTA, Xatcobeo. Alle Sekundärnutzlasten sind Cubesats, d.h. standardisierte Satelliten in der Form eines 10 cm breiten Würfels mit einer Startmasse von rund 1 kg. Sie werden kostenlos transportiert. Sie befinden sich auf der Unterstützungsstruktur, welche Lares mit dem AVUM verbindet. Nachdem Lares abgetrennt wurde, können die Cubesats abgesetzt werden. Sie gelangen in einen Erdorbit mit einem Perigäum in 350 km Höhe und einem Apogäum von 1451 km Höhe. Sie werden auf einen Ring um den recht kleinen LARES herum montiert. LARES ist sehr massiv, er hat nur einen Durchmesser von 36,6 cm. Dadurch gibt es genügend Platz für die Sekundärnutzlasten rund um LARES herum.

Zusätzlich zu den kleinen Cuebsats gibt es noch eine etwas größere Sekundärnutzlast. Das ist der Satellit ALMASat-1: ALma MAter SATellite. Der Satellit ist ebenfalls ein Kubus. Nur ist er mit 30 cm Kantenlänge ist er dreimal größer als die Cubesats. Mit einem Gewicht von 12,5 kg auch 12,5-mal schwerer. Er wurde von der Universität von Bologna entwickelt und soll Technologien erproben. Sie sollen später in einem operationellen Satelliten (ALMASAT-EO) für die Erdbeobachtung eingesetzt werden. Zusammen mit Kameras und Strukturen wiegt die Nutzlast bei diesem ersten Testflug 700 kg. Sie liegt deutlich unter dem, was die Vega in diesen Orbit transportieren könnte (1.200 kg). Trotzdem wird das AVUM voll befüllt sein (die vorgesehene Brenndauer beträgt 678 s, was der maximalen Brenndauer entspricht). Der Treibstoff wird genützt, um die Bahn nach dem Absetzen von Lares abzusenken und so die Bildung von Weltraummüll zu verringern. Die Cubesats und das AVUM sollen nach spätestens vier Jahren wieder in die Atmosphäre eintreten.

Der Countdown einer Vega unterscheidet sich nicht so sehr von dem der Ariane. Auch hier gibt es einen Punkt, die synchronized Sequence, ab der die gesamte Überprüfung automatisch geht. Diese Bezeichnung ist recht alt, sie stammt noch von der Ariane 1. Damals bekamen alle beim Start Beteiligten (wozu auch Radarstationen, Meteologiestationen und andere externe Stellen gehören) vom Missionszentrum eine gemeinsame Zeitbasis, wurden also synchronisiert. Auch wenn dies heute nicht mehr nötig ist, weil es Funk- und Atomuhren gibt, hat sich der Begriff gehalten. Sobald die „synchronized Sequence" beginnt, übernehmen Computer die letzten Checks. Sie überprüfen alle Systeme, starten die nach und nach die OnBoardsysteme und übergeben schließlich die Kontrolle an den Bordrechner. Wenn eine beim Start beteiligte Station ein Problem meldet, (das können auch Satellitenbetreiber oder die Wetterfrösche sein) wird der Countdown abgebrochen. Man verbleibt auf der 3:30 Minuten Marke, bis das Problem gelöst ist. Eine Wiederaufnahme beim Abbruchzeitraum ist nicht möglich, da zum einen bestimmte Systeme nicht längere Zeit in Bereitschaft bleiben können (so bekommt z. B. der Bordcomputer kurz vor dem Start die Zielkoordinaten im dreidimensionalen Raum übermittelt und diese ändern sich durch die Rotation der Erde laufend). Zum anderen müssen andere Systeme erst wieder in einen Ausgangszustand gebracht werden, bevor sie erneut gestartet werden können. Jedoch hat von allen europäischen Trägern die Vega die kürzeste „synchronized Sequence". Mit dreieinhalb Minuten ist sie nur halb so lange wie bei der Ariane 5 (sieben Minuten) und auch kürzer als bei der Ariane 1 (sechs Minuten).

Eine weitere Besonderheit der Vega ist, dass die Abtrennung der Nutzlastverkleidung recht spät erfolgt. Bei dieser Mission erst in 138 km Höhe. Bei der Ariane 5 ist dies weitaus früher der Fall: in schon 105-110 km Höhe, je nach Aufstiegsbahn. Bei der Vega wurde festgelegt, dass diese erst nach der Zündung der Zefiro 9A Stufe abgeworfen wird, und daraus ergibt sich dieser späte Zeitpunkt.

Beim Jungfernflug ist die Nutzlast so leicht, das schon die dritte Stufe einen niedrigen Erdorbit erreicht. Sie verglüht durch ihr niedriges Perigäum aber schon beim ersten Umlauf wieder. Das AVUM weitet mit zwei Zündungen den niedrigen Erdorbit zu einer Ellipse aus, und zirkularisiert diesen. Nun wird Lares abgetrennt. Danach dreht die AVUM sich und senkt mit einer dritten Zündung die Bahn wieder ab, sodass das Perigäum in niedriger Bahnhöhe liegt. Hier werden die Sekundärnutzlasten abgesetzt. Danach werden Resttreibstoff und Druckgas aus den Tanks entlassen und die Mission ist beendet.

Zeit	Ereignis	Höhe [km]	Geschwindigkeit [m/s]
–03:30 min	Alle Systeme startbereit. Beginn der synchronized Sequence.	n/a	n/a
+00:00 min	Zündung P80.	n/a	n/a
+00:00,3 min	Abheben.	n/a	n/a
+00:30,7 min	Mach 1 erreicht	4,7	332 m/s
+00:53 min	Maximale aerodynamische Belastung	13 km	586 m/s
+01:54,8 min	P80 Brennschluss und Trennung.	60.6	1720
+01:55,6 min	Zündung Zefiro-23.	61.2	1716
+03:22,3 min	Zefiro-23 Brennschluss und Trennung.	127.6	3869
+03:38,5 min	Zündung Zefiro-9.	135.9	3848
+03:43,5 min	Abtrennung Nutzlastverkleidung.	138.2	3903
+05:47,1 min	Zefiro-9 Brennschluss und Trennung.	182.2	7760
+05:54 min	Erste Zündung AVUM.	185.2	7756
+08:45 min	Abschalten AVUM Übergangsorbit erreicht (260 × 1451 km).	260.6	7874
+48:07,3 min	Zweite Zündung AVUM.	1447.7	6622
+52:10,5 min	Abschalten AVUM: kreisförmiger Orbit in 1451 km Höhe, 70 Grad Inklination erreicht.	1450.1	6956
+55:05,5 min	Abtrennung LARES.	1450	6956
+66:10,5 min	Dritte Zündung AVUM.	1457.8	6946
+70:34,3 min	Abschalten AVUM, 300 × 1451 km Orbit erreicht.	1458.1	6657
+70:35,3 min	Abtrennung ALMASat-1 und CubeSats	1458.1	6657
+81:00,3 min	Mission beendet	1344.4	6765

Der Jungfernflug verlief völlig problemlos. Das ist keine Selbstverständlichkeit: Jeder an europäischer Raumfahrt interessierte denkt sofort an die fehlgeschlagenen ersten Starts der Ariane 5 G und Ariane 5 ECA. Auch andere Trägerraketen, die in den letzten Jahren ihr Debüt hatten, scheiterten. So die südkoranische KSLV, die nordkoreanische Unha, die iranische Safir, die brasilianische VLS und die amerikanische Falcon 1. Ihr größeres Modell, die Falcon 9 erreicht beim ersten Start einen zu exzentrischen Orbit und taumelte um ihre Längsachse.

Die Vega hingegen startete auf die Minute pünktlich um 11:00. Neunzig Minuten später konnte die ESA die Mission als vollen Erfolg feiern. Der einzige Wermutstropfen war eine dichte Wolkendecke. Damit gab es nur von den ersten Sekunden gute Fotos, bis die Vega in den Wolken verschwand. Auch die geplante Bahn wurde nach ersten Untersuchungen mit hoher Präzision erreicht. Nach den Vermessungen von NORAD umkreist Lares die Erde auf einer im Mittel 1451,1 km hohen Umlaufbahn. Das Perigäum liegt bei 1443,1 km und das Apogäum bei 1459,1 km. Die Inklination beträgt 69,483 Grad. Die Cubesats wurden auf 321 × 1445 km hohen Bahnen mit derselben Inklination entlassen. Die Bahnen wurden also mit sehr hoher Genauigkeit erreicht.

Die folgenden Starts

Abbildung 122: Auf dem weg in den ersten Orbit

Die Auswertung des ersten Starts ergab nur eine Auffälligkeit, das war ein Ausfall der Telemetrie bei Betrieb der dritten Stufe. Die Ursache war, dass der Flammenstrahl des Zefiro-9 Antriebs in der Sichtlinie zwischen Antenne und Bodenstation lag. Die Nutzung einer anderen Empfangsstation oder das Rollen der Stufe könnte das Problem lösen.

Der zweite Start hatte nun die Aufgabe die Fähigkeit der Vega Nutzlasten auf sehr unterschiedlichen Bahnen auszusetzen.

Beim zweiten Start sollte die Fähigkeit nutzen in verschiedene Bahnen auszusetzen erprobt werden. Hauptnutzlast war der ESA Technologiesatellit PROBA-V, Sekundärnutzlasten VN-REDSat-1 und ESTCube-1. PROBA-V (Project for On-Board Autonomy and Vegetation) gelangte in einen 820 km hohen Orbit. Danach zündete das AVUM erneut für 60 s, senkte die Bahn ab und erniedrigte die Inklination und setzte den ersten vietnamesischen Satelliten CNREDSAT-1 und den Cubesat ESTCube-1 in einem 150 km tieferen Orbit ab. Bei diesem Start wurde auch erstmals die VESPA getestet, in der die beiden Sekundärnutzlasten untergebracht waren. Die Nutzlast betrug 655 kg, davon entfielen aber nur 255 kg auf die Satelliten (PROBA-V: 138,2 kg, VNREDSat 115,5 kg und ESTCube 1,33 kg. Der Rest entfiel auf die Adaptoren und die VESPA. Erstmals wurde auch mit einer vierten Zündung das AVUM gezielt über Norwegen deorbitiert. Eine Steigerung gegenüber dem ersten Start war auch die Missionsdauer die durch die Absetzung von zwei Nutzlasten in einem anderen Orbit doppelt so lange, wie beim Jungfernflug war.

Der dritte Start von KazEOSAT-1 (DZZ-HR) war der erste kommerzielle Einsatz. Es war auch der erste Start einer Einzelnutzlast. Mit 918 kg Gewicht (davon 830 kg für den ersten kasachischen Erderkundungssatelliten) war es die bisher schwerste Nutzlast. Laut Arianespace hat die Vega bisher 10 Startaufträge, was der Hälfte des zugänglichen Markts entspricht. 10 weitere Träger wurden inzwischen von Arianespace bestellt. Insgesamt wird die Vega bis Ende 2018 sechszehnmal starten.

Bisher wurden die Orbits mit der versprochenen Präzision erreicht, wie folgende Aufstellung mit NORAD Bahnvermessungen über einige Tage zeigt. Insgesamt liegen meist die erdnächsten Punkte einen Tick (maximal 15 km) zu niedrig. Bei VV04 (IXV) gelang dagegen eine Punktlandung. Der angestrebte Orbit wurde bis auf den Kilometer genau erreicht. Ebenso bei VV05 (Sentinel 2A)

Nutzlast	Zielorbit	Erreichter Orbit
LARES	1450 × 1450 × 69,4°	1435 × 1452 × 69,4°
PROBA-V	820 × 820 × 98,7°	819 × 820 × 98,7°
VNREDSat-1	665 × 665 × 98,1°	670 × 672 × 98,1°
ESTCube-1	665 × 665 × 98,1°	665 × 670 × 98,1°
KazEOSAT-1	750 × 750 × 98,5°	734 × 740 × 98,5°
IXV	76 × 416 × 5,4°	76 × 416 × 5,4°
Sentinel 2A	786 × 786 × 98,6°	787 × 788 × 98,7°

2015 fand im Januar der Start der europäischen Reentrysonde IXV statt. Die 1.800 kg schwere Sonde wird für einige Zeit die schwerste Nutzlast sein, gelangt aber nur auf eine suborbitale Bahn mit einem Gipfelpunkt in 450 km Höhe. Danach tauchte sie mit 7,5 km/s wieder in die Atmosphäre ein. Sie soll neue Wiedereintrittstechnologien wie Hitzeschutzschilde erproben. Die Vega könnte sie problemlos in einen Orbit bringen, doch da nur der Wiedereintritt zählt, spart man sich dieses. Das AVUM machte nach Abtrennung von IXV zwei weitere Manöver und gelangte in einen 230 × 430 km hohen Orbit. Eventuell wollte man Performancemessungen durchführen, denn unter dem Gesichtspunkt der Vermeidung von Weltraumschrott wäre es einfacher, sie verglühen zu lassen. IXV selbst wurde nach rund 90 Minuten im Pazifik geborgen. Fünf Monate später fand der Start des Erdbeobachtungssatelliten Sentinel 2A statt. Der dritte Start der Vega 2015 ist für den 27.11.2015 mit Lisa-Pathfinder geplant.

Start	Gesamtnutzlast	Betriebsdauer AVUM
LARES + Cubesats	700 kg	11 Min 18 s
PROBA-V,VNREDSat-1, ESTCUBE	638 kg	7 Min 24 s
KazEOSAT-1	918 kg	7 Min 29 s
IXV	1.845 kg	5 Min 49 s
Sentinel 2A	1.210 kg	10 Min 40 s

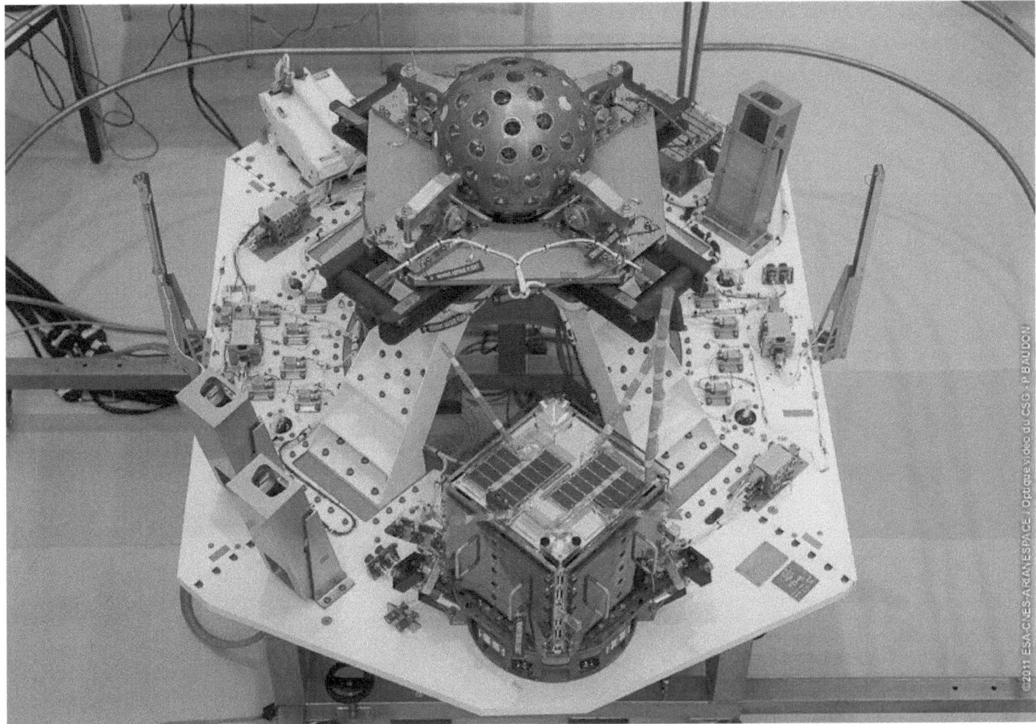

Abbildung 123: Die Nutzlast von VV01. Erhoben in der Mitte: Lares, unten ALMASAT

Die Konkurrenz

Die Vega ist in einer völlig anderen Situation als die Ariane 5. Sie ist eine Neuentwicklung, die in einen schon existierenden Markt einbrechen will, während die Ariane Familie seit dreißig Jahren einen Markt beherrscht. Zudem dominieren bei Ariane 5 kommerzielle Nutzlasten, die von Betreibern von Telekommunikationsdiensten frei ausgeschrieben werden. Die Vega wird dagegen vornehmlich Forschungssatelliten transportieren. Zu guter Letzt erfordert die Entwicklung einer Trägerrakete mit einer Nutzlastkapazität von 5-10 t in den GTO-Orbit sehr hohe Investitionen, während diese für 1-2 t SSO Nutzlast eher gering sind, zumal ehemalige Interkontinentalraketen diese Nutzlast aufweisen. Daher gibt es in dem Markt, in dem die Vega Fuß fassen will, auch schon etablierte Konkurrenz. In diesem Abschnitt sollen die wichtigsten Konkurrenten vorgestellt werden. Die angegebenen Nutzlasten sind, sofern nicht anders vermerkt, die in eine sonnensynchrone Umlaufbahn.

US-Träger

Zahlreiche US-Träger, die vor allem auf ausgemusterten Interkontinentalraketen basieren, stehen schon zur Verfügung. Neben den aufgeführten Trägern werden noch zwei weitere angeboten, die Athena I+II. Sie konnten in den letzten zehn Jahren aber keinen neuen Startauftrag akquirieren. Zwei neue Modelle, die Athena Ic und IIc sollten ab 2012 zur Verfügung stehen. Nach deren Ankündigung hörte man aber nichts Neues mehr.

Abbildung 124: Die Pegasus unter dem Flügel einer B-52

Pegasus XL

Die Pegasus XL ist die derzeit einzige Trägerrakete, die von einem Flugzeug aus gestartet wird. Dies ermöglicht es, den Startort optimal auszuwählen und soll auch die Startkosten senken. Die Pegasus hat allerdings ihren anfangs niedrigen Startpreis nicht halten können und kostet heute doppelt so viel wie beim Erstflug. Die XL-Version hat um ein Drittel vergrößerte erste und zweite Stufen. Sie wird seit 1994 eingesetzt. Von 30 Flügen missglückten drei, und einer setzte die Nutzlast in einem zu niedrigen, unbrauchbaren Orbit aus. Die Zuverlässigkeit ist daher nicht besonders hoch, obwohl die Pegasus schon seit zwei Jahrzehnten im Einsatz ist.

Die Pegasus ist eine dreistufige Feststoffrakete mit einer Startmasse von 23,1 t. Ihre Nutzlast für höhere Orbits nimmt rasch ab, sodass sie nur 190 kg in einen 800 km hohen sonnensynchronen Orbit transportiert.

Abbildung 125: Zweiter Start der Minotaur

Die Maximalnutzlast in eine erdnahe Umlaufbahn beträgt 450 kg. Aufgrund der kleinen Nutzlast und des im Verhältnis dafür recht hohen Startpreises von 30 Millionen Dollar konkurriert die Pegasus nicht mit der Vega. Inzwischen hat die Minotaur die Pegasus weitgehend abgelöst. Seit 2008 erfolgte nur ein Start, ein weiterer ist erst für 2017 geplant, weitere stehen nicht an, weshalb Orbital die Belegschaft abbauen will.

Minotaur I

Die Minotaur I besteht aus den ersten beiden Stufen einer Minuteman-ICBM und der zweiten und dritten Stufe der Pegasus XL. Durch die Verwendung von schon existierenden Stufen war das Entwicklungsrisiko begrenzt. Es resultierte auch eine preiswerte Trägerrakete, da die Minuteman nach dem START-II Vertrag ausgemusterte Raketen sind. Neu produziert wird nur die dritte und vierte Stufe.

Anfangs stand die Minotaur I nur für Starts des US-Verteidigungsministeriums zur Verfügung, inzwischen erfolgten aber auch Starts für andere Kunden.

Die Minotaur I ist eine vierstufige Trägerrakete mit Feststoffantrieben in allen Stufen. Durch die vierstufige Bauweise ist die Nutzlast in sonnensynchrone Bahnen deutlich höher als bei der Pegasus. Sie transportiert 331 kg in einen sonnensynchronen Orbit, fast die doppelte Nutzlast der Pegasus, bei einem 50% höheren Startgewicht von 36,2 t. Die Startkosten liegen mit 11,5 Millionen Dollar auf dem gleichen Niveau wie bei der Pegasus. Vier Startbasen in den USA erlauben Starts in alle Bahnneigungen von 28,5 – 120 Grad. Alle Starts seit dem Jahr 2000 waren erfolgreich. Bedingt durch die kleine Nutzlast ist die Minotaur I nur eine Konkurrenz, wenn es um die Beförderung eines Minisatelliten geht, also einer Sekundärnutzlast der Vega.

Minotaur IV

Obwohl die Trägerrakete den gleichen Namen wie die Minotaur I trägt, hat sie mit dieser nichts gemein. Auch hier wurde eine ICBM zu einer Trägerrakete umgebaut. Dabei handelt es sich in diesem Fall um die MX Peacekeeper. Sie wurde um die dritte Stufe der Pegasus erweitert. Da die MX Peacekeeper erheblich größer als die Minuteman ist, transportiert sie 1.023 kg in einen SSO-Orbit. Sie ist somit betreffend Nutzlast mit der Vega vergleichbar.

Die Minotaur IV hat vier Stufen, alle mit festen Treibstoffen. Ihre Startmasse beträgt 86,3 t. Ihr Erststart fand am

Abbildung 126: Eine Taurus 3110 vor dem Start

22.9.2010 mit dem Satelliten SBSS für das US-Militär statt. Drei Starts fanden seitdem statt. Die Startkosten sind mit 50 Millionen Dollar recht hoch. Es stehen zudem nur wenige Exemplare dieser Trägerrakete zur Verfügung. Sie sollen bis 2016 eingesetzt werden.

Minotaur V

Die dreistufige MX Peacekeeper, erweitert um eine andere Oberstufe (wahlweise den Star 48 oder 37FM Antrieb) erreicht deutlich höhere Endgeschwindigkeiten und eignet sich für den Start kleiner Nutzlasten in GTO-Bahnen oder zum Mond.

Aufgrund dieses Einsatzprofils ist die Minotaur V keine direkte Konkurrenz zur Vega, da diese ohne zusätzliche Oberstufe keine GTO-Bahnen erreichen, geschweige denn Nutzlasten zum Mond transportieren kann. Die 83,4 t schwere Rakete kann 640 kg in einen GTO-Orbit oder 460 kg zum Mond transportieren. Der bisher einzige Start erfolgte 2013.

Taurus 3210

Wird eine Pegasus XL (ohne die Flügel) auf eine weitere, 50 t schwere Castor 120 Feststoffrakete gesetzt, so resultiert daraus die Taurus 3210. Früher wurde sie auch als „Taurus XL" bezeichnet, um sie von den Vorgängermodellen besser abzugrenzen. Sie transportiert etwa 700 kg in eine sonnensynchrone Bahn bei einem Startgewicht von rund 72 t. An den Erfolg des Vorgängermodells Taurus konnte die Trägerrakete bisher nicht anknüpfen. Lediglich drei Starts erfolgten seit 2004, wovon die beiden Letzten scheiterten. Sie wird, wie die Pegasus und Minotaur, von OSC produziert. Die geringen Produktionszahlen haben zu einem dramatischen Anstieg der Startkosten geführt: Der erste Start erfolgte im Jahr 2004 für rund 24 Millionen $, der zweite 2009 schon für 54 Millionen $. Für den nächsten Start, rechnete die NASA schon mit 70 Mill. Dollar. Damit ist sie erheblich teurer als die Vega. So hat die NASA beschlossen, nach zwei Fehlstarts, beide verursacht durch eine sich nicht ablösende Nutzlastverkleidung, deren Ursache nicht eindeutig geklärt wurde, das Modell nicht weiter einzusetzen. Daher ist die Taurus vom Markt verschwunden.

Die älteren Typen der Taurus 1xxxx und 2xxxx Serie, welche als Oberstufen die ersten beiden Stufen der „alten" Pegasus (ohne „XL") einsetzten, werden heute nicht mehr produziert.

Russische Trägerraketen

Wie die USA musste auch Russland nach dem START-II Vertrag zahlreiche Trägerraketen ausmustern. Da Russland mehr Modelle und schwerere Atomsprengköpfe einsetzte, bilden diese Träger eine starke Konkurrenz zur Vega, da sie eine höhere Nutzlast aufweisen. Sie können auch erheblich preiswerter angeboten werden, weil diese Raketen nicht mehr produziert werden müssen. Vor allem Europa war bisher ein guter Kunde für zahlreiche Starts kleiner russischer Trägerraketen.

Rockot / Strela

Die Rockot ist eine neue Trägerrakete, bei der die Interkontinentalrakete RS-18 durch eine dritte, neu entwickelte, Stufe erweitert wurde. Alle drei Stufen arbeiten mit lagerfähigen, flüssigen Treibstoffen. Die Rockot wiegt rund 111 t. Die dritte Stufe, gepaart mit moderner Technik, steigert die Nutzlast bei fast gleicher Startmasse wie die Kosmos auf rund 1.100 kg. Die Rockot weist also in etwa die gleiche Nutzlast wie die Vega auf. Alle Stufen arbeiten mit der Treibstoff

kombination UDMH/NTO. Die Rockot kann auch Sekundärnutzlasten befördern und die Oberstufe ist mehrfach zündbar. Sie ist daher sowohl in Nutzlast wie auch Fähigkeiten am ehesten mit der Vega vergleichbar. Mit der Rockot wurden bereits zahlreiche ESA Nutzlasten gestartet. Auch Russland setzt diesen Träger für eigene kleine Satelliten ein. Allerdings sind die Startkosten innerhalb weniger Jahre von 8 auf 19 Millionen Dollar geklettert. Die Inflation in Russland führte zu einem starken Preisanstieg. Nach Auskunft von ELV soll die Rockot nun nur noch 20% preiswerter als die Vega sein. Vor allem Deutschland war ein guter Kunde, da die Rockot von der Astrium LV aus Bremen angeboten wurde. Bisher erfolgten 22 Starts, von denen drei scheiterten. Die Zuverlässigkeit ist daher eher gering. Die Rockot soll nach derzeitigen Plänen bis 2018 eingesetzt werden.

Abbildung 127: Die Rockot wird wie eine ICBM von einem Silobehälter aus gestartet.

Die Strela setzt auch die RS-18 ein, jedoch ohne dritte Stufe, also in der ursprünglichen ICBM-Konfiguration. Sie wird deutlich preiswerter für 11 Millionen Dollar angeboten, allerdings konnte der russische Hersteller keinen westlichen Kooperationspartner gewinnen. Bisher fanden nur drei Starts in einem Jahrzehnt statt, beide mit russischen Nutzlasten. Sie transportiert ohne die Oberstufe eine etwas kleinere Nutzlast als die Rockot.

Abbildung 128: Start von Cryosat 2 mit der Dnepr

Dnepr

Die Dnepr nutzt die größte jemals gebaute ICBM. Es handelt sich um die 211 t schwere RS-36M, die von unterirdischen Silos in Baikonur aus gestartet wird. Eine zweite Startbasis steht bei Dombarowski zur Verfügung. Bisher erfolgten aber alle Starts von Baikonur aus. Sie verfügt nur über zwei Stufen, wodurch die Nutzlast für höhere Bahnen rasch abnimmt. So beträgt die Nutzlast in einen 200-km-Orbit 3.800 kg, während es in den 700 km hohen SSO-Orbit nur noch 800 kg sind. Anfangs war der Startpreis mit 13-15 Millionen Dollar sehr niedrig. Eine weitere dritte Stufe würde die Nutzlast der Dnepr erheblich erhöhen, so stiege sie für den sonnensynchronen Orbit auf 1.750 kg an. Sie ist seit Jahren angekündigt, aber bisher noch nicht verfügbar. Beide

Stufen arbeiten mit der Treibstoffkombination UDMH/NTO. Die Startrate der Dnepr ist in den letzten Jahren deutlich angestiegen. Sie ist der leistungsfähigste der verfügbaren, russischen, „kleinen" Träger. Von den bisher 17 durchgeführten Starts scheiterte nur einer. Sie ist allerdings auch teurer geworden. Der letzte Start 2014 kostete schon 24 Millionen Dollar. Wie bei der Rockot ist die maximale Lagerdauer der ICBM in wenigen Jahren erreicht. Sie wurden noch in den Achtziger Jahren des letzten Jahrtausends produziert.

Start-1

Anders als die bisherigen russischen Trägerraketen setzt die Start-1 nur feste Treibstoffe ein. Sie basiert auf der RS-12 „Topol", einer der modernsten russischen ICBM, die sich noch immer im Dienst befindet. Sie wurde um eine vierte Stufe aus der SS.20 Mittelstreckenrakete erweitert. Mit nur 46,7 t Startmasse ist die Start-1 für die Beförderung kleiner Satelliten ausgelegt und transportiert nur 186 kg in die SSO-Bahn. Durch diese geringe Nutzlast und den (für russische Verhältnisse) recht hohen Startpreis von 9 Millionen Dollar ist die Start-1 keine große Konkurrenz zur Vega. Bisher sind in 17 Jahren nur sieben Starts erfolgt. Bedingt durch die noch genutzte ICBM (Russland hat erst 2014 neue Träger bestellt um seine strategischen Raketenstreitkräfte aufzurüsten) könnte sie aber – anders als Dnepr und Rockot – noch lange eingesetzt werden.

Shtil

Unter der Bezeichnung Shtil werden eine Reihe von SLBM's (**S**ubmarine **L**aunched **B**allistic **M**issile) angeboten, die von U-Booten aus gestartet werden. Sie sind relativ klein, haben nur ein Startgewicht von rund 30 bis 40 t und verwenden UDMH und NTO in beiden Stufen. Mit nur zwei Stufen erreichen sie nur eine niedrige Umlaufbahn, wobei die Nutzlast zwischen 200 und 430 kg liegt. Ein polarer, sonnensynchroner Orbit kann ohne einen Zusatzantrieb im Satelliten nicht erreicht werden. Dafür ist ein Start für unter 1 Million Dollar zu haben. Nutzlasten waren daher bisher Mikrosatelliten von unter 100 kg Gewicht. Öfters wurde die Rakete für suborbitale Starts eingesetzt.

Chinesische Trägerraketen

China verfügt über zahlreiche Trägerraketen. Die Modelle „Langer Marsch" 4B und 4C (CZ-4B / 4C) sind ausgelegt für Starts in den sonnensynchronen Orbit. Sie sind mit 248 t Startgewicht sehr leistungsfähige Raketen. Sie haben mit 2.200 – 2.700 kg auch eine deutlich höhere Nutzlast als die Vega. Ein Start einer westlichen Nutzlast mit dieser Rakete erfolgte bisher nicht. Doch im GTO-Transportmarkt und LEO-Markt stellen andere Modelle dieser Serie die bisher kostengünstigsten Transportmöglichkeiten. China hat in den letzten Jahren sehr viele Starts durchgeführt, 2011 erstmals mehr als die USA. Die Modelle haben eine hohe Zuverlässigkeit und Startfrequenz erreicht.

Nicht vorgesehen für SSO Transporte sind die zweistufigen Modelle CZ-2, die sich von den CZ-3 durch das Fehlen einer dritten Stufe unterscheiden. Diese haben allerdings (anders als die CZ-4 Serie) schon westliche Satelliten transportiert.

Abbildung 129: CZ-4B vor dem Start

Eine reine Feststoffrakete, die KT-1, wird von China zum Test von Anti-Satellitenwaffen und zum Start von kleinen Satelliten derzeit erprobt. Sie ist nicht für kommerzielle Einsätze vorgesehen.

Wie bei den GTO-Transporten verhindern ITAR-Verbote bisher weitestgehend, dass die chinesischen Träger Satelliten aus anderen Nationen starten.

Indische Trägerraketen

Die PSLV (**P**olar **S**tandard **L**aunch Ve-hicle) ist eine bewährte indische Trägerrakete, die seit 1993 eingesetzt wird. Wie der Name schon sagt, wurde sie für den Start von Satelliten in den polaren Erdorbit entworfen. Sie transportierte schon einige europäische Nutzlasten.

Sie setzt vier Stufen ein, die von Feststoffboostern unterstützt werden. Die

Konstruktion ist relativ ungewöhnlich so werden erste und dritte Stufe mit festen Treibstoffen angetrieben, die Zweite und Vierte dagegen mit UDMH/NTO. Die Nutzlast ist aufgrund der Verwendung von festen Treibstoffen und einer hohen Leermasse trotz 316 t Startgewicht mit 1.700 kg relativ gering.

Indien nutzt die PSLV auch für Starts in den GTO und auf Fluchtbahnen. So wurden die beiden Raumsonden Chandryaan 1 und Mars Orbiter mit einer PSLV gestartet.

Eine leistungsgesteigerte Version, die PSLV XL, ist seit 2008 verfügbar. Von 20 Starts scheiterten zwei. 15 PSLV die 2015 von der ISRO geordert wurden hatten einen Wert von 484 Millionen Dollar. Auch bei ihr ist der Startpreis in den letzten Jahren deutlich angestiegen. Vor wenigen Jahren kostete ein Start noch 18 – 19

Abbildung 131: Start einer PSLV

Millionen Dollar.

Japanische Trägerraketen

Japan hat die Produktion seiner My-V Trägerrakete eingestellt, da ein Start sehr teuer war. Nun hat die JAXA beschlossen, eine neue Trägerrakete mit festen Treibstoffen zu entwickeln, die Epsilon genannt wird. Deutliche Kostensenkungen sollen durch automatisierte Abläufe, Verzicht auf maximale Performance und Synergien mit dem H-IIA Programm erreicht werden. So besteht die erste Stufe aus einem Feststoffbooster der H-IIA. Der Startpreis der Epsilon ist trotzdem recht hoch und lag beim Jungfernflug bei 3,8 Milliarden Yen. Bei einer Startfrequenz von mindestens einem Start pro Jahr soll er auf 3 Milliarden Yen, rund 30 Millionen Dollar sinken.

Die Trägerrakete ist wie die Vega dreistufig mit einem kleinen flüssigen Antriebsmodul im Avionikteil. Sie wird allerdings nur 450 kg in einen 500 km hohen SSO befördern können. Haupteinsatzgebiet für die Epsilon sind Satelliten in LEO Bahnen. Hier erreicht sie eine maximale Nutzlast von 1.200 kg. 2014 erfolgte der erste erfolgreiche Start.

Die folgende Tabelle führt die dem Autor bekannten Startpreise von Trägerraketen auf. Teilweise sind diese schon recht alt, weswegen das Bezugsjahr mit angegeben wurde.

Träger	Starts	Zuverlässig-keit	Nutzlast LEO	Nutzlast SSO	Startpreis	Erststart
Vega	5	100%	2.500 kg	1.500 kg	32 Mill. € (2012)	2012
Pegasus XL	32	90,6%	440 kg	180 kg	30 Mill. $ (2009)	1990
Minotaur I	11	100%	580 kg	331 kg	19 Mill. $ (2006)	2000
Minotaur IV/V	4	100%	1.735 kg	1.023 kg	50 Mill. $ (2010)	2010
Taurus 3110	9	66,6%	1.275 kg	882 kg	70 Mill. $ (2013)	1994
Rockot	24	87,5%	1.850 kg	1.100 kg	20 Mill. $ (2005)	1994
Strela	3	100%	1.600 kg	800 kg	11 Mill. $ (2003)	2003
Dnepr	22	95,5%	3.700 kg	1.750 kg	24 Mill. $ (2015)	1999
Start-1	7	85,7%	632 kg	186 kg	9 Mill. $ (2004)	1993
Shtil 3	2	100%	430 kg	-	1 Mill. $ (1999)	1998
Langer Marsch 4B	25	96,5%	-	2.200 kg	20 Mill. $ (2001)	1999
Langer Marsch 4C	16	100%	-	2.700 kg		2006
Langer Marsch 2D	22	100%	3.200 kg	1.600 kg	23 Mill. $ (2004)	1992
PSLV	30	93,3%	-	1.700 kg	32 Mill. $ (2015)	1993
Epsilon	1	100%	1.200 kg	450 kg	37 Mill. $ (2013)	2013

Die Chancen der Vega sind schwer zu beurteilen. Es gibt hier sehr viele Aspekte zu berücksichtigen. Neben den reinen Startkosten gibt es auch politische Erwägungen. So gibt es noch immer ein Exportverbot für Satelliten die US-Bauteile enthalten (und dies gilt auch für die meisten europäischen Satelliten) nach China. Die US-Träger sind vergleichsweise teuer. Bei den Trägern die ausgemusterte ICBM einsetzen, muss zudem mit dem Pentagon verhandelt werden. Die bisher meisten europäischen Nutzlasten starteten Rockot und Dnepr, danach folgt die Kosmos. Letztere ist nun nicht mehr verfügbar und auch die anderen russischen Träger laufen aus. Bedingt durch die starke Inflation ist der Hauptvorteil, der günstige Startpreis bei russischen Trägern nun nicht mehr gegeben. Die Rockot weist zwei Fehlstarts auf, bei einer ging der ESA-Satellit Cryosat verloren.

Die Startkosten sollten nicht überbewertet werden. Selbst preisgünstige Projekte, wie der Nachbau des Cryosat, Cryosat-2 oder das zweite Exemplar des deutschen Radarsatelliten Tandem-X liegen in einem Kostenrahmen von 90 – 130 Millionen Euro. Eine Neuentwicklung wie GOCE liegt bei 300 Millionen Euro. Eine Einsparung von 10 Millionen Euro beim Start spart daher nur 3-10% der Gesamtinvestitionen. Dagegen dürfte wichtig sein, dass die Vega eine hohe Zuverlässigkeit erreicht, denn geht der Satellit verloren, dann entstehen viel höhere Kosten. Diese Erfahrung musste in den letzten Jahren die NASA machen, als die beiden Satelliten OCO und Glory bei Fehlstarts von Taurus Trägerraketen verloren gingen. Die Gesamtkosten beider Missionen betrugen 697 Millionen Dollar.

Auf der anderen Seite kann die Vega nicht mit vielen Nutzlasten aus anderen Staaten rechnen, da alle anderen größeren Raumfahrtnationen Träger in dieser Nutzlastklasse haben und es nur wenige Starts für Drittländer gibt. Die US-Regierung startet nur Satelliten mit US-Anbietern. Leider denken europäische Regierungen anders, sodass nicht mit dem Start aller Satelliten von ESA-Mitgliedsstaaten zu rechnen ist.

Der Markt, der die Antriebsfeder für das ursprüngliche Konzept der Vega war, ist heute nicht mehr existent. Ende der neunziger Jahre bauten Iridium und Globalstar erdnahe Satellitennetzwerke aus vielen Satelliten auf, die anders als geostationäre Satelliten einen Empfang überall auf der Erde mit mobilen Telefonen ermöglichen sollten. Weitere Firmen sollten Folgen. Sowohl bei Iridium wie Globalstar hatten jedoch nicht den erhofften Geschäftserfolg. Andere Systeme wurden daher nicht gestartet. 2015 wurden neue Netzwerke aus noch mehr, dafür kleineren Satelliten angekündigt. Sie sollen aber von größeren Trägerraketen in größeren Gruppen gestartet werden. Eines der Unternehmen, Oneweb hat mit Arianespace einen Startvertrag für über 600 Satelliten von jeweils nur 125 kg Gewicht abgeschlossen. Arianespace wird diese in Gruppen von zu 32 oder 36 Stück mit Sojus starten. Andere Optionen gab es wegen der großen Zahl von Satelliten und den vielen nötigen Starts nicht. Die Vega blieb daher bei diesem Abschluss außen vor.

Anders als bei der Ariane 5 sollte man nicht darauf bauen, dass die Vega viele Doppelstarts durchführt. Dagegen spricht nicht nur die geringe Startfrequenz, die es schwer macht, Nutzlasten zu kombinieren. Für zwei große Satelliten reicht weder die Nutzlastkapazität noch der Platz in der VESPA für die untere Nutzlast. Von Bedeutung ist auch, dass es „die" sonnensynchrone Bahn nicht gibt. Während alle Satelliten, die einen geostationären Orbit erreichen müssen, in derselben Umlaufbahn ausgesetzt werden, gibt es zahlreiche sonnensynchrone Umlaufbahnen. Die meisten Satelliten umkreisen zwischen 500 und 900 km Höhe die Erde mit Bahnneigungen von 95 bis 99 Grad. Dass zwei Nutzlasten in dieselbe Bahn transportiert werden, ist unwahrscheinlich. Die Treibstoffvorräte für Änderungen der Umlaufbahn sind begrenzt. Die Vega wird daher wahrscheinlich eine Hauptnutzlast und mehrere kleine Sekundärnutzlasten oder Cubesats transportieren. Diese gelangen in eine ähnliche Umlaufbahn wie die primäre Nutzlast. Eine

Erweiterung der Nutzlastkapazität wird an der geringen Startfrequenz und den unterschiedlichen Zielbahnen nichts ändern. Sie ist daher nur sinnvoll, wenn die Vega zu klein für mögliche Nutzlasten ist.

Abbildung 132: Liftoff mit IXV zum vierten Start © des Fotos: ESA

Weiterentwicklungen

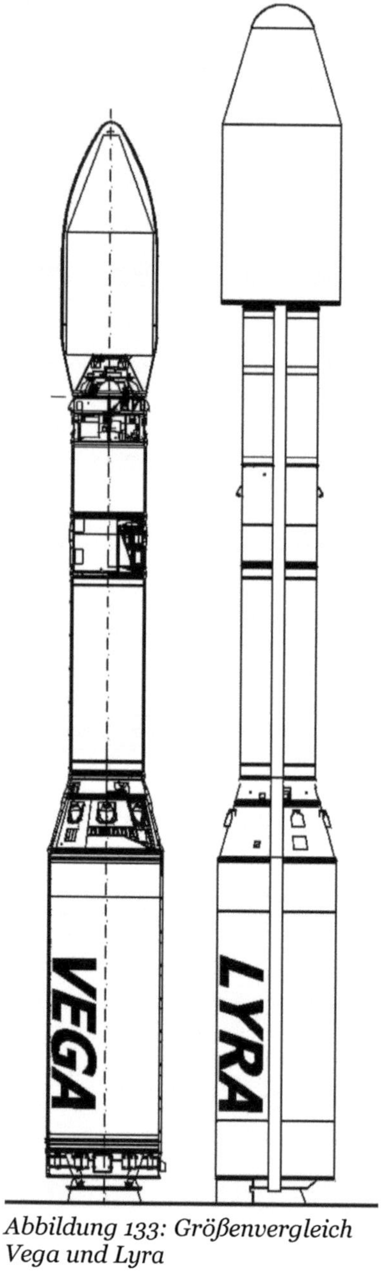

Wie bei der Ariane gibt es auch bei der Vega schon vor dem Erstflug Studien über eine Nutzlaststeigerung. Derartige Studien sind eine Möglichkeit relativ preiswert verschiedene Szenarien zu untersuchen. Man erhält so Daten, die wichtig sind, um danach über konkrete Vorhaben zu entscheiden. Sie sollten nicht mit fest beschlossenen Projekten, wie z. B. dem Ariane Evolution Programm, verwechselt werden.

Im Jahr 2005 vergab die ASI einen ersten Kontrakt für eine Phase-A-Studie für die Weiterentwicklung der Vega. Ziel war es, die Nutzlast um 30% auf rund 2.000 kg zu steigern, ohne die Startkosten zu erhöhen. Dem folgte 2007 ein Kontrakt für die Phase B. Es soll unter der Bezeichnung „Lyra" eine neue Stufe entwickelt werden, welche sowohl das AVUM wie auch den Zefiro 9A Antrieb ersetzen soll. Sie soll von einem neuen Triebwerk mit der Bezeichnung „Mira" angetrieben werden. Es nutzt flüssiges Methan und Sauerstoff als Treibstoff und arbeitet nach dem Expander Cycle Verfahren bei einem Schub von rund 100 kN. Der Name des Antriebs lehnt sich an die Sternbilder an. Der Stern „Wega" (italienisch Vega) ist der leuchtkräftigste Stern im Sternbild Leier (italienisch Lyra). Mira ist wiederum der Name des leuchtkräftigsten Sterns im Sternbild Walfisch.

Andere Ideen von ELV umfassen den Einsatz von Ionenantrieben an Bord der Vega, um höhere Bahnen zu erreichen (Galileo-Orbit). Es wird sogar darüber nachgedacht, die Vega für ISS-Versorgungsflüge zu nutzen. Realistischerweise dürfte sie dafür aber zu klein sein. Hingegen ist das Erreichen des Galileo-Orbits durchaus eine sinnvolle Erweiterung. Galileo umfasst 30 Satelliten in drei Bahnebenen. Wenn einer ausfällt, so muss er ersetzt werden. Entweder durch zwei Neue, die mit einer Sojus gestartet werden, oder durch einen Einzelstart mit der Vega. Allerdings ist der Galileo-Orbit in 23.200 km Höhe von der

Abbildung 133: Größenvergleich Vega und Lyra

Vega derzeit nicht erreichbar. Ein Galileosatellit ist mit einem Gewicht von 700 kg auch zu schwer, selbst beim Einsatz einer Oberstufe.

VERTA

Innerhalb des VERTA Programms (**V**ega **R**esearch and **T**echnology **A**ccompaniment) wurde in einer frühen Phase auch an der Steigerung der Nutzlast geforscht. Folgende Pläne existierten:

- Ersetzen der P80-Stufe durch eine P100 mit rund 100 t Treibstoff.

- Ersetzen der Z23-Stufe durch eine Z40 Stufe mit 40 t Treibstoff, 2,60 m Durchmesser).

Andere Zweitstufen wurden ebenfalls diskutiert, wie eine Z30 (30 t Treibstoff, 2,20 m Durchmesser oder eine Z35 (35 t Treibstoff, 2.60 m Durchmesser). Die Z40 verspricht allerdings die höchste Nutzlast.

Diese Veränderungen könnten die Nutzlast auf 2.000 kg für den Referenzorbit anheben. Dazu gibt es Untersuchungen für eine Oberstufe, welche das AVUM und die Z9-Drittstufe ersetzen soll. Der Fokus liegt auf drei Konzepten:

- Einsatz des Aestus 2 für die Oberstufe

- Einsatz eines LOX/Methan Triebwerks (Kandidat: Mira)

- Einsatz des Vinci Triebwerks für eine kryogene Oberstufe

Denkbar wäre noch der Einsatz von Zefiro 23 Antrieben als zusätzliche Startbooster. Mit vier Boostern resultiert eine Nutzlast von rund 2.500 kg. Zusammen mit einer kryogenen Oberstufe könnte eine Nutzlast von bis zu 4.000 kg resultieren. Damit würde die Vega zur Sojus aufschließen, die 4.900 kg in einen sonnensynchronen Orbit befördern kann.

Schon die Erweiterung auf 2.500 kg SSO-Nutzlast würde ausreichen, um einen Galileo Satelliten in seine Umlaufbahn zu befördern. Dazu wäre aber eine Oberstufe notwendig, die mit zwei Brennperioden den Satelliten von einer niedrigeren, 56 Grad zum Äquator geneigten, Erdumlaufbahn in eine kreisförmige, 23.222 km hohe Bahn befördert. Die dazu nötige Geschwindigkeitsänderung von rund 3.600 m/s kann das AVUM nicht aufbringen.

VENUS-Oberstufe

Deutschland war nicht an der Vega beteiligt. Das DLR bezeichnete die Rakete als nicht notwendig, da der Markt klein sei und es zahlreiche verfügbare Träger in diesem Segment gibt.

Nach einigen Jahren hat das DLR offenbar ihre Position revidiert. Es wurden Untersuchungen für eine alternative Oberstufe gemacht. Alle Lösungen dürften aber wahrscheinlich erheblich teurer als der preiswerte Feststoffantrieb sein. Dafür wäre Europa nicht abhängig von dem ukrainischen Triebwerk, welches jetzt eingesetzt wird. Diese neue Stufe läuft unter der vorläufigen Projektbezeichnung VENUS (**Ve**ga **N**ew **U**pper **St**age).

Zuerst untersuchte das DLR intern im SART-Institut (**S**ystem**a**nalyse **R**aumtransport) die Möglichkeiten einer neuen Oberstufe.

Typ	Erststufe	Zweite Stufe	Triebwerk Dritte Stufe	Bemerkung
A	P80	Z23	Aestus / AVUM	Nutzlast 1.340 kg
B	P80	Z23	Aestus 2	Nutzlast 1.610 kg
C	P80	Z23	Vinci	Nutzlast 3.560 kg
D	P80	Z23	60 / 100 kN LOX/LH2	Nutzlast 2.760 / 3.200 kg
E	P80	Z23	100 kN LOX/CH4	Nutzlast 2.440 kg
F	P80	Vinci	-	Nutzlast 2.600 kg

Untersucht wurden zuerst sechs verschiedene Konfigurationen (A-F). Da die Stufe erst entwickelt werden muss, konzentrierten sich weitergehende Studien vor allem auf die Konfigurationen mit den leistungsgesteigerten ersten Stufen der Vega, der P100 und Z40, die in einigen Jahren zur Verfügung stehen könnten.

Die „Venus A" wurde sehr bald verworfen. Die Stufe hat eine schlechtere Leistung als die originale Vega, die per Definition bei 1.500 kg liegt. Die Hauptursache ist der kleine Schub des Aestus Triebwerks von 28,4 kN, der nur eine geringe Treibstoffzuladung zuließ.

Die „Venus B" ist die einzige Stufe, die konzeptionell intensiver untersucht wurde. Sie hätte durch das Aestus 2 Triebwerk mit doppelt so hohem Schub 8.000 kg Treibstoff aufgenommen. Die Studie nahm das Mischungsverhältnis von 1,9, wie bei der EPS an. Daraus resultierte ein 4,4 m³ großer NTO und ein 3,85 m³ großer MMH Tank. Eine etwas höhere Leistung würde ein Mischungsverhältnis von 2,2 (NTO/MMH) bieten.

Die „Venus C" ist die leistungsfähigste Konfiguration: Der hohe Schub des Vinci-Triebwerks lässt eine Stufe mit 16 t Treibstoffzuladung zu. Allerdings ergeben sich nun gravierende Probleme. Eine so hohe Treibstoffmenge führt zu einer langen Stufe. Die Gesamtlänge der Vega und die Belastung des oberen Teils beim Aufstieg erreichen nun inakzeptable Werte. Weiterhin wird es schwierig, die breite Düse des Vinci im Stufenadapter unterzubringen, der sich am Durchmesser des Zefiro 23 Antriebs von 1,90 m orientieren muss. Für weitergehende Untersuchungen wurde daher die Konfiguration mit dem 2,60 m großen Z40 Antrieb und eine verkürzte Düse beim Vinci Triebwerk angenommen.

Die „Venus D"-Stufe sollte die Probleme der „Venus C" lösen, indem jeweils zwei kleinere Triebwerke mit nur 60 oder 100 kN Schub eingesetzt werden. Ihr Expansionsverhältnis beträgt 200, womit die Düsen im Stufenadapter unterbringbar sind. Durch die geringere Treibstoffzuladung sind die Stufen kompakter. Die Version mit 100 kN Schub erreicht zwar fast die Nutzlast der „Venus C". Aber es ist fraglich, ob sich nur für die Vega eine komplette Neuentwicklung eines 100 kN Expander Cycle Triebwerks lohnt.

Wie zu erwarten, ist die „Venus E" mit einem Triebwerk, das LOX mit Methan verbrennt, (100 kN Schub) in der Leistung zwischen dem Aestus 2 und dem 100-kN-LOX/LH2 Triebwerk angesiedelt. Die technischen Herausforderungen sind ähnlich wie bei einem neuen LOX/LH2 Triebwerk (auch flüssiges Methan ist ein kryogener Treibstoff mit niedriger Dichte), sodass diese Version bei fast gleichen Entwicklungskosten keine Vorteile gegenüber der „Venus D" offeriert.

Die „Venus F" umgeht nun die Schwierigkeiten, welche die „Venus C" aufweist, indem auch die zweite Stufe eingespart wird. Stattdessen ersetzt nun eine Stufe mit 16 t kryogenem Treibstoff beide Oberstufen und das AVUM. Der Vorteil ist, dass nun die Probleme mit einem zu langen Träger wegfallen. Zudem gibt es im Stufenadapter zur ersten Stufe genügend Platz für die Expansionsdüse des Vinci Triebwerks. Die Einsparung von zwei Stufen verspricht zudem niedrigere Produktionskosten. Die Trägerrakete würde bei 120 t Startgewicht eine maximale Beschleunigung von 6 g erreichen, etwas höher als bei der Vega mit maximal 5,5 g.

Nach diesen Vorstudien vergab das DLR im Juli 2007 an Astrium ST einen Auftrag mit einem Volumen von 500.000 Euro für eine weitergehende Studie. Ziel war es zu untersuchen, ob das AVUM und der Zefiro 9 Antrieb durch eine einzelne Oberstufe ersetzt werden könnten. Die Nutzlast in die Referenzbahn sollte dabei von 1,5 auf mindestens 2 t steigen. Die Vega sollte auch fähig sein, Satelliten des Galileo Navigationssystems zu starten. Untersucht wurde der Einsatz des Aestus Triebwerks sowie seines Nachfolgers Aestus 2 (mit Turbopumpenförderung). Ebenfalls sollte der Einsatz des Vinci Triebwerks auf der Vega evaluiert werden. Das Vinci Triebwerk erhält eine verkürzte Düse, da diese sonst nicht in den Zwischenstufenadapter passt (untersucht wurde ein Flächenverhältnis von 175. Auch ein Flächenverhältnis von 90 wäre denkbar).

Nach 18 Monaten lagen die Ergebnisse vor. Astrium LV untersuchte folgende drei Konfigurationen:

Bezeichnung	B80	B100	C100
Stufe 1	P80	P100 (100 t Treibstoff)	P100 (100 t Treibstoff)
Stufe 2	Zefiro 23	Z40 (40 t Treibstoff)	Z40 (40 t Treibstoff)
Stufe 3	Aestus 2, 8 t Treibstoff	Aestus 2, 6 t Treibstoff	Vinci, 10 t Treibstoff
Nutzlast (700 km SSO)	1.250 kg	1.450 kg	1.967 kg

Obwohl die B100 und C100 Versionen nun auf den größeren Antrieben einer künftigen Vega untergebracht werden sollten, ist die Nutzlast deutlich geringer als die vom SART-Institut berechnete. Astrium setzte viel höhere Faktoren für die Strukturen an. So hat die Oberstufe für die B100 einen strukturellen Anteil von rekordverdächtigen 29,7%. Die kryogene Oberstufe für die C100 weist einen von 25,5% auf. Dies kostet etwa 1 t Nutzlast. Schuld daran soll der hohe Schub des Z40 Antriebs sein, der eine Spitzenbeschleunigung von 6,8 g erzeugt, und die damit verbundenen hohen strukturellen Belastungen.

Vom Juli 2009 bis Juni 2011 lief dann eine VENUS-II Studie. In ihr soll Astrium untersuchen, ob durch Einsatz von CFK Werkstoffen doch eine Oberstufe mit flüssigen Treibstoffen möglich ist, die eine höhere Nutzlast offeriert. Der Fokus liegt nun auf einer Oberstufe mit lagerfähigen Treibstoffen, nicht mehr auf dem Einsatz von kryogenen Treibstoffen. Die Venus II Studie geht von vorneherein von dem Einsatz der P100 und Z40 Stufe aus. Die Z40 Stufe soll neben der höheren Treibstoffzuladung auch eine längere Brennzeit als die Z23 aufweisen.

Das Ergebnis war, dass eine Oberstufe mit lagerfähigen Treibstoffen mit akzeptabler Trockenmasse gebaut werden kann, wenn der Treibstoff in einem kugelförmigen Tank von 2,19 m Durchmesser untergebracht ist. Dieser ist wiederum durch einen Zwischenboden unterteilt. Der kugelförmige Tank erlaubt es die Strukturmasse stark zu reduzieren, da er am Äquator an dem Stufenadapter befestigt werden kann. Das Triebwerk mit dem Strukturgerüst hängt an dem Tank. Nach der Zündung verbleibt der Stufenadapter an der Z40, wodurch dessen Masse entfällt. Der Tank kann rund 5,4 t Treibstoff aufnehmen. Als Antrieb wurde das Aestus 2 in einer leicht modifizierten Variante mit einem Expansionsverhältnis von 280 selektiert. Die folgende Tabelle führt die wesentlichen Daten dieser L5.4 Stufe, verglichen mit der L1.7 für die ebenfalls untersuchte vierstufige Vega Variante, auf.

	L5.4	L1.7
Länge mit Stufenadapter:	5,40 m	3,90 m
Durchmesser:	2,60 m	1,90 m
Volumen Treibstofftank:	5,5 m	1,8 m
Treibstoff:	5.400 kg	1.700 kg
Trockenmasse mit Avionik:	978,7 kg	864,5 kg
Antriebssystem:	Aestus II	BERTA
Schub:	55,03 kN	8,09 kN
Flussrate:	16,68 kg/s	2,567 kg/s
Mischungsverhältnis:	2,09	2,0
Lageregelungssystem:	Vega-RACS (Hydrazin/Stickstoff)	
Druckgas:	Gasförmiges Helium	
Stufenadapter:	335,4 kg	121 kg
Nutzlastverkleidung:	579,1 kg	562,2 kg
Länge Nutzlastverkleidung:	7,90 m	

Hier die wesentlichen Daten der beiden Triebwerke.

	Aestus II	BERTA
Schub:	55,03 kN	8,09 kN
Ausströmgeschwindigkeit:	3300 m/s	3150 m/s
Brennkammerdruck	60 bar	15 bar
Treibstoffförderung:	Turbopumpe	Druckförderung
Länge des Triebwerks:	2,171 m	1.194 m
Düsenmündungsdurchmesser:	1,361 m	0,649 m
Gewicht:	139 kg	30,2 kg
Expansionsverhältnis der Düse:	280	Etwa 110
Lebensdauer:	2.500 s, 20 Starts (maximal 5 bei Vega benötigt)	
Treibstoff:	NTO/MMH 2.09:1	NTO/MMH 2.0:1

Diese Variante würde bei einer Startmasse von 162,4 bis 163,2 t etwa 2.200 kg in den Vega- Referenzorbit und 3.100 kg zur ISS bringen. Das sind 1,35 bis 1,9% der Startmasse. Berücksichtigt man das größere Startgewicht, so sind es beim Referenzorbit rund 300 kg mehr, also ein Sechstel der Vega-Nutzlast. Dieser Träger weist aber eine sehr hohe Spitzenbeschleunigung von 6,6 g durch den Z40 Antrieb auf. Satelliten sind normalerweise nicht für so hohe Belastungen ausgelegt.

Die zweite Konfiguration geht davon aus, dass die Vega erst einmal nicht erweitert wird, nutzt also die schon existierenden Stufen P80 FW, Z23 und Z9A. Untersucht wurde nur der Ersatz des ukrainischen Triebwerks im AVUM durch ein Triebwerk von Astrium ST. Verschiedene Untersuchungen führten dazu, dass ein Triebwerk mit 8 KN Schub die optimalste Lösung wäre. Dieses hypothetische Triebwerk wurde „BERTA" getauft. (**B**i-Ergol **R**aum-**T**ransport **A**ntrieb). Die Stufe würde das AVUM ersetzen. Auch bei Einsatz eines sphärischen Tanks wäre jedoch die Strukturmasse sehr hoch. So resultiert nur ein sehr kleiner Nutzlastgewinn von rund 160 kg. Dieser niedrige Wert resultiert vor allem aus der Tatsache, dass wenig Treibstoff unter hohem Druck gelagert wird. Der Tankdruck muss bei Druckförderung höher als der Brennkammerdruck sein. Das macht die Stufe recht schwer. Der Tankdruck liegt bei 26,3 bar.

	P80 FW / Z23 / Z9A / L1.7	P100 / Z40 / L5.4
Trennung von der ersten Stufe:	108,5 s	110 s
Trennung von der zweiten Stufe:	187,8 s	203,4 s
Abtrennung Nutzlastverkleidung	204,7 s	218,4 s
Trennung von der dritten Stufe:	302,7 s	
VENUS erste Zündung	317,7 s	220 s
VENUS Brennschluss 1	925,4 s	534,8 s
VENUS zweite Zündung	2157,4 s	2809,8 s
VENUS Brennschluss 2	2208,9 s	2819,0 s
Spitzenbeschleunigung:	4,4 g	6,6 g

Die Entscheidung über ein „Vega Evolution Programm" wurde von der ESA vor der Ministerratskonferenz 2008 in Den Haag zurückgezogen. (Ursprünglich wurde um die Genehmigung von 160 Millionen Euro für dieses Projekt gebeten). Stattdessen kam die Vorlage für die Verlängerung des VERTA Programms und das Vega Slice-3 Programm. Das derzeitige VERTA-Programm umfasst nur noch die Entwicklung der VESPA, aber keine Weiterentwicklung der Vega.

Nicht untersucht wurde der Einsatz des Zefiro 16 Antriebs. Dabei wurde dieser schon entwickelt und dreimal getestet. Er ist kompakt und würde die Rakete nur um 5 m verlängern. Ein Ersatz des Zefiro 9A ist wegen der hohen Beschleunigungsspitze nicht ratsam. Er würde die Nutzlast sogar um 200 kg absenken. Doch als zusätzliche Stufe (P80-Z23-Z16-Z9-AVUM) könnte der Zefiro 16 eingesetzt werden. Er würde nach Berechnungen des Autors die Nutzlast um ein Drittel auf 2000 kg in den Referenzorbit angeben.

Die Tabelle gibt die Nutzlast in den Vega Referenzorbit für verschiedene Konfigurationen wieder. Sie wurde vom Autor aufgrund der Stufendaten berechnet oder aus Studien übernommen.

Booster	Erste Stufe	Zweite Stufe	Dritte Stufe	Vierte Stufe / AVUM	Nutzlast
-	P80	Z23	Z9	AVUM	1.500 kg
-	P80	Z23	Z9A	AVUM	1.563 kg
-	P100	Z40	Z9A	AVUM	1.720 kg
-	P80	Z23	Z9A	L1.7	1.883 kg
-	P80	Z23	Z16	Z9A + AVUM	2.000 kg
-	Z100	Z40	Z9	AVUM	2.000 kg
-	Z100	Z40	L5.4	-	2.350 kg
-	Z100	Z40	H16	-	3.400 kg
-	Z100	H16	-	-	1.600 kg
-	Z100	Z40	CH10	-	2.400 kg
4 × Z23	Z100	Z40	Z9	AVUM	2.500 kg
4 × Z23	Z100	Z40	H16	-	4.100 kg

- CH10: LOX/Methan-Stufe, 11,9 t Start- und 1,9 t Trockenmasse (16% Strukturgewicht), spezifischer Impuls 3532 m/s.

- H16: LOX/LH2-Stufe, 20 t Start- und 4 t Trockenmasse (20% Strukturgewicht), spezifischer Impuls 4520 m/s.

- Z40: Stufe mit demselben Startgewicht-/Leerverhältnis und spezifischen Impuls wie der Zefiro 23 Antrieb, aber 40 t Treibstoff; Vollgewicht: 43.300 kg, Trockengewicht: 3.300 kg, spezifischer Impuls: 2824 m/s, Durchmesser 2,60 m.

- P100: Stufe mit denselben Startgewicht-/Leerverhältnis und spezifischen Impuls wie der P80 Antrieb, aber 100 t Treibstoff; Vollgewicht: 108.280 kg, Trockengewicht: 8.280 kg, spezifischer Impuls: 2745 m/s.

- Z16: Vollmasse: 17.310 kg, Trockenmasse 1.310 kg, spezifischer Impuls 2839 m/s. Durchmesser 1,90 m, Länge 4,12 m.

Mini-Vega

Abbildung 134: Der Vega Startplatz könnte auch die Mini-Vega aufnehmen. Hinten links der Ariane 5 Startplatz ELA-3. © des Fotos: ESA

Technisch möglich wäre auch eine Mini-Vega, die in einem CNES-Papier über Möglichkeiten der Weiterentwicklung europäischer Raketen auftaucht. Sie ist eine Vega ohne die erste Stufe. Ohne die P80 Stufe würde die 48,6 t schwere Rakete nur eine Nutzlast von 300 – 400 kg aufweisen. Sie wäre relativ einfach zu bauen, da die anderen Stufen unverändert übernommen werden können. Notwendig wäre nur eine Anpassung der Startplattform. Theoretisch wäre sie, wie die Pegasus, auch von einem Flugzeug aus abwerfbar. Doch dürfte dies, da mit dem CSG schon ein Startgelände in geografisch günstiger Position vorhanden ist, keine Option sein. Die Kosten für den Umbau eines Trägerflugzeugs wären weit höher als ein höherer Starttisch, der den Start von der Vega Startrampe aus erlauben würde.

Ob die Reduktion der Nutzlast auf ein Fünftel aber mit einer gleich großen Reduktion der Startkosten einhergeht, darf bezweifelt werden. Der günstigste Weg, Satelliten dieser Gewichtsklasse zu transportieren, dürfte der Einsatz der VESPA sein.

Vega C

Von den verschiedenen Szenarien wurde nur eines umgesetzt, das einer größeren Erststufe. Während bei den Weiterentwicklungsszenarien durch Verlängern des P80 die P100 resultierte, wird die Vega C eine neue erste Stufe mit 120 t Treibstoff erhalten. Dieser P120 Booster ist der gleiche Booster wie bei der Ariane 6. Er hat einen größeren Durchmesser von 3,5 m, ist aber nur wenig länger als der P80.

Die Vega C soll schon 2018 ihren Erstflug absolvieren. Die Nutzlast wird mindestens 1.800 kg in den Referenzorbit betragen, man rechnet bei Avio mit 2.000 kg. Ein Sprecher von Avio sprach sogar von 50% mehr Nutzlast, das wären 2.145 kg. Nach Berechnungen des Autors käme eine Vega C auf 1.947 kg Nutzlast in den Referenzorbit bei gleicher Zielgeschwindigkeit wie die Vega.

P120C SRM	
Gewicht mit Treibstoff:	135.860 kg
Trockenmasse:	11.100 kg
Maximaler Betriebsdruck:	105 bar
Durchmesser:	3,40 m
Länge:	11,70 m
Oberer Anschlussdurchmesser:	1,00 m
Unterer Anschlussdurchmesser:	1,60 m
Düse Minimaldurchmesser:	0,571 m
Düse Abschlussdurchmesser:	2,175 m
Düsenmündungsfläche:	3,715 m²
Düse Entspannungsverhältnis:	14,56
Betriebszeit mit Schub >150 kN	132,9 s
Gesamtimpuls:	368,9 MN
Mittlerer spezifischer Impuls	2374 m/s (Meereshöhe) 2721 m/s (Vakuum)
Startschub:	3.500 kN
Mittlerer Schub:	2.686 kN

Durch die Nutzung des P120C bei Ariane und Vega soll die Vega-C die gleichen Produktionskosten wie die derzeitige Vega aufweisen. Der Entwicklungsvertrag hat ein Volumen von 395 Millionen Euro und schließt einen Entwicklungs- und einen Qualifikationstests des Boosters und einen Qualifikationsflug mit ein. Durch die gemeinsame Nutzung entfallen von den reinen Entwicklungskosten des P120C 48% auf die Vega und 52% auf die Ariane 5, die realen Kosten sind daher größer als die obigen 395 Millionen Euro. Nur für den P120C alleine (ohne Tests und Qualifikationsstart) spricht die ESA von 715 Millionen Euro. Der Jungfernflug der Vega C ist für 2018 geplant. Damit steht 2020 für den ersten Ariane 6 Start schon eine eingeführte Stufe zur Verfügung.

Nach der Vega C könnte die Vega E kommen. Für sie werden zwei Ausbaumöglichkeiten untersucht:

Der Ersatz des Zefiro 23 durch einen Zefiro 40 mit 40 t Treibstoff. Der Zefiro 40 Antrieb wird neue Technologien einsetzen, die eine preiswertere Produktion versprechen, aber auch höhere Leistungen ergeben. So arbeitet er mit 110 Bar Brennkammerdruck (Zefiro 23: 95 Bar) und hat eine Brennzeit von 100 s (Zefiro 23: 87 s). Dadurch hat die Düse ein größeres Flächenverhältnis von 37 (Zefiro 23: 27). Das steigert den spezifischen Impuls. Das Zefiro 40 Entwicklungsprogramm startete 2011 und wird derzeit noch von Avio alleine finanziert. Bis 2016 soll es soweit abgeschlossen sein, dass die ESA über eine Umsetzung entscheiden kann.

Z40NS	
Gewicht mit Treibstoff:	36.239 kg
Trockenmasse:	3.028 kg
Maximaler Betriebsdruck:	115 bar
Durchmesser:	2,40 m
Länge:	6,10 m
Oberer Anschlussdurchmesser:	0,60 m
Unterer Anschlussdurchmesser:	1,06 m
Düse Minimaldurchmesser:	0,28 m
Düse Abschlussdurchmesser:	1,72 m
Düsenmündungsfläche:	2,32 m²
Düse Entspannungsverhältnis:	37
Betriebszeit mit Schub >150 kN	92,9 s
Gesamtimpuls:	103,6 MN
Mittlerer spezifischer Impuls	2402 m/s (Meereshöhe) 2878 m/s (Vakuum)
Mittlerer Schub:	1.115 kN

Abbildung 135: Vega C und Ariane 64 © der Grafik: ESA / D. Ducros

Neben der Nutzlaststeigerung durch eine größere Düse mit höherem spezifischem Impuls hat der Zefiro 40 weitere Vorteile. So ist wie beim P120C die Brenndauer länger, dadurch verkürzt sich die rund 60 s lange Freiflugphase zwischen Brennschluss des Z23 und Zündung des Z9 bei der Vega. Dies steigert die Nutzlast, da während solcher Freiflugphasen die Geschwindigkeit absinkt. Der größere Durchmesser von 2,40 m (Z23: 1,90 m) macht den Anschluss von Stufen mit größeren Düsen (Mira oder kryogene Stufen) einfacher. Der größere Durchmesser bedeutet auch, das P120 und Z40 in etwa gleich lang wie die Vorgänger sind. So sind keine bzw. nur minimale Änderungen an der Startbasis nötig. Nach Berechnungen des Autors müsste eine Vega E mit P120 und Z40 eine Nutzlast von 2.284 kg für den Referenzorbit haben. Eine Vergrößerung der Nutzlasthülle auf 3 m Durchmesser wird ebenfalls erwogen.

Der Vorteil der höheren Leistung liegt vor allem in der Doppelstartfähigkeit. Die Einzelstartnutzlast der Vega ist verglichen mit ihren Konkurrenten schon sehr hoch. Mit der Vespa und den Treibstoffvorräten kann die Vega E zwei mittelschwere Nutzlasten in ähnliche Orbits absetzen z. B. in 700 und 800 km Höhe. Auch beim Zefiro 40 sind die Produktionskosten des Zefiro 23 anvisiert. So könnte die Vega E für den Preis der Vega 50% mehr Nutzlast befördern.

Die Oberstufe und das AVUM sollen durch die schon besprochene Mira Oberstufe ersetzt werden. 2014 begann Avio zusammen mit einem russischen Partner mit ersten Tests des Triebwerks für die Mira. Es soll bis 2023 qualifiziert werden. Für den Transport zur ISS in 400 km Höhe, 51,6 Grad Inklination gibt es eine Nutzlastangabe: Hier liegt die Nutzlast bei 4.200 kg. Es bleibt die Problematik der Abhängigkeit von einem Nicht-ESA-Mitgliedsstaat.

Im Gegensatz dazu wird vor allem von Deutschland der Ersatz des ukrainischen RD-859 durch ein europäisches Triebwerk, vorzugsweise das BERTA-Triebwerk angestrebt. Dieses würde allerdings die Nutzlast nicht steigern. Die Einbeziehung Deutschlands als zweitgrößtem Finanzier der ESA ist ein strategisches Ziel der ESA. Es geht also nicht darum, die Rakete zu verbessern oder Startkosten zu senken (beides ist nach den bisherigen DLR-Studien von einer deutschen Stufe nicht zu erwarten). Aufgrund dieses Ziels sieht der Autor die Wahrscheinlichkeit, dass man sich für die Mira-Oberstufe entscheidet, als gering an. Sie erfordert höhere Investitionen, Deutschland ist wiederum außen vor und Italien würde sich noch stärker finanziell engagieren müssen.

Mira-F Triebwerk	
Schub:	98 kN
Spezifischer Impuls:	3.570 m/s
Mischungsverhältnis LOX zu LNG:	3,4
Brennkammerdruck:	3 bar
Temperatur LOX-Tank:	90 K
Temperatur LNG-Tank:	110 K
Gewicht Triebwerk:	280 kg
Düsenmündungsdurchmesser:	1,30 m
Triebwerkslänge:	1,90 m

Die Lücke zwischen der Vega und Ariane 5

Nach der Ausmusterung der Ariane 4 fehlt ein Träger für mittelgroße Nutzlasten. Die kleineren Modelle der Ariane 4 waren ausreichend für den Transport von Satelliten in erdnahe oder sonnensynchrone Bahnen. Ohne diese klafft eine Lücke. So transportierte die letzte Ariane 5 GS den 4,2 t schweren Helios 2B in einen sonnensynchronen Orbit – er war so leicht, dass sogar Ballast mitgeführt werden musste, um zu verhindern, dass auch die EPC eine Umlaufbahn erreicht. Die Ariane 5 hätte eine mehr als doppelt so hohe Nutzlast transportieren können. Es gab es wegen der militärischen Natur des Satelliten für Frankreich keine Alternative zu dem Start des 1 Milliarde Euro teuren Spionagesatelliten. Er musste von einer sicheren Startbasis auf eigenem Boden aus gestartet werden, um Spionage oder Sabotage zu verhindern.

Es gab es Studien für die Nutzung von Ariane 5 und Vega Komponenten für eine Trägerrakete im Bereich zwischen beiden Modellen, also zwischen 2,5 und 18 t LEO-Nutzlast. Schon 1990 machte sich die CNES Gedanken über eine „Ariane Light". Gedacht war an zwei Konfigurationen:

- ALD-P: bestehend aus den Stufen P85, P30 und L6. Nutzlast 1.000 kg in einen 1000 km hohe polare Umlaufbahn.
- ALD-S: bestehend aus den Stufen P230, P85, P30 und L6. Nutzlast 3.500 in einen 800 km hohen sonnensynchronen Orbit.

Dies ergab maximale Synergien mit der Ariane 5-Produktion. Die P230-Stufe entsprach dem damals geplanten Ariane 5 EAP, die P85-Stufe einem verkürzten EAP-Segment. Die Füllung der P85 war sternförmig für einen konstanten, aber kurzen, Schub. Der Düsenhals wäre von 0,9 auf 0,6 m Durchmesser verkleinert worden, um den Schub zu verringern. Der P30 Antrieb wäre neu zu entwickeln gewesen. Er sollte erstmals die Herstellung aus Graphitfasern erproben. Um das Risiko zu begrenzen, wurde der Brennkammerdruck auf 60 bar begrenzt (die Vega erreicht 97 bar). Die Düse sollte wie bei den Ariane 5 Boostern noch aus Stahl gefertigt und hydraulisch bewegt werden. Die L6 Stufe entsprach der damaligen Planung für die EPS-Stufe. Sie wurde später verworfen, weil sie zu hohe Herstellungskosten verursacht hätte.

Die ESA verfolgte ab 1993 eigene Studien für eine mittelgroße Trägerrakete. Anders als die CNES setzte sie nicht auf die Ariane 5 EAP als erste Stufe. Stattdessen sollten zwei neue Stufen mit der Bezeichnung P50 und P7 entwickelt werden. Zwei P50 Antriebe bilden die erste und zweite Stufe und der P7 Antrieb die Dritte. Deren Technologie lag zwischen der späteren Vega und der Ariane 5. Wie bei der Vega sollten Düse und Gehäuse schon aus Kohlefaserverbundwerkstoffen bestehen, die Treibstoffmischung der Ariane sollte aber weiter verwendet werden.

Durch einen hohen Brennkammerdruck von 97 und 110 Bar sollten sehr hohe spezifische Impulse erreicht werden.

Typenblatt „Ariane 5 Light"	
Abmessungen: Startgewicht:	> 47 m Höhe, 3,05 m Durchmesser 120 und > 390 t
Nutzlast:	3.500 kg in einen 800 km hohen SSO-Orbit (vier Stufen) 1.000 kg in einen 1000 km höhen polaren Orbit (drei Stufen)
Stufe 1: P230 (ALD-S)	
Länge: Durchmesser: Startgewicht: Leergewicht: Schub: Brenndauer: Treibstoff: spezifischer Impuls:	27,00 m 3,05 m 260.800 kg 30.800 kg 5.440 kN (maximal) 4.000 kN (Durchschnitt) 120 s Ammoniumperchlorat/Aluminium/HTPB 2692 m/s (Vakuum)
Stufe 2: P85 (ALD-P/S)	
Länge: Durchmesser: Startgewicht: Trockengewicht: Schub: Brenndauer: Treibstoff: spezifischer Impuls:	10,32 m 3,05 m 97.150 kg 12.150 kg 2.334 kN 100 s Ammoniumperchlorat/Aluminium/HTPB 2746 m/s
Stufe 3: P30 (ALD-P/S)	
Länge: Durchmesser: Startgewicht: Leergewicht: Schub: Brenndauer: Treibstoff: spezifischer Impuls (Vakuum):	4,62 m 3,05 m 32.500 kg 2.500 kg 664 kN 125 s Ammoniumperchlorat/Aluminium/HTPB 2766 m/s
Stufe 4: L6 (ALD-P/S)	
Länge: Durchmesser: Gewicht: Leergewicht: Triebwerk: Schub: Brenndauer: spez. Impuls:	4,50 m 3,55 m 6.000 kg 800 kg 1 × Aestus 20 kN 862 s 3316 m/s

Dieser ESL (European **S**mall Launcher) sollte 1 t Nutzlast aufweisen. Die Entwicklungskosten waren für eine Rakete dieser Größe durch zwei neue Antriebe an der technologischen Grenze jedoch relativ hoch. Allerdings hätte durch einen EAP-Booster als erste Stufe mit nur geringem zusätzlichem Aufwand die Nutzlast verdreifacht werden können.

Zuletzt ließ die ESA ab 1998 untersuchen, wie eine mittelschwere Trägerrakete aus Komponenten von Ariane 5 und Vega entstehen könnte. Die wesentlichste Triebfeder war es, Kosten zu reduzieren. Da alle Komponenten auf schon vorhandenen oder zu entwickelnden Stufen basieren, sollte die Rakete nach ESA-Vorstellungen von den Firmen, die Stufen für die Ariane fertigten, auf eigene Kosten entwickelt werden – Sie haben nicht zuletzt ein eigenes Interesse daran, ihre Fertigung auszulasten und so auch die Kosten der Ariane 5 niedrig zu halten. Die Produktionsanlagen der Ariane waren für die Produktion von zehn Trägern pro Jahr ausgelegt. Schon damals war aber absehbar, dass Ariane 5 nur ungefähr fünf bis sechsmal pro Jahr starten würde. Ein Träger für größere Erdbeobachtungssatelliten und die zweite Generation von erdnahen Kommunikationssatelliten, hätte zumindest die Produktion der Ariane 5 Booster und EPS auf neuneinhalb „Ariane 5-Äquivalente" erhöht. Neben der Stärkung der Marktposition der Ariane hätten die Firmen auch von ESA-Aufträgen profitiert, die dann nicht nach Russland gewandert wären.

Die erste Stufe sollte aus einem Ariane 5-Booster bestehen. Die Zweite entweder aus dem P80 Motor der Vega oder einer modifizierten Ariane 5 ESC-B-Stufe mit einem Durchmesser von 3 m und 25 t Treibstoffzuladung. Eine dritte Stufe wäre bei dem Einsatz des P80 Antriebs notwendig. Dafür käme eine lagerfähige Stufe mit 10 t Treibstoff (basierend auf dem Aestus 2-Triebwerk mit höherem Schub) oder eine kryogene mit dem Vinci-Triebwerk und 18 t Treibstoffzuladung in Frage.

Typenblatt „ESL"	
Nutzlast:	1.000 kg in einen 700 km hohen sonnensynchronen Orbit (P50 / P50 / P7) 3.500 kg in einen 700 km hohen sonnensynchronen Orbit (P230 / P50 / P7)
Stufe 1: P230	
Länge:	27,00 m
Durchmesser:	3,05 m
Startgewicht:	260.800 kg
Leergewicht:	30.800 kg
Schub:	5.440 kN (maximal) 4.000 kN (Durchschnitt)
Brenndauer:	120 s
Treibstoff:	Ammoniumperchlorat/Aluminium/HTPB
spezifischer Impuls:	2692 m/s (Vakuum)
Stufe 2: P50	
Länge:	8,23 m
Durchmesser:	2,60 m
Startgewicht:	54.100 kg
Trockengewicht:	4.100 kg
Schub:	1.182 kN
Brenndauer:	120 s
Treibstoff:	Ammoniumperchlorat/Aluminium/HTPB
spezifischer Impuls:	2825 m/s
Stufe 3: P7	
Länge:	3,23 m
Durchmesser:	1,94 m
Startgewicht:	7.610 kg
Leergewicht:	610 kg
Schub:	149 kN
Brenndauer:	136 s
Treibstoff:	Ammoniumperchlorat/Aluminium/HTPB
spezifischer Impuls (Vakuum)	2904 m/s

Auch Snecma untersuchte eine ähnliche Konfiguration. Snecma kombinierte einen EAP-Booster mit einer P73 Stufe – einer kürzeren Version des damals vorgesehenen P85 Boosters der Vega. Das versprach eine bessere Performance, da bei 73 t Treibstoffzuladung das Trockengewicht nur 5,5 t beträgt. Drei mögliche Oberstufen standen zu Wahl:

- Der Zefiro 7A Motor, wie er damals für die Vega vorgesehen: 3.500 – 4.000 kg Nutzlast in den Vega Referenzorbit.

- Eine Oberstufe mit dem Aestus Antrieb und 15 t Treibstoff: 4.500 – 5.000 kg Nutzlast.

- Eine Oberstufe mit HM-7B Antrieb und 10 t Treibstoff: 5.500 – 6.000 kg Nutzlast.

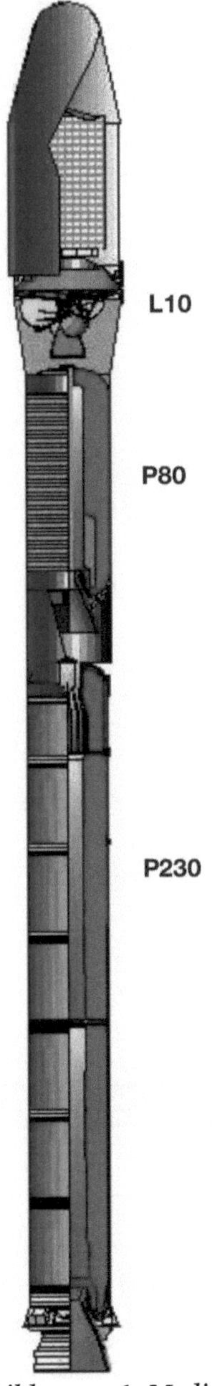

Abbildung 136: Medium Launcher

Der Vorschlag wurde allerdings nicht weiter verfolgt, stattdessen entschieden sich ESA und Arianespace für den Einsatz der Sojus-Rakete von Kourou aus. Da nun der Start von einem französischen Übersee-Departement aus stattfindet, gibt es auch keine Sicherheitsprobleme beim Start militärischer Satelliten mit diesem russischen Träger. Dies war vorher die Haupttriebkraft Frankreichs für die Entwicklung eines Trägers zwischen der Ariane 5 und Vega gewesen, da die Vega für größere Militärsatelliten zu klein ist.

Inzwischen betreibt Italien das Cosmo/Skymed System mit vier 1.900 kg schweren Radar Satelliten für militärische und zivile Erderkundung, Deutschland TerraSAR-X und Tandem-X, ebenfalls Radarsatelliten mit 1.230 kg Startgewicht und Frankreich die 1.000 kg schweren Pleiades Aufklärungssatelliten. Es gäbe daher durchaus Bedarf für einen leistungsfähigeren Träger. So kommen andere Systeme zum Einsatz: die Dnepr bei TerraSAR und Tandem-X, die Delta bei Cosmo/Skymed und die Sojus bei den beiden Pleiades Satelliten.

Der Start von Galileo Satelliten ist eine weitere Einsatzmöglichkeit eines kleinen Trägers. Dabei muss dieser allerdings eine deutlich höhere Geschwindigkeit als bei Transporten in den SSO erreichen.

Abbildung 137: Er konnte die erste Stufe einer neuen Trägerrakete stellen: Ein Ariane 5 EAP Booster

<table>
<tr><td colspan="2" align="center">Typenblatt Medium Launcher</td></tr>
<tr><td>Länge:
maximaler Durchmesser:
Startgewicht:</td><td>52,50 m
3,05 m
379.000 kg</td></tr>
<tr><td>Nutzlast:</td><td>3.500 – 5.500 kg in einen 700 km hohen SSO-Orbit</td></tr>
<tr><td colspan="2" align="center">Stufe 1 P238</td></tr>
<tr><td>Länge:
Durchmesser:
Startgewicht:
Leergewicht:
Schub:
Brenndauer:
Treibstoff:
spezifischer Impuls:</td><td>27,00 m
3,05 m
268.800 kg
31.200 kg
5.440 kN (maximal) 4.000 kN (Durchschnitt)
132 s
Ammoniumperchlorat/Aluminium/HTPB
2692 m/s (Vakuum)</td></tr>
<tr><td colspan="2" align="center">Stufe 2 P73</td></tr>
<tr><td>Länge:
Durchmesser:
Startgewicht:
Trockengewicht:
Schub:
Brenndauer:
Treibstoff:
spezifischer Impuls:</td><td>10,60 m
3,05 m
85.350 kg
12.150 kg
1.587kN (Durchschnitt)
128 s
Ammoniumperchlorat/Aluminium/HTPB
2775 m/s (Vakuum)</td></tr>
<tr><td colspan="2" align="center">Stufe 3 P7</td></tr>
<tr><td>Länge:
Durchmesser:
Startgewicht:
Leergewicht:
Triebwerke:
Schub:
Brenndauer:
Treibstoff:
Spezifischer Impuls (Vakuum)</td><td>3,23 m (4,12 m mit Stufenadapter)
1,95 m
7,615 kg
615 kg
Zefiro 7
280 kN (maximal) 225 kN (Durchschnitt)
109,6 s
Ammoniumperchlorat/Aluminium/HTPB
2839 m/s</td></tr>
<tr><td colspan="2">Nutzlastverkleidung</td></tr>
<tr><td>Durchmesser:
Länge:</td><td>4,20 m
10,40 m</td></tr>
</table>

Ich habe einmal durchgerechnet, was erreichbar wäre, wenn man die Vega mit einem heutigen EAP-Booster der Ariane 5 kombinieren würde. Die bisherigen Untersuchungen gingen ja nicht von den Elementen aus, aus denen heute Vega und Ariane 5 bestehen. Die Simulation geht von folgenden Randbedingungen aus:

- Dieselbe Endgeschwindigkeit wie bei der Vega muss erreicht werden.

- Der EAP-Boster hat ein um 3 t höheres Start- und Leergewicht, da er noch eine Steuerung, Treibstoff für die Rollachsenkontrolle und alle Flüssigkeiten und Gase für die Hydraulik mitführen muss. Bei der Ariane 5 sind diese Systeme auf der Zentralstufe untergebracht.

- Der spezifische Impuls der P80 FW Stufe steigt auf den Wert der Z23 Stufe durch den Betrieb in größerer Höhe (und niedrigerem Umgebungsdruck) und eine verlängerte Düse an.

- Es wird die größere Nutzlastverkleidung der Sojus-2 (die wiederum von der Ariane 4 stammt) verwendet. Sie wiegt 800 anstatt 490 kg.

Aufgrund dessen, das EAP wie Vega beide rund 30 m hoch sind, ist es sinnvoller die Vega seitlich an den EAP zu montieren. Sonst wird die Rakete zu empfindlich gegenüber aerodynamischen Belastungen.

Abbildung 138: Die Vega auf der Startrampe – für die Variante mit EAP braucht man eine neue, größere Startrampe

Die Rakete hat eine mehr als dreimal höhere Nutzlast als die Vega. Sie ist als vierstufiger Träger auch fähig Fluchtbahnen oder GTO-Umlaufbahnen zu erreichen. Die SSO-Nutzlast ist vergleichbar mit der Sojus, die 4,9 t in den SSO transportieren kann. Interessant ist, dass die Nutzlast in den Galileo-Orbit fast ausreicht, zwei dieser Satelliten zu transportieren.

Addiert man zu den 700 kg schweren Satelliten des Galileosystems einen Apogäumsantrieb, so benötigt diese „EAP-Vega" nur etwa 10% mehr Leistung um ein Paar zu transportieren. Diese 10%-Mehrleistung könnte z. B. durch einen leicht verlängerten EAP-Booster (acht anstatt 7 Segmente) oder die für den Ausbau der Vega vorgesehenen P100 und Z40 Stufen resultieren.

Typenblatt EAP-Vega	
Länge: maximaler Durchmesser: Startgewicht:	31,40 m 3,05 m 418.517 kg
Einsatzzeitraum:	keiner
Nutzlast:	5.200 kg in einen 700 km hohen SSO Orbit. 7.500 kg in einen 300 km hohen äquatorialen Orbit. 2.200 kg in einen GTO/Galileo-Übergangsorbit 1.400 kg auf einen Fluchtkurs
Stufe 1: EAP	
Länge: Durchmesser: Startgewicht: Leergewicht: Schub: Brenndauer: Treibstoff: spezifischer Impuls:	31,40 m 3,05 m 284.400 kg 40.400 kg 2 × 5.250 kN (Start), 2 × 7.080 kN (Maximum, 2 × 5.060 kN (Mittel) 132 s Ammoniumperchlorat/Aluminium/HTPB 1814 2701 m/s (Vakuum)
Stufe 1: P80 FW	
Länge: Durchmesser: Startgewicht: Leergewicht: Schub: Brenndauer: Treibstoff: spezifischer Impuls:	10,50 m (12,18 m mit Stufenadapter) 3,01 m 95,796 kg 7,431 kg 2970 kN (maximal) 2261 kN (Durchschnitt) 106,7 s Ammoniumperchlorat/Aluminium/HTPB 1912 2746 m/s (Vakuum)

Stufe 2: P23	
Länge:	7,50 m (8,38 m mit Stufenadapter)
Durchmesser:	1,90 m
Startgewicht:	25,791 kg
Trockengewicht:	1,845 kg
Triebwerk:	Zefiro 23
Schub:	1.196 kN (maximal) 900 kN (Durchschnitt)
Brenndauer:	71,7 s
Treibstoff:	Ammoniumperchlorat/Aluminium/HTPB 1912
Spezifischer Impuls:	2839 m/s (Vakuum)

Stufe 3: Z9A	
Länge:	3,85 m (4,12 m mit Stufenadapter)
Durchmesser:	1,90 m
Startgewicht:	11.485 kg
Leergewicht:	808 kg
Triebwerke:	Zefiro 9A
Schub:	280 kN (maximal) 225 kN (Durchschnitt)
Brenndauer:	109,6 s
Treibstoff:	Ammoniumperchlorat/Aluminium/HTPB 1912
Spezifischer Impuls (Vakuum)	2903 m/s

AVUM	
Länge:	1,74 m (2,04 m mit Nutzlastadapter)
Durchmesser:	2,18 m
Gewicht:	1.044 kg (1.237 kg mit Stufenadapter)
Leergewicht:	494 kg
Triebwerk:	RD-869
Schub:	2,45 kN
Brenndauer:	< 667 s
spez. Impuls:	3095 m/s

Nutzlasthülle	
Länge:	8,86 m
Durchmesser:	4,00 m
Gewicht:	816 kg

Doppelstartstruktur VESPA	
Höhe:	2,87 m
Durchmesser:	2,38 m
Maximale Nutzlast:	600 kg
nutzbarer Innendurchmesser:	2,11 m

Quellen und Referenzen

Flight International 16.5.1990 „Scout 2 Development Deal moves ahead“

Flight International 29.4.1998: „Italy leads ESA interest in Vega K development“

Flight International 15.7.1998: „A late Entry“

Flight International 3.11.1999 „French Withdraw prompts ESA to drop Vega Project“

Flight International 6.11.2000: „Vega Agreement paves Way for P80 Booster Development for Ariane“

Flight International 2.1.2001 „ESA plans 2005 debut for Ariane based Vega Launcher”

Flight International 6.12.2001 „Italians form launcher company”

Reaching for the Skies No 18 September 1998
Marco Caporicci: "Vega: a European Small Launcher"
http://www.esapub.esrin.esa.it/rfs/rfs18/CAPORICCI.pdf

ESA BR196: Vega Realizing Europe's small Launcher
http://www.esa.int/esapub/br/br196/br196.pdf

ESA BR257: „Vega the European Launcher“
http://www.esa.int/esapub/br/br257/br257.pdf

ESA: Vega Brochure
http://esamultimedia.esa.int/docs/VEGAbrochure.pdf

ESA BR250: ESA Achievements
http://www.esa.int/esapub/br/br250/br250.pdf

ELV: Vega Launcher

ELV: Vega Transporting System

Avio Website: http://www.aviogroup.com/en/

Arianespace: Vega Users Manual Issue 4/2006

Naming Ariane:
http://asimov.esrin.esa.it/SPECIALS/Space_Year_2007/SEMVCFOC02G_2.html

M. Lopez: VEGA: Status of Development Activities
www.lares-mission.com/talks/lopez.pdf

R. Barbera & S. Bianchi: „Vega: The European Small-Launcher Programme"
ESA Bulletin 109 S. 64-71

S. Bianchi: „Vega Readies for Flight"
ESA Bulletin 134 S. 44-51

Hermann Fischer: „A Dynamic Tool for Europe's small Launcher Vega"

Rocco Albano, François De Coster, Jean Yves Grassien, Paul Brochard: „Li-Ion Batteries for the Vega Launcher"

Sven Erb: „Safety Analysis for Stage Reentry of VEGA LV"

A. Neri: Vega Launch System, Final Preparation or Qualification Flight.
https://info.aiaa.org/tac/SMG/STTC/Minutes/STTC%20Meeting%20Materials%20080411/Vega%20Program%20Status%20JPC%2011%20for%20STTC.pdf

ESA: Vega Flyer
http://esamultimedia.esa.int/multimedia/publications/Vega//offline.zip

ESA: Vega Factsheet
http://download.esa.int/docs/VEGA/Vega_factsheet_20121801.pdf

VENUS – conceptual design for vega new upper stage
http://elib.dlr.de/71266/1/IAC-11,D2,3,4,.pdf

Investigations of Future Expendable Launcher Options
http://elib.dlr.de/65462/1/IAC-08-D2.4.6.pdf

Vega VV02 Misssion
http://www.asi.it/files/VV02_workshop_presentation_IPT_Final.pdf

Flight International 16.5.1990 „Scout 2 Development Deal moves ahead"

Flight International 29.4.1998: „Italy leads ESA interest in Vega K development"

Flight International 15.7.1998: „A late Entry"

Flight International 3.11.1999 „French Withdraw prompts ESA to drop Vega Project"

Flight International 6.11.2000: „Vega Agreement paves Way for P80 Booster Development for Ariane"

Flight International 2.1.2001 „ESA plans 2005 debut for Ariane based Vega Launcher"

Flight International 6.12.2001 „Italians form launcher company"

Reaching for the Skies No 18 September 1998
Marco Caporicci: "Vega: a European Small Launcher"
http://www.esapub.esrin.esa.it/rfs/rfs18/CAPORICCI.pdf

ESA BR196: Vega Realizing Europe's small Launcher
http://www.esa.int/esapub/br/br196/br196.pdf

ESA BR257: „Vega the European Launcher"

ESA: Vega Brochure

ESA BR250: ESA Achievements

ELV: Vega Launcher

ELV: Vega Transporting System

Avio Website: http://www.aviogroup.com/en/

Arianespace: Vega Users Manual Issue 4/2006

Naming Ariane:
http://asimov.esrin.esa.it/SPECIALS/Space_Year_2007/SEMVCFOC02G_2.html

M. Lopez: VEGA: Status of Development Activities
www.lares-mission.com/talks/lopez.pdf

R. Barbera & S. Bianchi: „Vega: The European Small-Launcher Programme"
ESA Bulletin 109 S. 64-90

S. Bianchi: „Vega Readies for Flight"
ESA Bulletin 134 S. 44-51

Hermann Fischer: „A Dynamic Tool for Europe's small Launcher Vega"

Rocco Albano, François De Coster, Jean Yves Grassien, Paul Brochard: „Li-Ion Batteries for the Vega Launcher"

Sven Erb: „Safety Analysis for Stage Reentry of VEGA LV"

Renato Marocco: Zefiro 40 SRM Nozzle: Development and Innovations

Vega Consolidation and Evolution Work in Progress on Propulsion
http://www.asi.it/sites/default/files/7_-_Vega_Vega_Propulsion_-_01_April_2015-_Avio.pdf

http://spacenews.com/esa-inks-3-8-billion-in-contracts-for-ariane-6-vega-c-and-spaceport-upgrades/

Ariane 6

Seit Langem gibt es Ideen für einen Nachfolger der Ariane 5. Sie wurden lange Zeit nur ESA-intern im Rahmen des Forschungsprogramms für Trägertechnologien und den nächsten Träger (NGL: **N**ext **G**eneration **L**auncher) entwickelt. Die Börsenkrise 2008 beschleunigten dann die Entwicklung. Die französische Regierung legte einen Fond zur Technologieforschung auf, mit dem auch das Ariane 6 Konzept soweit perfektioniert werden sollte, dass man bei der ESA über eine Entwicklung abstimmen kann. Die ersten Pläne für eine „Ariane 6" bezeichnete Rakete tauchten im Juli 2009 in der Presse auf. Am 10.2.2010 einigten sich Angela Merkel und François Sarkozy auf eine erste Vorentwicklung mit einem Umfang von 500 Millionen Euro durch die CNES. Der ESA Beschluss sollte nach dem damaligen Stand beim nächsten Minister-ratstreffen 2011 parallel zur Entscheidung über die ESC-B-Oberstufe verabschiedet werden. Die Einsatzreife wurde für 2020 – 2025 erwartet.

Seitdem hat man das technologische Konzept dreimal geändert und die Umsetzung wurde zwei-mal beschlossen und wieder abgewandelt. Im Juli 2016 steht die nächste Entscheidung an, an-gesichts dessen, dass ich in drei Überarbeitungen dieses Buches drei Entwürfe als „aktuelles" Ariane 6 Konzept wiedergebe, sind weitere Überraschungen zu erwarten. In den folgenden Sei-ten finden sie die Konzepte in chronologischer Reihenfolge.

Anforderungen an einen Ariane 5 Nachfolger

Ein Nachteil der europäischen Trägerentwicklung ist die Abhängigkeit vom kommerziellen Markt. Zwar wird jede Ariane auch für die Programme der ESA entwickelt, aber es wird voraus-gesetzt, dass der Träger vorwiegend Satelliten privater Unternehmen befördert und daher kon-kurrenzfähig sein soll. Die Auslastung durch kommerzielle Starts liegt bei Ariane bei 75+%, bei den meisten anderen Trägern sind es weniger als 50%, viele werden sogar nur für nationale Starts eingesetzt, so die Delta 4, H-II oder GSLV.

Eine Ariane 6 muss daher sowohl Anforderungen der ESA, wie auch kommerzieller Nutzer be-friedigen. Zudem zog man einige Lehren aus der Vergangenheit. Als man Ariane 1 konzipierte, rechnete man der Unterstützung durch Aufträge Dritter, sie sollte aber vorwiegend Satelliten der ESA-Länder starten. Es gab aber mehr Aufträge als erwartet. Ariane 2 und 3 hoben die Nutzlast an, auch weil die US-Träger als Konkurrenz ihre Nutzlast steigerten. Ariane 3 bot erst-mals die Möglichkeit, zwei Satelliten der Delta-Klasse gleichzeitig zu starten. Ariane 4 setzte auf die Doppelstartfähigkeit. Als sie erschien, gab es keinen Satelliten, der so schwer war, dass die Nutzlast der größten Version ausnutzte. Durch ein flexibles System von Boostern konnte sie aber auch große Satelliten, für die man kein leichtes Gegenstück fand, im Einzelstart befördern. Dann lies man einfach Booster weg. Sechs Versionen deckten eine Nutzlast von 1.900 bis 4.200 kg ab, die größte Version war also mehr als doppelt so leistungsfähig wie die kleinste.

Ariane 5 wurde primär entwickelt, weil die ESA damals Ambitionen im bemannten Bereich hatte. Man machte aber auch Analysen wie sich die Massen der Satelliten entwickeln würde, und legte so die Rakete auf den prognostizierten Anstieg aus. Die Doppelstartfähigkeit galt weiterhin als Kernanforderung. Mit den Upgrades der Oberstufe und später einem neuen Haupttriebwerk wollte man dem Anstieg der Nutzlastmassen nachkommen. Es war aber nur eine Ariane 5 Version geplant.

- Die folgenden Jahre zeigten jedoch das es zunehmend Probleme gab. Ariane 5 startete nur fünf bis siebenmal pro Jahr, bei Ariane 4 waren es noch bis zu 12 Starts pro Jahr gewesen. Der Grund war ein Rückgang der pro Jahr gestarteten Satelliten um 30%.

- Gleichzeitig gab es immer mehr Starts mit nur einer Einzelnutzlast. Das gab es zum Ende des Ariane 4 Einsatzes auch, weil die meisten Satelliten zu schwer für Doppelstarts wurden. Die Ursache war diesmal jedoch eine andere. Zum einen eine sehr große Diversifizierung der Masse der Satelliten – diese reicht heute von 3 bis 7 t. Zum Zweiten die geringe Startzahl. Da ein Kunde nicht beliebig lange warten kann, wird es sehr schwierig zeitnah zu einem schweren Satelliten ein leichtes Gegenstück zu finden.

- Die Konkurrenz kam vor allem aus Russland. Als man Ariane 5 entwickelte, waren die US-Träger die Hauptkonkurrenz. Dadurch sanken die Startpreise. Arianespace brauchte seit 2005 Zuwendungen seitens der ESA. Gleichzeitig kristallisierte sich heraus das die Betreiber der Satelliten darauf achteten, dass ein Satellit von mindestens zwei Trägern gestartet werden kann. Damit lag die Obergrenze der meisten Satelliten bei 6 – 6,6 t der Maximalnutzlast von Proton und Zenit.

Man zog daraus die Lehren und legte folgende Anforderungen fest:

- Der Nachfolger sollte für Einzelstarts ausgelegt werden. Dadurch entfallen die Probleme der Paarung zweier Satelliten und man erhält höhere Startzahlen, dies korrespondiert mit geringen Stückkosten aufgrund des Gesetzes der Serienfertigung. Geplant ist eine Reduktion der Startkosten einer Einzelstartnutzlast um 33 bis 50%.

- Die Nutzlast ist kleiner, als Minimum wurden 5 t in den GTO festgesetzt.

- Es soll – wie bei Ariane 4 – ein System geben, durch variable Boosterzahlen die Nutzlast an die Bedürfnisse anzupassen.

In den ersten Jahren wurden verschiedene Konzepte evaluiert. Sie unterscheiden sich durch die Zentralstufe, die entweder ein kryogenes Hochdrucktriebwerk mit 2.500 kN Schub oder ein

4.000 kN LOX/Methan-Triebwerk, das bei Snecma unter der Design-Bezeichnung „Volga" auf dem Reißbrett Gestalt annahm, einsetzt. Es ist dasselbe, das schon für die EAL untersucht wurde. Die kryogene Zentralstufe würde etwa 170 t wiegen, die LOX/Methan-Stufe etwa 300 t.

Alternativ könnten zwei identische, feste Zentralstufen eine kryogene Stufe ersetzen. Sie würden jeweils 300 – 400 t wiegen, bei rund 700 t Startschub. Zusätzliche Booster erlauben es dann, die Nutzlast wie bei Ariane 4 zu variieren. Hier wurde an den Einsatz der P80-Erststufen der Vega oder ihrer Nachfolger gedacht. Zur Kostenreduktion sollen die Booster feste, nicht schwenkbare Düsen besitzen, wie die Ariane 3+4 Booster.

Die Oberstufe nimmt 26 – 50 t Treibstoff auf und wird ein bis zwei Vinci-Triebwerke oder ein MC350 Triebwerk mit 350 kN Schub nach dem Expander Cycle beinhalten.

Diese Träger werden je nach Konzept und Anzahl der Zusatzbooster 3.000 bis 8.000 kg in einen GTO-Orbit transportieren. Sie sollen vor allem billiger zu produzieren sein. Eine Kostenersparnis ergibt sich für die ESA, die für ihre Starts immer einen kompletten Träger ordern muss, da ihre Starts meistens nicht in den GTO-Orbit führen. Dies verteuerte die Missionen von Exomars und Bepi-Colombo, als diese zu schwer für eine Sojus wurden.

ESA und CNES argumentieren auch, dass es nach 15 Jahren auch wieder an der Zeit sei, die Rakete technologisch weiter zu entwickeln. Die folgende Tabelle gibt einige der Konzepte wieder, die im Vorfeld im Rahmen des FLPP untersucht wurden. Dabei wurde das des NGL-HHSC als das aussichtsreichste eingestuft. Umgesetzt wurde aber keines der Konzepte. Alle Booster waren viel kleiner als die späteren P120 Booster. Vergleicht man das NGL-HHSC Booster mit dem späteren Vorschlag für die Ariane 62, so haben die beiden kryogene Stufen fast die gleiche Treibstoffzuladung. Nur erfordert die Zentralstufe ein viel schubstärkeres Triebwerk, da die Rakete ohne Booster eingesetzt werden kann. Die Booster sind dagegen viel kleiner als die späteren P120.

Konzeptname	NGL-HHSC	NGL-HHGG	NGL-CH	NGL-HC	BBPH
Booster:	Fest, 20 t Treibstoff	Fest, 20 t Treibstoff	Fest, 40 t Treibstoff	Keine	Fest, 35 t Treibstoff
Erste Stufe	156 t LOX/LH2 2.500 kN Hochdrucktriebwerk	170 t LOX/LH2 2.750 kN Gasgeneratorantrieb	340 t LOX/CH4 2 × 2.650 kN	285 t LOX/LH2 2 × 2.500 kN Hochdrucktriebwerk	250t Feststoff Ariane 5 EAP mit FW Technologie
Zweite Stufe:	26 t LOX/LH2 Vinci Triebwerk	30 t LOX/LH2 Vinci Triebwerk	30 t LOX/LH2 Vinci Triebwerk	36 t LOX/CH4 200 kN Triebwerk Expander Cycle	80-110 t Feststoff verlängerter P80 Antrieb

Konzeptna-me	NGL-HHSC	NGL-HHGG	NGL-CH	NGL-HC	BBPH
Dritte Stufe:					28 t LOX/LH2 Vinci Triebwerk
Nutzlast in GTO:	3 t ohne Booster 5 t mit 2 Boostern 8 t mit 6 Boostern	2,5 t ohne Booster 5 t mit 4 Boostern 8 t mit 6 Boostern	5 t ohne Booster 8 t mit zwei Boostern	> 3 t ohne Booster	3 t ohne Booster 5 t mit 2 Boostern 8 t mit 6 Boostern
Länge:	51 m		45 m	62 m	62 m
Startgewicht:	226 t ohne Booster		450 t ohne Booster	380 t ohne Booster	430 t ohne Booster
Entwicklungs-dauer	9 Jahre	9 Jahre	10 Jahre		7 Jahre

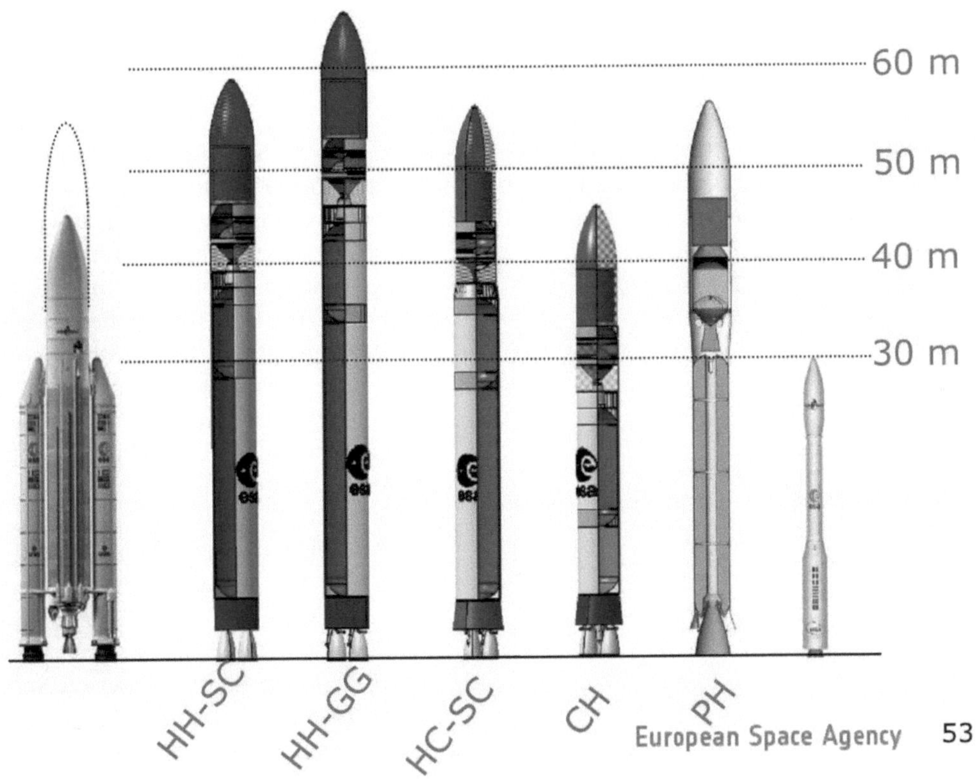

Abbildung 139: Verschiedene NGL Entwürfe im Vergleich © der Grafik: ESA

Der Nachfolger sollte nicht nur um 40% billiger als die Ariane 5 (bezogen auf 1 t in GTO) sein, sondern auch konkurrenzfähiger. So soll die Zuverlässigkeit von 98 auf 99% steigen und die Verfügbarkeit, also die Möglichkeit auf Verschiebungen mit einem anderen Start zu reagieren von 90 auf 95% erhöht werden. Das Letztere wird durch höhere Startrate und Einzelstarts erreicht. Damit soll die Ariane 6 auch bei einer verschärften Marktsituation ohne Zuschüsse auskommen, da die Produktionszahlen dann trotzdem noch ausreichend sind. Der einfachere Aufbau reduziert die Dauer der Startkampagne und damit die Kosten für die Startdurchführung.

In den folgenden Jahren kristallisierte sich heraus, dass Frankreich die Ariane 6 wollte, die deutsche Regierung dagegen am lange verschobenen Ausbau der Ariane 5 festhielt. Mittlerweile wurde die Ariane 5 EC-B in „Ariane 5 ME" umbenannt. Erst kurz vor dem Ministerratstreffen 2012 in Neapel konnten die Differenzen gelöst werden. Es wurde beschlossen, die Ariane 5 ME zu entwickeln und Vorentwicklungen für die Ariane 6 zu bewilligen. Die neue Oberstufe ESC-B soll so ausgelegt werden, dass möglichst viele Entwicklungen bei der Ariane 6 übernommen werden können. Die Ariane 6 soll bis Mitte 2013 die Phase A durchlaufen, dann wird erneut abgestimmt über die eigentliche Entwicklung, die erheblich höhere Finanzmittel erfordert. Kommt es zum Bau, so war nach dem Stand von 2011 ein „Design-Freeze" für 2015 zu erwarten und ein Jungfernflug 2020/21.

Beide Standpunkte sind von nationalen Eigeninteressen bestimmt. Deutschland integriert die Oberstufe ESC-A. Die ESC-B Oberstufe würde diese Arbeit in Deutschland halten. Deutschland hat sich nicht an der Entwicklung der Vega beteiligt. Diese wurde von Italien und Frankreich finanziert, wobei Frankreich an Kerntechnologien für die erste Stufe, die größte je aus CFK-Werkstoffen hergestellte, beteiligt war. Das inzwischen favorisierte Konzept der Ariane 6 PPH (Powder-Powder-Hydrogen) setzt auf Feststoffstufen in dieser Bauweise als erste und zweite Stufe.

In Deutschland würde dann die Fertigung von MT Aerospace, die fast 50% des deutschen Auftragsvolumens ausmachen, komplett wegfallen. MT Aerospace fertigt die Boosterhüllen aus Stahl sowie Teile der Tanks der EPC und Hydrauliken. All dies wird in der Ariane 6 nicht mehr benötigt. Deutschland hat es

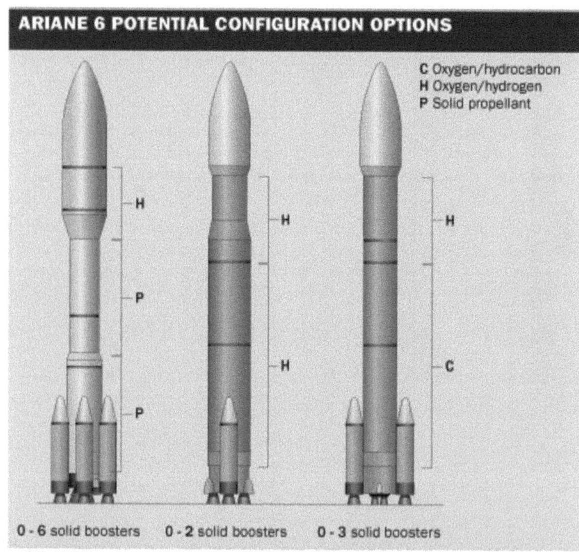

Abbildung 140: Einige frühe Ariane 6 Entwürfe

versäumt, sich bei der Entwicklung leichtgewichtiger Feststofftriebwerke einzuklinken. Das DLR sah die Vega als überflüssig an, da es annahm, dass russische Träger weiterhin verfügbar und preiswert sein würden.

Das Vorläuferprogramm für die Ariane 6 wurde 2011 mit 108 Millionen Euro dotiert und lief bis zum nächsten Ministerratstreffen 2014. Die gesamte Entwicklung sollte 4 bis 5 Milliarden Euro kosten. Der Erstflug war für 2021 geplant.

Das anfangs von der CNES favorisierte Modell wurde "P7C" genannt, gängiger ist die Abkürzung **PPH** für Powder-Powder-Hydrogen. Es wird eine Feststoffstufe, P135 genannt, entwickelt. Sie hat 135 t festen Treibstoff. Sie kommt als zweite Stufe und erste Stufe zum Einsatz. Die erste Stufe kann dann noch von zwei oder vier P135 Stufen als Booster einsetzen. Das ergäbe eine Nutzlast von 3 bis 3,5 t und 6-6,5 t in den GTO. Diese Stufe hat neben dem Vorteil, dass nur eine Stufe gebaut wird, also geringere Entwicklungskosten und durch höhere Stückzahlen niedrigere Fertigungskosten resultieren auch, dass sie aus der P85 der Vega entwickelt werden kann. Die Oberstufe setzt das Vinci Triebwerk ein. Die Ariane 6 soll auch 4 t in einen 800 km hohen SSO befördern. Dies wird dann die Variante mit nur zwei Boostern sein. Ein Start soll 70 Millionen Euro kosten und es sollen bis zu 12 pro Jahr erfolgen. Als Schlüssel für die Kostenersparnis gel-

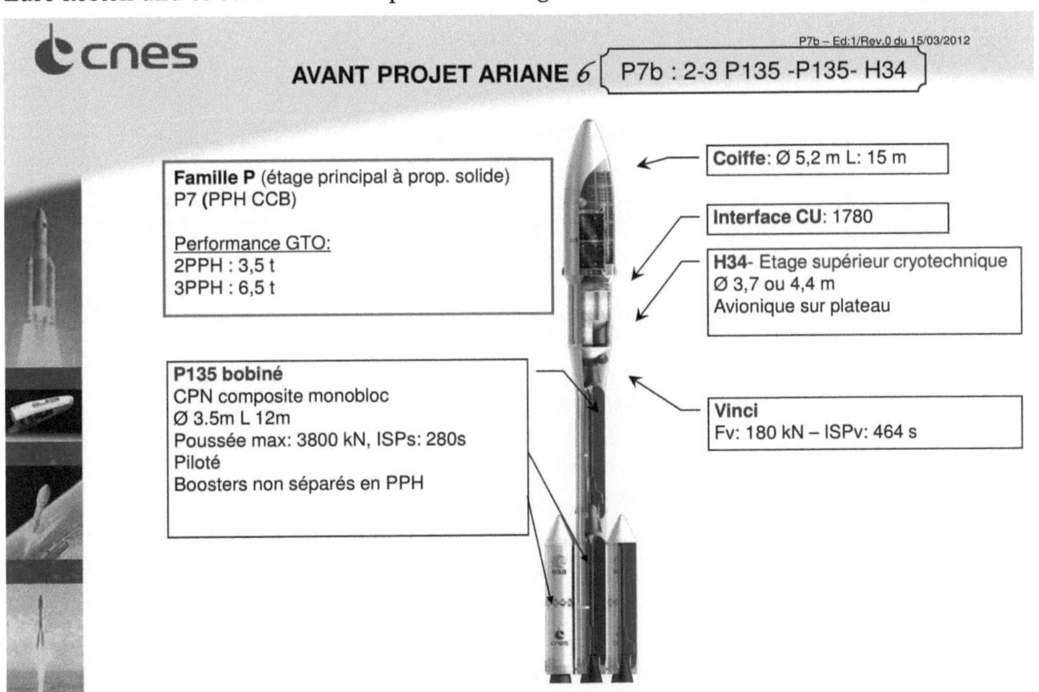

Abbildung 141: Erstes PPH Konzept mit variabler Boosterzahl © der Grafik: CNES

ten zum einen die Großserie – es sind 12 Starts mit 48 identischen Boostern geplant, wie auch die einfache Integration der Feststoffbooster.

Später lies man die Möglichkeit die Boosterzahl zu variieren weg. Im Juli 2013 selektierte die ESA das Multi-P Konzept nach Abschluss der Phase A. (auch PPH Konzept genannt). Die Ariane 6 wird immer drei Booster als erste Stufe haben. Die zweite Stufe wird darüber angebracht, gefolgt von einer angepassten Ariane 5 ME Oberstufe und der 5,4 m Nutzlastverkleidung der Ariane 5. Die Nutzlast in den GTO beträgt 6,5 t. Kleinere Nutzlasten soll die Sojus transportieren. Arianespace hatte Einspruch erhoben. Sie rechne damit, dass die Investitionen für die Infrastruktur der Sojus im CSG erst nach 20 Jahren amortisiert wären. Würde die Ariane 6 schon 2021 starten, dann würden zehn Jahre fehlen.

Mitte 2014 stand die Ariane 6 vor der endgültigen Genehmigung des Konzepts, dem Abschluss der Designphase und die Positionen zwischen Frankreich und Deutschland haben sich nicht angenähert. Das DLR schlägt eine kryogene Hauptstufe vor, bei der sich Deutschland beteiligen könnte. Interessanterweise tut dies auch Air Liquide, welche die Tanks der EPC fertigt. Ebenso gibt es Druck von SNECMA, da deren Auftragsvolumen ohne das Vulcain drastisch einbrechen

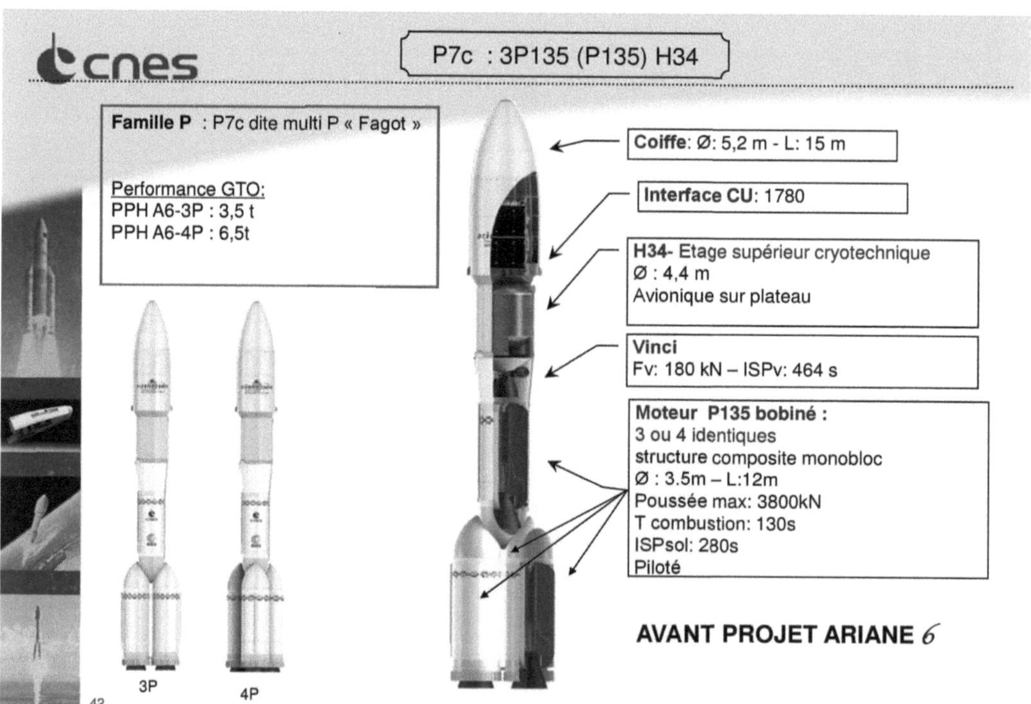

Abbildung 142: Späteres PPH Konzept mit nur 3 Boostern © der Grafik: CNES

würde. Bei einer kryogenen Stufe gäbe es für deutsche Firmen die Möglichkeit der Beteiligung. DLR Vorsitzender Wörner befürchtet, das die Ariane 6 in der PPH-Version hauptsächlich von zwei Nationen, Frankreich und Italien gebaut wird. Frankreich droht im Gegenzug, um Kosten zu sparen ab 2020 aus dem ISS-Programm aussteigen, hier zahlt Deutschland rund 50% des ESA-Beitrags. Würde sich Deutschland an der Ariane 6 beteiligen, so würde man erst 2024 aussteigen. So etwas nennt man anderswo Erpressung.

Arianespace und ESA wollen die Zahl der Firmen an der Rakete drastisch senken und so Kosten sparen. Die Entwicklung soll nun maximal 4 Milliarden Euro kosten: 3 für die Rakete, 750 Millionen für Bodenanlagen inklusive Startrampe und 250 Millionen für ESA-Management.

Die deutsche Position änderte sich bis kurz vor dem nächsten Gipfel nicht. Bei der ILA 2014 sagte Brigitte Zypries, parlamentarische Staatssekretärin beim Bundesminister für Wirtschaft und Energie und damit für die deutsche Raumfahrt zuständig, die deutschen Mittel für die Trägerentwicklung würden für zehn Jahre gleich bleiben. Da Deutschland stark bei der ESC-B beteiligt ist, ständen erst ab 2017/18 Mittel für die Ariane 6 zur Verfügung und dann nicht in der Höhe, die sich Frankreich wünscht. Auf der anderen Seite schien die französische Seite nachzugeben. Die Ministerin Genevieve Fioraso war zu Designänderungen bereit, wenn diese den Kostenrahmen und das Ziel von 70 Millionen Euro für pro Start einhalten. Frankreich wünscht eine Beteiligung von Deutschland in der Höhe von 25%, Italiens von 20% und der Schweiz von 5%. Das wäre dann immerhin eine Reduktion der beteiligten Staaten von zwölf auf vier.

Kritik gab es auch von den Betreibern von Satellitenflotten, da das derzeitige Konzept, anders als das Erste, nur noch eine Version vorsieht. Genauso wie bei Ariane 5 hat man ein Problem, wenn die Nutzlast deutlich kleiner ist und man dann den vollen Trägerpreis bezahlen muss. Dagegen ist die Nutzlast von 6,5 t schon wieder zu klein um selbst zwei leichtgewichtige Satelliten in einem Doppelstart gemeinsam zu befördern. Es gibt auch keine Reserven für schwere Satelliten.

Technische Beschreibung des PPH Konzepts

Im Folgenden wird bis Ende 2014 aktuelle Konzept auf Basis von Ausschreibungen der ESA beschrieben. Es setzt auf drei baugleiche P135 Stufen als erste Stufe. Auf sie wird die zweite Stufe, ein einzelner P135 Booster gesetzt. Schon dies ist ungewöhnlich. Normalerweise werden die Booster an der ersten Stufe angebracht. Eine zwei Booster Version war ursprünglich angedacht, taucht aber nicht mehr auf. Sie hätte 3,5 t in den GTO befördern können. Die folgenden Daten stammen aus den Ausschreibungsdokumenten und enthalten daher mehr Mindestanforderungen oder Maximalbelastungen, als das sie konkrete Daten sind. Nicht alles ist spezifiziert, so fehlt die komplette Elektronik, Batterien, Sender also ein Großteil der heutigen VEB.

Jeder Booster hat eine Länge von 12 m, der Durchmesser beträgt 3,5 m. Er hat 135.000 kg Treibstoff und das Gehäuse wiegt beim Start 10.000 kg. Von der Länge entfallen 3 m auf die Düse, die alleine 3.000 kg wiegt. Ihr Expansionsverhältnis beträgt 18. Der Brennkammerdruck soll 10 MPa betragen, die Brenndauer 120 s. Der Startschub soll bei 3.800 kN liegen, der Maximalschub bei 4.000 kN, der mittlere Schub müsste bei 3.090 kN liegen. Der maximale Treibstofffluss beträgt 1.500 kg/s.

Der Booster soll sowohl bei einem Augendruck von 1 bar, wie im Vakuum gezündet werden können. Daraus ist abzuleiten, dass alle Booster baugleich sind und es keine Version mit größerer Expansionsdüse für die zweite Stufe gibt. Jeder Booster hat schwenkbare Düsen (um 6-7 Grad mit einer Rate von 15 Grad/s). 48 Stück müssen pro Jahr herstellbar sein.

Das Boostergehäuse hat eine Länge von 10 bis 11 m. Davon entfallen 1,5 bis 2 m auf den gemeinsamen Teil der Düse, sodass die Gesamtlänge des Boosters zwischen 11,5 und 12 m liegt. Die reine Trockenmasse des Motorgehäuses liegt bei 6.500 kg. Das Gehäuse muss einem Innendruck von 10 MPa und einem maximalen aerodynamischen Fluss am Interface von 1500 bis 2000 N/mm widerstehen. Bei Betriebsende hat das Gehäuse bis zu 10% seiner Masse verloren. Bei den beiden äußeren Boostern kommt noch eine 6 m hohe kegelförmige Verkleidung von 750 kg Masse hinzu.

Der Zünder für jeden Booster wiegt 210 bis 215 kg. Davon sind 35 bis 40 kg Treibstoff die in 0,5 bis 1,2 s abbrennen. Er besteht aus einem pyrotechnischen Vorzünder (40 MPa Maximaldruck) und einem Feststofftriebwerk, das 22 MPa Druck liefert und den eigentlichen Treibstoff entzündet.

Für die Schubvektorkontrolle wird ein elektromechanisches Aktorensystem verwendet, das Hochleistungsbatterien nutzt, um Elektromotoren anzutreiben. Bei einer Betriebszeit von maximal 180 s in der Ersten und 300 s in der zweiten Stufe, liefert es eine Kraft von 150 bis maximal 220 kN. Es wiegt 450 kg, davon entfallen auf den eigentlichen Aktor 110 kg.

Der Adapter zwischen Booster und Bodensegment ist 2,00 m lang und besteht aus Aluminium von 10 mm Stärke. Er wiegt unter 2.500 kg. Er muss Kräften in der Längsrichtung von 4.000 kN und in der Querrichtung von 800 kN widerstehen.

Der Stufenadapter zur ersten Stufe hat eine Länge von 3,00 m bei 3,50 m Durchmesser. Er besteht aus CFK-Werkstoffen, welche seine Masse auf unter 1.200 kg drücken. Auch er muss Kräften von 4.000 kN in Längs- und 800 kN in Querrichtung widerstehen.

Der Stufenadapter zur dritten Stufe weitet sich von 3,50 an der zweiten Stufe auf 4,00 bis 4,40 m aus. Er ist 5 m hoch und hat eine Masse von unter 1.200 kg.

Das Stufentrennungssystem ist in beiden Stufen dasselbe, es wiegt 30 kg und schneidet pyrotechnisch eine Aluminiumhülle von bis zu 10 mm Dicke durch. In allen drei Stufen gibt es ein „Neutralisationssystem", das die Hülsen öffnet, damit die Stufen schnell im Meer versinken bzw. bei der dritten Stufe die Treibstoffe entlassen werden. Es wiegt 20 kg und kann Aluminiumhüllen bis 5 mm Dicke durchtrennen, entsprechend 20 mm CFK-Werkstoff.

Der Tank für die kryogene Oberstufe ist ein Integraltank mit einem gemeinsamen Zwischenboden. Der Durchmesser des LOX-Tanks (unten) beträgt 4,00 m, die des LOX Tanks 4,40 m (der Durchmesser der Oberstufe steht noch nicht fest, er soll zwischen 4,00 und 4,40 m liegen). Der LH2-Tank soll bei einem Volumen von 69,3 bis 82,6 m³ zwischen 4,8 und 5,8 t LH2 aufnehmen. Der LOX-Tank bei 22,7 bis 27,2 m³ Volumen zwischen 25,2 und 30,2 t LOX. Der Tankdruck beträgt beim Start zwischen 2,6 und 3,1 bar. Der Druckunterschied zwischen den beiden Tanks darf maximal 1,5 bar betragen. Anders als bei der ESC-B ist der Treibstofftank sehr leichtgewichtig. Er soll unter 1.500 kg wiegen, mit Druckgas, Leitungen und Isolation maximal 2.000 kg. Er ist ausgelegt für einen Einsatz über maximal 390 Minuten Dauer, davon 330 Minuten in einer Freiflugphase. Er soll drei Zündungen des Vincis unterstützen. Als Restflüssigkeiten dürfen maximal 160 kg LH2 und 400 kg LOX verbleiben.

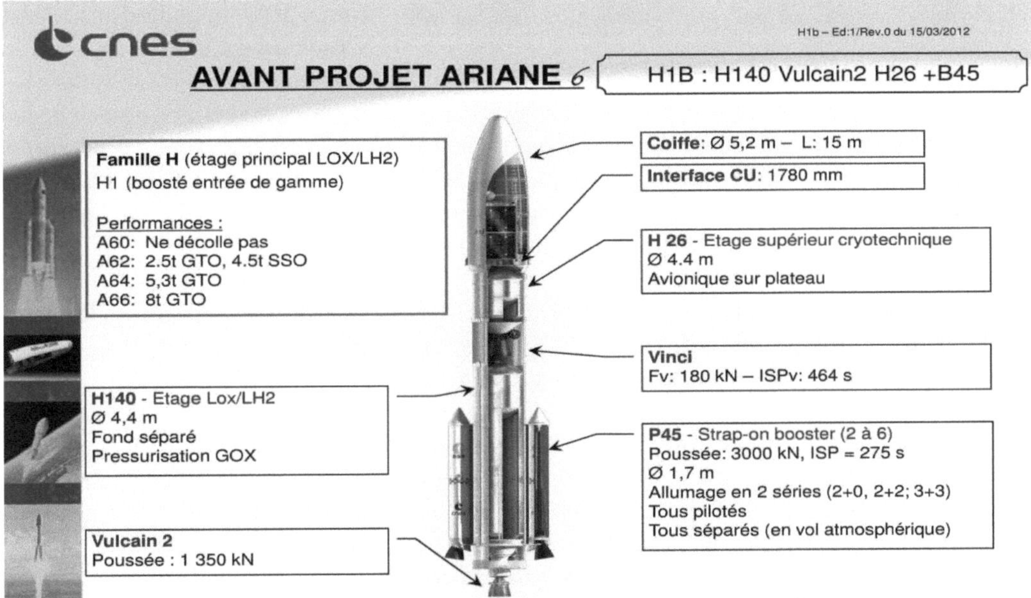

Abbildung 143: Der H1B Entwurf aus dem die Ariane 62 und 64 entstanden © der Grafik: CNES

Der Triebwerksrahmen für das Vinci ist das erste Teil, das gemeinsam für Ariane 5 und 6 entwickelt wird. Er hat einen Durchmesser von 4,025 m bei einer Höhe von 1,358 m. Er muss Kräften von bis zu 78 N/mm aushalten sowie eine Spitzenbeschleunigung von 6,22 g bei nur 225 kg Gewicht. Das an ihm angeschlossene Schubvektorkontrollsystem wiegt 100 kg, davon 30 kg für die Motoren. Es muss das Triebwerk 800 bis 1000 s lang drehen, wobei eine Spitzenleistung von 10 kW pro Sekunde benötigt wird. Je zwei Heliumdruckgasflaschen von jeweils 0,3 bis 0,35 m³ Volumen liefern das Druckgas. Sie haben 42,5 MPa Ausgangsdruck. Jeder Tank wiegt 85 kg. Das RACS-System (Verniertriebwerke) besteht aus zwei Gruppen von jeweils einem Triebwerk in Längsrichtung und zwei Gruppen in den anderen Raumrichtungen mit jeweils 4 Triebwerken. Jedes Verniertriebwerk hat 50 bis 100 N Schub, arbeitet 650 s lang, wird bis zu 2.500-mal aktiviert. Es arbeitet mit Kaltgas aus dem Wasserstofftank bei 2.3 Bar Druck. Es hat einem spezifischen Impuls von 2158 m/s und wiegt 32 kg. Die VEB wird mit RACS wahrscheinlich in die Oberstufe integriert.

Abbildung 144: Ariane 6 Entwürfe 2013 © der Grafik: ESA

Die Nutzlasthülle hat eine Länge von 16,5 bis 19 m (Norm: 17 m). Sie weitet sich vom Oberstufendurchmesser auf 5,40 m auf. Für die Nutzlast muss ein Zylinder von mindestens 8,00 m Höhe und 4,60 m Durchmesser zur Verfügung stehen. Sie wiegt weniger als 2.000 kg.

Der Nutzlastadapter auf der dritten Stufe hat einen Basisdurchmesser von 1,78 m und kann durch Adapter mit 0,937, 1.194 und 1,666 m Durchmesser, entsprechend internationalen Standards, ergänzt werden. Bei einer Masse von 80 kg soll er Nutzlasten bis zu 6.500 kg tragen können. Das Sicherheitssystem muss innerhalb von 0,03 s reagieren und auf Kommando die Rakete sprengen. Es ist an allen Stufen mit Sprengschnüren befestigt und wiegt 70 kg.

<table>
<tr><td colspan="2" align="center">Typenblatt Ariane 6 (PPH Konzept)</td></tr>
<tr><td>Länge:</td><td>53,50 m</td></tr>
<tr><td>maximaler Durchmesser:</td><td>10,50 m</td></tr>
<tr><td>Startgewicht:</td><td>632.000 – 636.000 kg</td></tr>
<tr><td>Startschub:</td><td>11.400 kN</td></tr>
<tr><td>Einsatzzeitraum:</td><td>2021 -</td></tr>
<tr><td>Starts:</td><td>-</td></tr>
<tr><td>Fehlstarts:</td><td>-</td></tr>
<tr><td>Zuverlässigkeit:</td><td>99 % (geplant)</td></tr>
<tr><td>Nutzlast:</td><td>3.500 / 6.500 kg (in einen GTO-Orbit mit zwei bzw. drei Boostern)
> 4.000 kg in 800 km hohen SSO</td></tr>
<tr><td colspan="2" align="center">3 Booster P135</td></tr>
<tr><td>Länge:</td><td>18,00 m (Seitenbooster), 15,00 m (zentraler Booster)</td></tr>
<tr><td>Durchmesser:</td><td>3,50 m</td></tr>
<tr><td>Startgewicht:</td><td>1 × 148.415 kg (geschätzt), 2 × 149.165 kg</td></tr>
<tr><td>Leergewicht:</td><td>1 × 13.415 kg (geschätzt), 2 × 14.165 kg</td></tr>
<tr><td>Schub:</td><td>3 × 3.800 kN (Start)</td></tr>
<tr><td>Brenndauer:</td><td>120 s</td></tr>
<tr><td>Treibstoff:</td><td>HTPB/Aluminium/Ammoniumperchlorat</td></tr>
<tr><td>Spezifischer Impuls:</td><td>2746 m/s (Vakuum)</td></tr>
<tr><td colspan="2" align="center">Erste Stufe P135</td></tr>
<tr><td>Länge:</td><td>12,00 m</td></tr>
<tr><td>Durchmesser:</td><td>3,50 m</td></tr>
<tr><td>Startgewicht:</td><td>147.565 kg (geschätzt)</td></tr>
<tr><td>Leergewicht:</td><td>12.565 kg (geschätzt)</td></tr>
<tr><td>Schub:</td><td>3.800 kN (Start)</td></tr>
<tr><td>Brenndauer:</td><td>120 s</td></tr>
<tr><td>Treibstoff:</td><td>HTPB/Aluminium/Ammoniumperchlorat</td></tr>
<tr><td>Spezifischer Impuls:</td><td>2746 m/s (Vakuum)</td></tr>
<tr><td colspan="2" align="center">Zweite Stufe H32</td></tr>
<tr><td>Länge:</td><td>9,50 m mit Stufenadapter, 4,50 m ohne</td></tr>
<tr><td>Durchmesser:</td><td>4,00 – 4,40 m</td></tr>
<tr><td>Startgewicht:</td><td>34.000 – 40.000 kg</td></tr>
<tr><td>Leergewicht:</td><td>3.171 kg ohne VEB, 4.000 kg (geschätzt)</td></tr>
<tr><td>Triebwerke:</td><td>1 × Vinci</td></tr>
<tr><td>Schub:</td><td>180 kN (Vakuum)</td></tr>
<tr><td>Brenndauer:</td><td>808 s</td></tr>
<tr><td>Treibstoff:</td><td>LOX/LH2</td></tr>
<tr><td>Spezifischer Impuls (Vakuum)</td><td>4550 m/s</td></tr>
<tr><td colspan="2" align="center">Nutzlasthülle</td></tr>
<tr><td>Länge:</td><td>17,00 m</td></tr>
<tr><td>Durchmesser:</td><td>Basis: 4,40 m, maximal 5,40 m</td></tr>
<tr><td>Gewicht:</td><td>2.000 kg</td></tr>
</table>

Ariane 6.1 und 6.2

Am 19.6.2014 kündeten Airbus und Safran, (Airbus enthält EADS Astrium als Hauptauftragnehmer und Safran SNECMA als Triebwerkshersteller) an, ihre beiden Trägersparten auszugliedern und in einem gemeinsamen Joint Venture „Airbus Safran Launchers" zusammenzufassen. Dieses soll dann auch den 35% Anteil der CNES an Arianespace abkaufen und so 78% des Kapitals an Arianespace halten und fast alleiniger Auftragnehmer für Ariane 5 und Ariane 6 sein. Ende 2014 soll der neue Konzern seine Arbeit aufnehmen. Nach Ansicht der beiden Firmen soll die

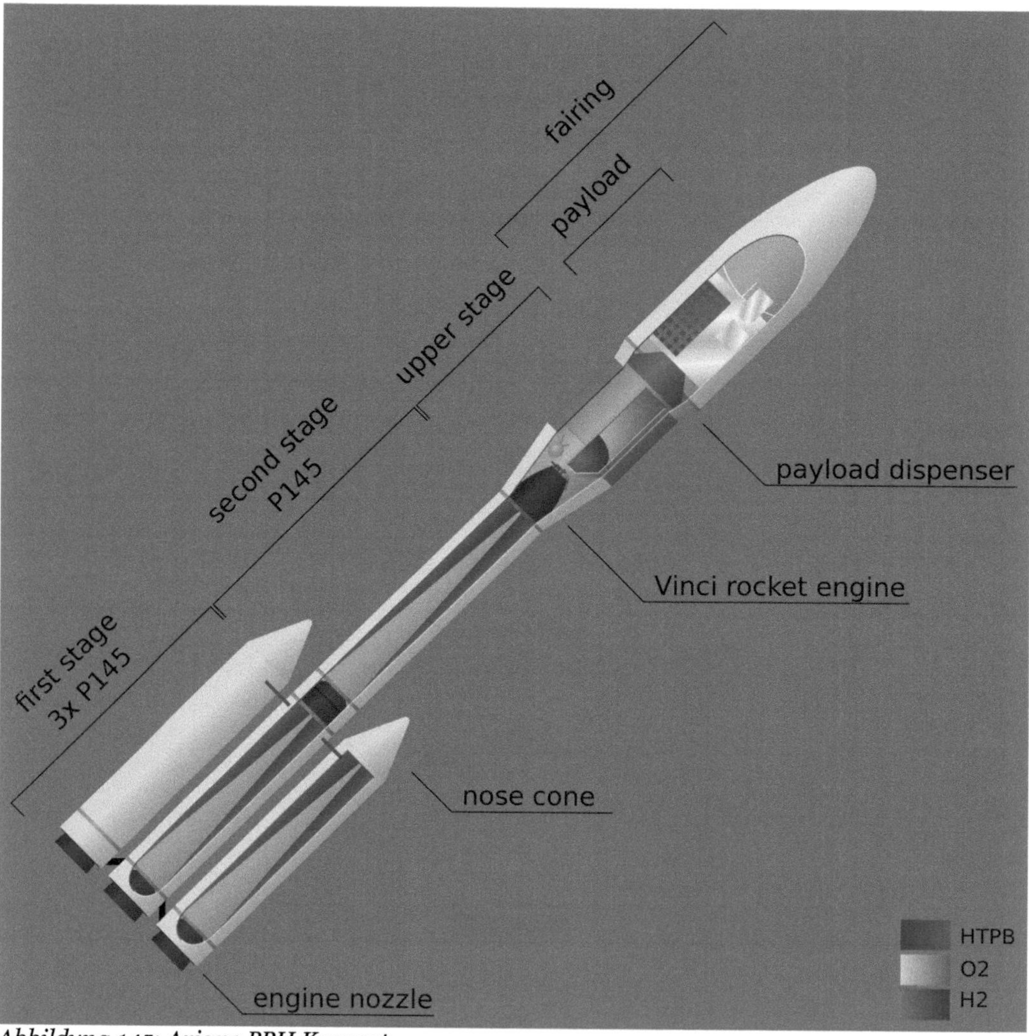

Abbildung 145: Ariane PPH Konzept

Ariane 6 rein privatwirtschaftlich entwickelt werden, Kunden und ESA sollten lediglich Rahmenbedingungen setzen. Mit Einhergehen sollte eine Reduktion der Beschäftigten von derzeit 12.000 auf die Hälfte und die Reduktion der Fertigungsstätten von 20 auf drei, je eine in Frankreich, Deutschland und Italien. Das war nicht unumstritten so gab es Warnstreiks in der Fertigungsstätte der Ariane 5. Anders als vom Autor erwartet, gab es aber keinerlei Komplikationen beim der Übernahme des CNES Anteils. Am 18.6.2015 gaben Airbus und CNES bekannt, dass Airbus den CNES-Anteil übernehmen werde.

Der Kritik am PPH-Konzept begegneten die beiden Konzerne mit einem neuen Konzept mit zwei Trägern einem im Bereich von 3,5 bis 6,5 t GTO und einem Zweiten mit 8,5 t GTO Nutzlast für Doppelstarts. Auch sollte auf ein neues Launchpad verzichtet werden, das alleine 750 Millionen Euro kosten soll. Der Träger soll eine kryogene Zentralstufe haben. Die Ariane 6.1 setzt eine kryogene Oberstufe ein, die Ariane 6.2 eine mit dem Aestus-Triebwerk. Sie soll vor allem für ESA Starts eingesetzt werden. Die Oberstufe ist der einzige Unterschied zwischen beiden Versionen die immer zwei Booster einsetzen. Die Ariane 6.2 wird mit der kleineren Nutzlast vorwiegend ESA Nutzlasten transportieren, die Ariane 6.1 dagegen kommerziell eingesetzt werden.

Damit ging man auf die Einwände von Air Liquide und des DLR ein. Es wurde auch bekannt, dass das Versprechen, wenn die Ariane 5 ME kommt, Arianespace nicht auf Subventionen in Höhe von 100 Millionen Euro pro Jahr angewiesen ist, wohl nicht zu halten ist. Damit wurde fiel ein Kernargument für die Ariane 5 ME weg und gleichzeitig gab es nun auch den geforderten Anteil Deutschlands an der Ariane 6.

Ariane 62 und 64

Damit war die deutsche Regierung zu einer Änderung ihrer Position bereit. Im Dezember 2014 wurde in Luxemburg ein neues Konzept beschlossen. Oberstufe und Nutzlasthülle blieben weitgehend unverändert. Die unteren zwei Stufen wurden jedoch geändert. Das Konzept von Airbus/Safran wurde übernommen, aber abgewandelt. Airbus/Safran setzten in beiden Versionen zwei Booster mit 145 t Treibstoff ein. Die beiden neuen Modelle Ariane 62 und Ariane 64 dagegen zwei oder vier Booster mit je 120 t Treibstoff. Daraus ergeben sich zwei Vorteile: die größere Version erreicht nun die Nutzlast der Ariane 5 ECA hat also Potenzial für die Zukunft. Der kleinere Booster kann zudem die Erststufe der Vega ersetzen. Der P145 Booster hätte aufgrund des hohen Startschubs bei der Vega eine zu hohe Spitzenbeschleunigung ergeben und die Vergrößerung der anderen Stufen notwendig gemacht. Dafür entfiel die Oberstufe mit dem Aestus Triebwerk. Dieses Konzept wurde im Dezember 2014 beim ESA-Konzil in Luxemburg genehmigt. Gleichzeitig wurde die Ariane 5 ME Entwicklung eingestellt. DLR Vorsitzender (und seit Juni 2016 neuer ESA Chef) Wörner bezeichnet die Ariane 64 als Ariane 5 ME Ersatz und das ist nicht aus der Luft gegriffen.

Betrachtet man sich das Konzept genauer, so haben wir eine Stufe mit 140 bis 149 t LOX/LH2. Das ist fast die Treibstoffmenge der Ariane 5G (158 t). Nur setzt man das Vulcain 2 anstatt dem Vulcain 1 ein. Der einzige Unterschied ist der geringere Durchmesser der Stufe und der Oberstufe. Damit ist die Rakete länger als eine Ariane 5 und erreicht die Höhe einer Ariane 4. Geplant ist daher auch die horizontale Integration. Die vertikale Integration ist technisch einfacher, man kann mit einem Gerüst leicht an die Rakete herankommen. Die Gebäude sind aber sehr hoch und damit teuer. Die horizontale Integration ist vor allem bei längeren Trägern und größeren Stückzahlen günstiger als die vertikale. In den USA wurden die ICBM, die in größeren Stückzahlen produziert wurden, horizontal integriert, die Trägerraketen dagegen vertikal. SpaceX setzt als einzige US-Firma auf horizontale Integration. Alle russischen Träger werden horizontal integriert. In Europa gibt es schon Erfahrungen mit der Horizontalintegration: Als man bei ERNO zusätzlich zum Auftrag die zweite Stufe der Ariane 1-4 auch die Fertigung der Booster der Ariane 4 bekam, integrierte man diese horizontal, während man bei der zweiten Stufe bei der Vertikalintegration blieb. Die Horizontalintegration macht einen Großteil der 600 Millionen Euro Investitionskosten im CSG aus, soll später aber niedrigere Kosten bei der Startvorbereitung ermöglichen.

Die Oberstufe wird ein Vinci Triebwerk und mindestens 30 t Treibstoff einsetzen. Ebenso wird die Nutzlasthülle sich auf 5,40 m Durchmesser ausweiten. Die Ariane 64 wird 115 Millionen Euro (Preisbasis 2014) pro Stück (bei 7 Stück/Jahr) kosten. Mehr als die PPH-Ariane, aber auch bei größerer Nutzlast. Die Ariane 5 ECA kostet derzeit bei vergleichbarer Nutzlast rund 147,6 Millionen Euro. Die kleinere Ariane 62, vorwiegend für Regierungsstarts, (Einzelstarts) wird 75 Millionen Euro pro Stück kosten.

Von den Entwicklungskosten wird die CNES 50% tragen, die DLR 22-25 % und der Rest entfällt dann auf Italien (12%), Spanien, Holland, Belgien und der Schweiz. Von dem Ziel die Produktion rationeller zu gestalten und auf wenige Standorte zu beschränken kam man bald ab. So setzte Deutschland durch, das man in Augsburg 35% der Booster fertigt. Sonst würde der Standort dort wegfallen. MT Aerospace versprach, durch die Einführung einer neuen Karbonfasertechnologie 25% der Fertigungskosten des P120C einzusparen. Gelingt dies, wird man die Technologie auch bei Avio in Italien einsetzen. 35 P120C Stufen sollen pro Jahr gebaut werden, davon 4 für die Vega und 31 für die Ariane 6.

Für die Entwicklungskosten gibt es unterschiedliche Angaben. Nach dem ESA-Konzil wurden 8 Milliarden Euro für die nächsten zehn Jahre im Launcherprogramm genannt, davon die Hälfte für die Ariane 6 Entwicklung der Rest für die Bodenstruktur, Management und CSG-Unterhalt sowie andere Programme wie die Vega Weiterentwicklung. Konkretisiert wurden die Angaben dann zu 2.928 Millionen Euro für die Ariane 6 und 715 Millionen Euro für die P120C Entwicklung.

Die am 12.8.2015 unterzeichneten Entwicklungsverträge haben Volumen von 2.400 Millionen Euro für die Ariane 6, 600 Millionen Euro für die Startanlagen im CSG und 395 Millionen Euro für den P120C Booster. Letztere gehören formal zum Vega Programm. Von diesen geplanten Summen wurde bei Vertragsabschluss aber nur eine erste Tranche von 680 Millionen Euro bewilligt. Davon entfallen 52% auf Frankreich, 22% auf Deutschland und die restlichen 25% auf die anderen Nationen. Deutschlands Anteil ist nach Aussagen von Zypries 180 Millionen Euro pro Jahr über 10 Jahre, das ergibt einen 22,5% Anteil an den 8 Milliarden Euro, die die ESA in den nächsten 10 Jahren für die Träger ausgeben will. Insgesamt verwundert, dass die Entwicklung leicht billiger als beim PPH-Konzept ist, das auf 4 Milliarden Euro taxiert wurde, obwohl man eine Stufe mehr, die H140 entwickeln muss.

Die Ariane 6 Entwicklungskosten enthalten auch 52% der P120C Entwicklungskosten, die anderen 48% werden der Vega zugeordnet.

Der geringe Trägerpreis von 90,6 Millionen Euro (bei 11 Starts pro Jahr) soll wie folgt erreicht werden:

- Vereinfachungen in der Kommunikation Airbus-Safran / Arianespace / ESA: -8% (12,5 Millionen Euro)
- Höhere Stückzahlen bei der Serienproduktion: 20% (32 Millionen Euro)
- Optimierungen in der Konzeption der Booster: -8% (12,5 Millionen Euro)
- Vereinfachung und Umstrukturierung der Produktion -3% (5 Millionen Euro)
- Veränderungen der Subsysteme: -3% (5 Millionen Euro)

Gegenüber der Ariane 5 ME, die mit 158 Millionen Euro angegeben wird, kommt man so zu einer Einsparung von 42% entsprechend 67 Millionen Euro. Bei dieser Kalkulation sind einige Dinge auffällig: Der zweitgrößte Posten soll durch eine privatwirtschaftliche Organisation erreicht werden, indem der Bau und Vertrieb komplett privatisiert wird. Bedenkt man das SpaceX, die dies vorgemacht haben, bei NASA und DoD Missionen 30 bzw. 40% höhere Preise wegen der damit verbundenen Bürokratie verlangt, erscheint dies glaubhaft.

Die Reduktion der Produktionsstandorte bringt dagegen nur 3% Einsparungen, das erstaunt, wurde dies doch vor allem durch die CNES als Standortnachteil benannt.

Träger	Nutzlast (GTO)	Fertigungspreis	Startmasse	Höhe
PPH	6.500 kg	70 Mill. € (9 Starts/Jahr)	636 t	53,5 m
Ariane 6.1	8.500 kg	85 Mill. €	530 t	63 m
Ariane 6.2	4.000 kg	69 Mill. €	505 t	63 m

Ariane 62	5.800 kg	80 Mill. € (6 Starts/Jahr)	500 t	70 m
Ariane 64	10.900 kg	91 Mill. € (5 Starts/Jahr)	800 t	70 m
Ariane 5 ECA	10.300 kg	147,6 Mill. € (7 Starts/Jahr)	780 t	54,7 m
Ariane 5 ME	11.500 kg	158 Mill. € (7 Starts/Jahr)	790 t	58 m

Die Kosten für eine Ariane 64 sollen sich wie folgt verteilen:

Teil	Firma	Mill. Euro	Anteil %
Integration:	Energie: Safran, Pyrotechnik (Dassault + Pyroalliance	4,75	4,3
Gesamtträger:	Aktoren: SABCA	2,58	2,3
Gesamtträger:	Strukturen MT Aerospace + CASA	4,39	3,8
P120 (29,44 Mill.)	Hauptkontraktor: Airbus Frankreich	3,88	3,5
P120	Euroguis: Zusammenbau und Ausrüstung	7,50	6,8
P120	Avio: Antrieb	6,90	6,3
P120	Herakles: Düse und Treibstoffe	9,03	8,2
P120	MT Aerospace: Strukturen	1,36	1,2
P120	Verschiedenes	0,77	0,7
EPC (38.08 Mill.)	Hauptkontraktor, Integration: Airbus Frankreich	10,34	9,4
EPC	Vulcain 2: SNECMA: Projektmanagement Wasserstoffturbopumpe, Gasgenerator	8,66	7,8
EPC	Struktur: Airbus France	5,30	4,8
EPC	Vulcain 2: Brennkammer, Ventile, Tests	2,46	2,2
EPC	Vulcain 2: LOX-Turbopumpe: Avio	1,42	1,3
EPC	Vulcain 2: Verschiedenes, Turbinen: GKN Aerospace, Airbus Deutschland	1,68	1,5
EPC	Vulcain 2: Verschiedenes: Techspace Aero, Microtechnica, Herakles, Meggit	0,78	0,7
EPC	Motoraufhängung: Dutch Space	1,55	1,4
EPC	Tanks: Air Liquide, Airbus, MT Aerospace	5,89	5,1
Oberstufe (20,36 Mill.)	Hauptkontraktor Airbus (Deutschland)	2,58	2,3
Oberstufe/VEB	Struktur Airbus (Deutschland)	4,84	4,4
Oberstufe:	Vinci: Düse und LH2-Turbopumpe: SNECMA	5,61	5,1

Teil	Firma	Mill. Euro	Anteil %
Oberstufe:	Vinci: Brennkammer, Diverses, Tests: Airbus Deutschland	1,89	1,7
Oberstufe:	Tanks: Air Liquide, Airbus	2,74	2,5
Oberstufe:	Vinci: LOX-Turbopumpe: Avio	0,32	0,3
Oberstufe:	Vinci: Turbinen: GKN:	0,21	0,2
Oberstufe:	Vinci: Ventile: Herakles	0,6	0,5
Oberstufe:	Vinci: Verschiedenes: Technospace Aero, Microtechnica, Herakles, Meggit	1,26	1,1
Oberstufe:	Vinci Triebwerksrahmen: Dutch Space	0,32	0,3
VEB	Airbus (Deutschland)	4,84	4,4
VEB	Elektronik + Videoausrüstung: Airbus, TAS, CRISA	3,61	3,3
Trennsystem	Trennsystem, Adapter: RUAG	1,0	0,9
Trennsystem	Schockabsorber, Cone 3936: CASA	1,0	0,9
SYLDA	Airbus Frankreich	4,0	3,8
Nutzlastverkleidung:	RUAG Space	2,97	2,7

Dies sind 110,31 Millionen Euro bei einer Stückzahl von 6 pro Jahr. Die Steigerung auf 11 soll dann weitere Einsparungen in Höhe von 20 Millionen Euro bringen.

Land	Ariane 62	Ariane 64
Frankreich	47,9	49,6
Deutschland	20,7	17,2
Italien	7,8	11,9
Belgien	3,9	3,3
Schweiz	3,3	2,8
Spanien	4,4	3,8
Holland	2,1	4,4
Schweden	2,1	2,8
Andere	7,9	7,2

Italien, wo die Feststoffbooster gefertigt werden, profitiert am stärksten von der stärkeren Version. Deutschland zahlt zwar (je nach Quelle) 22 bis 25% an der Rakete, erhält aber in keinem Falle auch so viele Aufträge. Unter diesem Aspekt verwundert es nicht, dass man eine zweite Fertigung der Booster bei MT Aerospace haben will.

Vorgerückt ist dagegen der Termin des Jungfernflugs um ein Jahr auf 2020.

Abbildung 146: Ariane 6 und Ariane 5 im Größenvergleich

Technische Beschreibung der Ariane 62 und 64

Abbildung 147: Aufbau der Ariane 64

Noch gibt es wenige Angaben zur Ariane 62 und 64. Endgültig fest-stehen wird sie wohl erst nach dem Ende des Critical Design Reviews und der endgültigen Genehmigung durch die ESA im Juli 2016. Daher findet man auch über Nutzlast, Stufenmassen etc. je nach Quelle leicht schwankende Angaben.

Die Startmasse wird mit 500 t (Ariane 62) bzw. 800 t (Ariane 64) angegeben. (Andere Werte: 480 bzw. 780 t). Der Startschub liegt bei 8000 bzw. 13.000 kN. Die Nutzlast für die Ariane 62 wird je nach Quelle mit 5 t, oder 5,8 t für den GTO angegeben, die für die Ariane 64 mit 10 t, 10,5 oder 10,9 t. Die Ariane 62 soll auch 5,6 t (7 t nach anderen Angaben) in einen SSO befördern können.

Die P120 Booster heißen wegen ihres Treibstoffanteils von 120 t so, allerdings dürfte das der nutzbare Anteil sein. Denn schon bisher haben die Feststoffstufen mehr Treibstoff, als man aus ihrer Typenbezeichnung annehmen kann. Der P80 z.B. über 88 t. Beim P120C sind es 124 t Treibstoff. Der Schub beträgt 3500 kN beim Start, die Brenndauer 130 s. Der Schub muss während des Betriebs abnehmen, sonst ist diese Brenndauer nicht erreichbar. Der Wechsel von dem P145 auf den P120C hatte einen pragmatischen Grund: Damit war es möglich denselben Antrieb für die Vega und die Ariane 6 einzusetzen. Die Ariane 6 Version braucht lediglich eine aerodynamische Verkleidung. Der P145 und ein daraus abgeleiteter Antrieb für die Vega hätten zwar bei beiden Trägern zahlreiche identische Teile gehabt, es gab aber doch Abweichungen, weil der P145 zu schubstark für die Vega gewesen wäre. Die Daten des P120C finden sie bei der Vega C (S.305). Vieles spricht dafür, dass die Stufenbezeichnungen abgerundete Treibstoffmassen sind. Da auch bei den anderen Stufen Brennzeit und Treibstoffangabe nicht zusammenpassen.

Die EPC hat nur 4,6 m Durchmesser. Sie soll 140 t Treibstoff aufnehmen (Die ESA gibt davon abweichend 149 t an). Der Antrieb ist ein Vulcain 2.1 oder auch Vulcain 2+. Der Schub von 1350 kN ist identisch zum Vulcain 2, doch soll es preiswerter zu fertigen sein. Die Brenndauer von 460 s korrespondiert mit 146 t Treibstoff, wenn der spezifische Impuls der gleiche, wie beim Vulcain 2 ist. Übernimmt man die ESA-Angabe von 149 t Treibstoff, so würde er auf 4167 m/s sinken. Mit 140 t Treibstoff müsste er dagegen sehr hoch sein und bei 4435 m/s liegen, das erscheint in Anbetracht dessen, das das Triebwerk auf den Start beim Boden ausgelegt sein muss unmöglich. Auffällig an der Stufe sind zwei Isolationszonen, das spricht für getrennte Tanks. Sie haben mehr Gewicht, sind aber kostengünstiger zu fertigen. Was den Autor verwundert, ist das der LH2-Tank der untere ist. Bei einer umgekehrten Reihenfolge könnte man die Booster an der Zwischentanksektion anbringen, die steifer ist und eine höhere strukturelle Integrität als die Tanks hat. Das entlastet den unteren Tank. Vor allem hat der Wasserstofftank normalerweise durch die geringere Dichte des Mediums nicht so dicke Wände wie der Sauerstofftank. Schon von diesem Aspekt her wäre es besser, die Reihenfolge umzukehren.

Es schließt sich die Oberstufe an. Gegenüber der kompakten ECB gibt es hier die größte Änderung. Diese Oberstufe ist erheblich länger, in etwa so lang wie ein Booster (etwa 15 m). Fast die Hälfte davon entfällt auf den Stufenadapter, man kann daraus schließen, dass das Vinci Triebwerk in einer Version mit schon ausgefahrenen Düsen eingesetzt wird. Auch dies dürfte Kosten sparen und Risiken vermindern. Die Oberstufe nimmt mindestens 30 t Treibstoff auf. Bei ihr ist der Tank ein Integraltank und der Wasserstofftank der obere Tank (wie bei ESC-A und B). Die Brenndauer von 900 s ist für die 30 t Treibstoff zu groß. Eine Erklärung wäre, dass ein Teil der Zeit das Vinci mit niedrigerem Schub arbeitet. Auch bei der Ariane 5 ME war für bestimmte Missionstypen eine Reduktion des Schubs von 180 auf 130 kN vorgesehen. Theoretisch kann man es sogar auf 60 kN herunterzuregeln. Bei 180 kN Schub würde der Treibstoff nur für eine Betriebszeit von 760 s reichen (oder man nimmt 35,2 t Treibstoff mit, dann kommt man bei 180 kN Schub auf 900 s Brennzeit). Nach den Ausschreibungen ist die VEB in die Oberstufe integriert.

Die Nutzlastverkleidung leitet von einem Durchmesser von 4,60 auf einen von 5,40 m über. Dies spart Kosten, da man so Teile der Ariane 5 Nutzlastverkleidung übernehmen kann. Bei der Ariane 64 wird auch eine Sylda eingesetzt. Sie soll leichtgewichtiger als das bisherige System sein. Die Länge beträgt zwischen 17 und 20 m.

Die Ariane 62 ist für schwere Einzelstarts und Transporte in den sonnensynchronen Orbit vorgesehen. Hier beträgt die Nutzlast 5,6 bis 7 t. Dass man nun vorwiegend mit Einzelstarts rechnet, zeigt sich auch darin, dass sechs Ariane 62 aber nur fünf Ariane 64 Starts pro Jahr in dem Wirtschaftlichkeitsbetrachtungen angenommen werden. Das entspricht 32 Boostern pro Jahr. Die Ariane 64 soll mit einer Nutzlast von bis zu 10,9 t fähig sein, zwei Satelliten von 4,5 bis 5 t Gewicht im Doppelstart befördern zu können.

Der Autor selbst ist über den großen Nutzlastunterschied der beiden Versionen verwundert. Die Ariane 64 hat fast die doppelte Nutzlast der Ariane 62. Dies soll alleine durch zwei Booster erreicht werden, die nur 60% Mehrgewicht addieren und eine geringere Leistung, als die beiden mit LOX/LH2 arbeitenden Stufen haben. Es gibt noch eine zweite Merkwürdigkeit. Die Ariane 64 wiegt mehr als die geplante Ariane 5 ME. Sie hat Booster mit einem geringeren Leergewicht und höherem spezifischem Impuls. Auch die Oberstufe sollte durch ihre schlanke Form ein geringeres Leergewicht als die ESC-B haben und nimmt mehr Treibstoff auf. Bedingt durch die kürzere Brennzeit sollte sich auch geringere Gravitationsverluste aufweisen. Diese sind bei der Ariane 5 sehr hoch und liegen höher als bei anderen Typen. Trotzdem ist die Nutzlast kleiner als bei der Ariane 5 ME bei höherer Startmasse. Das ist erstaunlich. Mit an die Ariane 5 ME/PPH angelehnten Stufenmassen kommt man bei Anlegen der Ariane 5 Verluste zu einer wesentlich höheren Nutzlast von 13.000+ kg (Ariane 64) bzw. 9.000+ kg (Ariane 62).

Durchsucht man das Internet sorgfältig, so fällt auf, dass es schon 2012 ein ähnliches Konzept bei den Entwürfen gab. Der H1B Entwurf setzte ebenfalls eine H140 Stufe mit Vulcain und einer Oberstufe mit dem Vinci ein. Das Konzept setzt aber auf kleinere Booster von 1,7 m Durchmesser und 45 t Treibstoffzuladung. Sogar die Bezeichnungen Ariane 62 und 64 finden sic in dem CNES-Dokument. Wegen der kleineren Booster haben diese Ariane 62 und 64 aber 2,5 t GTO (5,3 t SSO) und 5,8 t GTO Nutzlast. Auch der Durchmesser der Zentralstufe von 4,4 m passt zu dem heutigen Konzept. Interessanterweise passen bei diesem Konzept die Nutzlastangaben besser. So wäre die Ariane 66 (6 Booster mit je 45 t Treibstoff) in etwa gleich groß wie die nun aufgelegte Ariane 62 gewesen, aber mit 8 anstatt 5,6 t GTO-Nutzlast. Zudem ist hier wie bei allen anderen Raketen die SSO-Nutzlast doppelt so groß wie die GTO-Nutzlast (das ist sie auch bei Ariane 5), während sie bei der Ariane 62 gleich groß ist, das ergibt technisch keinen Sinn, man braucht für einen SSO weitaus weniger Energie, so würde eine Ariane 62 trotz leistungsfähiger Antriebe die gleiche SSO-Nutzlast wie eine Sojus 2 haben – die wiegt aber nur 300 anstatt 500 t. Man könnte fast die Vermutung haben, jemand hat bei diesem Konzept nur die Booster ausgetauscht, einfach eine Nutzlast ausgedacht ohne sie zu berechnen und das als „Ariane 62/64" präsentiert. Doch für so blöd halte ich nicht mal die europäische Raumfahrtindustrie.

Bei dem folgenden Typenblatt habe ich für die unbekannten Stufenmassen eine Schätzung anhand der Erststufe der japanischen H-IIA durchgeführt – auch sie hat 4 m Durchmesser und nimmt schubstarke Booster auf, die nur an der Basis befestigt sind. Ich bin von 146 t Treibstoff ausgegangen, da dies zu der Brennzeit passt. Die Trockenmasse der Oberstufe orientiert sich an den ESA-Ausschreibungen für das PPH-Konzept aber auch der Oberstufe der Delta 4. Hier habe ich 35,2 t Treibstoff angesetzt, diese Menge passt zu den 900 s Brennzeit, die genannt werden. Zu einer ähnlichen Trockenmasse kommt man, wenn man das Voll/Leermasseverhältnis der Zweitstufe der H-II nimmt, die allerdings deutlich kleiner ist. Beide Träger haben kryogene Zentralstufen und werden durch Feststoffbooster unterstützt. Daher bieten sie sich als Vergleiche an. Die Daten des P120C der Vega sind bekannt. Wie beim PPH-Konzept habe ich noch 750 kg für eine aerodynamische Verkleidung bei den Boostern hinzuaddiert.

Typenblatt Ariane 62 / 64	
Länge:	67 – 70,00 m
maximaler Durchmesser:	11,60 m
Startgewicht:	500.000 kg (Ariane 62) bzw. 800.000 kg (Ariane 64)
Startschub:	8.000 kN (Ariane 62) bzw. 13.000 kN (Ariane 64)
Einsatzzeitraum:	2020 -
Starts:	-
Fehlstarts:	-
Zuverlässigkeit:	99 % (geplant)
Nutzlast:	Ariane 62: 5.600 kg – 7.000 kg SSO, 5.000 – 5.800 kg GTO-Bahn Ariane 64: 10.000 – 10.900 kg GTO
Booster P120	
Länge:	17,50 m
Durchmesser:	3,50 m
Startgewicht:	136.610 kg (geschätzt)
Leergewicht:	11.850 kg (geschätzt)
Schub:	3.500 kN (Start)
Brenndauer:	130 s
Treibstoff:	HTPB/Aluminium/Ammoniumperchlorat
Spezifischer Impuls:	2721 m/s (Vakuum)
Erste Stufe H140	
Länge:	35,30 m
Durchmesser:	4,60 m
Startgewicht:	165.900 kg (geschätzt)
Leergewicht:	19.900 kg (geschätzt)
Schub:	960 kN (Start), 1.350 kN (Vakuum)
Brenndauer:	460 s
Treibstoff:	LOX/LH2
Spezifischer Impuls:	4256 m/s (Vakuum)
Zweite Stufe H30 + VEB	
Länge:	17,20 m
Durchmesser:	4,60 m
Startgewicht:	40.000 kg (geschätzt)
Leergewicht:	4.800 kg (geschätzt)
Triebwerke:	1 × Vinci
Schub:	180 kN (Vakuum)
Brenndauer:	900 s
Treibstoff:	LOX/LH2
Spezifischer Impuls (Vakuum)	4560 m/s
Nutzlasthülle	
Länge:	17 – 20 m
Durchmesser:	Basis: 4,60 m, maximal 5,40 m
Gewicht:	2.000 kg

Die Ariane 6 – ein persönliches Urteil

In der ersten Auflage des Buchs habe ich ein umfangreiches Kapitel meiner Ansicht über die Ariane 5 Entwicklung unter technischen und politischen Aspekten gehabt. Da inzwischen das Schicksal der Ariane 5 besiegelt ist, habe ich mich auf die Ariane 6 beschränkt, wobei zumindest die technischen Ausführungen sich nur auf die wenigen bekannten Tatsachen beziehen können.

Fangen wir mit den Konzepten an. Die CNES hat sich zuerst auf das PPH-Konzept festgelegt. Das Konzept ist nicht jedermanns Sache auch Le Gall, der 2013 frisch von Arianespace zu CNES wechselte, war anfangs skeptisch, sagte aber schließlich: „Betrachtet man es unter ökonomischen Aspekten, so ist es überzeugend". Eine kryogene Oberstufe direkt auf Feststoffbooster zu setzen hat Nachteile. Die NASA bemerkte dies schon beim Entwurf der Ares 1, die ein ähnliches Konzept verfolgt. Dort wollte man in den Stufenadapter ein aufwendiges Dämpfungssystem für die Schwingungen einbauen. Allerdings ist diese Rakete auch für bemannte Einsätze ausgelegt. Für Besatzungen müssen die Vibrationen viel kleiner als für Satelliten sein, auch weil sie die Instrumente noch ablesen können müssen. Ein passives Dämpfungssystem würde bei der Ariane 5 PPH wohl ausreichen.

Die Frage, die sich mir stellt, ist aber die, warum man dazu einen neuen Booster braucht. Anstatt drei Boostern mit 135 t Treibstoff könnte man auch fünf mit 88 t Treibstoff nehmen und da wäre man bei der P80 Stufe der Vega. Man spart sich nicht nur eine Neuentwicklung, die Geld kostet, sondern kommt auf noch höhere Stückzahlen. Zudem würde man, wenn man die konventionelle Bauweise anvisiert, nämlich eine zentrale Stufe von mehreren Boostern umgeben lässt, noch einige weitere Versionen umsetzen:

Konfiguration	Nutzlast (GTO)
Vega + 2 × P80 FW	1.900 kg
Vega + 3 × P80 FW	2.600 kg
Vega + 4 × P80 FW	3.200 kg
Vega + 6 × P80 FW	4.400 kg
Vega + 4 × P80 FW / 2 × P80 FW	5.100 kg
2 × P80 FW / P 80 FW / ESC-B	2.500 kg
3 × P80 FW / P 80 FW / ESC-B	3.800 kg
4 × P80 FW / P 80 FW / ESC-B	5.000 kg
5 × P80 FW / P 80 FW / ESC-B	6.100 kg

Konfiguration	Nutzlast (GTO)
6 × P80 FW / P 80 FW / ESC-B	7.000 kg
4 × P80 FW / 2 × P80 FW / P 80 FW / ESC-B	7.500 kg

Die ersten fünf wären Vegas mit weiteren P80 Boostern als erste Stufe. Die bisherige P80 FW wird dann zur zweiten Stufe. Ab vier Boostern ist es möglich, zwei weitere Booster erst im Flug zu zünden, man erhält dann eine fünfstufige Feststoffrakete. Angepasst habe ich spezifischen Impuls im Vakuum des zentralen Antriebs (durch eine größere Düse kann dieser effizienter arbeiten) sowie bei den Vega Konfigurationen das Gewicht des AVUM und der Nutzlasthülle auf Ariane 5 Niveau, da die Nutzlast dann auch größer sind.

Die zweiten Konfigurationen imitieren das PPH-Konzept, indem auf die zentrale P80 FW Stufe die ESC-B gesetzt wird. Diese ist mit Sicherheit für die starken Belastungen ausgelegt, sie hat daher auch eine hohe Trockenmasse. Die ESA selbst plante ja eine Stufe mit geringem Strukturgewicht. Würde man 4,5 t Leermasse bei 28 t Treibstoff oder 5 t bei 36 t Treibstoff (die Zuladung beim PPH-Konzept war noch nicht abschließend festgelegt worden) annehmen, so kann man die Nutzlast um weitere 1,5 t erhöhen.

Schon die letzte Konfiguration kommt auf eine höhere Nutzlast wie das PPH-Konzept. Mit einer optimierten Oberstufe die 36 t Treibstoff bei 5 t Leermasse aufnimmt, käme man auf 9,5 t Nutzlast für den GTO – das ist fast die Leistung der Ariane 5 ECA.

Natürlich gibt es in solchen eigenen Berechnungen einige Unwägbarkeiten. So die unbekannten Stufenmassen, die man ansetzen kann. Sie reichen von einer optimalen Lösung, die sich z. B. bei der Oberstufe an die Delta IV Zweitstufe mit ähnlicher Treibstoffzuladung aber nur 3,5 t Trockengewicht anlehnt, bis zur ESC-B als Negativneuspiel (bei gleicher Treibstoffzuladung 6 t Trockengewicht). Aber auch die Zielgeschwindigkeit ist unbekannt. Jede Rakete hat Verluste, die sich zur Orbitalgeschwindigkeit addieren. Das sind zum größten Teil Gravitationsverluste – sie entstehen dadurch, dass die Rakete zuerst vertikal startet und dabei Treibstoff verbraucht um eine Vertikalbeschleunigung aufzubauen, die sie braucht, um 200 km Höhe zu erreichen, daneben der Luftwiderstand, Lenkungsverluste (wenn die Schubachse nicht durch den Bewegungsvektor geht) etc. Sie sind unterschiedlich bei den verschiedenen Typen, aber liegen zwischen 1200 und 2200 m/s. An der Untergrenze liegen Raketen mit kurzen Brennzeiten wie Feststoffraketen oder die frühen Atlas Modelle ohne Oberstufe, am oberen Ende Raketen mit langen Brennzeiten wie die Saturn V und eben die Ariane 5 (2200 m/s). Die Vega liegt mit 1600 m/s mitten drin, die Ariane 44L mit 1300 m/s eher im unteren Drittel.

Das PPH-Konzept mit drei Boostern ergibt Verluste wie die Ariane 5 bei einer optimierten Oberstufe, bei einem ESC-B Modell sind die Verluste geringer und liegen auf Vega Niveau. Auffällig ist aber das die Nutzlast durch den Wegfall eines Boosters so stark absinkt – von 6,5 auf 3,5 t. Das ist logisch und bei den Berechnungen nicht nachvollziehbar. Erreicht die Version mit drei Boostern 6,5 t GTO Nutzlast, so müsste eine 2-Booster-Variante, egal welche Parameter man für die Oberstufe nimmt – bei etwa 4,7 bis 4,9 t Nutzlast liegen. Dieses Missverhältnis gibt es auch bei der Ariane 62 und 64.

Doch zuerst eine Beurteilung des Ariane 62/64 Konzepts an sich. Für mich erschließt sich nicht der Vorteil des Konzepts. Etwas flapsig ausgedrückt, lässt sich die Industrie dafür bezahlen, dass sie die Ariane 5 ME nun mit anderen Tanks herstellt – 4,6 anstatt 5,4 m Durchmesser und dafür länger. Anstatt Integraltanks nun getrennte Tanks, die einfacher zu produzieren sind. Natürlich ist die Reduktion des Durchmessers eine gute Lösung. Dadurch kann die Oberstufe leichter werden. Dazu kommt, dass die Vibrationen der Booster nun auf die Zentralstufe übertragen werden und nicht über den Stufenadapter auf die Oberstufe. Man kann also die Zentralstufe strukturell verstärken und die Oberstufe leichter machen. Da aber nur die Oberstufe in einen Orbit gelangt, lohnen sich diese Maßnahmen, denn Gewichtseinsparungen sind dort etwas drei bis viermal so effizient wie bei der H140. Eine andere Maßnahme, um Kosten zu sparen, ist der lange Stufenadapter, der ein ausgefahrenes Vinci erlaubt und wahrscheinlich an der H140 bleibt.

Doch rätselhaft sind die Nutzlastangaben. Dafür muss man nicht mal den Taschenrechner bemühen. Hier mal einige Tatsachen, die zum Nachdenken bewegen sollten:

Die Ariane 62/64 entstand aus dem H1B Konzept von 2012. Während man die Oberstufe leicht vergrößerte und die Booster nun dreimal so groß sind, blieb die SSO-Nutzlast bei der Ariane 62 gleich groß. Das ist sehr erstaunlich. Diese Rakete transportiert sogar in den GTO mehr Nutzlast in den SSO. Bei allen anderen Trägern inklusive aller Ariane 1-5 Versionen ist dagegen die SSO-Nutzlast größer, meist doppelt so groß.

Die Ariane 64 wiegt 800 t beim Start, 10 t mehr als die Ariane 5 ME. Sie setzt die gleichen Triebwerke in Oberstufe und Zentralstufe ein, bei der Oberstufe kann man wegen der günstigeren Tankform sogar von Gewichtseinsparungen ausgehen (nicht dagegen bei der Zentralstufe). Die Booster haben ein um ein Drittel geringeres Leergewicht als die EAP (bei gleicher Treibstoffmenge), einen höheren spezifischen Impuls und etwas mehr Treibstoff. Bedenkt man, dass der Übergang zu CFK-Werkstoffen bei der Ariane 2010 Initiative erwogen wurde, (S.205) und das 1.750 kg mehr Nutzlast bringen sollte, so verwundert etwas, dass die Ariane 64 nur 10,5 t transportieren soll. Ariane 5 ME mit schlechteren Leistungsdaten war doch auf 12 t projektiert.

Setzt man die im Typenblatt angegebenen Werte für eine Geschwindigkeitsberechnung an, so erhält man Verluste von über 2800 m/s. Ariane 5 ECA mit einer längeren Brennphase (gleichbedeutend mit höheren Gravitationsverlusten) liegt dagegen nur bei 2200 m/s. Nimmt man an, das auch Ariane 62/64 2200 m/s Verluste haben, so müssten Oberstufe und Nutzlast zusammen bei der Ariane 6 über 18 t wiegen – also bei 10 t Nutzlast würde die Oberstufe trocken 8 t wiegen. Das ist schwer vorstellbar. Allerdings kommt man mit dieser massiven Oberstufe dann tatsächlich auf gleiche Verluste bei Ariane 62 und 64 (zumindest wenn man 6 t Nutzlast für Ariane 62 und 10 t für Ariane 64 annimmt).

Sollte die Industrie im Schubrahmen Bleigewichte unterbringen, damit sie 2022 dann ein „Ariane 6 Evolution Programm" fordert, bei dem man für das Entfernen der Bleigewichte nochmals Milliarden von der ESA loseist? Bei einer „State of the Art" Oberstufe mit 4-5 t Trockengewicht (nur zur Erinnerung: die DCSS mit sehr konservativer Auslegung, getrennten Tanks und Verwendung von Legierungen, die seit den Sechziger Jahren eingeführt sind, hat bei 27,5 t Treibstoffzuladung ein Trockengewicht von 3,475 t mit VEB) müssten beide Modelle 3 t mehr Nutzlast transportieren also 9-10 t (Ariane 62) und 13-14 t (Ariane 64). Eher sollte die neue Oberstufe noch leichter sein: MT Aerospace fertigt für die NASA-Rakete SLS Tankdome aus der leichtgewichtigen Legierung AL 2195 im Spiralverformungsverfahren und Rührreibschweißen. Diese wiegen 25% weniger, als die bisherigen die von Boeing kommen. Da sollte man annehmen, das die neue Stufe, wo MT Aerospace mitbeteiligt ist, eher weniger wiegt als die DCSS (auch die kommt von Boeing). Auch das PPH-Konzept ging von rund 3,3 t Trockenmasse (ohne VEB) für eine Stufe mit 30 bis 36 t Treibstoff aus.

Die finanzielle Seite

Warum allerdings dieses Konzept so viel Geld kosten soll, verstehe ich nicht. Tanks sind Strukturen und als solche bei der Entwicklung und Produktion günstig. Als die JAXA aus der H-IIA die H-IIB entwickelte und dabei den Tankdurchmesser vergrößerte und einen neuen Schubrahmen für zwei Triebwerke entwickelte, kostete das 447 Millionen Dollar.

Das gleiche gilt für den P120C. Er soll für 715 Millionen Euro entwickelt werden. Die Vega-Entwicklung wurde ja deutlich teurer als geplant, aber die gesamte Entwicklung einer kompletten Rakete mit drei Stufen, AVUM, Nutzlastverkleidung und Bodenanlagen kostete 710 Millionen Euro, davon 131,5 für den P80. Ich kann nicht verstehen, warum nun ein 50% größerer Booster über fünfmal so viel wie die P80 Entwicklung kosten soll. Eher würde ich erwarten, dass der Erstling P80 teurer ist, weil man technologisches Neuland betritt. Die Vergrößerung des Durchmessers von 3 auf 3,5 m sollte dann nicht so horrende Kosten aufwerfen.

Interessant ist auch, dass die Entwicklungskosten des PPH Konzepts in etwa gleich hoch sind wie die des Ariane 62/64 Konzepts. Daraus kann ich nur schließen, dass man die Differenz in der Auslegung – die H140 Zentralstufe – praktisch für umsonst entwickeln kann.

Der Hauptanteil der Aufwendungen bei beiden Konzepten dürfte auf die Oberstufe entfallen. Schlussendlich bekam die Industrie 2012 einen Auftrag für die Entwicklung der ESC-B für 1.100 Millionen Euro. Da wird die neue Oberstufe nicht billiger sein, schon alleine, damit man bei der ESA keinen Verdacht schöpft.

Insgesamt halte ich beide Konzepte für zu teuer, vor allem, wenn man weiß, was andere in den letzten Jahren neu entwickelte Träger kosten. Dazu muss man nicht mal SpaceX bemühen, wie diese Tabelle zeigt:

Träger	Entwicklungszeitraum	Kosten
H-II	1985-1994	2.300 Millionen $
H-IIA	1995-2001	1.500 Millionen $
H-IIB	2001-2009	447 Millionen $
Atlas V	1994-2002	1.630 Millionen $
Delta 4 Heavy	2001-2004	500 Millionen $ (nur Upgrade von der Delta 4 Basisversion)
Falcon 9	2006-2010	600 Millionen $

Besonders die Weiterentwicklung der H-II (4 t GTO) über die H-IIA (5,8 t GTO) zur H-IIB (8 t GTO) ist interessant. Zum einen wurde dieser Träger komplett neu entwickelt. Zum anderen wurde die Erweiterung zunehmend günstiger. So sollte man erwarten, dass auch eine Ariane 6 durch die Verwendung von Vulcain 2, P80 Technologie und Vinci Vorentwicklung deutlich billiger werden kann.

Woran ich nicht glauben kann, ist das dann die Raketen die anvisierten Preisziele erreichen. Zum einen wegen dieser hohen Entwicklungskosten. Ariane 5 wurde ja noch neu entwickelt – Booster die zwanzigmal schwerer als alle bisher bei Ariane eingesetzten, das Vulcain mit dem zwanzigfachen Schub des HM7, die hohe Zuverlässigkeit für bemannte Einsätze – das alles kostet Geld. Doch nun basierend auf der schon existierenden Technologie sollte es möglich sein, die Entwicklung günstiger zu machen. Wenn nun die Industrie keine kostengünstige Entwicklung hinbekommt, wie kann man das Vertrauen haben, dass sie ihre Versprechen für die Produktionskosten hält? Im Normalfall ist ein in der Entwicklung teures Produkt auch in der Fertigung teuer, denn wäre es einfach herzustellen, so wäre es auch einfach zu entwickeln.

Stattdessen übergibt die ESA die Kontrolle der Entwicklung an die Privatwirtschaft, die CNES tritt ihren Anteil an Arianespace an Airbus-Safran ab. An und für sich meine ich wird eine Firma wegen weniger Bürokratie effizienter arbeiten als eine Regierungsbehörde. Bei der Raumfahrt zeigten bisherige Privatisierungen aber den gegenteiligen Effekt. Die USA privatisierten die Starts ab 1987, ein Jahrzehnt später gab es die EELV-Ausschreibung, die neue preiswerte Trägerraketen ergeben sollte. Sie waren aber nicht preiswert. Delta 4 und Atlas V spielen beim kommerziellen Transport nur eine geringe Rolle, da sie zu teuer sind und selbst die USAF, die bisher jeden Preis für die Träger zahlte, hält sie inzwischen für überteuert. Ähnliches ist auch bei der Ariane 6 zu erwarten: Warum sollte ein Unternehmen sich Mühe geben, eine Rakete billig zu produzieren, wenn die Vergangenheit schon gezeigt hat, dass die ESA bereit ist, Verluste von Arianespace auszugleichen wie dies im EGAS-Programm geschah?

Meiner Ansicht nach sollte sich die ESA darauf besinnen, was die Triebfeder für die Ariane 1 war: ein eigenständiger Zugang zum Weltraum. Den hat man mit Ariane 5. Sie ist ausreichend für alle ESA-Missionen. Wenn man nicht die Starts subventioniert und keine Ariane 6 entwickelt, so verliert man vielleicht Aufträge, wenn Ariane 5 nur noch Nutzlasten aus Europa (der ESA und nationale Nutzlasten) startet, so fliegt sie vielleicht nur noch zwei bis dreimal pro Jahr (und das auch nur, wenn man Galileosatelliten nicht mit der Sojus startet und auf solche Ideen kommt, wie die bewährten ATV zugunsten eines Servicemoduls für die Orion aufzugeben). Sie werden vielleicht noch teuer, aber wenn man 100 bis 120 Millionen Euro Subventionen pro Jahr zahlt, dann kann man sich auch teurere Starts leisten. Eine Ariane 6 wird niemals die 4 Milliarden Euro hereinspielen, die man in sie investiert hat. Für diese Summe könnte die ESA es sich leisten 80 Starts zu je 50 Millionen Euro zu subventionieren – das reicht für Jahrzehnte. Anstatt der Sojus könnte man für mittlere Nutzlasten auch den Half Ariane 5 Solid einsetzen (S. 213). So braucht man bei mittelgroßen Satelliten nicht immer einen Ariane 5 Start.

Meiner Ansicht nach lässt sich die ESA auf ein riskantes Geschäft ein: Die Konkurrenz hat zum einen den Vorteil, das ihre Träger hauptsächlich durch Regierungsstarts ausgebucht sind. Fast nur (oder ausschließlich) Nutzlasten staatlicher Organisationen transportieren Atlas, Delta, GSLV und H-II. Bei der Falcon 9, Sojus und Proton machen sie zumindest 50% oder mehr der Starts aus. Dagegen sind es bei der Ariane 5 weniger als 25%. Daher ist Arianespace viel stärker vom kommerziellen Markt abhängig.

Ein zweiter Grund zeigt sich in der Tatsache, dass der Zuschuss seitens der ESA von 240 Millionen Euro im Jahr 2005 auf Null Euro 2014 gesunken ist, obwohl Ariane 5 nicht günstiger wurde – aber der Eurowechselkurs ist gesunken. Damit ist Ariane 5 in Dollar um fast 20% preiswerter geworden, den international werden Starts in Dollar verhandelt. Das Problem hat SpaceX nicht. ILS und Sealaunch haben es auch, doch die Produktionspreise der Träger sind so niedrig, dass sie sogar die Preise senken können, wenn die Versicherungsprämien durch einen Fehlstart ansteigen, damit der Gesamtpreis (Versicherung und Start) nicht ansteigt. Als die Proton in den letzten Jahren zahlreiche Fehlschläge hatte, senkte ILS den Startpreis ab. 2009 kostete der Start eines 3,6 t schweren Satelliten noch 105 Millionen Dollar, 2014 dagegen der eines 4,9 t schweren Satelliten nur noch 85 Millionen Dollar. Die Herstellung einer Proton kostet die russische Regierung nur 32,2 Millionen Euro oder 41 Millionen Dollar.

Die schwarze Null von Arianespace 2014 bei 40% höheren Einnahmen zeigt auch, dass das Menetekel „SpaceX" primär dazu dient, die Regierungen zu der Ariane 6 Entwicklung zu „überreden", denn im gleichen Jahr nahm SpaceX ihren kommerziellen Betrieb auf und verdoppelte ihre Startfrequenz, sollten da nicht die Aufträge wegbrechen? Ende 2014 hatte Arianespace so viele Aufträge, dass sie sich zu Jahresende bei Ausschreibungen nicht mehr beteiligte, weil vor 2017 kein Startplatz frei war. 2015 wichen Kunden sogar auf die Atlas aus, weil sie weder bei Arianespace noch SpaceX vor 2018 einen Start bekommen hätten. Eine Bedrohung sieht anders aus.

Ein eigener Ariane 6 Vorschlag

Wie schon geschrieben sehe ich keine Notwendigkeit für eine Ariane 6. Es gibt allerdings einen Grund, der für eine neue Rakete spricht: Man kann die Fertigung effizienter gestalten. Technologien wandeln sich und neuere können preiswerter als alte sein. Wichtig ist auch, dass man mehr zentralisieren kann. Ariane 5 wird in zwölf Ländern mit 20 Fertigungsstätten hergestellt. Solange sie mit den eingeführten US-Trägern konkurrierte, war dies kein Problem. Auch Atlas und Delta bestehen aus Stufen unterschiedlicher Hersteller und ihre Bauteile kommen aus den ganzen USA. Russlands Träger werden dagegen von einer Firma (früher: Kombinat) gefertigt und SpaceX hebt hervor, dass sie vieles „In House" entwickeln und bauen. Eine neue Rakete bietet die Möglichkeit, in der Produktion vieles zu verschlanken und zusammenzufassen.

Wenn man also eine Ariane 6 bauen will – ginge es nicht auch günstiger? Ja das ginge es. Ich stütze mich dabei auf die Grundlage des PPH Konzepts: große Stückzahlen und billige Booster. Wie beim PPH-Konzept würde ich als erste und zweite Stufe Feststoffantriebe verwenden – nur eben den P80 Booster der Vega, denn der existiert schon. So braucht man mehr Booster, hat aber auch mehr Möglichkeiten die Nutzlast zu variieren. Als Vorteil erweist sich der hohe Startschub des P80 von 2.200 kN bei nur 95 t Masse. Nimmt man als Minimalbeschleunigung 12 m/s an, so dann jeder Booster 78 t Masse zusätzlich zu seinem eigenen Gewicht heben. So reichen schon zwei Booster für die kleinste Version aus. Bedingt durch die Geometrie kann man maximal sechs Booster an einen P80 als Zentralstufe anbringen.

Durch den hohen Schub reichen schon drei Booster aus, um neben der Zentralstufe und Oberstufe einen weiteren Booster mitzuführen, der dann erst nach dem Ausbrennen der Ersten gezündet wird. Dieser liefert dann asymmetrischen Schub, doch dies wird technisch beherrscht. Das Space Shuttle und die Atlas V haben asymmetrischen Schub. Ich habe, weil auch so vier verschiedene Konfigurationen möglich sind, auf diese asymmetrischen Versionen verzichtet. So gibt es nur eine mit späterer Zündung bei der Verwendung von sechs Boostern: Hier können zwei Booster später gezündet werden.

Bleibt noch die Oberstufe. Es bietet sich an, wie bei der ESC-A das HM-7B als Triebwerk einzusetzen. Die ESC-A Stufe war in der Entwicklung um den Faktor zehn preiswerter als es die ESC-B sein sollte (daran ist allerdings auch das Sperren der Mittel 2003, dann die weitere Forschung mit geringen Mitteln über 10 Jahre und eine Wiederaufnahme 2012 schuld – ursprünglich wäre die ESC-B „nur" viermal so teuer gewesen). So sollte eine Oberstufe auf Basis des schon existierenden HM-7B deutlich preiswerter zu entwickeln sein als die geplanten Alternativen mit dem Vinci. Eine Wiederzündung ist so nicht möglich. Doch stört dies nur bei Galileomissionen. Für diese gibt es die einfache Möglichkeit in die Satelliten wie bei jedem Nachrichtensatelliten einen Apogäumsantrieb einzubauen.

Das HM-7B ist ein bewährtes Triebwerk. Es hat zwar nicht den ganz hohen spezifischen Impuls wie das Vinci, aber einen fast so hohen und es ist bedeutend leichter, da es keine große Düse hat. Allerdings ist es auch schubschwächer. Ich habe mich daher für zwei Triebwerke in der Oberstufe entschieden. Wenn diese dieselbe Brennzeit wie ein Vinci mit 36 t Treibstoff haben, dann erlauben sie die Mitnahme von 27,2 t Treibstoff. Eine Oberstufe hätte dann einen Durchmesser von etwa 3,80 m. Durch zwei Triebwerke kommt zu höheren Stückzahlen. Abgeleitet von der Oberstufe der H-II wiegt eine solche Oberstufe dann 32 t betankt und 4,8 t trocken. Dabei ist die VEB mitenthalten.

Die Nutzlastverkleidung der Ariane könnte übernommen werden, man müsste wie bei den anderen Entwürfen nur einen Adapter entwerfen, der vom geringeren Durchmesser der Oberstufe überleitet.

Bei dem zentralen P80 Booster kommt noch ein 3 t schwerer Adapter zur Oberstufe hinzu. Ich habe diesen bewusst schwer ausgelegt, dass man ihn so konstruieren kann, dass er die Schwingungen der Booster möglichst gut dämpft. Dafür bieten sich für die P80 Booster, die erst im Flug gezündet werden, verlängerte Düsen an, welche ihren spezifischen Impuls auf den des Zefiro 23 Antriebs anheben. Als Zielgeschwindigkeit habe ich die der Vega (1700 m/s Verluste) genommen, da die Betriebszeit nun deutlich abgesunken ist.

Stufe 1	Stufe 2	Stufe 3	Stufe 4	Nutzlast [GTO]
2 × P80	1 × P80	H27		2.300 kg
3 × P80	1 × P80	H27		3.400 kg
4 × P80	1 × P80	H27		4.400 kg
4 × P80	2 × P80	1 × P80	H27	7.600 kg
2 × P80	1 × P80	H14		2.700 kg
3 × P80	1 × P80	H14		3.500 kg
4 × P80	1 × P80	H14		4.300 kg
4 × P80	2 × P80	1 × P80	H14	6.600 kg

Diese „Ariane 6" liegt in der Nutzlastklasse des PPH Konzepts, mit einer etwas größeren Nutzlast bei der größeren Version. Bedingt durch die kleinere Nutzlast ist die Trockenmasse der H27 von 4,8 t relativ hoch. Bis auf die letzte Version sind die Nutzlasten immer leichter als die Stufe selbst. Daher habe ich als Alternative noch eine H14-Version mit nur einem HM-7B Triebwerk (16 t Startgewicht, 2,4 t Trockengewicht) durchgerechnet. Sie ergibt bei den kleineren Versionen sogar noch eine höhere Nutzlast.

Über das Trockengewicht kann man diskutieren, es war beim PPH Konzept deutlich günstiger angesetzt. Würde man das dort erreichte Voll-/Leermasseverhältnis von 9 übernehmen, so würde das die Nutzlast um 1,4 t (H27) bzw. 0,7 t (H14) erhöhen.

Dieser Träger würde auch die Sojus ersetzen: Die kleinste Version transportiert mit der H14 Oberstufe 7,9 t in einen niedrigen Erdorbit, das ist in etwa die Nutzlast der Sojus. Auch dadurch könnte man mit mehr Einsätzen rechnen, da nun die Starts der Sojus wegfallen.

Würde man beide Oberstufen (H27 und H14) entwickeln, so könnte man sie auch kombinieren, dann käme man bei der größten Version tatsächlich auf die Nutzlast der Ariane 5 (9 t mit den Verlusten der Ariane 5 (2200 m/s), 10,6 t mit den Verlusten der Vega (1.700 m/s).

Sinnvoll wäre aber die Entwicklung nur einer Oberstufe und das wäre wohl die H14. Die H27 bringt nur in der größten Version mehr Nutzlast ist aber immer teurer, weil sie zwei Triebwerke einsetzt. Deren Treibstoffzuladung von 13,6 t ist nun nicht mehr so weit von der Zuladung der H10 (11,6 t) entfernt, dass man diese letzte Oberstufe der Ariane 4 direkt übernehmen könnte oder nur leicht die Tanks verlängern. Dann müsste man nur die VEB und den Stufenadapter anpassen. Aber da dies einfach und kostengünstig ist, wird die europäische Raumfahrtindustrie sicher nie auf eine solch exotische Idee kommen.

Quellen und Referenzen

ESA: Ariane 6 Project Request For Consultation for Ariane 6 Key Launcher Elements.
http://emits.sso.esa.int/emits-doc/ESA_HQ/Technicalconditionsv10.pdf

J.Berenbach, E. Louaas, P. Baiocco, „The European Space Transportation, Status & Perspectives"
http://www.education-cva.eu/data/File/Les%20lanceurs%20europeens%20-%20ISSAT%202013.pdf

Airbus and Safran Propose New Ariane 6 Design, Reorganization of Europe's Rocket Industry
http://www.spacenews.com/article/launch-report/40973airbus-and-safran-propose-new-ariane-6-design-reorganization-of-europe%E2%80%99s

French Space Minister Open to Ariane 6 Design Changes
http://www.spacenews.com/article/launch-report/40626french-space-minister-open-to-ariane-6-design-changes

Woerner Urges ESA To Scrap Favored Ariane 6 Design
http://www.spacenews.com/article/civil-space/39918woerner-urges-esa-to-scrap-favored-ariane-6-design

Germany's Budget Straitjacket Complicates Europe's Ariane Funding Outlook
http://www.spacenews.com/article/launch-report/40655germany%E2%80%99s-budget-straitjacket-complicates-europes-ariane-funding-outlook

Satellite Operators Press ESA for Reduction in Ariane Launch Costs
http://www.spacenews.com/article/launch-report/40193satellite-operators-press-esa-for-reduction-in-ariane-launch-costs

Questions Swirl around Future of Europe's Ariane Launcher Program
http://www.spacenews.com/article/launch-report/39905questions-swirl-around-future-of-europe%E2%80%99s-ariane-launcher-program

Bernd Leitenberger: Die Ariane 6 für lau
http://www.bernd-leitenberger.de/blog/2013/06/18/die-ariane-6-fur-lau/

ESA: Ariane 6
http://www.esa.int/Our_Activities/Launchers/Launch_vehicles/Ariane_6

ESA:GRUNDKONFIGURATION DER ARIANE-6 EINVERNEHMLICH AUSGEWÄHLT
http://www.esa.int/ger/For_Media/Press_Releases/Grundkonfiguration_der_Ariane-6_einvernehmlich_ausgewaehlt_Entscheidung_auf_der_Grundlage_der_Beschluesse_der_ESA-Ministerratstagung_im_November_2012

http://www.lemonde.fr/economie/article/2014/12/01/les-europeens-s-appretent-a-mettre-ariane-6-en-chantier_4532259_3234.html

http://spacenews.com/40973airbus-and-safran-propose-new-ariane-6-design-reorganization-of-europes/

Airbus/Safran: The Launcher Company.

JV Airbus-Safran: Rapport d'étape Phase 1 CCE HERAKLES du 17 octobre 2014

Avio: Vega Propulsion Workshop April 2015

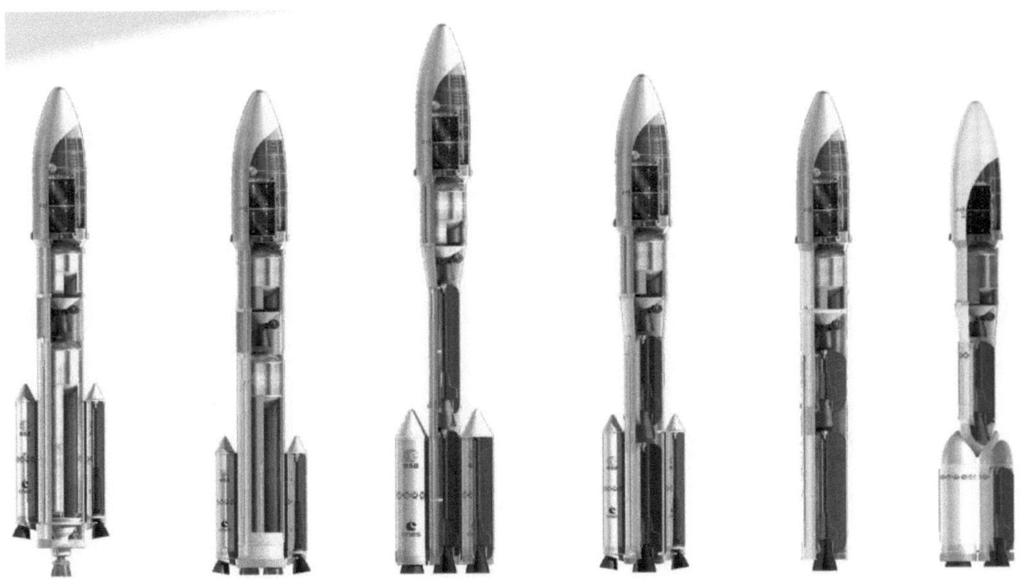

Abbildung 148: Ariane 6 Entwürfe 2012 © der Grafik:CNES

Das Centre Spatial Guyanais

Ariane 5 und Vega werden von Französisch-Guayana, einem französischen Übersee-Departement, gestartet. Die offizielle Bezeichnung des Weltraumbahnhofs ist CSG für **C**entre **S**patial **G**uyanais (Weltraumzentrum Guayana). Eingebürgert hat sich aber die Bezeichnung „Kourou", nach der nächstgelegenen Hafenstadt. Von hier aus werden die Teile, die per Schiff oder Flugzeug aus Europa und der übrigen Welt kommen, zum Startplatz gebracht. Betrieben wird das Startzentrum von der französischen Weltraumagentur CNES im Auftrag der ESA. Die Kosten für den Betrieb werden zu zwei Dritteln von der ESA und zu einem Drittel von der CNES getragen. Das gesamte Gelände wird von der französischen Fremdenlegion bewacht und geschützt. Es nimmt eine Fläche von 850 km² ein.

Kourou liegt 5,23 Grad nördlicher Breite oder 500 km nördlich des Äquators. Für Missionen in den geostationären Orbit hat dies einerseits den Vorteil, dass Träger durch die höhere Rotationsgeschwindigkeit der Erde eine höhere Anfangsgeschwindigkeit mitbekommen. Zum anderen ist die Bahnneigung, die von den Satelliten abgebaut werden muss, wenn sie in eine Bahn über dem Äquator gelangen wollen, kleiner ist als bei einem Start vom Cape Canaveral oder Bai-

Abbildung 149: Der Ariane 5 Startplatz ELA-3

konur. Das ist auch der Grund, warum die Sojus ab 2010 von Kourou aus starten soll. Ihre Nutzlast für den GTO-Orbit steigt alleine durch diese Tatsache um 50%. Lange Zeit war Kourou der einzige Startort, der diese Bedingungen bot. Seit zehn Jahren profitiert auch die Zenit Trägerrakete, die vom Unternehmen Sea Launch von einer umgebauten Ölbohrplattform am Äquator gestartet wird, von diesem Wettbewerbsvorteil.

Für Raketenstarts eignet sich Kourou, weil die Gegend kaum bewohnt ist: 90% sind tropischer Regenwald. Die Starts finden nahe der Küste statt. Starts können sowohl in Polarbahnen wie auch äquatoriale Bahnen erfolgen. Ein Winkelbereich von bis zu 102 Grad als Inklination ist möglich. Russland und die USA müssen für die Abdeckung dieses Bereichs zwei Weltraumbahnhöfe betreiben.

Kourou liegt außerhalb der Zone, in der tropische Wirbelstürme wüten. Es kommt daher kaum zu den Startverschiebungen durch Hurricanes, die den Startbetrieb bei Cape Canaveral so oft stören. Es ist ein geologisch ruhiges Gebiet, in dem bisher keine Erdbeben aufgetreten sind.

Bisher hat die ESA 1,6 Milliarden Euro in das CSG investiert, davon alleine 800 Millionen in die Infrastruktur für Ariane 5. Das hat Französisch-Guayana einen wirtschaftlichen Aufschwung beschert. 49% des Nationaleinkommens von Französisch-Guyana und 26% des Nettogewinns hängen direkt oder indirekt von der Raumfahrtindustrie ab. Ein Arbeitsplatz in der Raumfahrtindustrie generiert durchschnittlich 4,4 Arbeitsplätze in der lokalen Wirtschaft. Heute arbeiten 2.500 Personen im CSG und in Produktionsanlagen, die dem CSG zugeordnet werden. Etwa ein Zehntel der Arbeiter im Departement arbeitet direkt oder indirekt für den Spaceport, womit das CSG als Arbeitgeber in Guyana in etwa so wichtig wie die Automobilindustrie in Deutschland ist. Die Stadt Kourou selbst zeigt diesen Aufschwung am deutlichsten: Sie ist in den letzten vierzig Jahren von 640 auf rund 19.000 Einwohner angewachsen. Ein Großteil davon lebt direkt oder indirekt vom CSG.

Die Satelliten kommen in versiegelten Spezialcontainern am Rochambeau Flughafen mit einer Boeing 747 oder Antonov 124 an, die Raketenteile mit den beiden Containerschiffen MN Colibri und MN Toucan. Diese 115,6 m langen und 20 m langen Containerschiffe haben einen 96 m langen und 17 m breiten Frachtraum, der horizontal beladen werden kann. Die Bauteile werden in Containern verladen, wobei besonders die Tanks der EPC sehr anspruchsvoll sind: Sie müssen in trockener Luft gelagert werden. Eine Fahrt von Kourou nach Europa und zurück dauert 27 Tage, davon 12 für die Rückreise und 10 für die Hinreise.

Anders als im Trägersektor üblich, gelang es, die Fixkosten des CSG, welche die ESA zu tragen hat, in den letzten Jahren bedeutend zu senken. Im Jahr 2002 betrugen sie noch 128,9 Millionen Euro pro Jahr, für die Periode von 2009 – 2011 sind 108,9 Millionen Euro/Jahr für Aria-

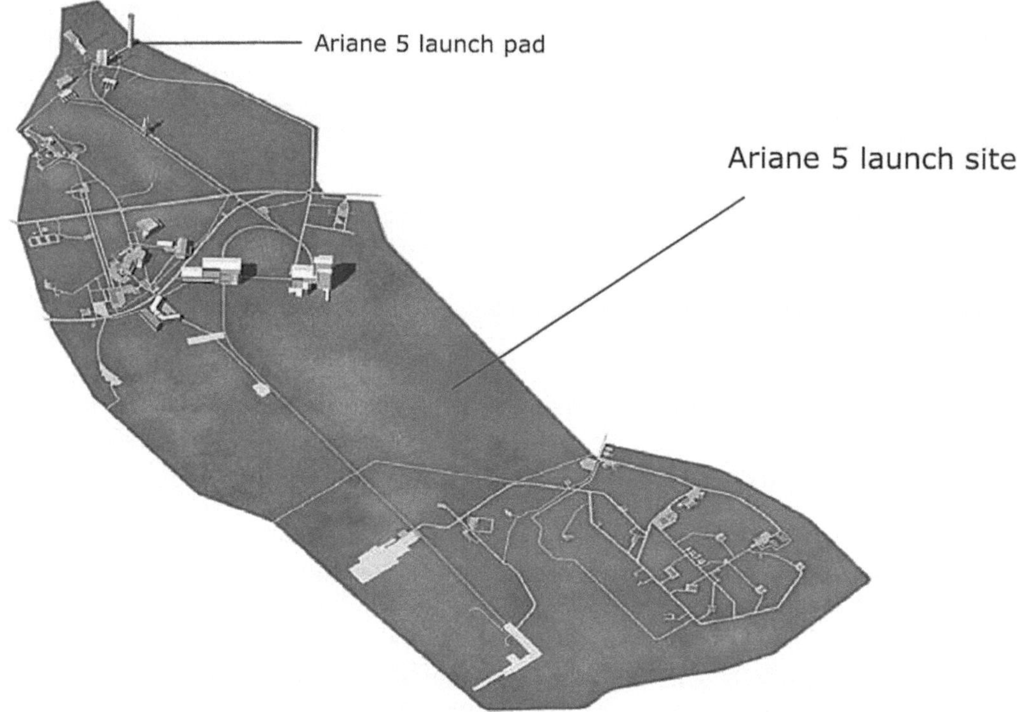

Abbildung 150: Lage der Ariane 5 Startanlagen

ne 5, Sojus und Vega veranschlagt, also trotz dreier Träger eine bedeutende Senkung der Kosten. Dies wurde auch erreicht, indem ELA 2 geschlossen wurde und die Vega vom CDL 3 mit betreut wird.

Schon 1980 wurde die Firma Arianespace gegründet, die nach den Erprobungsflügen die Vermarktung der Träger übernimmt. Dies hat sich bewährt und wurde auch für die Vega übernommen. Arianespace hat bis 2006 die Träger selbst integriert, seit dem Los PA übernimmt dies bei der Ariane der industrielle Architekt EADS/Astrium. Der Mitarbeiterstamm, den Arianespace benötigt, ist daher klein. Er lag bei 309 Mitarbeitern im Jahr 2008. Durch die Hinzunahme von Sojus und Vega hat er sich bis 2014 auf 600 Personen verdoppelt.

Räumlich getrennt von den Startplätzen der Ariane ist der Startkomplex für die Sojus. Er liegt 12 km nordwestlich der Anlagen für Ariane. Gemeinsam genutzt werden die Gebäude für die Vorbereitung der Satelliten.

Abbildung 151: Die UPG

Ariane 5

Die Investitionen im CSG betreffen nicht nur die neue Startrampe für die Ariane 5, vielmehr wurde basierend auf den Erfahrungen, die es schon mit ELA 1+2 und der Produktion von Ariane gab, die Infrastruktur beträchtlich erweitert. So ist es kostengünstiger, einen Großteil der Treibstoffproduktion nach Französisch-Guyana zu verlagern, statt den Treibstoff über den Atlantik zu transportieren.

Abbildung 152: Blick auf ELA 3

Zusätzlich zu den eigentlichen Startanlagen waren Investitionen in die Infrastruktur nötig. Die Ariane 5 EPC ist z. B. zu groß, um sie über das bis dahin vorhandene Straßennetz in Französisch-Guyana zu transportieren. Sie muss per Schiff näher an das CSG gebracht werden, um nur die letzte Strecke per Truck zurückzulegen. Dafür wurde der Kourou-Fluss kanalisiert. Es entstand dort ein künstlicher See mit einem Wasserkraftwerk, welches auch zusätzlichen Strom für das CSG liefert. Dazu kam eine neue Nationalstraße, welche breit genug für den Transport der Ariane 5 Teile ist. Insgesamt wurden so 21 km² Fläche verbraucht, 40 km Straßen gebaut, ein 7 km langes Schienennetz verlegt und 4 Millionen m³ Erdboden bewegt. In den Anlagen wurden 80.000 m³ Beton und 7.400 t Stahl verbaut. Die Gesamtinvestitionen in die Bodenanlagen betrugen 6,3 Milliarden Franc, damals 1,27 Milliarden Dollar.

Für die Produktion von flüssigem Wasserstoff, Stickstoff, Sauerstoff und Helium gibt es schon seit 1969 eine Fabrik von Air Liquide im CSG, die 1988 erweitert wurde, um die großen Mengen, die für den Ariane 5-Start benötigt werden, herstellen zu können. Wasserstoff wird durch Spaltung von Methylalkohol produziert. Pro Tag können 33 m³ hergestellt werden, die in sechs fahrbaren Tanks zwischengelagert werden. Flüssiger Sauerstoff und Stickstoff werden durch Kondensation von Luft gewonnen: 14 m³ Sauerstoff und 60 m³ Stickstoff pro Tag. Ein Rohrleitungsnetz von 45 km Länge zur Verteilung der flüssigen Gase existiert im CSG. Der Stickstoff wird für die Klimatisierung der Gebäude benötigt. Die flüssigen Gase werden auch für das Department, z. B. die Kliniken produziert. Die drei Wasserstofftanks fassen 320 m³ LH2, die drei Sauerstofftanks 140 m³ LOX. Ein weiterer LH2-Tank mit 110 m³ Volumen dient zur Druckbeaufschlagung der anderen drei LH2-Tanks.

Abbildung 153: Luftverflüssigungsanlage von Air Liquide

Abbildung 154: Test eines Boosters am BEAP © des Bildes: ESA/Arianespace

Die neue Startrampe der Vega machte ein neues Lagergebäude für den lagerfähigen Treibstoff notwendig, da der alte Lagerplatz zu nahe an dem Startplatz der neuen Trägerrakete lag und zudem die Behälter überdimensioniert waren: Die Ariane 4 benötigte noch über 400 t UDMH und NTO pro Start. Heute werden nur noch einige Tonnen für das AVUM, EPS Stufen, die VEB der Ariane 5 und Satellitenantriebe benötigt. Der neue Lagerplatz wurde im November 2009 in Betrieb genommen.

Für den Treibstoff der Booster wurde 1992 eine Fabrik, die L'usine de Propergol de Guyane (UPG) gebaut. Dort wird die Füllung für die EAP-Booster und die P80-Stufe produziert. Sie wird von der Firma Regulus (einem französisch-italienischen Gemeinschaftsunternehmen) betrieben und ist für eine Produktion von 32 – 40 EAP Boostersegmenten pro Jahr ausgelegt. Das entspricht 8 bis 10 Starts, da jeder Booster aus drei Segmenten besteht, von denen eines schon in Europa befüllt wird. Diese Fabrik nimmt alleine 3 km² Fläche ein. Die Produktion des Treibstoffs geschieht in Chargen von jeweils 6.820 l. Die Produktion einer Charge dauert rund 8-10 Stunden, und zehn Chargen werden für ein Segment benötigt. Dabei wird pro Charge eine 80 kg große Probe verfeuert, um die Qualität des Treibstoffs zu kontrollieren. Insgesamt dauert die Herstellung eines Boosters mit dem Aushärten des Treibstoffs etwa 12 Wochen.

Nach dem Abwaschen und Glätten der Oberfläche wird diese mit 100 kg besonders feinem Pulver derselben Mischung versetzt. Diese 1 mm dicke Pulverschicht entzündet sich dann beim Zünden der Booster und bewirkt eine gleichmäßige Entzündung der Oberfläche. Pro Boosterpaar werden 50 t HTPB, 100 t Aluminium und 350 t Perchlorat verarbeitet. Die Rohstoffe werden aus den USA (HTPB), England (Aluminium) und Frankreich (Ammoniumperchlorat) nach Kourou gebracht. 120 Personen sind in der UPG beschäftigt.

Abbildung 155: BAF (links) und BIP Gebäude (rechts)

Abbildung 156: Booster Storage Building mit Schienennetz zum Transport der Booster

Am **B**âtiment d'Essais des **A**ccélérateurs à **P**oudre, (BEAP, Boosterteststand) fanden von 1993 bis 2005 insgesamt elf Tests der Booster statt. In Europa ist der Test der Booster nicht möglich. Dafür emittiert ein Booster zu viel Salzsäure beim Abbrand. Der Teststand besteht aus einem 50 m hohen Turm über einer pyramidenförmigen Basis, wobei die Flammen in einen 60 m tiefen, 35 m breiten und 200 m langen Graben in Granit abgelenkt werden. Er ist ausgelegt für den Test von Triebwerken mit bis zu 15.500 kN Schub. Seit 2007 finden dort auch die Tests der ersten Stufe der Vega statt. Bei Veränderungen des Booster-Designs finden auch heute noch Tests statt, darüber hinaus werden regelmäßig Booster aus der Produktion dort gezündet und danach inspiziert. Der letzte Test erfolgte am 6.6.2008, es war der Vierte des **A**riane 5 **R**esearch and **T**echnology **A**ccompaniment (ARTA)-Programms. Der nächste Test ist für 2010 vorgesehen. Alleine die Konstruktion dieses Teststandes kostete 250 Millionen Franc.

Die Boostersegmente werden nach der Füllung zum Booster-Integrationsgebäude (**B**âtiment d'**i**ntégration **p**ropulseur, BIP) gebracht. Dort werden die Booster in vertikaler Position aus den Segmenten, der Düse und dem Frontskirt zusammengebaut und entweder zum **B**ooster **I**ntegration **L**aunch Building (BIL), 2,8 km nördlich oder zum BEAP-Teststand einen Kilometer südlich gelegen, transportiert.

Um in der Produktion unabhängiger von den Starts zu sein, gibt es noch das Booster Storage Building. Es nimmt vier Booster auf und dient als Puffer zwischen der Produktion und dem Verbrauch (für Starts/Tests) und liegt daher zwischen BIP und BIL.

Dazu kommen noch zwei weitere Gebäude für die Boosterfertigung. Das 1.600 m² große Booster Logistic Building, das als Lager, Vorbereitungs- und Reparaturzentrum für Werkzeuge und Teile dient. Für die Montage des Frontskirts und die Installation der Fallschirme für die Bergung gibt es dann noch das „Exploitation and **B**ooster Casing **Pre**paration Building" (BPE). Das 1996 fertiggestellte Gebäude ist 70 m lang, 20 m breit und 15 m hoch.

Der Transport der Booster erfolgt auf einem Transportshuttle mit 32 Rädern, der von MAN gebaut wurde. Er ist 11,5 m lang, 10 m breit und 5 m hoch und wiegt 170 t. Er transportiert einen befüllten EAP (Gesamtgewicht 500 t) auf einer 6 m breiten Schienenstrecke zum BIL oder BEAP.

Abbildung 157: BIL Gebäude

ELA 3

Für Raketenstarts gibt es fünf Startanlagen im CSG. Derzeit aktiv für Ariane ist ELA 3, (Ensemble des Lancements **A**riane No. **3**) für die Starts der Ariane 5. Die Startrampe der Ariane 1-2, ELA 1, wird derzeit für die Vega umgebaut und wurde in ELV (Ensemble des Lancements **V**ega) umbenannt. Gleichzeitig entsteht ELS (Ensemble des Lancements **S**ojus) für die Sojus Starts. ELS und ELV werden 2011 ihren Jungfernflug absolvieren. Während ELA 1-3 in unmittelbarer Nähe zueinander sind (jeweils 1 km Distanz zwischen den Launchpads) liegt ELS 12 km nordwestlich der anderen drei Startplätze in der Nähe des Dorfes Sinnamari. Eingemottet sind die Startplätze der Ariane 4 (ELA2) und derjenige der Diamant.

ELA 3 entstand neu für die Ariane 5, und dahinter steht eine veränderte Philosophie. Startrampe und -vorbereitung sind räumlich voneinander getrennt. Bei Ariane 1-3 und der Vega wird die Rakete dagegen direkt auf der Startrampe montiert, und bei Ariane 4 wurde die Rakete größtenteils separat zusammengebaut, brachte aber noch einige Tage auf dem Launchpad zu, wo die Feststoffbooster und die Nutzlast integriert wurden. Ariane 5 dagegen wird mit angebrachten Boostern und der Nutzlast zur Startrampe gefahren, und diese dient nur zum Start. Es gibt keine Montagegebäude an der Startrampe mehr.

Abbildung 158: BAF Gebäude mit einer Ariane 5

Dies beruhte zum einen auf den Erfahrungen, die mit ELA 2 gesammelt wurden, zum anderen spiegelt sich darin auch das Design der Ariane 5 wieder: Bestand die Ariane 4 noch aus bis zu sechs mit flüssigen Treibstoffen gefüllten Stufen, so sind es bei der Ariane 5 nur noch zwei mit flüssigen und eine mit festen Treibstoffen. Die EPS wird auch schon vor dem Transport an die Startrampe befüllt, sodass sich die Startvorbereitung auf die EPC konzentriert – nur eine, statt bis zu sechs Stufen. Folgende Verbesserungen gegenüber ELA 2 gab es:

- ELA 2 war anfällig für den Fall, dass eine Ariane beim Start explodiert. Die mobile Montagehalle (Gantry) wurde zwar vor dem Start etwa 80 m zurückgefahren, doch im Falle einer Explosion auf der Startrampe wäre es trotzdem zu starken Beschädigungen gekommen. So wurden die Anlagen in der eigentlichen Startzone (ZL: **Z**one de **L**ancement) auf ein Minimum reduziert.

- Ariane 4 wurde zwar im Unterschied zur Ariane 1-3 schon in einem eigenen Komplex, einen Kilometer von der Startrampe entfernt, zusammengebaut, aber es mussten alle Versorgungsleitungen vor dem Transport zur Startrampe entfernt und dort wieder angebracht werden – alleine dies dauerte 36 Stunden.

Abbildung 159: Transfer von EAP über das Schienennetz

- Die Prüfung der Rakete vor dem Start erwies sich als außergewöhnlich komplex. Insbesondere die Vermischung von Parametern der Ariane (Überwachung der Flüssigkeiten und Gase) und des elektrischen Systems von Satellit, Bodenanlage und VEB ergaben Einschränkungen, die vermieden werden konnten.

Die Anforderungen an ELA 3 waren die folgenden:

- Eine Startfrequenz von mindestens acht Starts pro Jahr, mit einem minimalen Abstand von einem Monat zwischen zwei Flügen.

- Niedrige Verwundbarkeit durch eine Explosion der Rakete in der Nähe der Startrampe.

- Gute Verfügbarkeit, Sicherheit, Zuverlässigkeit und Zugänglichkeit (mit Priorität auf den ersten beiden Kriterien)

- Optimierung der Kosten der Startkampagne

Die Arbeiten an ELA 3 begannen Mitte 1988. Die Startrampe ist rund vier Kilometer von den technischen Gebäuden entfernt. (Bei ELA2 waren noch 950 m). Die Dauer einer Launchkampagne liegt heute bei 20 Tagen, nur zwei Tage weniger als 1996. Daran ist zu erkennen, dass schon die Planung nahe des Optimums lag. Bei Ariane 4 gelang es dagegen, die Dauer einer Kampagne von 33 auf 25 bis 27 Tage zu reduzieren, da diese damals noch nicht so stark optimiert war.

Die gesamte Vorbereitung, also der Zusammenbau der Stufen und bei der EPS-Stufe auch deren Betankung, findet in zwei Gebäuden statt: dem **L**auncher **I**ntegration **B**uilding (BIL), in dem die Stufen (EAP. EPC und EPS) zusammengebaut und am Mast auf dem Starttisch befestigt werden. Es ist 127 m lang, 32 m breit und 58 m hoch. Sein Innenvolumen beträgt 80.000 m³. Es besteht wiederum aus drei einzelnen Räumen: der Lagerhalle, wo die Stufen zwischengelagert werden, der Halle zur Aufrichtung der Hauptstufe, in der sie in die Vertikale gedreht wird und dann mit einem Kran in die Integrationshalle gebracht wird. Letztere ist anders als die ersten beiden Hallen voll klimatisiert und durch eine Tür getrennt. Hier findet der Zusammenbau statt. Sieben Bühnen erlauben den Zugang in jeder Höhe. Integriert werden im BIL die EPC mit den Boostern, der VEB und Oberstufe. Alle pneumatischen und elektrischen Verbindungen werden angeschlossen und geprüft, die Sprengsätze zur Selbstzerstörung installiert und alle Tanks auf Lecks getestet. Dies dauert 13 Tage. Die Rakete wird samt dem Versorgungsturm auf einem mobilen Starttisch auf Schienen zur Startrampe und den Vorbereitungsgebäuden gefahren. Auf ihm erfolgt auch die Montage.

Danach kommt die Ariane 5 zum 600 m entfernten Final Assembly Building (**Bâtiment d'as**semblage **f**inale BAF). Hier wird die Nutzlast mit den Doppelstartvorrichtungen und der Nutzlasthülle integriert, die EPS-Stufe betankt und der obere Teil des Masts mit den Anschlüssen zur Betankung der Rakete und Stromversorgung und Datenleitungen installiert. Das BAF ist 90 m hoch, 58 m breit und 85 m lang. Die Rakete wird auf einem 1.200 m langen Kreisbogen dorthin gefahren. Das BAF ist voll klimatisiert. Es hat eine Haupthalle und zwei Vorgebäude mit Luftschleusen. Das Innenvolumen der Haupthalle beträgt alleine 80.000 m³. Schon die Haupttür ist 62 m lang und 24 m breit. Das BAF zerfällt in drei Arbeitsplattformen: die Obere, bewegliche zur Nutzlastintegration, die Mittlere mit dem Zugang zur EPC und VEB und die Untere mit Zugang zur Basis der EPC. Nominell befindet sich die Ariane neun Tage im BAF.

Die Vorbereitung in zwei getrennten Gebäuden erlaubt es, die Nutzlastmontage von der Raketenmontage zu trennen und flexibel zu reagieren, wenn ein Kunde seinen Satelliten nicht zeitnah liefern kann. In diesem Falle kann ein anderer Start vorgezogen werden, wenn die Satelliten dafür verfügbar sind.

Abbildung 160: Eine Ariane 5 wird mit dem mobilen Starttische zur ZL-3 gefahren

Zwölf Stunden vor dem Start wird die Ariane 5 dann zur Startzone (ZL3: **Z**one **L**ancement **3**) transportiert. Diese ist 1.800 m vom BAF entfernt. Dort wird der 58 m hohe Mast auf dem Starttisch mit den Versorgungsanschlüssen verbunden und die Rakete geprüft, betankt und gestartet.

Der mobile Starttisch mit Versorgungsturm wiegt 870 t. Insgesamt wiegen Starttisch und Ariane 5 zusammen über 1.600 t. Jeder der Starttische hat Abmessungen von 20,9 × 25,5 m. Die Höhe beträgt mit Mast 57 m. Er hat 16 Achsen mit 64 Rädern. Zwei Traktoren ziehen ihn mit einer Geschwindigkeit von 4 km/h vom BAF zum BIL und dann zur ZL3. Dazu dient eine 16 m breite Schienenstrecke. Am Startisch sind auch der Versorgungsturm und alle elektrischen Verbindungen zum Boden angebracht. Anders als die profane Bezeichnung „Launch table" suggeriert, ist es fast ein eigenes Gebäude mit folgenden Ebenen:

- 1,30 m Höhe: Anschlüsse für Kontrollen / Datenleitungen
- 4,00 m Höhe: LOX / LH2 Zugangszonen, Stromanschlüsse
- 7,00 m Höhe: Weitere LOX/LH2 Zugangszonen, Interface Boden/OnBoardsysteme
- 9,80 m: Air Condition Bereich

Neben dem festen Mast gibt es zwei bewegliche Paletten, die jeweils einen Booster aufnehmen. Diese Paletten werden auch genutzt, um die Booster vom BIP zum BIL zu transportieren.

Im Jahre 2000 wurde ein zweiter Starttisch eingeführt, um eine höhere Startrate zu ermöglichen.

An der Startrampe umgeben vier Metallgittermasten – als Blitzableiter – die Rampe. Neben den Antennen gibt es an der Startrampe nur einen kleinen Mast mit den elektrischen Versorgungsleitungen und den Leitungen für flüssigen Wasserstoff und Sauerstoff. Die Startzone beinhaltet einen Schutzschild gegen den Wind. Die Basis besteht aus Beton. Sie hat drei Gräben, die vor dem Start mit Wasser geflutet werden. Bei Zündung der Feststoffbooster werden 30 m³ Wasser zusätzlich freigesetzt, um den Schalldruck und die thermische Belastung zu dämpfen. Insgesamt 1500 m³ Wasser stehen dafür in einem 90 m hohen, zylinderförmigen Wasserturm zur Verfügung. Es wird mit einer Rate von 20 m³ pro Sekunde beim Start in den Flammenschacht geleitet. Dazu kommt ein 310 m² großer Pool, der das Wasser sammelt, das nicht verdampfte.

Das Kontrollzentrum (CDL3) befindet sich anders als bei ELA 1+2 nicht direkt an der Startrampe, sondern in der Vorbereitungszone, 400 m vom BIL entfernt.

Verglichen mit ELA 2 (der Startanlage der Ariane 4) und ELV (der Startanlage der Vega) ist diese Auslegung sehr schlicht. Der Grund: Sollte der unwahrscheinliche Fall eintreten, dass eine Ariane 5 beim Start oder kurz nach diesem explodiert, so kann das Pad recht schnell wieder aufgebaut werden, weil die Startrampe sehr einfach ist. Sowohl bei ELV als auch ELA 2 befindet sich dagegen etwa 100 m entfernt ein mobiles Montagegebäude. Schätzungen der ESA gingen davon aus, dass das Pad selbst im Falle einer Totalzerstörung innerhalb von sechs Monaten den Startbetrieb wieder aufnehmen könnte.

ELA 3 ist ausgelegt für maximal zehn Starts pro Jahr, acht ist derzeit das Ziel für den aktuellen Betrieb, auch um Zeitpuffer bei Verschiebungen zu haben. Der geplante minimale Zeitabstand von einem Monat zwischen den Starts wurde inzwischen unterboten. Zwischen V192 und V193 lagen nur 28 Tage.

Das Wetter macht in Kourou weitaus weniger Probleme als am Cape, da es außerhalb der Region von tropischen Stürmen liegt. Die Ariane 5 kann bis zu einer Windgeschwindigkeit von 10 m/s (5 nach der Beaufort Skala) starten, und Blitze müssen mindestens 10 km von der Startrampe entfernt sein. Regen ist dagegen kein Problem beim Start.

Die Wetterbedingungen werden von Meteorologen überwacht. Dazu dient neben Satellitenaufnahmen, Messballonen und einem Radar (das den Umkreis von 400 km überwacht) auch eine Blitzortungsan-

Abbildung 161: Der Starttisch für die Ariane 5

lage mit drei Antennen, die Blitze innerhalb eines Radius von 100 km ausmachen kann. Das Wetter ändert sich im tropischen Klima von Französisch-Guyana schneller als in Europa und war schon oft der Grund für Startverschiebungen.

Haupteinschränkung für den Start ist, dass oberhalb von 5.000 m der Himmel wolkenlos sein muss. Die Temperaturen liegen in dieser Höhe unter 0 Grad Celsius, sodass Wolken dann aus Eispartikeln bestehen. Die Eispartikel reiben sich aneinander und erzeugen statische Elektrizität. Wenn nun die Ariane 5 diese Zone durchquert, wirkt der Abgasstrahl aus Salzsäure, Wasser und Aluminiumoxid wie ein gigantischer Blitzableiter. 1987 ging auf diese Weise eine Atlas-Centaur beim Start verloren, als das Durchqueren der Wolkendecke einen Blitz induzierte, welcher die Elektronik störte.

Abbildung 162: ZL3: Eine Ariane 5 steht vor dem Start © des Fotos: Arianespace

Nutzlastintegration

Die Satelliten werden in eigenen Gebäuden vorbereitet. Erst nach Einschluss in die Nutzlastspitze werden sie auf die Ariane 5 montiert. Bis 2001 gab es zwei Komplexe, nahe der Ariane 1-3 Startrampe. In dem einen, mit den Gebäuden S1A und S1B, wurde der Satellit nach dem Transport geprüft, das bedeutet: Es wurde das elektrische System überprüft, die Mechanik getestet (z. B. ob sich die Solarzellenausleger öffnen) und zuletzt pneumatische Tests durchgeführt. Danach wurde er zum zweiten Komplex mit den Gebäuden S2 bis S4 gebracht. Dort wurden die Startvorbereitungen durchgeführt und der Satellit mit dem Treibstoff betankt und in die Nutzlastspitze eingeschlossen.

Die Ariane 5 kann viel größere Nutzlasten transportieren, und so wurde der Komplex durch das neue S5-Gebäude erweitert. S5 besteht aus drei großen Einzelgebäuden mit Reinsträumen, welche durch Korridore verbunden sind. Das S5-Gebäude hat dieselbe Aufgabe wie der S2 bis S4-Komplex, eignet sich jedoch für wesentlich größere Satelliten. Nutzlasten wie Envisat oder das ATV machten diese Erweiterung notwendig. S5 wurde 2001 eingeweiht.

Abbildung 163: S3A und S5 Gebäudekomplex

Abbildung 164: S3a Gebäude © des Fotos: ESA

In S5A wird der Satellit vorbereitet. Der Raum hat eine Fläche von 700 m² und eine Eingangs-tür von 20 m Höhe und 10 m Breite – größer als eine Nutzlastspitze der Ariane 5. Dort erfolgen die Tests am Satelliten. Ist dies erfolgt, wird der Satellit in den Raum S5b mit 300 m² Fläche ge-bracht. Dort werden große Satelliten betankt. Maximal 10 t Treibstoff stehen zur Verfügung. Der Raum S5c hat dieselbe Funktion, nur werden hier Satelliten mit weniger als 4 t Gewicht betankt. Er hat eine Bodenfläche von 400 m². Verbunden sind diese Räume mit Luftschleusen von 12 m Höhe und 10 m Breite. Ein 30-t-Kran bewegt die Satelliten durch die Räume. Dazu kommt eine Bürofläche von 1.000 m². Der gesamte Komplex entspricht den Reinraumbedingungen der „Klasse 100.000".

Die alten Zentren S2 bis S4 wurden nach einer Übergangszeit stillgelegt, wobei aber S1B und S3B wieder reaktiviert werden können (z. B. für die kleineren Nutzlasten der Vega und Sojus). Schon alleine S5 hat eine Kapazität von mindestens 16 Satellitenstarts pro Jahr. Alle Räume, in denen der Satellit vorbereitet wird, sind Reinräume mit einem sehr niedrigen Staubgehalt in der Luft und voll klimatisiert. Diese Bedingungen werden bis zum Start aufrecht erhalten, so wird der Satellit auch vollständig in der Nutzlastspitze eingeschlossen und diese als Ganzes zur Rake-te transportiert. Die Nutzlastintegration ist von ELA 3 räumlich komplett getrennt und 20 km von der Startrampe entfernt. Diese Gebäude werden für alle Satellitenvorbereitungen eingesetzt, auch wenn der Start mit der Sojus oder Vega erfolgt.

Kontrollzentren

Der Start wird von zwei Zentren aus gesteuert. Das Erste ist CDL3: Es ist für die Startvorbereitung und den Countdown der Ariane 5 zuständig. Das Zweite ist Jupiter 2. Es ist für die Mission als Ganzes zuständig.

CDL3 ist das dritte Kontrollzentrum für Starts (das Erste wurde für die „Europa" Rakete eingerichtet und für die Ariane 1 modernisiert und das Zweite für die Ariane 4). Es besteht aus einem vorderen Teil mit den Büros für Angestellte der Zulieferer der Ariane 5 und einem hinteren Teil, der besonders geschützt ist. Dies ist der Teil, der der Startrampe zugewandt ist. Auf 2.700 m² Fläche sind zwei Überwachungsräume für den Countdown der Rakete und drei für die Teams des Satellitenherstellers (bis zu drei Satelliten können gleichzeitig überwacht werden). CDL3 ist für zwei gleichzeitig laufende Startkampagnen von Ariane 5 ausgelegt. Sobald die Rakete abhebt, ist die Arbeit des CDL beendet, und die gesamte Kontrolle geht an das Jupiter-Kontrollzentrum über.

Abbildung 165: Blick ins Jupiter 2 Kontrollzentrum: Vorne die Sitzreihen für die Gäste, im Hintergrund der Bereich für die Missionsüberwachung

Abbildung 166: Das Jupiter-2 Missionszentrum mit dem Weltraummuseum von außen....

Die Bodensoftware der Ariane 5 lief bei der Einführung unter den Betriebssystemen MS-DOS und VMS. Als Datenbank wurden bei der Einweihung DBASE und Oracle eingesetzt. Die Software bestand zu diesem Zeitpunkt hauptsächlich aus C (950.000 Zeilen), Clipper und Assembler.

Mit dem Start V82 wurde 1996 das Jupiter 2-Kontrollzentrum eingeweiht. Das Jupiter 2-Kontrollzentrum managt die operativen Aspekte eines Starts, hier laufen alle Fäden zusammen. Beteiligt sind an einem Start nicht nur das CDL3, sondern auch Bahnverfolgungsstationen mit optischen Teleskopen und Radarantennen, Bodenstationen, welche die Telemetrie entlang der Aufstiegsbahn empfangen, Wetterstationen und Teams der Satellitenhersteller und ihrer Empfangsstationen. Jupiter 2 bündelt diese Stationen und ist nach dem Abheben der Rakete für die Mission zuständig. Während jede Startrampe ihr eigenes CDL zur Vorbereitung der Rakete auf den Start hat, managt Jupiter die Missionen aller Startrampen. Jupiter 2 liegt sechs Kilometer von der Startrampe entfernt.

Die Computerausrüstung bestand bei der Einweihung aus zwei Sun Servern (für die Redundanz) und 32 Sun Sparc-5 Workstations für die Operateure sowie vier PC's (für die Kontrolle der Anzeigetafeln). Die Software entstand in C++, Siemens SCL und Visual Basic.

Jupiter 2 besteht aus drei Stockwerken. Im ersten Stockwerk finden sich vorne die Kontrollstationen der Operateure. Auf einer 3,2 × 4,2 m großen Videoleinwand kann der Status des Countdowns und nach dem Abheben der Start verfolgt werden. Getrennt durch eine Plexiglaswand können bis zu 232 Gäste den Start verfolgen. Es gibt Headsets, mit denen die Gäste den Kommentar in verschiedenen Sprachen hören können. Meist wandern die Gäste aber in den letzten Sekunden vor dem Start zum Balkon, um ihn von dort aus live zu verfolgen. Dieser Teil ist bei den Videoübertragungen von Arianespace zu sehen.

Im zweiten Stockwerk gibt es 31 Kabinen mit Computern für angereiste Journalisten. Im dritten Stockwerk befinden sich die Ausrüstung für die Videoübertragung und die Arbeitsräume der Berichterstatter und Dolmetscher. Angeschlossen an das Kontrollzentrum ist das Space Museum im CSG.

Neben dem Kontrollzentrum gibt es etwa ein Dutzend weitere Gebäude in Kourou, für Verwaltung, Technik, Sicherheit, Feuerwehr und Müllzwischenlagerung.

Abbildung 167: ... und von Innen: Blick auf die Konsolen der Operateure

Abbildung 168: CDL3 von außen...

Abbildung 169: ... und von Innen

Bodenstationen

Jeder Start muss von Bodenstationen verfolgt werden. Diese empfangen zum einen Telemetrie, zum anderen verfolgen sie die Rakete mit Radaranlagen und geben das Ergebnis nach Kourou weiter, wo es im Jupiter 2-Missionskontrollzentrum in eine Grafik mit der Sollbahn eingezeichnet wird. Ideal ist eine Überwachung der gesamten Aufstiegsbahn, doch ist dies z. B. bei polaren Bahnen oder Missionen zur ISS nicht möglich, da dazu zu viele Empfangsstationen benötigt werden. Dann beschränkt sich die Verfolgung auf den Teil der Bahn, in dem der Antrieb aktiv ist. Bei den viel häufigeren GTO-Missionen kann die Aufstiegsbahn bis zum Absetzen der Satelliten lückenlos überwacht werden, da nach Zündung der Oberstufen die Entfernung zur Erdoberfläche und damit das Gebiet, in dem Signale empfangen werden können, rasch ansteigt.

Die ESA-Bodenstationen beim Start in den geostationären Orbit sind den Äquator entlang postiert, da die Aufstiegsbahn über diesen führt:

- Galiot in Kourou (10 km nördlich des Startplatzes, Telemetrie, optische und Radarverfolgung)

- Montabo bei Cayenne (60 km südlich des Startplatzes, nur visuelle Bahnverfolgung)

- Natal in Brasilien (Telemetrie und Radarverfolgung)

- Acension Island (mitten im Atlantik, die ESA übernahm 1991 hier eine NASA-Bodenstation, Telemetrie und Radarverfolgung)

- Libreville (Gabun, Telemetrie und Radarverfolgung)

- Malindi (Kenia, Telemetrie und Radarverfolgung)

Die Bodenstationen müssen neben der Verfolgung der Aufstiegsbahn der Rakete auch die Funkverbindung bei wichtigen Ereignissen, wie der Abtrennung der Satelliten, gewährleisten. Bei Zweiimpuls-Manövern (Vega Starts, Rosetta Start mit der Ariane 5 G+ und ATV-Missionen) werden daher weitere Bodenstationen auf der Südhalbkugel benötigt. Die Bodenkontrolle ist aber in der Regel passiv: Nach dem Start ist Ariane 5 autonom. So hat Ariane schon Satelliten korrekt in ihren Zielorbit ausgesetzt, obwohl zeitweise die Funkverbindung abriss.

Malindi ist nur bei Missionen mit der EPS-Oberstufe nötig. Die ESC-A Oberstufe hat eine kürzere Brennzeit und setzt ihren Satelliten noch im Empfangsbereich von Libreville aus. Bei sonnensynchronen Missionen (Vega und Sojus) werden weitere Bodenstationen hinzugenommen. Diese sind:

- St. Hubert in Kanada und die ESA-Empfangsstation Svalbard auf Spitzbergen für Ariane 5 G/ES Missionen in sonnensynchrone Orbits. Dies sind Empfangsstationen für Satelliten. Sie sind notwendig wegen der langen Brennzeit der EPS-Oberstufe, die typischerweise in Polnähe Brennschluss hat.

- Bei Missionen der Vega, bei denen die Stufen früher ausgebrannt sind, wird dagegen auf zwei NASA-Bodenstationen bei Antigua und Bermuda zurückgegriffen.

- Für Starts zur ISS hat die ESA 2007 eine weitere Bodenstation auf der Insel Santa Maria, einer der Inseln der Azoren, installiert. Die Station mit einer 5,5 m großen Parabolantenne dient seitdem auch zum Empfang von Satellitendaten. Dazu kommt bei ATV-Missionen dann noch eine mobile Empfangsstation auf einem Schiff zwischen Kourou und den Azoren. Ergänzt wird dies durch Empfangsstationen in Europa.

- Der Brennschluss der Bahnzirkularisierung des AVUM der Vega oder der EPS bei ATV Missionen findet über dem Pazifik, 180 Längengrade von Kourou entfernt, statt. Je nach Bahnneigung werden dann Bodenstationen zwischen Singapur im Norden und Neuseeland im Süden hinzugenommen. Dies sind eine Bodenstation der Firma Digiglobe bei Singapur, eine NASA-Bodenstation bei Pare-Pare in Indonesien, eine ESA-Bodenstation bei Perth in Australien und eine weitere in Neuseeland.

Die Ariane sendet über zwei Antennen laufend 1.500 Messwerte mit einer Datenrate von 1 MBit/s. 10% davon werden in Realzeit ins Kontrollzentrum übertragen und der Rest für eine spätere Aufwertung aufgezeichnet. Die Analyse der Daten ist nicht nur wichtig, um Probleme zu erkennen oder die Ursache eines Fehlstarts ausfindig zu machen: Die Daten geben auch Hinweise, wo Reserven liegen. Bei Ariane 4 konnte so die maximale Nutzlast der 44L Version von 4.590 auf 4.920 kg gesteigert werden, indem Reserven reduziert und der Flugpfad optimiert wurden. Entsprechende Optimierungen werden auch bei der Ariane 5 unternommen.

Bedingt durch die lange Brennzeit der Stufen weist die Ariane 5 GTO-Bahn die geringste Bahnneigung aller Ariane Versionen auf. Dies liegt darin, das der größte Teil der Geschwindigkeit aufgenommen wird, wenn die Rakete am Äquator angekommen ist. Bei Ariane 1 lag diese noch bei elf Grad, bei Ariane 2+3 bei acht Grad und bei Ariane 4 bei sieben Grad. Bei Ariane 5 sind sechs Grad üblich. Sind die Satelliten leichter als die maximale Nutzlast, kann die Inklination weiter auf bis zu 2-3 Grad reduziert werden.

Während Ariane 5 fliegt, wird die mit Radar vermessene Bahn vom Flugsicherheitsoffizier verfolgt. Bei jeder Mission werden um die Sollbahn zwei Zonen gelegt, zuerst eine orangene. Dies ist die Zone, in der die Bahn als "sicher" angesehen wird. Dies erlaubt Abweichungen vom nominellen Bahnverlauf. Erreicht sie eine weiter außen liegende, rote Zone, muss die Rakete gesprengt werden. Dort sind Leben oder Eigentum bedroht.

Die Selbstzerstörung wird ausgelöst, indem zuerst ein Schlüssel umgedreht wird. Er schaltet den Knopf für das Senden des Selbstzerstörungskommandos scharf. Danach kann dieser gedrückt werden. Das Kommando ist besonders chiffriert, damit nicht jedes (unabsichtlich oder bewusst gesandte) Funksignal auf der entsprechenden Frequenz die Selbstzerstörung initiiert. Davon unabhängig wird die Selbstzerstörung auch durch den Bordcomputer initiiert, wenn er abnormale Werte oder Brüche detektiert, wie dies beim Jungfernflug der Ariane 5 der Fall war.

Bisher wurde die Selbstzerstörung bei der Ariane 5 nur einmal vom Boden ausgelöst, dies war beim Jungfernflug der Ariane 5 ECA (V157), als sie sich durch den abfallenden Schub des Haupttriebwerks wieder dem Erdboden näherte.

Beim Jungfernflug der Ariane 5G registrierte dagegen der Bordcomputer Brüche in der Struktur und sprengte die Rakete. Die Bodenkontrolle hatte zu diesem Zeitpunkt noch nicht realisiert, dass die Rakete auseinanderbrach.

Abbildung 170: Die DIANE Empfangsantenne, wenige Kilometer von der Startrampe entfernt

Vega

Verglichen mit den Entwicklungskosten der Vega entfallen recht hohe Investitionen auf das Bodensegment. Ein Viertel der Gesamtinvestitionen entfällt darauf, und das, obwohl so weit wie möglich schon existierende Anlagen erneut verwendet wurden.

Als Startort wird für die Vega der frühere Ariane 1-3 Startplatz ELA 1 genutzt. Er befindet sich 1 km südwestlich der Rampe der Ariane 5. Er wurde für den Start der Vega umgerüstet und heißt nun ZLV (**Z**one de **L**ancement **V**ega). Der Startturm von ELA 1 wurde Anfang der neunziger Jahre abgerissen, sodass ein neuer Mast für die elektrischen Leitungen errichtet werden musste. Wie bei Ariane 5 ist der Startmast nur mit den notwendigsten Anschlüssen versehen, da die Rakete nicht an der Startrampe zusammengebaut wird. Dies geschieht allerdings nicht, wie bei der Ariane 5, in einem eigenen Gebäude, stattdessen gibt es einen mobilen Montageturm.

Abbildung 171: Zusammenbau der Vega (hier hängt die zweite Stufe am Kran) am Startplatz

Wie bei Ariane 1 wird die Rakete direkt am Startplatz im BIV (**B**âtiment d'**I**ntégration **V**ega) genannten, mobilen Gebäude, in vertikaler Position zusammengebaut. Die 1.000 t schwere und 50 m hohe Struktur wird wenige Stunden vor dem Start 80 m zurückgefahren. Im November 2008 fanden die Tests des Bewegungsmechanismus statt, der dafür ausgelegt ist, 1.300 t Gewicht bei einer Windgeschwindigkeit von bis zu 80 km/h zu bewegen. Dazu dient ein Antrieb mit 70 kW Leistung, der redundant vorhanden ist. Die Betonplatte am Startplatz musste für das Gewicht des Gebäudes angepasst werden.

Gebaut wird das BIV von Rheinmetall (Italien), als Unterauftragnehmer von Vitrociset. Dazu kommen vier 60 m hohe Gittermasten rund um den Startturm, analog denen bei der Ariane 5 Startrampe, die als Blitzableiter fungieren. Noch von ELA 1 stammt ein Wasserturm, dessen

Wasser in den Graben unter der Startrampe geleitet wird, um den Lärm und die thermische Belastung zu senken. Die Schallunterdrückung dient primär nicht der Schonung der Umwelt, sondern der Rakete und der Startanlage. Der Schalldruck durch das expandierende Gas könnte diese sonst beschädigen. Der Wasserturm in Form einer Kugel auf einer schmalen Säule ist sehr markant. Direkt am Startplatz gibt es nur einen 32 m hohen Mast mit den Verbindungsleistungen zur Rakete. Anders als bei der Ariane 5 muss die Rakete nicht bis zum Start betankt werden, sodass diese Leitungen vor allem die Stromversorgung sichern und eine Datenverbindung bis zum Start aufrecht erhalten.

Wieder verwenden konnte die CNES auch den Bunker direkt neben der Startrampe, der nun neue Technik für die Überprüfung der Vega enthält. Nach dem Checkout der Rakete findet die Überwachung des Countdowns vom CDL3 aus statt, dem Startzentrum der Ariane 5. Die Aufrüstung des CDL1 auf moderne Technik wäre zu teuer gewesen (der letzte von CDL1 betreute Start fand 1989 statt).

Der Vega Startplatz ist für wenige Starts pro Jahr ausgelegt. Die ersten Prognosen gingen noch von 3-4 Starts im Durchschnitt, maximal 5-6 pro Jahr, aus. Derzeit liegen die Vorhersagen deutlich niedriger bei ein bis zwei Starts pro Jahr. Die Rakete kann daher direkt am Startplatz montiert werden. Diese Vorgehensweise erspart ein eigenes Gebäude für diesen Zweck. Sie limitiert

Abbildung 172: Der Vega Startkomplex im März 2008

auch die Startrate auf vier Starts pro Jahr, da es nicht möglich ist, eine zweite Rakete parallel zu montieren. Da die Vega als Feststoffrakete erheblich schneller integriert werden kann, als die Ariane 5, erlaubt ZLV einen minimalen Abstand zwischen zwei Starts von nur einem Monat.

Die Arbeiten begannen im November 2004 und wurden im November 2008 abgeschlossen. Der Kontrakt zum Bau der ZLV-Startrampe umfasste 50,2 Millionen Euro.

Die Vega nutzt neben den Gebäuden für die allgemeine Infrastruktur und für die Satellitenvorbereitung auch die Treibstofffabrik auf dem CSG. Dort wird der Treibstoff für die erste Stufe hergestellt und diese auch befüllt. Die beiden oberen Stufen werden schon bei Avio in Italien befüllt.

Für die Produktion des Treibstoffs der Ariane 5 der Booster wurde 1992 eine Fabrik, die L'usine de Propergol de Guyane (UPG) gebaut. Sie wird von der Firma Regulus (einem französisch-italienischen Gemeinschaftsunternehmen) betrieben und ist für eine Produktion von 32 – 40 EAP Boostersegmenten pro Jahr ausgelegt. Das entspricht acht bis zehn Starts. Sie verfügt, da Ariane maximal sieben Starts pro Jahr absolviert, über genügend Kapazität um auch noch den Treibstoff für die Vega zu produzieren. Diese Fabrik nimmt alleine 3 km² Fläche ein. Die Produktion des Treibstoffs geschieht in Chargen von jeweils 6.820 l. Die Produktion einer Charge dauert rund 8-10 Stunden, und zehn Chargen werden für ein EAP-Segment benötigt. Für den kleineren P80 Booster müssten 8-9 Chargen ausreichen. Dabei wird pro Charge eine 80 kg große Probe verfeuert, um die Qualität des Treibstoffs zu kontrollieren. Insgesamt dauert die Herstellung eines EAP-Boosters mit dem Aushärten des Treibstoffs etwa 12 Wochen. Eine ähnliche Zeitskala ist auch für die P80 Stufe zu erwarten.

Nach dem Abwaschen und Glätten der Oberfläche wird diese mit 100 kg besonders feinem Pulver derselben Mischung versetzt. Diese 1 mm dicke Pulverschicht entzündet sich dann beim Zünden der Booster und bewirkt eine gleichmäßige Entzündung der Oberfläche. Pro P80-

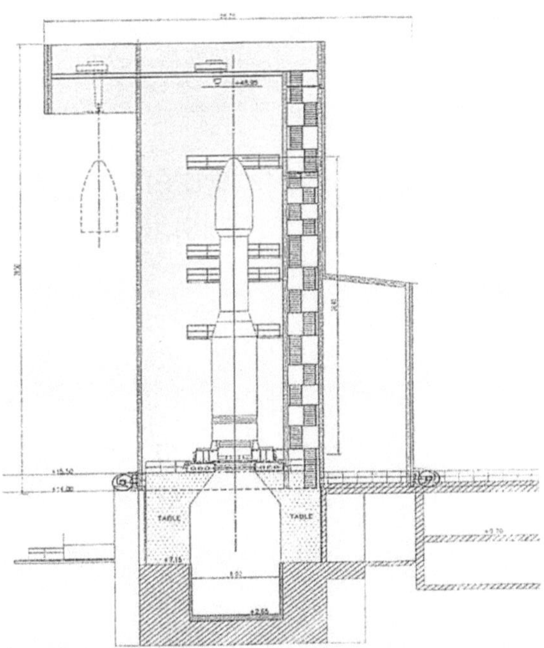

Abbildung 173: Schematische Darstellung des Vega Startkomplexes

Booster werden 9 t HTPB, 17 t Aluminium und 61 t Ammoniumperchlorat verarbeitet. Die Rohstoffe werden aus den USA (HTPB), England (Aluminium) und Frankreich (Ammoniumperchlorat) nach Kourou verschifft. 120 Personen sind in der UPG beschäftigt.

Weiterhin nutzt die Vega den Teststand der Ariane 5 Booster. Am **B**âtiment d'**E**ssais des **A**ccélérateurs à **P**oudre, (BEAP, Boosterteststand) fanden die Testzündungen der ersten Stufe statt. In Europa ist der Test von Feststofftriebwerken dieser Größe nicht möglich. Dafür emittiert ein P80-Booster zu viel Salzsäure (rund 18-19 t) beim Abbrand. Der Teststand besteht aus einem 50 m hohen Turm über einer pyramidenförmigen Basis. Die Flammen werden in einen 60 m tiefen, 35 m breiten und 200 m langen Graben in Granit abgelenkt. Er ist ausgelegt für den Test von Triebwerken mit bis zu 15.500 kN Schub. Alleine die Konstruktion dieses Teststandes kostete 250 Millionen Franc. Er befindet sich 6 km von der UPG entfernt.

Die ersten Arbeiten am Ariane 6 Startplatz haben schon begonnen. Der Bodenaushub muss vor Beginn der Regensaison abgeschlossen sein. Ariane 6 wird eine neue Startrampe ELA4 erhalten. Die Startanlage hat eine Fläche von 1,7 km² und 1 Million Kubikmeter Material müssen bewegt werden. Die Hauptinvestitionen gehen aber in die Gebäude für die Integration.

Abbildung 174: Blick auf die Vega und ZLV vom Startturm aus © des Bildes: Arianespace

Quellen und Referenzen

ESA: Europe's Spaceport
http://www.esa.int/esaMI/Launchers_Europe_s_Spaceport/index.html

Centre Spatial Guyanais
http://www.cnes-csg.fr/web/CNES-CSG-en/4678-centre-spatial-guyanais-english-version.php

ESA Bulletin 79: „Ariane 5 Launch Facilities"

ESA Bulletin 112: News from Europes Spaceport"

Flight International: 4.10.1994: „Dynamic Activity"

Abbildung 175: Start von IXV © ESA – S. Corvaja

gtd: Information Systems: „Cosmo Caixy: The Computer as a part of Launch vehicles"

Mauro Cordone, Jaques Tangui: „The Vega Operational Control Centre"

Uwe L. Berkes: „Der autonome Zugang Europas zum Weltall: Luxus oder Notwendigkeit?"

Abkürzungsverzeichnis

Apogäum: erdfernster Punkt einer Umlaufbahn.

AAM: AVUM Avionics Module: Der Teil des AVUM der Vega, der die Steuerung der Trägerrakete enthält.

APM: AVUM Propulsion Module: Der Antriebsteil des AVUM mit dem ukrainischen RD-861 Antrieb und den Treibstofftanks.

ARD: Atmospheric Reentry Demonstrator: Eine 2.716 kg schwere Raumkapsel (ein 70% Modell der Apollo Kapsel), das beim dritten Ariane 5 Start nach 101 Minuten wieder in die Atmosphäre eintrat und Flugkontrollalgorithmen und Kommunikationsstrategien durch Vermeidung des Blackouts erprobte.

ARTA: Ariane Research and Technology Accompaniment: Die Produktion begleitendes Programm, welches die laufende Weiterentwicklung der Ariane 5 finanziert und Tests neuer Komponenten durchführt.

ASAP: Ariane Structure for Auxiliary Payloads: Struktur zu Mitführung kleinerer Sekundärnutzlasten zusätzlich zur Hauptnutzlast bei Ariane 5.

ASAT: Arbeitsgemeinschaft Satellitenträger. Verantwortlich für die Astris Oberstufe. ASAT bestand wiederum aus den Firmen ERNO und MBB.

ASI: Agenzia Spaziale Italiana, die italienische Raumfahrtagentur. Die ASI unterhält enge Beziehungen zur NASA, innerhalb der ESA ist ihr Hauptprojekt die Entwicklung der Vega Rakete.

ATV: Automated Transfer Vehicle: Die technische Bezeichnung des Raumtransporters. Jeder einzelne wird einen eigenen poetischen Namen erhalten. Die ersten ATV wurden auf „Jules Verne", „Johannes Kepler" und „Edoardo Amaldi" getauft.

AVUM: Altitude and Vernier Upper Module: Die letzte Stufe der Vega inklusive der Steuerung und Lageregelung.

BAF: Bâtiment d'assemblage finale. Letztes Gebäude, welches die Ariane 5 passiert, bevor sie zur Startrampe gefahren wird. Hier wird die Nutzlast auf die Ariane 5 montiert.

BEAP: Bâtiment d'Essais des Accélérateurs à poudre: Teststand zur Erprobung und Qualifikation der EAP in Kourou. Regulär wird dort einmal pro Jahr ein Booster aus der Produktion getestet.

BIL: Booster Integration Launch Building: Gebäude, in dem die Ariane 5 aus den Boostern, EPC und Oberstufe integriert wird.

BIP: Bâtiment d'intégration propulseur. Das Gebäude, in dem die Ariane 5 Booster aus ihren Einzelteilen zusammengebaut werden.

BLV: Bâtiment d'Intégration Vega: Bezeichnung für das mobile Montagegebäude an der Startrampe der Vega. Es wird vor dem Start auf Schienen von der Startrampe weggefahren.

BPE: Booster Casing Preparation Building: Gebäude, in dem die Befestigung der Booster an die EPC und das Fallschirmsystem vormontiert wird.

BRS: Booster Recovery System: System zur Bergung der Ariane 5 Booster. Es besteht aus zwei Fallschirmen, die nacheinander geöffnet werden.

BSB: Booster Storage Building: Gebäude, in dem die fertig produzierten Booster zwischengelagert werden. Es dient als Puffer zwischen der Produktion und dem Verbrauch durch Starts und erlaubt eine kontinuierliche Produktion unabhängig von der Startfrequenz.

CDL2: Centre de Lancement No. 2: Gebäude, in dem die Startvorbereitung der Ariane 4 durchgeführt wurde.

CDL3: Centre de Lancement No. 3: Gebäude, in dem die Startvorbereitung der Ariane 5 und Vega durchgeführt wird.

CFK: Carbon Fiber Komposit: Technologie, die aus Matten von Kohlefasern in einer Matrix aus Kunststoff einen Verbundwerkstoff herstellt, der sehr leicht, aber trotzdem sehr belastbar ist. Zahlreiche strukturelle Teile die nicht tiefen Temperaturen ausgesetzt sind werden heute auch bei Trägerraketen aus CFK Werkstoffen hergestellt und dadurch leichter als analoge Bauteile aus Aluminium. CFK Werkstoffe haben die glasfaserverstärkten Kunststoffe (GFK) als Vorgängertechnologie vollständig ersetzt.

CGWIC: China Great Wall Industries Cooperation: Staatliche Vermarktungsgesellschaft der chinesischen Regierung, welche die Trägerraketen der Familie „Langer Marsch" international anbietet.

CNES: Centre National d'Études Spatiales: Die französische Weltraumagentur.

CPU: Central Processing Unit: Abkürzung für den Hauptprozessor eines Computers. Ältere Rechner haben oft auch zusätzliche Prozessoren für andere Aufgaben an Bord wie die FPU (Floating Processing Unit) für schnelle Gleitpunktberechnungen. Sie sind bei heutigen Prozessoren integriert.

CSG: Centre Spatial Guyanais: Der europäische Weltraumbahnhof in Französisch-Guyana, nahe am Äquator. Von hier aus werden Ariane und Vega gestartet.

CZ: Abkürzung für Chángzhēng, chinesisch für „Langer Marsch". Kürzel für alle zivilen chinesischen Trägerraketen. Derzeit im Einsatz befinden sich die Serien CZ-2 bis 4.

DASA: Deutsche Aerospace Aktiengesellschaft, später Namensänderung zu: Daimler Benz Aerospace Aktiengesellschaft. Daimler Benz kaufte während der Ausrichtung als Technologiekonzern alle deutschen Luft- und Raumfahrtfirmen von 1989 bis 1993 auf. Mit der Neuausrichtung von Daimler-Chrysler auf den Fahrzeugbau wurde die Sparte ausgegliedert und fungiert seit 2000 nur noch als Holding AG für die deutschen Anteile an EADS.

DFVLR: Deutsche Forschungs- und Versuchsanstalt für Luft- und Raumfahrt: Deutsche Raumfahrtagentur bis 1989.

DLR: Deutsches Zentrum für Luft & Raumfahrt: Die deutsche Raumfahrtagentur. Vorgängerversion war das DFVLR. zwei Drittel der Mittel für die Raumfahrt gehen aber weiter an die ESA.

EADS: European Aeronautic Defence and Space Company: Europäischer Luft & Raumfahrtkonzern.

EADS Astrium: Eine 100% Tochter von EADS. Hier sind die Geschäftsfelder eingegliedert, die mit militärischer und ziviler Raumfahrt zu tun haben. Heute gehören mit wenigen Ausnahmen die meisten europäischen Raumfahrtfirmen zu EADS Astrium. Meist wird nur die Abkürzung Astrium verwendet.

EADS Astrium LV: Der Geschäftsbereich von Astrium, der für die Entwicklung und Produktion von Trägerraketen (LV = Launch Vehicles) verantwortlich ist.

EAP: Étage aux Accélération à Poudre: Die seitlich an der Ariane 5 angebrachten Booster. Sie liefern für 2 Minuten 90% des Schubs der Ariane.

EC: Évolution Cryotechnique: Bezeichnung für die Ariane 5 Varianten mit kryogenen Oberstufen (Ariane 5 ECA und ECB).

EDAC: Error Detection And Correction: Speichert pro Datenbyte zwei zusätzliche Bits, mit denen 1-Bit Datenfehler erkannt und korrigiert und 2-Bit Datenfehler erkannt werden können.

EELV: Expandable Evolved Launch Vehicle: Programm des US-Verteidigungsministeriums, mit dem die Entwicklung der Delta 4 und Atlas V gefördert wurde. Ziel war der Ersatz von Delta 2, Atlas 2 und Titan 4 durch neue, preiswertere und flexiblere Trägerraketen.

EEPROM: Electrical Erasable Programmable Read Only Memory: Ein Speicherbaustein, der primär als dauerhafter Programmspeicher dient (ROM: Read Only Memory). Er kann aber durch Erhöhen der Versorgungsspannung neu programmiert werden. Dies erlaubt es, das gespeicherte Programm zu verändern oder wichtige Werte dauerhaft zu speichern, da der Speicher auch seinen Inhalt behält, wenn keine Versorgungsspannung anliegt.

EGAS: European Guaranteed Access to Space: Subvention der Ariane 5 Produktion von 2004 – 2009, um Fixkosten in der Produktion abzudecken und die Produktionskosten um 30% zu senken, um Ariane 5 besser im kommerziellen Markt zu positionieren.

ELA: Ensemble de Lancement Ariane: Bezeichnung für die Bodenanlagen der Ariane. Dies umfasst die Startrampe wie auch die Gebäude für die Montage und Nutzlastintegration.

ELDO: European Launcher Development Organisation: Die ELDO entwickelte von 1961 bis 1972 die Europa I, II und III.

ELE: Ensemble de Lancement Europa: Bezeichnung für die Bodenanlagen der Europa II. Aus ihr entstand ELA 1.

ELS: Ensemble de Lancement Soyouz: Bezeichnung für die Bodenanlagen der Sojus 2.

ELV: Ensemble de Lancement Vega: Bezeichnung für die Bodenanlagen der Vega. Diese wird direkt am Startplatz montiert.

EPC: Étage Principal Cryotechnique: Die Zentralstufe der Ariane 5, gefüllt mit flüssigem Sauerstoff und Wasserstoff. Sie liefert den Großteil der Geschwindigkeit, um einen niedrigen Erdorbit zu erreichen. EPC wird auch synonym als Abkürzung für Étage à Propergols Cryotechniques benutzt.

EPS: Étage à Propergols Stockables: Die Oberstufe der Ariane 5. Sie bringt das letzte Quäntchen an Energie auf, um den Orbit zu erreichen. EPS wird synonym auch als Abkürzung für Étage Propulsive Supérieur benutzt.

ERNO: Entwicklungsring Nord: Zusammenschluss von Flugzeugherstellern in Norddeutschland, um gemeinsam als eigenständige Firma mit mehr Kompetenz bei Aufträgen aus dem Bereich Raumfahrt in Erscheinung treten zu können. 1982 fusionierte ERNO mit MBB zu MBB/ERNO.

ES: Evolution Storables: Typenbezeichnung der Ariane 5 Version für das ATV. Evolution kennzeichnet die verbesserte Ariane 5 Variante und Storables steht für die Verwendung des EPS Stufe.

ESA: European Space Agency: Die europäische Raumfahrtagentur.

ESC-A: Étage Supérieur Cryotechnique A: Oberstufe der Ariane 5, welche für die Transporte in den geostationären Orbit eingesetzt wird. Sie verwendet das von der Ariane 4 übernommene HM-7B Triebwerk.

ESC-B: Étage Supérieur Cryotechnique B: Zukünftige Oberstufe der Ariane 5, welche für die Transporte in den geostationären Orbit und ATV Missionen eingesetzt wird.

ESTEC: European Space Research and Technology Centre in Noordwijk, Holland: Zentrum der ESA für die Satellitenentwicklung und Tests. Dort findet für ESA Missionen die technische Planung und Koordination mit der Industrie statt.

Eurockot: 1995 gegründeten Joint Venture aus EADS Astrium Bremen (51%) und GKNPZ Chrunitschew (49%). Eurockot vermarktet die Trägerrakete Rockot und betreibt die Startanlagen in Plessezk.

FLPP: Future Launcher Preparatory Program: ESA Programm zur Entwicklung von Konzepten und Basistechnologien für zukünftige Träger.

FW: Filament Wounding: Bezeichnung für die Technologie aus sehr langen Graphitfasern, die ein zweidimensionales Netz bilden und aus einem Kunstharz einen Kohlefaserverbundwerkstoff herzustellen.

GEO: Geosynchronos Earth Orbit: Eine kreisförmige Bahn in 35.887 km Höhe über dem Äquator. Hier beträgt die Umlaufszeit 24 Stunden. Da sich die Erde ebenfalls in 24 Stunden um ihre

Achse dreht , nimmt ein Satellit von der Erde aus eine konstante Position ein. Eine Antenne muss nicht der Bewegung des Satelliten nachgeführt werden. Daher befinden sich in diesem Orbit die meisten Kommunikationssatelliten.

GSLV: Geosynchronos Standard Launch Vehicle: Indische Trägerrakete, die für Starts in den GTO Orbit eingesetzt wird.

GTO: Geosynchronos Transferorbit: Eine Bahn mit einem erdnächsten Punkt von typischerweise 185-600 km höhen und einem erdfernsten Punkt von 35887 km. Im erdfernsten Punkt muss ein Satellit durch einen eigenen Antrieb nochmals Geschwindigkeit aufnehmen, um zu einem geostationären Satelliten zu werden.

HM7 / HM60: Hydrogen Moteur 7 t / 60 t Schub: Abkürzung für Triebwerke der halbstaatlichen Gesellschaft SEP, die mit der Kombination LH2/LOX betrieben werden.

Hydrazin: Giftige Stickstoffverbindung und Basis für die methylierten Hydrazine MMH und UDMH. Hydrazin kann durch Katalysatoren und Hitze gespalten werden. Es zerfällt unter Energieabgabe in Stickstoff und Wasserstoff und kann so als niederenergetischer Treibstoff genutzt werden. Ariane 5 und das AVUM nutzen Hydrazin als Treibstoff für die Rollachsensteuerung und für die Dreiachsenregelung der letzten Stufe. Hydrazin hat eine Dichte von 1,01 g/cm^3.

HTP: High Test Peroxide: Hoch konzentriertes (85%) Wasserstoffperoxid, das als Oxydator in der Black Arrow verwendet wurde,

HTPB (Hydroxyterminiertes Polybutadien): Der Binder, mit dem bei modernen Feststofftriebwerken Verbrennungsträger und Oxidator gebunden werden.

ILS: International Launch Services: Ursprünglich Joint Venture von Lockheed-Martin und GPNZ Chrunitschew. ILS bot seit Ende der neunziger Jahre die Atlas und Proton kommerziell an. Ende 2007 verkaufte Lockheed Martin seine Anteile an ILS. Seitdem bietet ILS nur noch Starts mit der Proton-M an.

ISS: International Space Station: Die Internationale Raumstation wird im Endausbau über 420 t schwer sein, Arbeits- und Wohnplätze für sechs Astronauten bieten und ist das teuerste Unternehmen in der bemannten Raumfahrt.

JAV: Jupe avant: Das Heck der Feststoffbooster der Ariane 5 mit den Düsen.

JAXA: Japan Aerospace Exploration Agency: Die japanische Raumfahrtagentur.

LEO: Low Earth Orbit: Erdnaher Orbit, in dem die Nutzlast einer Trägerrakete maximal wird. Ein typischer LEO hat eine Bahnhöhe von 180 bis 250 km und die Bahnneigung entspricht dem geographischen Breitengrad des Startorts.

LH2: flüssiger Wasserstoff mit einer Temperatur von -253 °C. Seine Dichte beträgt 0,069 g/cm^3. Wasserstoff liefert bei der Verbrennung mit Sauerstoff oder Fluor sehr viel Energie und damit die höchsten bekannten spezifischen Impulse.

Kavitation ist die Bildung und Auflösung von Hohlräumen in Flüssigkeiten durch Druckschwankungen. Sie ist eine Ursache für den POGO-Effekt und kann in den Treibstoffleitungen auftreten.

LOX: flüssiger Sauerstoff mit einer Temperatur von -183 °C. Seine Dichte beträgt 1,141 g/cm^2. Flüssiger Sauerstoff ist ein sehr verbreiteter Oxidator in der Raketentechnik. LOX wird mit flüssigem Wasserstoff oder Kerosin verbrannt.

MAU: Million Accounting Units: Interne Recheneinheit der ESA für eine Währung basierend auf dem nach Anteil der Nationen gewichteten Wechselkurs. Mit geringen Schwankungen entspricht ihr Wert in etwa dem Euro.

MBB: Messerschmidt-Bölkow-Blohm: Luft & Raumfahrtfirma, vor der Fusion mit ERNO verantwortlich für die Triebwerke der Astris und deren elektrisches System. Später erhielt MBB den Auftrag die Brennkammer der dritten Stufe der Ariane zu entwickeln. Auf Patenten von MBB basiert das Antriebskonzept der Space Shuttle Haupttriebwerke.

MMH: Monomethylhydrazin: Ein sehr oft verwendeter Raketentreibstoff. Er wird oft mit Stickstofftetroxid oder Salpetersäure als Treibstoffmischung verwendet. MMH ist zwischen -52 und +87°C flüssig und hat eine Dichte von 0,88 g/cm^3.

MPS: Moteurs à Propulsion Solide: Bezeichnung für die Feststoffbooster der Ariane 5 (ohne die Befestigung an der Zentralstufe).

NASA: National Aeronautics and Space Agency: Die Raumfahrtbehörde der USA.

NTO: Amerikanische Abkürzung für Stickstofftetroxid: NTO ist ein lagerfähiger Oxidator, der zusammen mit Hydrazinen selbst entzündliche Gemische bildet. Beide Eigenschaften sind ideal für Antriebssysteme, die über Monate und Jahre hinweg betrieben werden müssen. NTO hat eine Dichte von 1,45 g/cm^3 und ist zwischen -11 und 21 °C flüssig. Die EPS Stufe und das AVUM nutzen NTO als Oxidator.

OBC: OnBoard Computer: Die Abkürzung für den Rechner der Ariane 5 und Vega.

PAL: Propulseur d'appoint à liquide: Bezeichnung für die vier Booster der Ariane 4 die flüssige Treibstoffe einsetzen. PAL werden in den Ariane 42L, 44LP und 44L eingesetzt.

PAP: Propulseur d'appoint à pourde: Bezeichnung für die vier Booster der Ariane 4 die feste Treibstoffe einsetzen. PAP werden in den Ariane 42P, 44LP und 44P eingesetzt.

PAM: Payload Assistant Module. 1982 eingeführte Oberstufe auf Basis des Star 48 Antriebs. Ursprünglich gedacht 1100 kg (Delta 3900 Nutzlast) bei Space shuttle Transporten von einem LEO in den GTO zu transportieren, wurde die PAM später vor allem als Oberstufe der Delta eingesetzt.

PAS: Perigee-Apogee-System : Bezeichnung für eine gepante Oberstufe für die Europa I für GEO-Transporte. Das PAS wurde zugunsten des preiswerteren P0.7 Antriebs eingestellt.

Perigäum: Erdnächster Punkt einer Umlaufbahn.

POGO: Abkürzung von „Pogo stick", einem Springstock. Gefürchtete Schwingungen in Achse des Schubs, die zum Abreißen des Treibstoffflusses und zum Ausfall von Triebwerken führen können. Ursache ist kurzzeitiger Überdruck in der Brennkammer (z. B. Verbrennungsinstabilität), welcher den Druck in den Treibstoffleitungen ansteigen lässt und damit die Treibstoffförderung vermindert. In der Folge sinkt der Brennkammerdruck. Wenn dieser Zyklus die Resonanzfrequenz der Rakete trifft, findet positive Rückkopplung und damit eine Verstärkung des Effekts statt.

PSLV: Polar Standard Launch Vehicle: Indische Trägerrakete, die für Starts in sonnensynchrone Bahnen eingesetzt wird.

RAE: Royal Aircraft Establishment: britische halbstaatliche Organisation, welche die Black Arrow Trägerrakete entwickelte.

RACS: Roll and Attitude Control System: Englische Bezeichnung für das SCA-System der Ariane 5.

SART: Systemanalyse Raumtransport: DLR Fachbereich, der sich mit der Konzeption neuer Trägerkonzepte befasst.

SCA: Système de Contrôle D' Attitude: System von sechs Triebwerken in der VEB mit denen die Rollachsensteuerung und Feinausrichtung der VEB vor Abtrennung der Satelliten durchgeführt wird.

SDM: Separation and Distance Module: Ein Adapter zwischen der Ariane 5 und dem Satelliten. Er hat auf der einen Seite den genormten Anschluss an die VEB, und auf der anderen Seite hält er den Satelliten mit Klammern fest. Öffnen der Klammern durch Durchtrennen eines Spannbandes setzt ihn frei.

SEP: Société Européenne de Propulsion. Staatliche Entwicklungsfirma, welche die meisten Triebwerke, die bei Ariane 1-5 eingesetzt wurden, entwickelte.

SEREB: Société pour l'étude et la réalisation d'engins balistiques. Französische Organisation, die verantwortlich für die Entwicklung der ballistischen Atomraketen Frankreichs war. Die SEREB entwickelte die Diamant A und gab dann das Projekt an die CNES.

Snecma: Société Nationale d'Études et de Constructions de Moteurs d'Aviation. Bezeichnung des Herstellers der meisten Triebwerke im Arianeprogramm. Snecma übernahm 1990 die Anteile der SEP, welche die Triebwerke HM-7 und Vulcain entwickelte. Heute ist Snecma Bestandteil der Safran Gruppe.

Speltra: Structure Porteuse de Lancement Triple Ariane: Doppelstartstruktur der Ariane 5, die nur bei den Qualifikationsflügen eingesetzt wurde und dann durch die leichtere Sylda-5 ersetzt wurde.

Spezifischer Impuls: ein Maß für den nutzbaren Energiegehalt eines Treibstoffs und die Effizienz eines Antriebs. Im SI-System wird dazu die Ausströmungsgeschwindigkeit der Gase genommen, wenn sie die Düse verlassen. In den USA wird der Wert durch die Erdbeschleunigung geteilt, und es wird eine Zeit als Dimension erhalten.

SRI: Système Référence Inertial: Bezeichnung für das Trägheitsnavigationssystem der Ariane 5 inklusive ihrer Avionik. Ein Überlauf in dieser Avionik führte zum Fehlstart der ersten Ariane 5.

SSO: Sun-synchronous Orbit: Eine Umlaufbahn mit einer Bahnneigung über 90 Grad in einer Höhe von 600 bis 1.200 km. Ein Satellit auf dieser Umlaufbahn bewegt sich pro Umlauf um den gleichen Betrag rückwärts im Raum wie sich die Erde durch die Rotation um die Sonne vorwärts bewegt. Als Folge passiert er einen Punkt auf der Erde immer zur gleichen Ortszeit, und das fotografierte Gebiet wird unter konstanten Lichtbedingungen und identischem Schattenstand fotografiert. Daher werden vor allem Erderkundungssatelliten in einen SSO-Orbit gestartet.

STV: Satellite Test Vehicles: Testsatelliten für die Europa I.

Sylda-5: Systeme de Lancement Double Ariane 5: Doppelstartstruktur, die anders als die Speltra von der Nutzlasthülle umgeben wird, einen kleineren Durchmesser, als die Speltra aufweist und 300 kg leichter ist.

TVC: Thrust Vector Control System: Bezeichnung für ein System, mit dem die Schubrichtung eines Triebwerks verändert werden kann.

UDMH: Unsymmetrisches Dimethylhydrazin: Ein Hydrazinderivat, welches wie MMH zusammen mit NTO als Treibstoffkombination eingesetzt wird. Das AVUM setzt UDMH ein. Die Dichte von UDMH beträgt 0,78 g/cm^3.

UPG: L'usine de Propergol de Guyane: Fabrik für die Produktion des Feststofftreibstoffs im CSG.

VEB: Vehicle Equipment Bay: Die VEB ist zum einen struktureller Bestandteil der Ariane 5 – sie überträgt die Kräfte der Nutzlast und Nutzlasthülle auf die EPC. Zum anderen befindet sich hier die gesamte Elektronik, Telemetrie und Bordstromversorgung der Ariane 5.

VEGA: Vettore Europeo di Generazione Avanzata: Von der ASI und der ESA entwickelte Trägerrakete.

VENUS: Vega New Upper Stage: Bezeichnung für eine DLR-Studie für eine Vega Oberstufe. Sie soll den Zefiro 9 Antrieb und das AVUM ersetzen.

VERTA: Vega Research and Technology Accompaniment: Bezeichnung für ein Programm zur Weiterentwicklung der Vega und Finanzierung der ersten fünf Vega Starts, um den neuen Träger besser im Markt zu platzieren.

VESPA: Vega Secondary Payload Adapter: Struktur, mit der die Vega neben einer Hauptnutzlast auch drei Sekundärnutzlasten von bis zu 600 kg Gewicht transportieren kann.

ZL: Zone de lancement: Bezeichnung für die eigentliche Startrampe im CSG. Es gibt derzeit drei aktive Startrampen für die Sojus, Ariane 5 und Vega.

FSC
www.fsc.org
MIX
Papier aus ver-
antwortungsvollen
Quellen
Paper from
responsible sources
FSC® C105338